国学经典文库

图文珍藏版

居家生活宝典　健康生活指南

家庭生活百科

闫松·主编

线装书局

家庭生活百科

养生保健

线装书局

卷首语

　　人的日常生活内容非常丰富,除了工作、学习外,还要吃、住、穿、玩、运动以及化妆美容等。因此,为了做到养生保健,就要在这些方面讲科学、讲卫生等。本卷编写的意图,正是为了对人们日常生活的方方面面提供养生保健的知识。

　　有人说家庭生活就是吃喝拉撒睡,没什么学问可讲。我们说不完全对,吃喝拉撒睡中也有文化、有知识、有品位。知识、文化、品位从何而来? 从学习中来。只有重视家庭生活知识的学习,才能提高生活质量,活得更潇洒,更充实,更有价值。

　　本卷主要介绍了养生保健方面的知识。其特点是内容丰富、信息量大、实用性强。

目　录

国学经典文库

家庭生活百科

·养生保健·

图文珍藏版

第一章 日常保健

第一节 生活保健

一、养生五"适"

1.适坐养神:适当地静坐休息,能使人心平气和、精神爽快、烦闷消除、毛发光泽度增加、皮肤润泽、大便通畅、睡眠良好等,有防病、延年的良好作用。

2.适行养筋:适行是指不拘形式地从容步行。它可使全身关节筋骨得到适度的运动,对身体的新陈代谢会有良好的促进作用,可以提高机体的抗病能力。

3.适立养骨:适当的站立,可使骨骼肌产生短促迅速的缩张运动,激发躯体内的新陈代谢,相应地疏通经络。适当的站立还能使气血下行,血压降低,精神振奋,有利于大脑的适当休息,使全身舒适。

4.适视养血:看些有益的书籍、电视节目以及观赏山水风景等,可以使人精神愉快,脾胃健康,血液生化也就充盛。这就是"适视养血"的道理。然而"久视则伤血"。因此,必须重视分寸的掌握,另外还应注意身体的保暖和膳食的营养搭配,保持气血充足。

5.适卧养气:卧姿一般以向右侧卧、双腿微弯为最合理,因为这种双腿微屈,脊椎向前弯的姿势,可使全身自然放松,此时心脏不致受压,有利于心脏排血,对食物的消化、体内营养物质的代谢和吸收大有益处。

二、养生"九不过"

1.衣不过暖:穿衣戴帽不要过于暖和,也不可过于单薄,过暖容易感冒,过冷容易受寒。

2.食不过饱:吃饭不要过饱,粗细都吃,荤素相兼;不吸烟、不喝酒。

3.住不过奢:要随遇而安,居室富丽堂皇易夺人心志,使人蜕化变质。

4.行不过富:身体健康允许的话,尽量以步代车。如果一出门就乘车,时间长了腿脚就会不再灵便。

5.劳不过累:劳动的强度是有限的,超过负荷量容易造成身体的伤害。每日工作 8 小时,在 8 小时外适当地遛遛街、看看报,劳逸结合是必要的。

6.逸不过安:终日无所事事,会因丧失生活情趣而心灰意懒,所以即使退休在家,也应勤于动脑,散步聊天、写字作画、下棋看戏等,心情由此舒畅,益于延年增寿。

7.喜不过欢:人逢喜事精神爽。但是喜不能喜过头,"过喜则伤心"。

8.怒不过暴:有不顺心的事和烦恼的事,心底不平衡不要生气恼怒。怒则伤肝,伤肝就要发病,不要动肝火、发脾气,要有涵养,要乐观处世。

9.名不过求:名不过求、利不过贪,平平安安、克勤克俭的生活是最大的幸福。不求取"酒色财气",不沾染"风花雪月",无牵无挂,顺其自然,无欲长乐。

三、搓搓摩摩防衰老

1.摩肾区:先将两手摩擦生热,然后再用两手按摩左右肾脏区(腰区凹陷处)36次。经常按摩能预防疾病,清除腰痛,防止衰老。

2.搓睾丸:用手轻轻按摩睾丸,双手交替,左右各行 81 次。经常施行此法,可调整内分泌功能,防止衰老。

3.摩甲状腺:先将双手摩擦生热,然后用右手按摩喉部左侧腺体,用左手按摩右侧的腺体,左右各 36 次。经常按摩甲状腺,不仅能促进身体健康,而且还能使毛发、指甲、皮肤光泽,增强活力。

4.搓乳腺:左右手分别在乳腺按摩 36 次为一回,每日 10 回,能防皮肤衰老。

5.鸣天鼓:以双手覆双耳,手指置于脑后高骨处,食指向上弹打,为鸣天鼓。每回弹打 36 次。此法可以刺激大脑下垂体,经常进行,可以增强记忆力,使感觉敏锐,锻炼智能,防止衰老。

四、按捏腋窝防衰老

腋窝为颈部与上肢间血管和神经通路,按捏腋窝可使人舒筋活络,调和气血,使全身血液回流畅通,高效促使呼吸系统进行气体交换,延缓衰老。

按捏腋窝简单易行。自我按捏时,左右臂交叉于胸前,左手按右腋窝,右手按左腋窝,运用腕力,带动中、食、无名指有节奏地轻轻捏拿腋下肌肉 3~5 分钟,早晚各 1 次,切忌用力过分。夫妻间可任由一方按捏,然后对换角色。

五、揪耳养身法

每天早晨起床后,右手绕过头顶,向上拉左耳 14 次,然后左手绕过头顶,向上拉右耳 14 次,有空时一天可揪耳多次。经常揪耳朵,能够刺激全身的穴位,使头脑清醒,心胸舒畅,有强体去病之功效。

六、常顿脚身体好

人体脚底处有很多穴位,经常顿脚除有减肥作用外,还可以防治头痛、肩周炎、腰痛、关节炎、耳鸣、失眠、哮喘、便秘、怕冷及痛经等。方法为：

1.双脚分立,与肩同宽。

2.首先同时提起双脚后跟,然后落地,一上一下,反复 100 次。双膝必须伸直,脚趾稍微弯曲。

3.左脚膝盖弯曲后,先踢向后方,再踢向前方,反复 50~100 次,然后换为右脚操练。年老体弱者可单手扶墙操练。

七、洗脚擦脚心有利健康

每晚临睡前,用热水洗过脚后,用干毛巾或用手摩擦左右脚心各 60 下,这样做不单能够促进足端的血液循环,祛除疲劳,催人入睡,而且还可以防治汗脚、冻疮和足癣。这是因为,脚底有很多的穴位,尤其是涌泉穴,经常按摩有健脑益智,催眠镇静,固肾暖足的功效。

八、足底按摩 5 注意

按照生物全息理论,人体各个器官在足部都有相应的反射区,足部有 60 多个穴位,故又称人体的“第二心脏”。有目的地刺激相应反射区能够调节神经反射,改善血液循环,调节内分泌,改善人体各部位器官组织的运转,增强免疫功能,提高对疾病的抵抗力和自我康复能力,具有防病治病、养生保健之功效。进行足部反射区按摩时应注意以下几点:

1.饭前半小时及饭后 1 小时内不宜做按摩。

2.治疗时应避开骨骼突起处及外伤部位,以免挤伤骨膜。

3.老年人骨骼脆弱、关节僵硬,按摩时不可用力过度。

4.心脏病严重者、出血性疾病患者禁止按摩。

5.结束后饮 300~500 毫升温开水以促进血液循环。

九、高抬脚有利健康

每天至少把脚抬高一次,每次 10 分钟左右,就会觉得浑身舒坦。因为当一个人跷起脚后,脚部的血液就可流回心脏,使心脏获得充足的氧分,让静脉血循环活跃起来,大大有利于心脏的保健。市场上流行的睡椅,也是采用了跷脚高过头的设计,有很好的保健效果。另外,看电视时把鞋子脱掉,将双脚平放在沙发或椅子上,也有很好的保健作用。

十、夏天不要穿太紧的鞋子

在夏日里,人们的足部通常都会出现一些肿胀的情况。因此,人们会感到原来挺合适的鞋子现在穿起来有些紧。鞋子紧会对足部的许多骨头和关节造成压力。而人体有1/4的关节长在足部。由于外界温度升高而引起的足部肿胀会给这些关节造成压力,使人产生酸痛的感觉。专家建议,夏天不要穿太紧的鞋子,尽可能穿透气性良好的薄棉袜子。

十一、秋季少穿紧身牛仔裤

秋季应少穿紧身牛仔裤。专家提醒,由于秋天湿气重,而牛仔裤的面料普遍不透气,一些设计又往往偏好低裆、紧身,容易造成下身闷热,导致湿疹等皮肤病。

牛仔裤往往贴身穿,一些面料较硬的牛仔裤,穿久了会对局部皮肤造成磨损,为真菌感染提供了机会,严重者会发炎化脓。男性如果长期穿过紧的牛仔裤,会引起睾丸发育不良,影响婚后生育。专家建议,秋天应少穿或尽量不穿紧身牛仔裤,外出旅游时,更要穿宽松、透气的长裤。

十二、秋季锻炼要"四防"

1.防受凉感冒:秋日清晨气温低,不可穿着单衣去户外活动,应根据户外的气温变化来增减衣服。锻炼时不宜一下脱得太多,应待身体发热后,再脱下过多的衣服;锻炼后切忌穿汗湿的衣服在冷风中逗留,以防身体着凉。

2.防运动损伤:由于人的肌肉韧带在气温下降的环境中会反射性地引起血管收缩,肌肉伸展度明显地降低,关节生理活动度减小,神经系统对运动器官调控能力下降,因而极易造成肌肉、肌腱、韧带及关节的运动损伤。因此,每次运动前一定要注意做好充分的准备活动。

3.防运动过度:秋天是锻炼的好季节,但此时因人体阴精阳气正处在收敛内养阶段,故运动也应顺应这一原则,即运动量不宜过大,以防出汗过多、耗损阳气,运动宜选择轻松平缓、活动量不大的项目。

4.防秋燥:秋天气候干燥,对于运动者来说,每次锻炼后应多吃些滋阴、润肺、补液、生津的食物,如梨、芝麻、蜂蜜、银耳等,若出汗较多,可适量补充些盐水,补充时以少量、多次、缓饮为准则。

十三、冬季早晚忌洗头

由于白天工作繁忙,很多人喜欢早晨出门前洗头或在晚上洗头。但头发未干就出门受冷风吹或睡觉,会对健康造成很大威胁。

早晨出门前洗头是不可取的,尤其是在寒冷的冬季,因为头发没有擦干,头部的毛孔开放着,很容易遭受风寒,轻者也会患上感冒头痛。若经常如此,还可能导致大小关节的疼痛,甚至肌肉的麻痹。

工作了一天后,疲劳会使身体抵御病痛的能力大大降低。晚上洗头,又不充分擦干的话,湿气会滞留于头皮,长期如此,会导致气滞血淤、经络阻闭。如果在冬天,寒湿交加,更是身体的一大隐患。有些人经常在晚上湿着头发入睡,一段时间后,会觉得头皮局部有麻木感,并伴有隐约的头痛;有的人洗头后第2天清晨会觉得头痛发麻,容易感冒。年深月久,渐渐会觉得头顶明显麻木,伴有头昏、头痛。

如果您有早晨或晚上洗头的习惯,一定要注意擦干再出门或者擦干再睡。女性洗完澡后一定要注意擦干身体和头发,避免寒气和湿气乘虚而入,以免罹患头痛、颈腰背痛,甚至引发一些妇科疾病。

十四、冬季防寒戴帽很重要

人的头部皮肤比其他部位的皮肤致密,头部的血管及淋巴组织极为丰富,其中含有大量皮脂腺、汗腺、头发。头部常外露,很容易散失热量,尤其当人体活动时,头部最易出汗,热量会从此处大量蒸发散失。此时,因空气对流,风寒极易乘隙侵入。在冬季,气温较低,处于静止状态的人,即使不戴帽子,从头部散失的热量仍很大。生理学家研究结果证明,不戴帽子又不常运动的人,外界气温在15℃时,会从头部散失人体总热量的1/3;4℃时会散失总热量的50%;在0℃时可散失总热量的60%。这些数据表明,在寒冷季节头部保暖与全身保暖关系密切。在严冬,如果不戴帽子外出,易受风寒侵袭而患上感冒等疾病。

十五、冬天防寒不宜戴口罩

有些人在冬天整天戴着口罩来防寒,其实这反而会降低人的御寒能力。人的鼻腔里血管很多,有许多海绵状血管网,使鼻腔的血液循环旺盛。鼻腔及整个呼吸道表面都覆盖着许多黏膜,黏膜下有微血管。当鼻子吸进的冷空气,经过弯弯曲曲的管道进入肺部时,空气的温度已接近体温。人体的这种生理功能可以通过锻炼得以增强,从而提高人的耐寒能力。要是整天戴着口罩,鼻腔及整个呼吸道的黏膜得不到锻炼,稍微受寒,就容易感冒。还有一些人喜欢把围巾当口罩,围巾的原料多是羊毛、化纤织物,如果把围巾蒙在嘴上,人在呼吸时,纤维和细菌等就会被吸入肺部,对人体健康极为不利。而且,把围巾当口罩时,抬高了围巾的位置,也容易使颈部受寒。当然,在野外行走,为抵御风沙和寒冷或在有空气污染的环境中活动,戴上口罩是必要的,但时间不宜过长。

十六、饭后谨记"八不急"保健康

1.不急于吸烟

饭后吸烟的危害比平时大10倍。这是由于进食后的消化道血液循环量加大,致使烟中有害成分被大量吸收而损害肝脑及心脏血管。

2.不急于洗澡

饭后洗澡,体表血流量会增加,胃肠道的血流量便会相应减少,从而使肠胃的消化功能减弱。

3.不急于上床

俗话说:"饭后躺一躺,不长半斤长四两"。饭后立即上床容易发胖。医学家

·养生保健·

图文珍藏版

告诫人们,饭后至少要休息20分钟,再上床睡觉。哪怕是午睡时间也应如此。

4.不急于散步

饭后"百步走",会因运动量增加而影响消化道对营养物质的消化吸收。特别是老年人,心功能减退,血管硬化及血压反射调节功能障碍,餐后多出现血压下降等现象。

5.不急于开车

事实证明,司机饭后立即开车容易发生车祸。这是因为人在吃饭以后胃肠消化食物需要大量的血液,容易造成大脑器官暂时性缺血,从而导致操作失误。

6.不急于吃水果

"饭后一只果"被奉为金科玉律,但医学家却提出了异议。因食物进入胃需长达1~2小时的消化过程,才被慢慢排入小肠。餐后即食水果,食物会被阻滞在胃中,长期可导致消化功能紊乱。

7.不急于松裤带

饭后放松裤带,会使腹腔内压下降,这样对消化道的支持作用就会减弱,而消化器官的活动度和韧带的负荷量就要增加,容易引起胃下垂,出现上腹不适等消化系统疾病。

8.不急于饮茶

茶中大量鞣酸可与食物中的铁锌等结合成难以溶解的物质无法吸收,致使食物中的铁质白白丢失。如将饮茶安排在餐后1小时就无此弊端了。

十七、饭后不要立即下棋

饭后立即下棋,会使大脑用血需要量增加,从而减少了消化道的供血量。尤其是老年人消化液少,消化功能弱,而消化道供血量减少,直接影响对食物的消化,不利身体健康。

十八、吃过早饭再叠被

人们习惯于起床后立即叠被,其实这对人体健康不利,还会因为被子的湿气影响其使用寿命。正确的方法是,起床后随手将被子翻个面,并把门窗打开,让水气、其他气体自然散发,吃完早饭后再叠被子。

十九、科学睡眠4要素

1.睡眠的用具:床的位置应南北顺向,这样入睡时头北脚南,机体不受地磁的干扰。床的硬度宜适中,过硬的床铺会使人因受刺激而难以安睡,睡后周身酸痛;枕高一般以睡者的一肩(约10厘米)为宜,过低易造成颈椎生理骨刺。

2.睡眠的姿势:有心脏疾病的人,最好多右侧卧,以免造成心脏受压而增加发病几率;脑部因血压高而疼痛者,应适当垫高枕位;肺系病人除垫高枕外,还要经常改换睡侧,以利痰涎排出;患胃和肝胆系疾病者,以右侧位睡眠为宜;四肢有疼痛处者,卧床时应尽力避免压迫疼痛处。

3.睡眠的时间:睡眠时间一般应维持 7～8 小时,但不一定要强求,应视个体差异而定。入睡快而睡眠深、一般无梦或少梦者,睡上 6 小时即可完全恢复精力;入睡慢而浅睡者、常多梦恶梦者,即使睡上 10 小时,仍难精神清爽,应通过各种治疗来获得有效睡眠。

4.睡眠的环境:在 15℃～24℃ 的温度中,可获得安睡。冬季关门闭窗,吸烟后留下的烟雾,以及逸漏的燃烧不全的煤气,都会使人不能安睡。在高频电离电磁辐射源附近居住的长期睡眠不好却非自身疾病所致者,最好迁徙远处居住。

二十、哪些人不宜使用电热毯

1.肺结核、支气管扩张病人不宜使用电热毯。患这类疾病者使用电热毯会使血液循环加快,血管扩张,导致咯血增多,病情加重。

2.高龄老人和中风病人不宜使用电热毯。因为他们对冷热感觉较迟钝,万一过热,易造成烫伤。

3.孕妇不宜睡电热毯。孕妇睡觉时使用电热毯可导致胎儿畸形。这是因为电热毯通电后会产生电磁场,这种电磁场可能影响母体腹中胎儿的细胞分裂,使其细胞分裂发生异常改变。胎儿的骨骼细胞对电磁场最为敏感。现代医学研究证实,胚胎的神经细胞组织在受孕后的 15～25 天时开始发育,心脏组织于受孕后 20～40 天开始发育,四肢于受孕后 24～26 天开始发育。因此,孕妇如果在这段时间内使用电热毯,最易使胎儿的大脑、神经、骨骼和心脏等重要器官组织受到不良的影响。由此可见,为了宝宝的健康,即使在寒冬季节,孕妇睡觉也不要使用电热毯。

4.婴幼儿不宜睡电热毯。小儿生理代谢旺盛,晚上睡觉一般略有微汗,用电热毯后,床温迅速升高,加快了小儿的新陈代谢,往往出汗较多,手脚伸出被子外,反而容易受风寒而致感冒。同时,由于床温升高,但室内温度依然如故,小儿呼吸道黏膜比较娇嫩,里热外寒,冷空气对呼吸道黏膜加强了刺激,引起黏膜干燥,出现口干、声嘶、咽痛、鼻出血等。

5.欲生育的新婚夫妇不宜使用电热毯。因为,人体阴囊内睾丸的适宜温度为 34℃～35℃。电热毯可使之达到 40℃,从而影响睾丸产生精子的能力。

二十一、洗澡牢记"九不宜"

1.水温不宜过高:一般水温在 25℃ 即可。过热会使人晕倒,过低又易感冒。

2.打香皂不宜过多:每洗一次澡搓一遍香皂即可,过多反而会刺激皮肤,产生瘙痒。

3.时间不宜过长:一般在 20～30 分钟即可,因为温、热水浴能使血液大量集中于体表,时间过长易产生疲劳感,还会影响内脏的血液供应和各项功能,久热能使

家庭生活百科

·养生保健·

图文珍藏版

人虚脱。

4.饱食和空腹不宜入浴:洗澡能够影响消化功能,饭后马上洗澡会妨碍食物的消化吸收,日久还可引起胃肠道疾病;空腹入浴可能发生低血糖,洗澡的人会感到疲劳、头晕、心慌,甚至虚脱。

5。发烧时不宜洗澡:当人的体温上升到38℃时,身体的热量消耗可增加20%,身体比较虚弱,此时洗澡容易发生意外。

6.严重心脏病、高血压等患者不宜入池:因为公共浴池多不能自调水温,过高或过低的水温都会促使病情的恶化。

7.血压过低时不宜洗澡:因为洗澡时水温较高,可使人的血管扩张,低血压的人容易出现一过性脑供血不足,发生虚脱。

8.酒后不宜洗澡:酒精会抑制肝脏功能活动,阻碍糖原的释放。而洗澡时,人体内的葡萄糖消耗会增多。酒后洗澡,血糖得不到及时补充,容易发生头晕、眼花、全身无力,严重时还可能发生低血糖昏迷。

9.运动后不宜立即洗澡:人在运动时,流向肌肉的血液增多,心率加快。当运动停止后,血液的流动和心率虽有所减缓,但如果这时立即去洗澡,则会增加血液向皮肤及肌肉内的流量。这样就使得所剩的血液不足以供应其他重要器官,如心脏及大脑,因而会诱发心脏病。

二十二、软沙发不宜久坐

1.研究人体力学的专家指出,沙发过于柔软,人体重心的支撑就不稳定,人就会有意无意地挪动身体,去寻求新的稳定和平衡,因而坐时间久了反而会让人感到腰酸背痛,疲倦乏力,严重者还会使坐骨神经受压,导致腰椎结核、椎体损伤及椎间盘突出等,脊柱病患者会因此加重病情。

2.对于男性来说,久坐软沙发还可能影响性功能。

3.久坐软沙发还可导致局部肌肉中过量的纤维组织生长,结果会使神经、血管或淋巴管受到挤压,使人感到疼痛,严重时还会使肌肉萎缩。

二十三、上楼梯不累有妙法

上楼梯时要注意脚步与呼吸的互相配合。当脚踏上楼板时是呼气的话,另一只脚上楼板就是吸气了。不论是左呼右吸还是左吸右呼都可以,不论左脚先上还是右脚先上都可以,只要一上一吸一上一呼有节奏地上楼梯,您就会觉得身体明显轻松起来。

二十四、卧室不宜多放花卉

有资料介绍,大多数花卉白天在光照下主要是进行光合作用,吸收二氧化碳,放出新鲜氧气;而在夜间则主要是进行呼吸作用,吸收氧气,放出二氧化碳。由此可见,花卉夜间在室内是与人"争氧"的。因此,卧室内不宜过多摆放花卉。

二十五、早晚长啸养生法

每天的早上或晚上,在公园或是隔音效果比较好的房间里,平心静气,发出"咿——哎——啊"有规律的长啸声,可增强咽喉和内脏器官的锻炼。这种方法可以和中气、消积滞,缓解和治疗慢性胃肠病及咽喉炎等。

二十六、水银温度计少用为宜

专家建议,医师和家长应停止使用水银温度计。长期接触水银会造成病人神

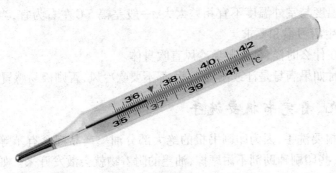

温度计

经受损,水银温度计若破裂,散发出来的有害气体会损伤人体。平常我们测量体温,可用电子温度计取代。

二十七、运动时最好不穿纯棉衣服

运动时会流汗,这是人人都知道的常识。为了摆脱大量汗水淤积在皮肤表面难受的感觉,不少人认为应该穿着舒适透气的纯棉服装。殊不知,纯棉质地的服装只能吸汗并不透气,并不适宜运动时穿着。正确的做法是选择那些透气性相对较好的服装材质,如聚丙烯等。尤其是在运动内衣的选择上,更要注意这一点。

选择运动服装的首要标准就是材质,无论外套还是内衣,最好都是用能够散发汗水的材料做成,尤其要尽量避免穿纯棉质地的内衣。纯棉内衣吸汗固然不假,但所吸的汗水并不能散发,从而造成湿透的内衣黏附在皮肤上,使得皮肤逐渐变冷,难以保温。在温差相对较大的秋冬季节,穿着纯棉内衣反而更容易在剧烈运动后使人着凉,引发风寒感冒、头痛等症状。而类似聚丙烯这样的材料,可以帮助散湿,有利于保持皮肤干燥清爽。

另外,秋冬季节运动时要讲究穿衣有层次,简单地说就是不运动时多穿一点,运动时穿薄一点,运动前后注意保暖。最好还能多带1双鞋,避免长时间穿着被汗水浸湿的鞋子。许多人简单地认为,一旦人运动起来,就不会感到寒冷,穿一身运动服也就可以了。但他们不清楚,人体在户外锻炼中产生较多热量的时候仅是中

段,运动的前段和后段十分容易受到外界温度的影响,如果注意不当,很有可能会因为人体温度的剧烈变化而生病。

二十八、正确使用空调才可防病

空调虽好,也要注意防病。防病的关键是要正确使用空调,具体来说有以下几点:

1.离开房间外出时开机放进冷气,归来住宿休息时关闭,这样房间内非常凉爽。

2.睡前调好温度的高低,睡时切忌开冷风。

3.室内温度与室外温度不宜相差太大,一般差幅5℃左右为宜,当然也要适当考虑个人的生活习惯和要求。

4.无论在什么时候,都要避免冷风直吹身体。

5.归来时如果满身是汗或刚洗完澡,都不要吹冷风,否则极易感冒。

二十九、看完书报要洗手

看完书报要洗手,因为印刷书报的绝大部分油墨产品都含有苯等危险化学品和重金属,一些印刷辅助剂不耐摩擦,油墨的附着物就会散发开来。如果有看完书报不洗手的不良生活习惯,就会被油墨污染。专家建议,要养成看完报纸后洗手的习惯,不要拿报纸包食品,看报纸时不要吃东西。

三十、午睡宜松腰带

午饭后,正是胃肠道消化食物最繁忙的时候。如果饭后马上午睡,而且腰带较紧的话,就会影响胃肠道的血液循环和消化液的分泌,妨碍胃肠道蠕动,对消化功能产生不良影响。因此要合理安排午睡时间,午睡时应注意放松腰带,以免加重症状。

三十一、锻炼小指健身法

手指头有很多神经末梢联系着五脏六腑。例如左手小指头通肾,主宰生长、发育、生殖;右手小指头通膀胱,主持人体体液的代谢,它还通肺、通胃、通肾。经常锻炼小手指头,可以改善这些器官的功能。

三十二、伸懒腰有益健康

伸懒腰时,常常伴随着打哈欠,这样可以使全身大部分的肌肉收缩,把很多凝集的血液送回心脏,增加血液循环容量,提高血液流动速度,从而能带走血液中的大量废物,增加氧气含量,消除疲劳。

三十三、平躺有益健康

如果在1天之中,能每隔2~3小时平躺10分钟左右,就可以减轻全身各个部位尤其是内脏器官及腰膝关节的负荷,对患有痔疮、高血压、下肢静脉曲张、腰椎间盘突出、腰及踝关节伤痛和身体过度肥胖等疾病的人来说,每天平躺几次,尤为重要。

第二节 心理保健

一、心理健康的5个标准

1.能正确地面对现实:对人对事具有清醒和客观的认识,对生活中出现的各种问题、困难和矛盾,都能以切实的方法去处理,处处表现出积极进取的精神。

2.了解自己,有自知之明:不仅能正确认识自己的优点和缺点,还能正确认识自己的能力、个性和爱好,据此妥善安排好自己的学习、工作和生活,以增加成功的机会。

3.与人为善,乐于与人交往:对别人满腔热情,才能与多数人建立起良好的人际关系。对别人多一些尊重、信任和热情,少一些嫉妒、怀疑和憎恨,这样才能快乐。

4.自尊自重,谦而不卑:在社会交往中既不狂妄自大,也不畏首畏尾。在行动上独立自主,既要有所为,也要有所不为。凡是有益的、健康的就主动去做;凡是有害的,低级趣味的就要自我克制,纵有外诱也不为所动。

5.乐观向上,心胸豁达,热爱生活:不能把学习和工作当成一种负担,而应视作一种乐趣,并努力把自己的才智在学习和工作中发挥出来。对未来充满希望,遇到挫折和烦恼的时候能够勇敢面对。

二、心理健康需"营养"

一般人都知道,身体的生长发育需要充足的营养,如蛋白质、脂肪、糖、无机盐、维生素和水等。事实上,心理营养也非常重要,若严重缺乏,则会影响心理健康。那么,人类重要的精神营养素有哪些呢?

1.爱:这是最为重要的精神营养素。童年时代主要是父母之爱,少年时代增加了伙伴和师长之爱,青年时代情侣和夫妻之爱尤为重要。中年人社会责任重大,同事、亲朋和子女之爱十分重要,而老年人是子女和孙辈的爱在他们生命中占重要地位。爱有十分丰富的内涵,如情爱、关怀、安慰、鼓励、奖赏、赞扬、信任、帮助和支持等。一个人如果长期得不到别人尤其是自己亲人的爱,心理上会出现不平衡,进而产生障碍或疾患。

2.宣泄和疏导：可能每个人都有这样的体会：遇到不顺心的事想对亲人和好友诉说，把心里的不快倒出来，这就是宣泄。与此同时，也希望有人帮助自己解开心里的疙瘩，或帮忙出出好主意。宣泄和疏导都是维护心理平衡的有效办法。心理负担若长期得不到宣泄或疏导，则会加重心理矛盾进而成为心理障碍。

3.善意和讲究策略的批评：它会帮助人们明辨是非，改正错误，进而不断完善自己。一个人如果长期得不到正确的批评，势必会滋长骄傲自满的毛病，固执、傲慢、自以为是都是心理不健康的表现。

三、心理健康要防8个"过度"

1.戒"忧虑过度"

虽说是"人无远虑，必有近忧"，然而凡事应有个尺度，切不可杞人忧天，终日忧心忡忡、无端悲愁。即使生活中确实发生了令人烦恼、焦虑的事情，我们也应振作精神、积极面对，而不该整天闷闷不乐地就此消沉下去。

2.戒"高兴过度"

高兴本来是好事，但要防止"乐极生悲"。高兴过度会引起大脑中枢兴奋性增强，使交感神经过度亢奋，这对患有心脑血管疾病的人来说尤其不利。

3.戒"悲伤过度"

当人们遭遇不幸时，应当学会调解、控制自己的情绪，故友离散、亲人谢世、朋友反目、恋人分手等等，都会给人心理上造成严重打击。此时我们切勿钻入牛角尖，更不要沉湎其中不能自拔，要学会摆脱，用向好友倾诉、向心理医生咨询等方法，尽快使自己走出心理危机。

4.戒"猜疑过度"

有些人疑心病较重，乃至形成惯性思维，导致心理变态。一个人如果心胸过于狭窄，对同事、朋友乃至家人无端猜疑，不但会影响工作、影响人际关系、影响家庭和睦，还会影响自己的心理健康。

5.戒"过度愤怒"

工作中出现矛盾是人们经常遇到的事情。此时，最好避免激烈的争吵，更不要三句话说不到一起便"怒发冲冠""拍案而起"，这种做法不但不利于解决问题，反而会激化矛盾。况且，发怒就像"双刃剑"，既伤别人也会伤及自己，正如人们常说的"气大伤身"。此时不如先冷静下来，"退一步海阔天空"，这对矛盾的双方都有好处。

6.戒"过度消极"

当工作中出现失误时，可能会导致有些人产生自我否定的心理或极其消沉的情绪，严重者甚至自暴自弃。这种做法实不足取，因其对心理健康十分不利。

7.戒"过度焦躁"

有些人脾气很急,做事情总想一步到位、一举成功,有些急功近利的心理趋向。当自己的愿望和目标一下子不能如期实现时,他们便会产生焦躁情绪。其实,这种情绪不但于事无补,反而会适得其反并有损身心健康。

8.戒"过度关爱"

有些家长对孩子可谓爱到极致,他们的爱呈现一种令人费解的分化状态:在生活上对孩子关心得无微不至、事必躬亲,在精神上却对孩子过于专制,常把自己的意志强加于人。不少父母将自己年轻时未能实现的愿望寄托在孩子身上,他们堆积起的这份"厚爱",不但给孩子造成过重的精神负担和心理压力,不利于培养孩子独立自主的能力,同时也给自己平添了许多不必要的压力和烦恼,有损自身的心理健康。

四、心理保健 10 法

1.返老还童法:常回忆童年趣事,拜访青少年时的朋友,这样故地重游,旧事重提,仿佛你又回到童年时代。

2.精神胜利法:要不服输,保持旺盛精力,遇到挫折失败不灰心丧气,从精神上到行动上来战胜它。

3.腾云驾雾法:读书、看电影、看电视或听人讲话,要专心致志并随之腾云驾雾似地将思维扩展开去。

4.异想天开法:极力把自己想象成是实践者,摆脱观赏者的地位,做主人,莫做客人。

5.投机取巧法:每天要尽量省时、省力、节约金钱,想出新的办法解决各类问题。

6.贪得无厌法:对知识的获取永远不要满足。每天的计划要排满,使自己的生活充实丰富。

7.到处伸手法:广交朋友,乐意为大家办好事,做一个社交家、外交家。

8.众采博集法:要有广泛的兴趣,喜欢钓鱼、养花、书法、绘画以及收藏各种物品等。

9.平心静气法:遇到不愉快、生气的事,不要发脾气或急于行事,先平心静气 10 分钟。

10.见异思迁法:对新鲜的、奇特的、未知的事,要喜欢它、接近它、研究它、掌握它。

五、防止心理疾病 3 要诀

心理疾病包含 3 个不同阶段:心理不适、心理障碍、心理疾病。一般说来,心理不适可以通过自我调节、亲友开导来解决;较严重的心理障碍和心理疾病则需要通过医生进行心理治疗。

·养生保健·

图文珍藏版

心理疾病其实并不可怕，只要早期及时进行治疗，很容易缓解。不过，由于传统观念的影响，加之不少心理问题涉及个人的隐私，因此不少患者常常不愿就医。因此说，加强社会对心理疾病的科学认识，将对缓解心理压力、预防心理疾患起到至关重要的作用。所以，现代人在紧张工作之余，应多注意锻炼身体，参加各种义娱活动，皆可释放压力，保持心灵的平衡、宁静与健康。在维护心理健康方面还应注意以下 3 点：

1.要防止与克服心理冲突，对于已发生的心理矛盾，要设法调适并积极治疗。

2.用正确的态度对待疾病，不一定非要吃药，应适当加强锻炼，并学着清静自己的心灵，在一定时间内使自己思想入静。

3.办事要量力而行，否则易受挫折，失败感容易使人产生心理冲突，影响心理健康。

六、减轻心理压力的 7 种方法

1.静坐休息

安静地坐 5~10 分钟，什么也不要做，把精力集中到周围的声音上，集中到自己的感觉上，探问自己是否有哪个部位感到不舒服。

当你静坐时，心跳放慢、血压下降，也就是说，压力的症状有所减缓，有能力控制情绪了。

2.放声大笑

手里拿点能发笑的材料，例如：笑话书，也可以回忆看过的喜剧电影……当你发自内心地大笑时，体内引起压力的激素和肾上腺素开始下降，免疫力增强。这种效果能持续 24 个小时。有趣的是，当你预感即将大笑时，这种效果就已经开始有了。

3.倾听音乐

当你接受一项重大任务时，听听你喜欢的任何旋律的音乐。如果工作场所不能播放音乐，离家时带上便携的音乐播放器。

澳大利亚进行过这样一项试验：两组大学生被要求准备一份报告，一组工作时十分安静，另一组有音乐，这两组的大学生工作都很紧张，静悄悄准备报告的大学生们血压上升、脉搏加快，而边听音乐边工作的人血压和脉搏都很稳定。

4.多想点美好的事情

抽一点时间，哪怕只是 5 分钟，集中精神想想对你来说可亲的人或可喜的事，也可以构思一幅"安静休假"的画面。即使用一些高度自我评价的单词或句子都是有效的。

多想好事可以阻止体内形成压力的种种变化。我们经常感到有精神负担是因为无法摆脱不良情绪：不满、委屈、担心、生气等。如果多想想让你喜欢的人和让你高兴的事，效果就完全不同了。

5.走路散步

从桌子旁或沙发里站起来,就算走几分钟也好。专家证实,散步有助于平静内心。据观察,一批志愿者负责照顾智障老人。这是一项非常紧张的工作,志愿者中的人每周坚持散步4次的,很少烦恼不安,睡眠也好得多,血压正常。

如果每天抽不出半小时散步也没关系,当你感到紧张时,走上5~10分钟,同样会有明显效果。一开始感到紧张就走上几分钟,镇静作用最大。

6.放慢呼吸

放慢呼吸5分钟,每分钟用腹部做深呼吸约6次,也就是说,用5秒吸气和用5秒呼气,通常压力大时呼吸既快又浅。几次深呼吸就能挺起肩膀和放松肌肉。

"5秒吸—5秒呼"的呼吸节奏跟血压波动的10秒自然循环相一致。这种同步不仅使人迅速平静下来,还有利于心血管系统的健康。

7.轻松起床

晚上躺下入睡前或早晨醒来起床前,在床上用5分钟放松全身:先绷紧脚趾,后渐渐放松。接下来脚掌、小腿、大腿、臀部,直到上身和脸部肌肉。

早晨起床就紧张,那么接下来的一整天都别想轻松了,你躺下睡觉时总想着问题不放会影响你的睡眠质量,而这一点又会加重你的精神负担。因此,每天的开始和结束时花上5分钟放松全身很有必要。

七、心理老化的10种表现

心理学家把人未老先衰的心理行为表现,称之为"心理老化症",其表现有10种:

1.竞争意识退化:对事业没有创新思路,常感到空虚乏味,尤其是脑力劳动者,越来越感到力不从心。

2.自卑心理:一个人的时候,常常会长吁短叹。面对时代和生活,往往感到自己已落伍了。

3.反应异常:一方面,有时候特别地敏感,总觉得家人与周围的人在与自己过不去,疑虑丛生;另一方面,有时又对发生在自己身边的事视而不见,反应冷淡。

4.固执己见:不管做什么事情,都想以自己为中心,按自己的意愿行事。

5.性格孤僻:生活中遇到稍不如意的事,就大发雷霆,怨天尤人,喜欢独来独往,我行我素。

6.思维迟钝:面临突发事件时,往往束手无策,慌张无措,抓耳挠腮,急不可耐,不知怎么办才好。

7.性情急躁:生活中越来越容易感情用事,言行中理智成分越来越少,容易曲解他人的好意,有时听不进别人意见,不冷静,一触即发。

8.情绪恍惚:喜欢沉湎于往事的回忆,感情脆弱,情绪"儿童化"。

9.逐渐懒惰:精神不振,常感到精力不足,好静恶噪,睡意绵绵,经常靠酒、茶来提神助劲。

10.办事效率降低:记忆力明显下降,好忘事,优柔寡断,缺少朝气,做一件事常常要开几次头,一拖再拖。

八、心理超负荷识别法

人所受的心理刺激超过了心理承受能力,即为心理超负荷,应当注意调适。其表现为:

1.10天左右的时间内受过强烈的劣性精神刺激,或在一段时间内反复受到这类刺激,精神一直处于紧张状态之中。

2.半月以上经常出现疲惫感,酣睡起床后仍感疲倦,或出现原因不明的极度疲劳。

3.忧郁,懒言,不愿与人交往,烦闷不安,心慌意乱,好生气发怒。

4.注意力难以集中,记忆力减退,工作、学习效率下降。

5.食欲下降,头痛,失眠,心律不齐,血压波动,便秘或腹泻。

凡符合上述中的3项并查不出其他原因的,一般即可确定为心理超负荷,严重的应接受心理治疗。

九、哪些情况需要求助心理咨询

1.经历失恋、离婚、丧偶等情况之后,心灵创伤无法自愈。

2.婚姻及家庭关系不和睦,渴望通过指导改善。

3.下岗、退休后,心情苦闷,难以自我调整。

4.在人际交往中,自感怯懦,自我封闭。

5.学习遇到困难,不知该怎么办。

6.家长和孩子之间无法理解沟通。

7.青少年异性交往困惑。

8.经受挫折之后,精神一蹶不振。

9.过分自卑,经常感到心理压抑。

10.生活中遇有重大选择时,犹豫不定。

11.工作压力大,无力承受但又不能自行调节。

12.学习或工作环境变化,对新环境适应困难。

13.在快节奏的现代生活中,因不适应而紧张焦虑。

十、成功性格培养法

要提高办事成功率,需注意如下方面:

1.毅力:受到挫折和打击毫不动摇,以顽强的意志坚持奋斗。

2.信誉:在与他人合作的事业中,保质保量完成自己所担负的任务,遇到意外情况不推卸责任,主动、及时地做出交代。

    3.豁达:善于采纳不同意见,既往不咎,团结曾经反对过自己的人。

    4.扬长避短:尽量发挥自己的专长,大胆创新。

    5.热情助人:在别人遇到困难和挫折时,不袖手旁观,尽力给以帮助。

    6.精力充沛:爱护身体,适当休息和娱乐。

    7.光明磊落:不耍手段,下定决心通过正常途径走上成功之路。

十一、怯懦心理克服法

存在怯懦心理的人平时可经常锻炼,以期克服:

    1.勇敢地径直向陌生人走去。

    2.盯住别人的鼻梁,让人感到你在凝视他的眼睛。

    3.开口说话时一定要洪亮、干脆。

    4.熟记演讲的首尾,可使你毫不慌张,游刃有余。

    5.会见重要的陌生人前,可先列个谈话提纲,理清线索。

    6.适时地保持沉默,迫使对方先说话。

    7.经常同比自己强的人接触,观察强者的弱点和缺点,可增强信心。

    8.钻研业务,精通本职,信心会随同能力一起增强。

十二、情绪冲动控制法

有些人情绪容易冲动,控制的方法是:

    1.遇到与自己相左的意见时,不仓促表态,对事物的利弊要反复权衡。

    2.坚信冲动不能解决问题,要锻炼自制力,学会变"热处理"为"冷处理"。

    3.对己严,待人宽,度量大,胸怀豁达,能避免冲动情绪的产生。

    4.不拒绝别人的劝告,仔细听取,认真思考,会帮助自己从"牛角尖"中摆脱出来,缓和激动的情绪。

    5.努力提高文化修养,见多识广,就不会为了一些无关大局的事情冲动。

十三、沮丧情绪克服法

    1.广交朋友:性格内向的人容易产生沮丧情绪,与朋友倾心交谈能消除内心的苦闷。

    2.心理治疗:用意识和行动改变对自己的看法,它比抗沮丧药物更加有效。

    3.适当运动:能产生增进精神健康的心理因素,使人振奋。

    4.诊治疾病:检查是否有甲状腺亢进之类影响情绪的病症,并且治愈。

    5.增加营养:富含维生素和氨基酸的食物对情绪健康有良好的促进作用。

    6.调整药物:停服有引起沮丧的副作用的药物,如避孕药、类固醇、可的松、抗生素、磺胺、利血平等。

十四、紧张情绪消除法

有些人稍遇挫折就会整天情绪紧张,采用下述方法可望得到消除:

1.每晚睡前,对引起自己紧张情绪的事加以回忆,找出原因和解决的办法,以后再遇到类似的事情时,就有充分的思想准备。

2.碰到困难时,要树立克服的信心,因为敢于迎难而上,往往能战胜困难,而情绪紧张是毫无用处的。

3.当朋友突然疏远自己,使自己感到苦恼时,不要老是怀疑自己得罪了别人,更不要向人抱怨或诉说,应坦荡地向这位朋友友好地询问。

4.在等待某一重大结果而自己又处于无能为力的情况时,应尽量分散注意力,适当地进行一些娱乐活动,以缓解自己的紧张心情。

5.每日尽情回忆美好的往事,如童年趣事,初恋情景,真挚友谊,事业成功的喜悦场面,还可以翻看往昔的照片、录像带等。

十五、嫉妒心理克服法

嫉妒是自卑的一种表现,是不健康的心态。克服嫉妒心理,首先必须正确认识自己,既看到自己的短处,也看到自己的长处,就不会有处处不如人的想法。当看到自己的不足时,不怨天尤人,自暴自弃,而应加倍努力,奋起直追。尤其要克服乱攀比的心态,要善于学习,勇于超越,久而久之,嫉妒心理就会消失。

十六、害羞心理克服法

1.充分准备:与人约会、参加口试或接待陌生人,设想对方可能如何提问,事先准备好如何回答。

2.心理暗示:临场默念一些增强自信心的词语,作积极的心理暗示。

3.转移注意:演讲时,努力把注意力集中到听众身上,就会忘却自己的不自然或窘迫。

4.动作掩饰:平时留心自己紧张时的表现,并注意克服,如有手抖的习惯,不妨在讲话时把手放在衣袋里。

5.扩大交往:多参加社会活动,多接触陌生人,对取得成功的事情自我陶醉一番,都有助于克服害羞情绪。

十七、失恋心理调适法

失恋引起的烦恼应采取如下措施加以排遣:

1.对已往的恋爱史不再追忆。

2.对亲人或知心朋友尽情倾诉,以减轻心中的苦闷。

3.把失恋看成是生活中的一段小插曲,以感情无法强求自慰。

4.多参加社交活动,在友好交往中忘却烦恼。

5.把自己的情思寄托在某种兴趣上,以转移注意力。

6.适时另择恋友,弥补心灵创伤。

7.集中精力在工作和学业上争取优异成绩,以驱除失恋的痛苦。

十八、失望心理克服法

遇到失望的事情,采用下列方法有助于克服不良情绪:

1.正视失望:认清在人生道路上失望是不可避免的,因而别想逃避。

2.回顾过去:想想自己从前是如何克服失望的,从而坚信失望只是打击不是终结。

3.降低奢望:希望越大,它所造成的失望也就越大,因而要反省自己的希望是否脱离实际。

4.夸奖自己:独自夸奖自己的长处及成绩,采用适当的方式奖赏自己。

十九、考试心理调适法

学生在考试之前调适心理状况,要克服"考生竞技综合征",可作如下调适:

1.充分准备:考前应加强基础知识的复习和技能的训练,对各种题型充分演习,对各种难题做好充分的估计,预定对策,防止晕场。

2.树立自信:相信自己,信心百倍是考试成功的先决条件之一,尤其是在突然遇到难题时要坚信自己能够答出,然后冷静地理解题意,分析思考。

3.自我暗示:用语言来调节中枢神经系统的兴奋性,减轻以至消除紧张心理。

4.适当休息:考试前一天,千万不要再大量地复习,搞得十分疲劳,而要适当休息,睡眠充足,把身体调整到最佳状态,并食用容易消化的食物,减轻肠胃负担。

5.提前入场:早些进入考场,闭目养神,安定情绪。

6.先易后难:遇到难题先跳过,迅速做完容易的题目,信心会增加,解答难题也会比较顺利。

二十、恋爱识别法

恋爱中的男女常有不同寻常的表现。如出现下列情况,可能已陷入爱河:

1.恋人常用亲昵的名字称呼对方。

2.恋人能主动分担失败的痛苦和烦恼,分享成功的快乐。

3.恋人会乐意长时间倾听对方所谈的一切,不会流露厌烦情绪。

4.不会用批判的口吻伤害对方,不会挑剔、指责对方的缺点。

5.为减轻对方的劳累,会主动要求替对方办各种事。

6.恋人用的语言总能使对方感受到关心、体贴。

7.恋人会用饱含深情的眼光注视对方。

8.彼此有共同语言,常能谈笑风生,两人在一起有安全感、舒心感,能自然地取长补短。

9.感情持久稳定,不会一会儿如痴如醉,一会儿冷若冰霜。

10.感情专一,不朝秦暮楚。

11.能接受对方的不足和缺点,用爱心影响对方,使对方树立改正缺点的信心。

12.当一方为另一方乱花钱时,另一方会感到可惜、心疼。

二十一、谎言识别法

对方说谎,可从其表情中识别:

1.男子用力地揉眼睛,而女子则只是小心地揉几下。说谎时眼视别处不看听者,更有可能是弥天大谎。

2.有的人捂住嘴,同时用干咳来掩饰。

3.有的人假装鼻子痒或用擤鼻涕来掩饰。

4.用右手的食指搔左耳垂下面的颈部。

5.说谎者往往还会额头出汗,面部泛红,肌肉抽搐,瞳孔放大或缩小,频频眨眼。

二十二、生气的危害

经常生气是百病之源。从中医角度来看,生气至少有以下8大害处:

1.伤脑:气愤之极,可使大脑思维突破常规活动,往往做出鲁莽或过激举动,反常行为又形成对大脑中枢的恶劣刺激,气血上冲,还会导致脑溢血。

2.伤神:生气时由于心情不能平静,难以入睡,致使神志恍惚,无精打采。

3.伤肤:经常生闷气会让你颜面憔悴、双眼浮肿、皱纹多生。

4.伤内分泌:生闷气可致甲状腺功能亢进。伤心气愤时心跳加快,出现心慌、胸闷的异常表现,甚至诱发心绞痛或心肌梗塞。

5.伤肺:生气时的人呼吸急促,可致气逆、肺胀、气喘、咳嗽,危害肺的健康。

6.伤肝:人处于气愤愁闷状态时,可致肝气不畅、肝胆不和、肝部疼痛。

7.伤肾:经常生气,可使肾气不畅,易致闭尿或尿失禁。

8.伤胃:气滞之时,不思饮食,久之必致胃肠消化功能紊乱。

二十三、警惕独身综合征

近年来,国内外独身者日益增多。他们中不少人对众多的离婚案产生了逆反心理,因而选择了无拘无束的独身生活。面对这一现象,医学家发出警告:独身生活不利于健康,容易导致各种疾病发生,故称"独身综合征",并呼吁,独身者应努力把自己融进群体中。

"独身综合征"首先表现在独身者易受孤独寂寞的不良情绪折磨,内心深处的感情得不到交流,常常处于情绪紊乱的状态,使心理失衡,并使机体免疫系统受到影响而使疾病发生。其次,独身者因为没有组织家庭,容易变得孤僻、执拗、自私,生活上郁郁寡欢,性格变态,影响寿命。独身者要加强自身心理卫生保健,争取和亲友一起积极参加社交,做好心理调适,恢复自己的心理平衡。

二十四、怎样才能摆脱孤独

要想摆脱孤独可以从两个方向努力:一个方向是自己积极主动去接近别人,一个方向是通过改变自我,使别人愿意接近自己。

积极主动地接近别人的最好方法,便是关心、帮助别人。当你看到周围的人有为难之处的时候,如果能主动伸出手去帮一把,很可能就为自己赢得了一位朋友,从而也帮助自己摆脱了孤独。没有人会喜欢整天愁眉苦脸的人,也没有人会喜欢一脸清高孤傲的人。如果你渴望得到友谊和朋友,你就需要在某种程度上改变你自己。也许你并非不想理别人,只是不知道说什么才好,或担心别人会不理你。其实对别人亲切正是免除自身孤独的第一步,如果你再能设法找到一些共同的话题,或者主动向别人请教,僵局就很容易打破了。

要想有朋友,就不能光想着自己。总把"我"放在嘴边的人,最招人反感。如果和别人交往时,你不懂得尊重别人,老是随便打断人家的话,或是说些刺激人的话,让人下不来台,或是总想和人争个高低,处处显得你正确,恐怕你也就很难拥有朋友和友谊。所以,摆脱孤独,要从自己做起。

二十五、怎样克服忧郁综合征

当今社会,面对事业的挫折、工作的劳累、生活的困难、爱情的失败以及夫妻不和等各方面的打击,使人常常出现情绪低落、失眠、疲倦、注意力不集中和食欲不振等现象。心理专家将此称为"忧郁综合征"。

那么,我们应该怎样战胜忧郁呢?专家提出,应从以下几个方面考虑。首先,要加强思想修养,使之具有宽阔的胸襟,豁达乐观的情绪,这样就能做到"骤然加之而不怒,猝然临之而不惊"。要不断充实自己的生活,做点有益和帮助他人的事,安排一些娱乐活动,阅读一些积极向上、开拓思想的书籍。同时,参加一些体育锻炼,提高自信心。另外,"笑一笑,十年少",学会幽默,将使你生活得轻松、愉快。

二十六、抑郁症的认识疗法

抑郁症是心理失调的常见病。治疗抑郁症最有效的不是药物,而是心理,即认识疗法。认识疗法的三项原则是:

1.你的一切情绪,都是你的思想或认识所产生的,你目前的思想状况怎样,你也就感觉怎样。

2.你之所以会感到抑郁,是因为你的思想完全被消极情绪所控制,感到整个世界好像都在黑暗的阴影笼罩之下。你往往相信事实真如你所想象的那样糟糕。

3.消极思想几乎总是带有严重的歪曲性,它几乎是你一切痛苦的根源。

针对上述情况,你可以这样去改变认识:你的感觉不是事实;你能应付;不要以你的成就作为看待自己的根据。自我评价是认识疗法的主要内容,如果你更加喜欢自己一些,你就会感觉好些,请记住以下格言:你能自救,上帝才能救你。

二十七、如何调节现代心理病

现代人的心理失衡是一种不健康状态,已经成为一种严重的社会问题,因此,必须设法摆脱心理失衡使思维正常运作,走出心灵的误区。

1.要加强修养,遇事泰然处之:要清醒地认识到生命总是由旺盛走向衰老直至消亡,这是不能抗拒的自然规律。应当养成乐观、豁达的个性,平静地接受生理上出现的种种变化,并随之调整自己的生活和工作节奏,主动地避免因生理变化而对心理造成的冲击。事实上,那些拥有宽广胸怀、遇事想得开的人是不会受到灰色心理疾病困扰的。

2.要合理安排生活,培养多种兴趣:人在无所事事的时候常会胡思乱想,所以要合理地安排工作与生活。适度、紧张、有序的工作可以避免心理上滋生失落感,令生活更加充实,而充实的生活可改善人的抑郁心理。同时,要培养多种兴趣。爱好广泛者总觉得时间不够用,生活丰富多彩就能驱散不健康的情绪,并可增强生命的活力,令人生更有意义。

3.尽力寻找情绪体验的机会:一是多想想你的事业,时时不忘创新,做出新的成绩,跃上新的台阶;再者要关心他人,与亲朋、同事同甘共苦,无论悲欢、离合,都是对心理的撼动,它会使人头脑清醒,心胸开阔;三是多参加公益活动,乐善好施,为子孙造福。最好是学会一门艺术,在你的爱好之中寻找乐趣,无论唱歌弹琴,写作绘画,集邮藏币,都可以使你进入一种新的境界,产生新的追求。

4.保持心理宁静:面对大量的信息不要紧张不安、焦急烦躁。手足无措,保持心情宁静,学会吸收现代科学信息的方法,提高应变能力。最后,要尽量多地设想出获取它们的可行途径,并选择一个最佳方案行动,从而减轻个人的心理负担,又能收到事半功倍之效。

5.适当变换环境:一个人在一个缺乏竞争的环境里容易滋生惰性,不求有功但求无过,过于安逸的环境反而更易引发心理失衡。而在新的环境中,接受具有挑战性的工作、生活,可激发人的潜能与活力,进而变换心境,使自己始终保持健康向上的心理,避免心理失衡。

6.正确认识自己与社会的关系:根据社会的要求,随时调整自己的意识和行为,使之更符合社会规范。摆正个人与集体、个人与社会的关系,正确看待个人得失、成功与失败。这样,就可以减少心理失衡。

第三节 妇幼保健

一、女性自我保健4忌

1.忌超负荷工作

现代职业女性工作节奏的加快,身心长期超负荷工作,使得中枢神经系统持续处于紧张状态,以致内分泌功能紊乱,产生各种身心疾病,因此要注意劳逸结合,张弛有度。

2.忌忧愁抑郁

现代生活中的烦恼在所难免,将忧愁烦恼强压心头有百患无一益。中医认为,气伤心、怒伤肝。心情不好时应学会心理调节,想办法宣泄或转移。

3.忌盲目节食减肥

爱美之心,人皆有之,职业女性尤其如此。为减肥而完全放弃肉类、脂肪及奶制品,人体就会失去对生命至关重要的维生素、钙、铁等微量元素,将会出现脱皮、指甲变脆等毛病,所以,减肥应在医生指导下进行。

4.忌浓妆艳抹

职业女性对自己进行适当的化妆是必要的,但切忌浓妆艳抹,因为化妆品无论档次多高,还是化学成分居多,含汞、铅及大量的防腐剂,因此,女性勿把美容希望寄托在化妆品上,而忽略了自身的健康。

二、女性束腰易患痔疮

人的肛门周围有数组静脉,称为痔静脉。通常情况下,肛门周围的结缔组织比较疏松,血液运行也通畅。但腹部压力增大时,痔静脉内的血液回流都将受到阻碍,如果持续性束腰过紧,痔静脉就会纡曲成团,局部血液将严重受阻,时间一久,就容易导致痔疮形成。

三、女性不宜穿化纤内裤

目前,得膀胱炎的女性逐渐多了起来,泌尿科医生分析说,女性得膀胱炎的主要原因是穿化纤内裤。现在的许多少女及青年妇女为了美观及某些情况的需要,从内裤、衬裤,一直到外面的裤子都是化纤制品。这样一条条穿在身上,非常有利于细菌的生长与繁殖,从而引起膀胱炎。所以我们说,女性不宜穿化纤内裤。

四、女性慎用爽身粉

中外医学专家们根据临床资料推定,如果妇女长期在外阴部、大腿内侧、下腹部等处搽用爽身粉,可使卵巢癌的发病危险率增加 4 倍。

爽身粉的主要原料是滑石粉,而滑石粉是由氧化镁、氧化硅、硅酸镁等组成的无机化合物,其中硅酸镁就是石棉,这是一种容易诱发癌症的物质。妇女盆腔内的脏器尤其是内生殖器与外界直接相通,搽在外阴、大腿内侧、下腹等处的爽身粉,都可能通过外阴、阴道、宫颈及开放的输卵管进入腹腔,并附着、积聚在输卵管、卵巢表面,刺激卵巢上皮细胞增生,这种长期慢性的反复刺激可诱发卵巢癌。

卵巢癌在妇女肿瘤中发病率仅次于宫颈癌而居第二位。现代医学对卵巢癌仍缺乏可靠的早期诊断方法和有效治疗手段。因此,有关专家提醒人们,为预防和减少卵巢癌的发生,妇女和女婴在洗浴后不宜在外阴等部位搽以滑石粉为主要原料的爽身粉及其他粉剂。

五、女性睡眠"五不戴"

人如果忽略了睡眠中的一些细小事情,会对健康不利。

1.戴"表"睡觉:手表特别是夜光表有镭辐射,量虽极微,但长时间的积累可导致不良后果。

2.戴"牙"睡觉:一些人睡梦中不慎将假牙吞人食道,假牙的铁钩可能会刺破食道旁的主动脉,引起大出血甚至危及生命。

3.戴"罩"睡觉:每天戴乳罩超过 12 个小时的女人,患乳腺癌的可能性比短时间戴或根本不戴乳罩的人高出 20 倍以上。

4.带"机"睡觉:手机电磁波释放会使人的神经系统和生理功能发生紊乱。

5.带"妆"睡觉:带着残妆艳容睡觉,会堵塞肌肤毛孔,造成汗液分泌障碍。

六、女性夏季保健五不宜

1.不宜用生水

所谓生水,是指未经煮沸的冷水。生水中含有许多致病菌,如性病病原体等,如果用生水洗会阴,水中的病毒就可能黏附在外阴、大小阴唇甚至进入阴道破损处,并在那里生长繁殖而致病。

2.不宜剪腋毛

有些人认为夏季穿短袖或无袖衣裙时腋毛露在外面不雅观,就用剪刀剪去,有的甚至用刀片剃去腋毛。其实,这样做有损健康,极易造成腋窝部位的细菌感染,不仅局部疼痛难受,还容易发生淋巴结肿大等症状。

3.不宜戴金属首饰

夏天出汗较多,金属首饰如耳环、项链、手镯中所含的镍、铬会溶于汗水中,并能渗入皮肤内,从而引起接触性皮炎。

4.不宜久穿长筒丝袜

夏天气温高,人体皮肤上的汗孔处于舒张状态,散发热量,以保持正常的体温。

若久穿长筒袜,不仅使汗孔不能舒张,影响汗液的排出,而且汗液中的皮肤代谢产物还会使皮肤发痒,甚至发生皮肤炎症。

5.夜晚护肤不宜用白天的化妆品

人在睡眠中全身放松,毛孔自然舒张,容易吸收化妆品的养分。但夜晚护肤不宜使用白天常用的露、霜、脂等半固体化妆品,因这类用品易堵塞毛孔,使皮肤不能顺畅地进行新陈代谢。所以,在夜间美容应使用水剂化妆品。

七、月经期不宜进食的食品

由于女性月经期的特殊性,经期应该少食、最好不食下列食物:

1.生冷及性味寒凉的食物,如冰激凌、梨、香蕉、荸荠,因为可导致血寒凝滞,气血不通。

2.辛辣类食物,如辣椒、胡椒、花椒、丁香、肉桂等。

3.影响生殖功能的食品,如茭白、冬瓜、芥蓝、蕨菜、兔肉、黑木耳、大麻仁。其中芥蓝"耗气养血"(《本草求原》),蕨菜"多食令人发落,鼻塞目暗"(《食疗本草》),大麻仁"损血脉,滑精气"(《食性本草》),尤不能食。

八、缓解痛经 10 法

1.保持饮食均衡:少吃过甜或过咸的食物,因为它们会使你胀气并且行动迟缓,应多吃蔬菜、水果、鸡肉、鱼肉,并尽量多餐。

2.服用维生素:许多病人在每天摄取适量的维生素及矿物质之后,很少发生经痛。因此建议服用综合维生素及矿物质,最好是含钙并且剂量低的,一天可服用数次。

3.补充矿物质:钙与镁这两种矿物质,也能帮助缓解经痛。专家发现,服用钙质的女性,比未服用的少经痛。镁也很重要,因为它能帮助身体有效地吸收钙。不妨在月经前及期间,增加钙及镁的摄取量。

4.少食含咖啡因的食物:咖啡、茶、巧克力中所含的咖啡因,会使你神经紧张,可能促成月经期间的不适,咖啡所含的油脂也会刺激小肠。

5.禁酒:假使你在月经期间容易出现水肿,那么喝酒将加重此问题。

6.不要使用利尿剂:许多女性认为利尿剂能减轻月经的肿胀不适,其实,利尿剂会将重要的矿物质连同水分一同排出体外。

7.保持温暖:保持身体暖和将加速血液循环,并松弛肌肉,尤其是痉挛及充血的骨盆部位,应多喝热水,也可在腹部放置热敷袋或热水袋,一次数分钟,或用艾条灸小腹。

8.泡矿物澡:在浴缸里加入 1 杯盐及 1 杯碳酸氢钠。温水泡 20 分钟,有助于松弛肌肉及缓解经痛。

9.做运动:尤其在月经来潮前夕,多走路或从事其他适度的运动,将使你在月经期间较舒服。

10.服用止痛药:当经痛开始时,用牛奶或食物一起服用止痛药(如泰诺林),效果好的止痛药会在 20~30 分钟后起效,并持续 12 小时不会疼痛。

九、女性多吃橙子可防胆囊炎

美国科学家发现,女性之所以患胆囊炎的比例比男性高很多,是因为雌激素会使得胆固醇更多地聚集在胆汁中,胆汁与胆固醇高度中和,容易形成胆结石。而女性如果多吃水果,特别是橙子,对减少胆结石会起到明显的作用。橙子中的维生素 C 可以抑制胆固醇转化为胆汁酸,使得分解脂肪的胆汁减少与胆固醇的中和,两者聚集形成胆结石的机会也就减少。

十、女性何时不宜饮茶

茶可以提神醒脑、开胃消食、利尿解暑,长期饮用还有益寿延年之效。但并非所有人都可以饮茶,例如女性在经期、妊娠期、哺乳期和围绝经期这四个特殊时期就不宜饮茶。

1.月经期:茶叶中含有咖啡碱、茶碱等物质,具有兴奋神经、使基础代谢增高的作用,容易导致痛经、经期延长和经血过多。浓茶中含有较多鞣酸,它会妨碍肠黏膜对铁质的吸收,易导致缺铁性贫血。

2.妊娠期:孕妇如果喝茶太多、太浓,不仅有引起贫血的可能,也将给胎儿带来先天性缺铁性贫血的隐患。浓茶还会增加孕妇的心肾负担,诱发妊娠中毒症,不利于母体和胎儿的健康。

3.哺乳期:乳母饮浓茶会导致缺铁性贫血,不仅降低了乳汁的质量,同时还会影响乳汁的分泌。而婴儿到 3 个月时在母体内贮存的铁质基本耗尽,这时婴儿体内的铁质及蛋白质完全依赖于乳汁供给,如果此时乳汁不足或质量低下,那么就容易影响孩子的生理发育和智能发展。此外,哺乳期女性需要充分休息,此期如经常饮茶,尤其是夜间饮茶,除了乳母本人会兴奋难以入睡外,茶中的咖啡碱还可以通过人乳进入婴儿体内,婴儿容易发生肠痉挛、肠激惹等症状,会使婴儿无故大哭。

4.围绝经期:女性 45 岁以后开始进入围绝经期,除了会出现头晕、乏力外,有时还会出现心动过速、易冲动、睡眠不足或失眠、月经功能紊乱等症状,如常饮浓茶,会加重这些症状,不仅不利于顺利度过此期,还会使功能性疾病增加。另外,浓茶还可引起骨质疏松,故不宜饮用。

十一、更年期宜多吃豆制品

吃豆浆、豆腐等黄豆制品,有助于改善妇女更年期的不适。医学界发现,黄豆中含有一种名为类黄酮素植物雌激素,与女性荷尔蒙类似,不仅对更年期症状有益,甚至还可以预防心血管疾病。

十二、更年期慎服镇痛药

进入更年期后,不少妇女出现头痛、关节痛、腰痛等症状,影响正常的生活与工作。因此,有些更年期妇女常备几种不同的镇痛药,随时服用。这种长期滥服镇痛药的做法,对身体极其有害。

1.不论何种镇痛药,若不经医生指导,长期随意服用,都可能掩盖身体已有疾病,贻误诊断治疗。

2.吗啡、杜冷丁类镇痛药有较强的镇痛作用,但也有严重的成瘾性。一旦成瘾,必须经常服用,停药则易产生戒断症状,出现精神不振、全身不适、流泪流涕、呕吐腹泻,甚至虚脱。因此,更年期的一般疼痛,禁止使用此类镇痛药。

3.解热镇痛药物对更年期疼痛有较好的效果,但是越来越多的临床报告表明,解热镇痛药也不是绝对安全的。几乎所有的解热镇痛药都有毒副作用,如胃肠道反应、变态反应、肝肾功能损害、造血功能障碍等。

十三、何时怀孕最佳

从优生角度讲,怀孕的最佳月份是8月和9月,因为怀孕的头三个月是胎脑开始形成、分化的时期,8~9月份,天气渐渐凉爽,孕妇夜眠受暑热影响小,又是蔬菜、水果丰收季节,孕妇休息、营养和维生素C的摄入均有保证,而有利于胎儿脑发育及其出生后的智力发展。8~9月份怀孕,临产时间正好是春末夏初,气候温和不热,产妇的蔬菜、鱼、肉、蛋等副食品供应丰富,乳汁营养也丰富;衣着日趋单薄,婴儿揩身沐浴不易受凉,还能让婴儿到户外多晒太阳,呼吸新鲜空气。这些均有利于优生。如果是4~5月份怀孕,早孕期正值高温季节,孕妇易患厌暑症,这就会影响胎儿的正常发育。

十四、孕期妈妈的锻炼

孕期妈妈进行身体锻炼不仅可以增强体质,减少疾病的发生,而且有利于顺利分娩。注意以轻微的活动为宜,避免剧烈活动,避免劳累。

1.散步:每日早上起床后和晚饭后进行,散步的时间和距离靠自己的感觉来调整,以不觉劳累为宜。散步时不要走得太急,要慢慢地走,以免对身体震动太大或造成疲劳,在妊娠早期和晚期要格外注意。

衣服穿着应便于行动,鞋跟不要太高,最好是软底的运动鞋。夏天或冬天应注意防暑、防寒。大雾或雨、雪天时就不要再去散步,以免发生事故。散步前要认真考虑好路线,避开车多、人多和台阶、坡度陡的地方。散步时要留心周围的车辆、行人以及玩耍的儿童,不要被撞倒。散步途中感到有些不舒服时,可找一个安全、干净的地方稍事休息一下,然后就向回转。散步时还可以活动一下四肢,进行多方面的锻炼。

·养生保健·

图文珍藏版

2.做广播操:每日可在散步之后或工间操时做几节。

怀孕头3个月时,不要做跳跃运动,而且每节操可少做几个节拍,以免运动量太大,造成流产。怀孕4个月之后,可做全套,但弯腰和跳跃运动要少做几节拍甚至不做。到了怀孕后期,不仅要减少弯腰和跳跃运动,其他几节的节拍也需适当控制,但可以自己增加一些动作,如活动脚腕、手腕、脖子等。每次不要搞得很累,微微出汗时就可以停止了。

3.做孕妇体操:每天都应坚持做,如果出现流产先兆,应询问医生后再决定是否坚持。做操之前应排尽大小便。

孕妇体操好处很多,能够防止由于体重增加和重心变化引起的腰腿疼痛;能够松弛腰部和骨盆的肌肉,为将来分娩时胎儿能顺利通过产道做好准备;还可以增强自信心,在分娩时能够镇定自若地配合医生,使胎儿平安降生。

4.家务劳动:要掌握在不累、不搬动重东西、震动较小、不压迫腹部的范围里,如做饭、收拾屋子、扫地等等。

十五、孕妇不宜喝可乐

孕期应慎用可乐等咖啡因饮料。1瓶340克的可乐型饮料含咖啡因50~80克,一次口服咖啡因剂量达1克以上就可能导致中枢神经系统兴奋、呼吸加快、心跳过速、失眠、眼花、耳鸣等。咖啡因能迅速通过胎盘作用于胎儿,孕妇过量饮用可乐型饮料,体内胎儿就会直接受到其影响。科学家还证明咖啡因能破坏人体细胞的染色体。

十六、孕妇不宜洗冷水澡

妇女怀胎后,血压会相应升高,身体也感到比孕前热,尤其是夏季,怀胎6个月至10个月时,更会感到身体干燥不堪。有些孕妇因此就用冷水擦身,甚至浸泡在冷水中洗澡,这样做图了一时舒服,却会带来不少危害。

这是因为孕妇怀孕期间,自身的营养除维持本身各组织各器官的需要外,还要供应胎儿,负担较重,体质变弱,抵抗力降低,对外界不良刺激的防御功能减退,皮肤毛细血管循环发生障碍,通透性增强,肤质疏松薄嫩,在这种情况下用冷水擦身、洗澡,寒湿极易进入体内,容易发生感冒、咽喉炎、扁桃体炎、关节炎等病症,而且对胎儿生长发育也有影响。

所以,孕妇不宜洗冷水澡。

十七、孕妇不宜饮酒

有些地方有给孕妇喝甜酒的习俗,以为这样可以给孕妇增加营养、补益身体,然而这并不科学。因为甜酒含有酒精,只是酒精浓度低一些而已。孕妇饮酒后,子宫里的酒精浓度有相当长一段时间是比较高的,并可通过胎盘损害胎儿。轻则使胎儿出生时体重减轻,给以后的喂养带来困难,而且还会影响孩子的抵抗力,使其容易患病;重则可使胎儿发生畸形。

从保护下一代健康的角度出发,孕妇还是不饮酒为好。

十八、孕妇为何需补钙

据临床提示,正常成年女性体内钙的储备,不能满足妊娠期的需要,而需额外补充钙才能满足自身和胎儿的需要,如果孕妇出现手、脚抽筋等症状,则是孕妇钙摄入量不足,临床上常见的妊娠高血压疾病就是严重缺钙。孕妇在早期每天需要补钙800毫克、中期需1 000毫克、晚期1 200毫克,每天补钙量不要超过2 000毫克。孕妇应多吃牛奶、豆制品、虾皮等高钙食品,并补充一定量的钙制剂。

十九、孕妇忌去拥挤的场所

平时人们免不了去人多拥挤的场合,但孕妇则不宜去。否则有以下的危险。

1.在人多拥挤的地方,孕妇一旦受挤,便有流产的可能,如挤着上公交车就更危险。

人多拥挤的场合,容易发生意外,如在广场看节目,就有可能挤倒人,孕妇由于身体不便,最容易出现问题。

2.人多拥挤的地方,空气污浊,会给孕妇带来胸闷、憋气的感觉,胎儿的供氧也会受到影响,比如在拥挤的室内看节目就不利。

3.人多拥挤的场合,必然人声嘈杂,形成噪音,这种噪音对胎儿发育十分不利。比如在足球场看球赛就会不时出现噪音。

4.易传染上疾病,在很多拥挤的场合都有这种危险。公共场合引发各种疾病的微生物的密度远远高于其他地区,尤其在传染病流行期间,孕妇很容易染上病毒和细菌性疾病。这些细菌和病毒对一般健康人来说可能影响不大,但对孕妇和胎儿来说是比较危险的。

二十、孕期不宜过度静养

有些妇女怀孕后十分害怕早产或流产,因而活动大大减少,不参加文体活动,甚至从怀孕起就停止做一切工作和家务,体力劳动更不敢参加。其实,这样做是没有必要的,对母婴健康并不利,甚至有害。

当然,孕妇参加过重的体力劳动、过多的活动和剧烈的体育运动是不利的,但是如果活动太少,会使孕妇的胃肠蠕动减少,从而引起食欲下降、消化不良、便秘等,对孕妇的健康也不利,甚至会使胎儿发育受阻。因此,妇女在怀孕期间应注意做到适量活动、运动和劳动,注意劳逸结合,活动量与平常差不多就可以了。

孕期的生活要有规律,每天茶余饭后要到室外活动一下,散散步或做一些力所能及的家务活。还要经常做些体操,对增进肌肉的力量、促进机体新陈代谢大有益

· 养生保健 ·

图文珍藏版

处。妊娠期间一般不要更换工作,但应注意避免做体位特殊、劳动强度高以及震动性大的工作。到了 7~8 个月后,最好做些比较轻便的工作,避免上夜班,以免影响休息和出现意外事故。临产前 2~4 周最好能在家休息。

怀孕期间,孕妇不可一味地卧床休息,避免整天躺在床上,什么活也不做。这样容易导致胎儿过大,造成分娩时的困难。

二十一、孕妇忌养宠物

有一种病叫弓形体病,是人畜共患的寄生虫病。孕妇初次感染弓形体病,可通过胎盘传播给胎儿,造成先天性感染,对母婴危害极大。

几乎所有的哺乳动物和鸟类都是弓形体病的传染源,特别是感染弓形体病的猫,其他一些动物如猪、牛、羊、兔、狗、鸡、鸭、鹅等也都是弓形体病的重要传染源。

此病可以经口和胃肠道、皮肤黏膜感染,也可通过被污染的食物感染。

先天性弓形体病的主要表现是脑积水,常伴有颅缝裂开,也可有小头畸形,X光检查可有脑内钙化,智力低下,精神运动发育障碍,眼部可出现小眼球、失明等。

为了有一个健康活泼的小宝宝,育龄妇女特别是孕妇,应做好对弓形体病的预防:

1.对弓形体病有个初步的认识,认清弓形体病对孕妇及婴幼儿的危害。

2.注意卫生,不吃生肉或未煮熟的肉、蛋。

3.孕妇不应接触猫、狗等宠物,更不应玩这些宠物。如一旦接触,必须彻底洗手。

弓形体病必须经实验室检查才能确诊,如条件允许,孕妇应进行弓形体检测,如确定弓形体感染,应在医生指导下治疗,并对胎儿进行监测,出生后还应随访观察。

二十二、孕妇如何化妆

化妆品中很多成分具有刺激性,如使用不当,可引起毛囊炎、过敏等皮肤反应。近年来更有人发现某些劣质化妆品中含有致癌的化学成分,所以孕妇应根据皮肤的类型和孕后的皮肤变化选择化妆品。

怀孕后,皮肤易出现面疮、粉刺等小疙瘩,这是由于孕后体内激素分泌失调所致,此时不要经常更换以往常用的化妆品,以免皮肤不适应。只要常洗脸,保持面部清洁及充分休息和适当营养,过了妊娠第 5 个月,一切自

各式各样的化妆品

然会好。

孕中期,皮脂的分泌减少,皮肤会变得粗糙,化妆时可先用香皂,后敷上冷霜轻轻按摩,继用热毛巾擦掉,再用乳液滋润。

孕后期,皮肤非常敏感,更需少用化妆品,以免产生更多斑点。

另外,怀孕后去医院做定期产前检查时,尽量不要化妆,因为化妆品可掩盖孕妇的脸色,影响医生的正确判断。

孕妇切忌涂指甲油,因为指甲油上的化学物质对人体有一定的毒性作用。孕妇多喜吃零食,指甲油中的有毒化学物质很容易随之进入孕妇体内,并能通过胎盘和血液进入胎儿体内,日积月累,影响胎儿健康。

二十三、怎样安排乳母的饮食

在整个哺乳期中,特别在婴儿 3~7 个月时,乳母每日乳汁分泌量可达 800~1200 毫升,所以需要供给乳母更多的营养,以保证母体健康和乳汁的质量。饮食中要有充足的蛋白质、钙、铁与维生素等,进食量要比孕期多 1/4。要多吃鸡、鸭、鱼、肉等汤类食物,如猪蹄黄豆汤、骨头菜汤、虾米青菜蛋汤、鲫鱼汤、豆腐汤或煮红豆粥。每日饮用牛奶或豆浆也颇有益处。还应多吃新鲜的蔬菜和水果,以保证维生素 C 的供给。

二十四、产后怎样服补药

产后进服补药,一般可安排在产后恶露(产后由阴道排出暗红的血水,称恶露,是正常现象)基本排尽时,因此时子宫已趋复原,进服补药就无"闭门留寇"之嫌了。进补也应视各人胃口而异,宁迟勿早。补药可用人参。日服 2 克,切片含服或研粉吞服均可。这对产后出汗较多、疲乏无力者有益。也可以阿胶 250 克,用黄酒浸一夜,加入适量冰糖,隔水炖烊,早晚冲服一匙。这对贫血头晕、肢体不温的产妇有益。

"产后宜温不宜凉",像珍珠粉,虽富含多种人体必需氨基酸,但它性属寒凉,不宜进服。

二十五、产后乳房的护理

产后乳房的护理,对于能否合理喂养婴儿是至关重要的,对于产后身体的恢复也有一定的作用。

乳头应该保持清洁和干燥,但最好不要用肥皂水或酒精清洗乳头,因为这样会使乳头表面的天然润滑物被洗掉,而导致乳头干裂。

如发生乳头裂伤,应暂停直接喂奶,可将乳汁挤出或吸出消毒后再喂给小儿,并将鱼肝油软膏或蓖麻油铋剂涂于乳头上,防止感染,促使痊愈。如果乳汁排出不畅或每次喂哺时未将乳汁吸净,造成乳汁淤积于乳房,可致乳核(即乳房肿胀有小

·养生保健·

图文珍藏版

硬块)的发生,会有胀痛感。刚出现乳核时就应及早用清洁的热毛巾湿敷并轻轻按摩,使其软化,让小儿频繁用力地吸吮或人工吸空,以防止乳腺炎。

有些妇女在生育前曾经做过隆乳手术,或因乳腺疾病做过相关的手术,那么在分娩前应该请大夫看一看是否影响哺乳,如果影响哺乳,或产后不适宜哺乳,产后应立即用药物回奶,避免因乳房充盈而造成痛苦。

二十六、喝催乳汤也有学问

为了尽快下乳,许多产妇产后都有喝催乳汤的习惯。但是,产后什么时候开始喝这些"催乳汤"是有讲究的。喝得过早,乳汁下得过快过多,而这时新生儿又吃不了那么多,容易造成浪费。同时,会使产妇乳管堵塞而出现乳房胀痛。若吃得过迟,乳汁下来过慢过少,也会使产妇因"无奶"而心情紧张。产妇一紧张,分泌乳量会进一步减少,形成恶性循环。因此,产后喝催乳汤一般要掌握以下两点:

1.掌握乳腺的分泌规律

一般来说,孩子生下来以后,乳腺在两三天内开始分泌乳汁,但这时的母乳比较黏稠、略带黄色,这就是初乳。初乳进入婴儿体内使婴儿体内产生免疫球蛋白A,从而保护婴儿免受细菌的侵害。初乳的分泌量不是很多,加之婴儿此时尚不会吮吸,所以好像无乳,可是若让婴儿反复吮吸,初乳就会"通"了。大约在产后的第四天,乳腺开始分泌真正的乳汁。

民间常在分娩后的第三天开始给产妇喝鲤鱼汤、猪蹄汤之类,这是有一定道理的。

2.注意产妇身体状况

若是身体健壮、营养好、初乳分泌量较多的产妇,可适当推迟喝汤时间,喝的量也可相对减少,以免因乳房过度充盈淤积而感到不适。如产妇各方面情况都比较差,就吃早些,吃的量也多些,但也要根据"耐受力"而定,以免增加胃肠的负担而出现消化不良,走向另一个极端。

二十七、怎么为新生儿选购衣服

新生儿的贴身衣服最好是轻柔、不脱色的纯棉制品,因为它们要和新生儿的皮肤接触和摩擦。购买时,不必买正好合身的外衣,因为婴儿生长快,数周后就会长得很大而穿不上刚买不久的衣服。所以,不妨一开始就买3个月大的婴儿穿的外衣。新生儿的骨骼细嫩,不适合穿套头衫。最好让宝宝穿开衫,以方便穿脱。不要给宝宝穿有纽扣的衣服,硬扣子会硌伤宝宝的皮肤,还有可能让宝宝吸到嘴里造成窒息。

新生儿内衣的尺寸要合适,一般宽出3厘米或6厘米即可,太肥大的内衣打褶后会硌伤宝宝的皮肤,太瘦的内衣会影响血液循环。给宝宝穿系带式内衣时,带子的长度要合适,并且要牢靠地缝在衣身上,否则不小心绕住宝宝的脖子、手指、脚趾等处会造成损伤。还要注意内衣的缝制工艺，接缝越少越好。所有的内衣在给宝宝穿之前，都应用开水烫洗后在太阳下暴晒杀菌。

那么，适合新生儿做贴身衣服的面料有哪些呢？

1.针织罗纹布：这是一种有弹性的针织面料，质地较薄、透气性及手感极好，但保暖性略差。较适合于做春、秋，尤其是夏季的内衣。

2.针织棉毛布：比罗纹布稍厚，为双层有弹性的针织面料，有极佳的保暖性、透气性和极好的手感，适合于做秋冬内衣。

3.棉纱布：是一种平织面料，因为薄且纤维间隙大，透气性极好，但保暖性及手感一般，洗后易缩水，主要用于夏季内衣。

4.毛巾布：因质地较厚，有很强的保暖性及良好的伸缩性和手感，但透气性略差，一般用于秋冬季内衣。

二十八、给新生儿拍照时忌用闪光灯

新生儿由于视网膜发育尚不完善，遇到强光可使视网膜神经细胞发生化学变化。而且婴儿的瞳孔对光反射不灵敏，泪腺尚未发育，角膜干燥。所以当他遇到电子闪光灯等强光直射时，可能导致眼底视网膜和角膜被灼伤，甚至有失明的危险。为新生儿拍照时最好利用自然光源，或采用侧光、逆光，切莫用电子闪光灯及其他强光直接照射孩子的面部。

二十九、新生儿戴手套害处多

许多父母看到孩子的小手在无目的地抓摸，很担心他们会把脸抓伤。另外，也有些父母不敢为新生儿修剪指甲，于是就给孩子戴上一双手套。

戴手套看上去好像可以保护新生婴儿的皮肤，但从婴儿发育的角度看，这种做法直接束缚了孩子的双手，使手指活动受到限制，不利于触觉发育。

毛巾手套或用其他棉织品做的手套，如里面的线头脱落，很容易缠住孩子的手指，影响手指局部血液循环，如果发现不及时，有可能引起新生儿手指坏死而造成严重后果。

为避免新生儿把脸抓伤，医生建议，如果新生儿的指甲过长，父母可以趁他熟睡时小心仔细地修剪。剪指甲时一定要抓住新生儿的小手，避免孩子因晃动手指而被剪刀碰伤，但指甲不要剪得过短，以免损伤甲床。

三十、婴儿忌吃蜂蜜

蜂蜜是最常用的滋补品之一。据分析，蜂蜜中含有丰富的果糖、葡萄糖和维生素 C、K、B_1、B_2 以及多种有机酸和有益人体健康的微量元素等。一些年轻的父母喜欢在婴儿饮用的牛奶中或开水中添加些蜂蜜，以之为孩子增加营养或使其大便通畅。但是，现已证明，1 周岁以下的婴儿食用蜂蜜及花粉类制品，可能因肉毒杆

·养生保健·

图文珍藏版

菌污染引起食物中毒。

　　灰尘中和土壤中往往含有被称为肉毒杆菌的细菌,蜜蜂在采取花粉酿蜜的过程中,有可能会把被污染的花粉和毒素带回蜂箱。微量的毒素即可使婴儿中毒。中毒后先出现持续1~3周的便秘,而后出现弛缓性麻痹,婴儿哭泣声微弱,吮乳无力,呼吸困难。因此,为婴儿的健康生长发育着想,最好不要给1周岁以下婴儿食用蜂蜜。

三十一、婴幼儿窒息急救法

　　婴幼儿喂奶或服药时窒息,应立刻把孩子倒提起来,轻拍臀部,使其排出气管内的堵塞物。婴幼儿因蒙被睡觉或襁褓包得太紧发生窒息,出现面色青紫甚至停止呼吸的现象,应该立即口对口人工呼吸,并迅速送医院抢救。

三十二、解除婴幼儿打嗝的妙法

　　1.当婴儿打嗝时,先将婴儿抱起来,轻轻地拍其背,喂点热水。
　　2.将婴儿抱起,用一只手的食指尖在婴儿的嘴边或耳边轻轻地挠痒,一般到婴儿发出哭声,打嗝即会自然消失。因为嘴边的神经比较敏感,挠痒可以使其神经放松,打嗝也就消失了。
　　3.将婴儿抱起,刺激其足底使其啼哭,以终止膈肌的突然收缩,可使其打嗝消失。
　　4.不要在婴儿过度饥饿或哭得很凶时喂奶,也是避免宝宝打嗝的措施之一。

三十三、不可用力摇晃婴儿

　　婴儿大脑的体积小于其颅腔的体积,而且是漂浮在液垫上的。当你猛烈地摇晃婴儿时,他的大脑时而做加速运动,时而做减速运动,这样就形成了一种剪切力,正是这种剪切力给婴儿大脑造成损伤。人们给这种损伤起了个名字,叫"受摇晃婴儿综合征"。

　　猛烈地摇晃或用力撞击婴儿的头颅,也会造成婴儿大脑损伤,因为婴儿的头颅相对于其身体的其他部位要大、要重,而婴儿至少在1岁前是不会抱其头颅做自我保护的,因此,猛烈地摇晃头颅会在其颅腔内形成巨大的力量,从而使其大脑与其头骨相撞击,受撞击的大脑部位会出现水肿,其周围血管会破裂,形成硬膜下血肿(即在脑膜和大脑表面之间的血肿)和视网膜出血。

三十四、怎样给婴儿洗澡

　　给婴儿洗澡主要为了清洁皮肤,有助于皮肤的呼吸作用,洗澡还可以加快血液循环,促进婴儿发育,条件许可时每天给婴儿洗澡更好。
　　婴儿皮肤柔软,容易受伤而发生感染,因此给婴儿洗澡的盆要专用,保持干净。

还要做好其他准备,先把更换衣服备好,尿布叠好,柔软的小毛巾、大浴巾或婴儿毛巾被、婴儿皂、爽身粉等都要备齐,给婴儿洗澡时室温要高些,水温在 35℃~40℃,先试水温,水的深度应盖过婴儿全身的大部分。

洗澡时,成人给婴儿脱去衣服,如在冬天,要注意保温。将婴儿抱起,用左手及左前臂托住婴儿头颈和背部,用大拇指及中指捏着两耳孔,防水入耳,洗洗头脸,然后将婴儿放入盆中,成人用手迅速地洗,特别是颈下、腋下、耳后、腹股沟及皱褶部。或用市售的婴儿洗澡软架,把它放入盆中,把宝宝放到架上,成人用水冲洗婴儿,洗净出水时,成人双手将婴儿抱出,放在浴巾上裹好,轻轻地给婴儿抹干,要注意抹干腋下、颈下及皱褶处。

三十五、正确的喂奶技巧

在喂奶的过程中,妈妈要放松,姿势要舒适,宝宝要安静。妈妈坐在低凳上或床边上,如果位置较高可把一只脚放在脚踏凳上,或身体靠在椅子上,膝上放一个枕头抬高宝宝;把宝宝放在腿上,头枕着妈妈的胳膊,妈妈用手臂托着宝宝的后背和小屁股,使小脸和小胸脯靠近妈妈,下颌紧贴着乳房;妈妈用手掌托起乳房,先用乳头刺激宝宝口周皮肤,待宝宝一张嘴,趁势把乳头和乳晕一起送入宝宝的嘴里;让宝宝含住乳头及乳晕的大部分,这一点非常关键,否则光靠叼住奶头吸吮是不可能得到乳汁的,宝宝为得到乳汁会拼命去吸吮乳头,妈妈会感到阵阵钻心的疼痛,乳头也容易被宝宝吮破,但坚持一下,往往就会成功了;妈妈一边喂一边用手指按压乳房,以便于宝宝吸吮,又不会使宝宝的小鼻子被堵住。

三十六、生儿不宜喂鲜牛奶

鲜牛奶是一种优质的营养品,但对新生儿来说并不十分适宜。鲜牛奶中所含的蛋白质(每 100 毫升约有 3.5 克)虽比人奶多 3 倍,但其中 80%是酪蛋白,且牛奶中所含的大量的钙使酪蛋白沉淀而不易吸收,酪蛋白在胃中遇酸后又容易结成较大的凝块,不但较难消化,又易引起婴儿溢乳。如必须给新生儿喂鲜牛奶,应加以稀释并加糖才可喂食。

三十七、怎样顺利给宝宝断奶

首先,断奶应是一个逐渐的过程。若按时为宝宝添加辅食,在宝宝半岁左右,就应该能吃相当数量的食品,此时母亲应把喂奶的次数减到早、晚各 1 次。

其次,要根据天气变化和宝宝身体状况选择合适的断奶时机。断奶最好在秋凉时节,不要在最炎热的夏季。夏季天气炎热,宝宝本来就容易发生胃肠功能紊乱,此时断奶更可能加重这种情况,搞得不好还会生病。

第三,断奶期间一定要注意营养的均衡。小婴儿生长发育很快,对营养需求量也大,如果不注意喂养方法而突然断奶,小婴儿不习惯,若再存在营养摄入不足等

·养生保健·

图文珍藏版

问题,就很容易造成营养不良以及消化功能紊乱。应逐渐减少母乳哺喂量,同时培养小婴儿用勺和小碗吃食物,并注意所吃食物的种类和软硬程度。

注意了以上问题,宝宝就一定能顺利、安全地度过断奶期。

三十八、冬季怎样给婴儿换衣服

宝宝除了要在洗澡时更衣,还常常因为溢奶弄脏衣服或者尿湿衣服而增加换衣服次数。宝宝皮肤娇嫩,水分排泄比成人快,易出汗,也需要更换衣服。但小婴儿对外界刺激反应弱,适应能力低,换衣服时暴露的皮肤易受室内气温的影响,如妈妈的动作慢,小儿又不会配合,就很容易着凉而引起感冒。

在冬天,一般家庭室温较低。可减少换衣服次数,每周1~2次,对部分溢奶或流口水的小婴儿,可在胸前围上口水罩或柔软手帕,以避免弄脏衣服。每次换衣服要尽量缩短时间,先将要换的干净衣服从里到外一件一件的事先套好,可以减少分别穿的麻烦。冬天最好先把衣服烘热,洗澡时用小毛巾擦洗皮肤,有利于血液循环,又增强抗病能力。平时换衣服,大人可坐在床上,然后把孩子抱在怀里,在他身前盖上毛巾或被子,这样不仅减少了孩子的身体接触外面冷空气的机会,而且被窝里暖和,不容易着凉感冒。

三十九、搂着孩子睡觉坏处多

如果父母搂着孩子睡觉,父母的呼吸会使周围空气中的二氧化碳含量增高,孩子感到呼吸困难,脑供氧不足,因而引起睡不稳、易做噩梦和半夜哭闹。婴儿长期在这种缺氧的环境中睡眠,会影响脑组织的新陈代谢。

另外,搂着孩子睡觉也容易发生压伤、窒息和其他意外事故。

四十、肥胖孩子如何控制体重

儿童肥胖除了多食、少动以及遗传因素外,还有许多病理性原因,如内分泌功能异常、神经系统疾患等都可以伴有肥胖症状。因而先应带孩子去医院内分泌科检查,看孩子有无其他疾病,以便对症治疗。

肥胖是儿童健康的杀手

如果孩子确诊为单纯性肥胖的话,注意以下几个方面,一般就可以控制孩子的体重:在饮食方面,一要满足孩子的基本营养需求,不要过分限制饮食;二要注意孩子适度饮食,控制其体重不要增长太快,但当体重降至只超过正常体重10%时,就不用再严格限食了。在运动方面,坚持让孩子做他感兴趣的运动,每天以 1 小时左右为宜,太剧烈的运动会刺激食欲,故应避免。

四十一、如何预防宝宝晕车

有些宝宝特别容易晕车,这是因为其内耳的系统对于运动特别敏感。大多数宝宝随着年龄的增长,晕车现象会逐渐消除,但在一家人驾车出游时,也不妨用下面介绍的一些消除晕车的方法,预防宝宝晕车。

1.如果发现宝宝晕车,可以请医生开些合适的药物。防晕药一般在上车前半小时吃。

2.乘车前不要给宝宝吃脂肪高或油炸的食物。

3.乘车时如果宝宝要吃东西,给他饼干或糖果吃。

4.让宝宝有事可做,比如听故事。

5.保持车厢内的愉快气氛。如果情绪不好,心理会紧张,其结果是更易晕车。

6.准备 1 包咸菜,晕车时吃一点可减轻不适。

7.如果宝宝面色苍白,或是异常安静,要将车停下来,下车透透气。准备好 1 个塑料袋,呕吐时让其将污物吐在里面。

8.准备好手纸及水,让宝宝漱口,消除不良气味,擦净嘴角。

9.让晕车的宝宝坐在靠前的位置,车子前面颠簸较轻。

10.把宝宝的注意力引到车前的景物上,不要让他望着路边。

11.不要让宝宝在车中看书或画图。

12.车子里不要有食物味道或香烟、汽油味。

13.车窗开个缝,透进新鲜空气。

14.反胃时,让宝宝斜靠在椅子上,不要转头。

15.放些轻柔的音乐,尽可能让宝宝睡觉。

四十二、如何预防婴幼儿喉部异物

外物嵌入喉腔,称"喉部异物"。这是一种非常危险的事故,多发生在 5 岁以内的婴幼儿身上。

为了预防"喉部异物"的发生,千万不要让 5 岁以内的孩子吃瓜子、黄豆、花生或蚕豆等硬质食物;吃鱼时,应先将鱼刺取尽,以免鲠人喉内;教育孩子不要玩弄各种针类;吃东西时,不要让小孩说话、嬉笑,以免食物掉入喉腔。

如发生了喉部异物,首先将小孩头部放低,并用食指向小孩喉腔撬取异物,不使异物进入气管。如不成功,要急送医院抢救。

四十三、如何防治小儿异食癖

异食癖指儿童嗜吃非食物性东西的习癖。典型的表现为:咬食玩具上的油漆、灰泥、带子、头发、衣服等。多见于 1 岁半至 6 岁儿童,男孩多于女孩。较大一点的

·养生保健·

图文珍藏版

儿童还会吞食黏土、污物、动物粪便、石头、棉花和纸张等。异食癖可造成各种并发症,如吞食污物、粪便等,可引起肠道寄生虫病;吞服石头、破布、头发等可造成肠梗阻;大量吞食黏土,可导致高血钾及慢性肾功能衰竭;吞食大量灰泥,可致铅中毒。

异食癖的发生有因体内缺乏某种营养物质,试图从非食物中去摄取,或肠道寄生虫等躯体因素;也有因父母欠关心,饥饿时得不到食物,无意中吃了别的东西,渐成习惯的因素。

对有异食癖的儿童,父母要多加关心,满足孩子正常食物的需求;尽量将异食之物藏好,以改变其习惯;避免让儿童生活在单调环境之中;检查治疗肠寄生虫;通过心理治疗,耐心地教育训练,纠正不良习癖。在接受矫治同时,驱虫治疗可望改善患儿体质及异食情况,但要防止重染异食癖。异食癖在儿童中的发生率并不高。

四十四、小儿偏食的防治

1.从小注意培养孩子良好的饮食习惯,按时定量进食,要求孩子吃完自己的一份饭菜。

2.注意不要让父母或长辈自身的偏食习惯影响孩子。

3.不要当着孩子的面说饭菜不好吃。

4.限制孩子吃零食。乱吃零食会影响食欲,进而挑剔食物或拒食。

5.改变过分溺爱的养育方式。

6.饮食要避免单调,应多样化,营养全面,注意适合儿童口味。

7.进行奖励,正面强化。如孩子好好吃饭,可奖励带他去公园玩,或买件他喜欢的东西,让孩子逐步改变偏食习惯。

8.尽量让孩子早入托儿所、幼儿园,在集体影响下,吃饭就香,也会限制他吃零食的习惯,孩子的进食就会越来越正常。

四十五、可使孩子长高的饮食

人的身高除与遗传因素有关外,尚与许多因素有关,其中较为重要的是儿童时期的饮食。奶类和豆类制品含有骨骼生长所必需的钙和磷;鱼虾、瘦肉、禽蛋等也富含人体必需的蛋白质、维生素 A、D 和钙、磷;各种蔬菜富含维生素 C 和 A 以及钙等。此外,萝卜、甜薯含有多种维生素,对生长有益,应多吃。各种水果有丰富的维生素 C;花生米、杏干、桃脯等也是长个儿的好食品。

四十六、孩子常吃零食不好

有些孩子爱吃零食,家长投其所好,特地买了糖果、蜜饯、糕点给孩子"补充营养"。其实这样做,对孩子的健康反而有害。

人的消化道活动是有一定规律的,不停地给孩子吃零食会扰乱其胃肠道的规律性活动,影响正常膳食的吸收摄取。

零食的甜、酸、咸味,对人的味觉是一种强烈的刺激,常吃零食会使味觉的敏感度下降。有人曾对一些喜欢挑食、偏食、吃零食的孩子做过测试,发现这些孩子对味觉都很迟钝,一般的菜肴不足以引起他们的食欲。

戒除孩子爱吃零食的坏习惯,一是除了饭后可以吃点糖果、水果,以及两餐之间吃少量点心外,尽量不给孩子吃零食。二是尽力把菜肴做得美味可口,以引起孩子的食欲。

四十七、怎样给孩子选合适的台灯

据了解,人们日常使用的交流电光源,由于电压大小不断改变,常有明暗更替的现象,这种光闪现象称为频闪。频闪在每秒钟 100 次以内,属低频闪,这对人的眼睛有较强刺激伤害,长时间在这种光源下看书、工作,会促使儿童眼干、眼痛和眼疲劳等,频闪是造成现代高近视率的罪魁祸首之一。目前市场上已出现一种无频闪视力保健台灯,该产品把 220 伏 50 赫兹交流电信号经电子处理变为 45 000 赫兹高频信号,使人的眼睛感觉不到频闪现象,对保护视力十分有利。

专家提醒家长,在为孩子选择灯具时,可随身带一个小陀螺,在灯光下旋转陀螺,如果没有产生倒转的视觉错觉,说明灯具没有频闪效应。

第四节　老年保健

一、老人饮食防衰益寿的原则

1.少吃甜食和多油食物。

2.食油以鱼中之油和液体植物油为佳。

3.常吃全麦、糙米、燕麦等杂粮制品。

4.吃鱼、鹅、鸭肉类时与维生素 C 含量多的食物共食,以促进肉类中铁质的吸收。

5.多吃水果、青菜和豆类。

6.多吃小鱼、豆腐、豆腐干等补充钙不足。

7.不喝咖啡及浓茶,以利铁质吸收。

8.多喝开水,排尿量每日应不少于 6 杯,或以尿色几乎无黄色为佳。

二、老人饮食六不贪

1.不贪肉:老年人膳食中肉类脂肪过多,会引起营养平衡失调和新陈代谢紊乱,易患高胆固醇血症和高脂血症,不利于心脑血管病的防治。

2.不贪精:老年人长期讲究食用精白的米面,摄入的纤维素少了,就会减弱肠蠕动,易患便秘。

3.不贪硬:老年人的胃肠消化吸收功能减弱,如果贪吃坚硬或煮得不熟烂的食物,久而久之易得消化不良或胃病。

4.不贪快:老年人因牙齿脱落不全,饮食若贪快,咀嚼不烂,就会增加胃的消化负担。同时,还易发生鱼刺或肉骨头鲠喉的意外事故。

5.不贪酒:老年人长期贪杯饮酒,会使心肌变性,失去正常的弹力,加重心脏的负担。同时,老人多饮酒,还易导致肝硬化。

6.不贪热:老年人饮食宜温不宜烫,因热食易损害口腔、食管和胃。老年人如果长期受烫食刺激,还易罹患胃癌、食道癌。

三、老年人早餐不宜早吃

人在睡眠时,绝大部分器官都得到了充分休息,而消化器官却仍在消化吸收前一天留在胃肠道中的食物,到早晨才渐渐进入休息状态。因此,老年人如果早餐吃得过早,就必然会干扰胃肠的休息,使消化系统长期处于疲劳应战的状态。所以老年人最好在早8点以后吃早餐。

四、老年人忌常饮鸡汤

老年人、体弱多病者或处于恢复期的病人,都习惯用老母鸡炖汤喝,甚至认为鸡汤的营养比鸡肉好。其实,鸡汤所含的营养比鸡肉要少4倍之多。据研究,高胆固醇血症患者、高血压患者、肾脏功能较差者、胃酸过多者、胆道疾病患者,不宜多喝鸡汤。如果盲目以鸡汤进补,只会进一步加重病情,对身体有害无益。因此,老年人要忌常饮鸡汤。

五、老人不宜长期吃粥

老年人多患牙病,牙齿缺损者十分常见,有的老人因咀嚼功能不好而长年吃粥,也有少数讲究药膳的人常年吃药粥,将之作为对疾病的辅助治疗。据观察,长期吃粥的老年人一般比较消瘦,原因是老年人的胃动力较差,如果吃粥的量过多,胃难以很快排空,就会感到胃部不适。以同样体积的粥和米饭相比,粥所含的米粒少得多,如果长期吃粥,得到的总热量和营养物质不够维持人体的生理需要,难免入不敷出。

所以,吃粥和吃药粥虽是养生益法,但不是人人皆宜,除非是身体很虚弱,或是治病需要。

六、老人不宜长期用奶补钙

适当的补钙,可以减少体内钙的流失,有利于防治骨质疏松。牛奶营养丰富,含钙量也很高,据测定每100克牛奶含钙120毫克,是补钙较好的食物来源,但老年人却不宜长期依靠喝牛奶来补钙。

医学工作者最近研究发现,老年人长期过多地饮用牛奶能加速老年性白内障的发生。这是因为牛奶中含有5%的乳糖,乳糖经人体内乳酸酶的作用,分解成半乳糖,过多的半乳糖会沉积在眼睛的晶状体中,影响晶状体的正常代谢,从而导致晶状体蛋白发生变性,透明度降低,导致老年性白内障的发生。老年人补钙可常食用虾米、虾皮、肉骨头汤、豆制品、海带等含钙高的食物,而不要长期以奶作为补钙的食物。

七、老人不宜多食葵花子

葵花子含油量高,而且这些油脂大多属于不饱和脂肪酸,若进食过多,则会消耗体内的胆碱,使体内脂肪代谢失调,脂肪沉积于肝脏,将会影响肝细胞的正常功能,易造成肝功能障碍,或者结缔组织增生,严重者还可能诱发肝组织坏死或肝硬化。有些葵花子在炒制时,需要一些香料,如桂皮、大茴、花椒等,它们对胃都有一定的刺激作用,尤其是桂皮中含一种名叫黄樟素的物质,动物实验证实其有致癌作用。老年人肝脏解毒功能下降,吃得太多,肝脏负担加重,有可能诱发肝炎而危害人体健康。葵花子在加工过程中,还需要大量的食盐,水、盐是一对孪生姐妹,盐摄取过多,可使水在血管内潴留,使血管阻力增加,血压升高或使高血压病患者症状加剧,严重者还会诱发脑中风或心绞痛。因此,老年人不宜多食葵花子。

八、从老人不宜吃得过饱

老年人胃肠消化功能减退,吃得过饱可致上腹饱胀,影响心肺正常活动。加之消化食物时大量血液集中到胃肠中,导致心脑供血相对减少,容易诱发心肌梗塞和中风。

九、老年人应少用手机

老年人的大脑本来已经发生老年性萎缩,功能逐渐减退,如果长期使用手机,由于手机贴近人的头面部,电磁辐射有一半是被使用者的头部吸收,会妨碍大脑功能的正常发挥。同时老年人都患有多种疾病,长时间使用手机,会使原有病情加重。

十、老人不宜坐硬板凳

老年人如果长期坐硬板凳,容易患坐骨结节性滑囊炎。因为当人坐下时,坐骨结节正好和凳面接触,坐骨结节的顶端长着滑囊,滑囊能分泌液体,以减少组织摩擦。但是老年人的滑囊也发生了退行性变化,液体分泌减少,加上老年人较瘦,就使坐骨结节与板凳"硬碰硬"。这种不合理的磨擦、负重、挤压、创伤,久而久之会导致坐骨结节滑囊炎的发生。因此,老年人不能久坐硬板凳,或可在板凳上面放一个软棉垫,以保证血流畅通。

·养生保健·

图文珍藏版

十一、老人不宜泡澡堂

随着澡堂内温度的升高,全身毛细血管扩张,大量血液扩张了体表的血管,心、脑等重要器官的血液相对减少。尤其患有高血压、动脉硬化、冠心病的老年人,极易发生中风和心肌梗死。患有肺气肿、肺心病、哮喘病的老年人,也会感到呼吸困难,常易头晕、恶心或晕倒。

十二、老人不宜洗澡过勤

老人皮肤变薄变皱,皮脂腺萎缩,而洗澡过勤易使人疲乏,并使皮肤因缺乏油脂而干燥。倘若再用碱性或酸性香皂刺激皮肤而发生痛痒或裂纹,很容易引起皮肤感染。

十三、老人不宜睡弹簧床

睡弹簧床会使老人身体中段下陷,虽然身体上面的肌肉可放松,但下面的肌肉却被拉紧,这容易使患有腰肌劳损、骨质增生、颈椎病的老人加重症状。

十四、老人睡眠12忌

老年人每天至少应该睡上6小时。在睡眠的准备、姿势和习惯方面还要注意有以下忌讳:

1.忌临睡前吃东西:人进入睡眠状态后,机体部分活动节奏放慢,进入休息状态。如果临睡前吃东西,肠胃等又要忙碌起来,这样加重了它们的负担,身体其他部分也无法得到良好休息,不但影响入睡,还有损健康。

2.忌睡前用脑过度:晚上如有工作和学习的习惯,要把较伤脑筋的事先做完,临睡前则做些较轻松的事,使脑子放松,这样便容易入睡。否则,大脑处于兴奋状态,即使躺在床上也难以入睡,时间长了,还容易失眠。

3.忌睡前情绪激动:人的喜怒哀乐都容易引起神经中枢的兴奋或紊乱,使人难以入睡,甚至造成失眠。因此,睡前要尽量避免大喜大怒或忧思恼怒,使情绪平稳。

4.忌睡前说话:因为说话容易使大脑兴奋,思想活跃,从而影响睡眠。

5.忌睡前饮浓茶、喝咖啡:浓茶、咖啡属刺激性饮料,含有能使人精神处于亢奋状态的咖啡因等物质。睡前喝易造成入睡困难。

6.忌仰面而睡:睡的姿势,以向右侧身而卧为最好,这样全身骨骼、肌肉都处于自然放松状态,容易入睡,也容易消除疲劳。仰卧则使全身骨骼、肌肉仍处于紧张状态,不利于消除疲劳,而且还容易因手搭胸部而产生恶梦,影响睡眠质量。

7.忌张口而睡:张口入睡,空气中的病毒和细菌容易乘虚而入,造成病从口入,而且也容易使肺部和胃部受到冷空气和灰尘的刺激,引起疾病。

8.忌蒙头而睡:老人怕冷,尤其是冬天,喜欢蒙头而睡。这样,会大量吸入自己呼出的二氧化碳,而又缺乏必要的氧气补充,对身体极为不利。

9.忌久卧不起:老人每天睡眠时间最好保持在7~8小时之间。长期嗜睡可能出现记忆力减退、反应迟钝、头痛等症状,严重的还可导致抑郁症及心血管疾病。

10.忌当风而睡:房间要保持空气流通,但不要让风直接吹到身上。因为人睡熟后,身体对外界环境的适应能力降低,如果当风而睡,时间长了,冷空气就会从毛细管侵入,引起感冒风寒等疾病。

11.忌眼对灯光而睡:人睡着时,眼睛虽然闭着,但仍能感觉光亮。对着光亮而睡,容易使人心神不安,难以入睡,而且即使睡着也容易惊醒。

12.忌靠着火炉或暖气睡:这样做,人体过热,容易引起疖疮等热症。另外,夜间因大小便起床时,离开温暖的环境也容易受凉感冒。

十五、老人鞋跟以多高为宜

老年人的鞋后跟高度以1~2.5厘米为宜,过高过低都不利于老年人的健康。鞋后跟过高,可使人体骨盆前倾、腰部后伸,使背部肌肉收缩绷紧,引起腰痛。鞋跟过高,还可使膝关节张力过高,诱发膝关节炎。美国研究人员发现,女性膝关节炎的发病率比男性高1倍的主要原因是女性喜欢穿高跟鞋。

老年人的鞋跟不可低于1厘米,这是因为人到老年,足底肌肉、韧带和骨骼发生了退行性变,使足弓的弹性减弱、抗震荡能力下降。如果鞋跟过低,可加速足底韧带和骨组织的退化,而引起足跟痛、头昏和头痛等不适。除了要注意鞋后跟的高度外,老年人的鞋底要稍大一些,以免摔倒。

十六、老年人运动7忌

1.忌盲从:运动项目同健身效果有关,不要盲目跟从他人锻炼,要根据自己的兴趣爱好、健康状况和周围环境与条件,选择适于自身的运动项目。如要改善心肺功能,可选练步行、慢跑、打太极拳、游泳或骑自行车运动等。

2.忌操之过急:老年人身体器官日渐老化,生理功能日趋减退,掌握运动技能较慢,对运动负荷的适应能力较差。因此,增加运动难度、运动强度和运动时间,一定要循序渐进,宁慢勿快,不宜操之过急。

3.忌运动时憋气:运动时憋气会使血液循环不畅,血液回心受阻,易使大脑缺氧,甚至产生头晕、昏厥现象,还会使血压升高,易诱发中风等脑血管疾病。老年人运动时不要轻易做有憋气动作的力量练习,以适当增加呼吸深度为好。

4.忌剧烈对抗:老年人大都心有余而力不足,剧烈对抗性运动容易激发逞强好胜心理,造成超负荷运动,使机体极度疲劳、免疫力下降,易患疾病,甚至发生意外事故。

5.忌过量负重:人到老年后,肌肉逐渐萎缩,身体素质日趋下降,且灵敏和协调性变差,反应较迟钝。过量负重,极易引起肌肉、韧带损伤。

6.忌运动过度:老年人生理功能衰退,运动量承受力有限,若运动过度,会导致

·养生保健·

图文珍藏版

多种疾病。衡量运动是否过度,可用翌日清晨心律是否恢复、睡眠质量、食欲好坏等加以确定。

7.忌过分计较胜负:老年人健身运动,重在参与,目的是健身,绝不是为争胜负。否则,会使心理失去平衡,甚至对运动产生厌恶感,以致心情不悦而患抑郁症。

十七、老人压腿锻炼不科学

有关专家提醒老人,压腿是一种不科学的锻炼方式。老年人肌肉弹性差,比年轻人更容易受损伤,而且不易恢复。压腿还容易使老年人腿部关节变形,变得更加不灵活。另外,由于老年人骨质中钙质多、胶质少,骨头比较脆弱,易骨折。老年人活动腿部肌肉,轻摆腿或慢跑即可。

十八、哪些老人不宜跑步

1.患有严重高血压、冠心病、支气管炎等疾病的老人不宜跑步。因为这些病人在跑步时,机体耗氧量增加,易导致机体缺氧,诱发心肌梗塞或脑血管意外。

2.患有隐匿性疾病的老年人不宜跑步。因为跑步有可能触发潜在的疾病,例如有的老人患有胆结石病,可从未发过病,即使只是慢跑,也有可能使位于胆囊底的结石震落到胆囊颈部,引起绞痛。

3.体形较胖的老年妇女不宜跑步。因为她们骨骼变脆、肌肉韧带变硬,跑步锻炼易致肌肉、肌腱、韧带损伤。

4.一般来说,男性60岁以上,女性50岁以上,不宜练跑步,以练太极拳、体操、散步为宜。

十九、哪些老人不宜午睡

1.年龄在64岁以上,且体重超过标准体重20%以上的人。

2.血压过低的人。

3.血液循环系统有严重障碍的人,特别是因脑血管变窄而常出现头昏头晕的人。这是因为,睡眠时心率相对缓慢,脑血流量减少,容易使这些老年人出现大脑暂时性供血不足,造成植物神经功能紊乱而引发其他疾病。

所以,并不是所有的老年人都适宜睡午觉。只要白天不过度疲劳,能适量参加体育锻炼,生活有规律,晚上按时就寝,保证睡眠质量,白天就不必再睡觉。

二十、老年人不宜长期吃素

老年人由于热量消耗减少、食欲减退,或者出于减肥和防治高血压的目的,而禁荤吃素。这实际上是不智之举,对身心健康有害。

人体衰老、头发变白、牙齿脱落、骨质疏松及心血管疾病的发生,都与锰元素的摄入不足有关。缺锰不但影响骨骼发育,而且会引起周身骨痛、乏力、驼背、骨折等疾病。缺锰还会出现思维迟钝、感觉不灵等症状。

植物性食物中所含的锰元素，人体很难吸收，而肉类食物中虽然含锰元素较少，但容易被人体利用。所以，吃肉是摄取锰元素的重要途径。因此，老年人不宜长期吃素。

二十一、老年人不宜求厚味

日常表现出的食欲的好与坏，除了和饥饿感及精神因素、疾病有关外，还与味觉、视觉、嗅觉的刺激，胃液的分泌等有关。人在进入老年期后，随着整体功能的减退，饥饿觉、渴觉、视觉、嗅觉和味觉的功能都下降。物的需求、欲望及进食的愉快感降低。老年人因身体老化而导致的吃饭不香，不应求"厚味"来解决。

自古以来，不少名医告诫人们，太甜、太酸、太咸、太辣等厚味都有损健康。现代医学研究也认为，吃糖多会反复刺激胰腺，可使血脂增高，使老年人胰岛细胞衰竭损伤，从而引起糖尿病。多糖饮食还可致肥胖，易引发心血管疾病、胆石症，增加胰腺和肾脏的负担。太咸对人更有害，钠盐在某些内分泌作用下可引起小动脉痉挛，同时加速肾小动脉的硬化，使血压增高。至于太辣、太酸，都会刺激和损伤胃肠黏膜，引起慢性炎症。

二十二、老年人宜常吃带馅食物

老年人常吃带馅的水饺、蒸包、馄饨等有以下好处：

1.菜馅食物可提供丰富的维生素和矿物质。蔬菜是人体需要的多种维生素和矿物质的重要来源，但老年人多有不爱吃青菜的习惯。如能将青菜做成馅儿，再放入少量的肉和其他作料，老年人不仅爱吃，还可从中得到充足的多种维生素和矿物质。而且青菜里含有的纤维至少有通便降血脂、防止动脉硬化和预防癌症的功效。

2.肉馅易于消化。老年人最好每天都能吃少量的肉类。但油腻大的肉块不易被消化，炒肉又容易炒得发硬，也不易消化。若将肉做成肉馅儿，不但味道鲜美，还容易消化吸收。

3.吃带馅的食物可以防止老年人偏食。鸡蛋、胡萝卜等做成馅，与一些喜欢吃的食物搭配在一起，能够使老年人得到原来得不到的营养物质，并可逐步纠正偏食。

第五节　身体保健

一、呵护健康第一道防线——皮肤

1.皮肤的构造

皮肤是体内脏器与组织的保护器官，亦是内部脏器对周围环境的感应器官，是

·养生保健·

图文珍藏版

人体健康的第一道防线。

表皮

表皮从外向内可分为5层,依次是角质层、透明层、颗粒层、棘细胞层、基底层。

角质层

角质层位于皮肤的外表,是由数层完全角化、嗜酸性染色无核细胞组成的板层状结构保护层,起着屏障作用。角质层坚韧,对冷、热、酸、碱等一切刺激有一定的防护作用。如在做皮肤护理或面部按摩前,需用蒸汽浴面、洁面、去死皮、磨砂等软化和去除部分角质层,以利于药物和营养成分的渗透和吸收。

透明层

透明层如条状透明带,是角质层的前期。由2~3层扁平、无核细胞紧密相连而成,有防止水及电解质通过的作用,有较强的折光能力,细胞在这一层开始衰老萎缩。

颗粒层

颗粒层是由2~4层扁平菱形细胞组成,内含透明角质颗粒,有核、染色深。它是一道防水屏障,使水分不易渗入,同时也阻止表皮水分向角质层渗出,致使角质层细胞的水分显著减少,成为角质细胞死亡的原因之一。

棘细胞层

棘细胞层周围有棘突,是表皮的主要组成部分,一般由4~8层多角形细胞组成,对皮肤美容和抗衰老起着重要作用。基底层的新生细胞进入棘细胞层,然后上移到颗粒层约需14天,再通过角质层而脱落又需14天左右。

基底层

基底层位于表皮最下面,由一层排列整齐规则的圆柱细胞组成。它有较强的分裂和生长能力,能不断地产生新的表皮细胞;基底层细胞之间夹杂着黑色素细胞。黑色素细胞产生黑色素颗粒,黑色素颗粒的多少决定肤色的深浅。黑色素是防止阳光中的紫外线对人体损伤的重要防线。

真皮层

真皮层位于表皮之下,从外到内分为乳头层和网状层,比表皮厚3~4倍。由结缔组织组成,其中胶原纤维和弹力纤维纵横交织,使皮肤具有一定的弹性和张力,可伸可缩,坚韧而柔软,起着缓冲机械冲击、保护机体的作用,是皮肤对外防护的第二道屏障。

乳头层

位于真皮最上面,是较薄的一层。向表皮隆起,形成许多乳头与表皮突互相交错。乳头层中有毛细血管、毛细淋巴管网和感觉神经末梢,伤及此层时可出现点状出血。

网状层

位于真皮下部较厚的一层，主要由粗大的胶原纤维、较多的弹性纤维和网状纤维组成。由于弹力纤维的回缩性，可使皮肤在伸展后恢复正常，老年人由于弹力纤维变性而失去弹性，皮肤呈松弛状态，并出现皱纹。

真皮层在美容学上有重要意义，一般美容治疗未达真皮时，皮肤恢复不留瘢痕，如深达真皮层或真皮以下则形成瘢痕不可愈。

皮下组织

在真皮下部延续而无明显界线，由结缔组织和大量脂肪细胞组成，又称为皮下脂肪层，其中含有血管、汗腺、皮脂腺、毛囊、淋巴管和神经。有一定弹性，可缓和外来冲击，起到保护机体的作用，并供给身体以热量。它是皮肤各种组织和内脏器官的第三道屏障。

皮肤附属器

皮肤附属器包括毛发、皮脂腺、汗腺和甲（趾）。

毛发

全身除掌跖、唇红缘等部位外，均有毛发。毛发分两部分，露在皮肤以外的部分叫毛干，埋在皮肤内的叫毛根，毛根末端膨大部分叫毛乳头，是毛发的生长点。

头皮、口周、腋窝及外阴处生长的毛为长毛；眉弓、睑缘、耳道及鼻孔生长的毛为短毛。长毛和短毛属于硬毛；面部、躯干、四肢等部位生长的毛为细毛，俗称毫毛，属软毛。细毛无色素，软而细。

毛发受神经、内分泌、营养等因素的影响，与人体健美有关。毛发的颜色和生长也有直接的关系。

人体的毛发约 500 万根。头部毛发最密，每平方厘米为 100~150 根，共有 10万~20 万根；手背最稀疏。

毛发的寿命通常为 2~4 年，休止期为 1~3 个月。成年人每天可脱落 50~100根，因此一昼夜内脱落几十根毛发是正常现象。如不剪发，每根头发可长达 50~100 厘米。若毛发发育不正常，可出现多毛症与无毛症。进入青春期，胡须、腋毛、阴毛开始生长，中年后由于毛囊退化毛发逐渐脱落。雄激素过高易引起多毛症，雌激素过高则导致毛发稀少。

皮脂腺

分布于全身许多部位的皮肤，尤以头皮、面部、胸背部最多，手掌、脚底处无此腺。皮脂腺位于毛囊与立毛肌之间，开口于毛囊漏斗部，分腺体及导管两部分，在毛囊上 1/3 处。

皮脂腺的发育与年龄有关，新生儿时期皮脂腺很发达，婴儿出生时被一层皮脂所包裹，出生后不久皮脂腺即萎缩，到青春期受雄激素的影响，分泌旺盛，故易长粉刺；老年期皮脂腺的功能又降低，分泌水平减弱，因此皮肤偏干。

皮脂腺的发育与分泌受激素的影响。雄激素使皮脂分泌亢进，雌激素可抑制

·养生保健·

图文珍藏版

其分泌。皮脂腺分泌的游离脂肪酸可抑菌,皮脂可滋润皮肤,防止水分蒸发;分泌过盛时,皮肤油腻、粗糙和毛孔粗大,易长粉刺和诱发脂溢性皮炎、脂溢性脱发等;分泌过少导致皮肤干燥、脱屑、缺乏光泽、易老化。

汗腺

分小汗腺和大汗腺两种。

小汗腺分布于全身,尤其在手掌、脚底、腋下、腹股沟及头皮处最多。它由腺体、导管和汗孔 3 部分组成,直接开口于皮肤表面,人体有 200 万～300 万个小汗腺。一般出汗不可见,当情绪紧张、温度上升时可见大量排汗。小汗腺的分泌和排泄起着调节体温的作用。排出的汗液 99% 以上为水,其他为氯化物和尿素等。

大汗腺分布于腋下、肚脐、乳晕、外生殖器和肛门周围。因它直接开口于毛囊处,分泌物分解为不饱和脂肪酸、尿素和硫化物,故带有明显的臭味,发生在腋窝处为腋臭。极少数大汗腺分泌的汗液还带有色物质,使汗液呈黄色、褐色、棕色或黑色,医学上称为色汗症。如有周期性黑眼圈或背部有大小不等的点状褐色斑,可能与上述原因有关。汗液有协助肾脏排泄体内废物的功能。

指甲

分甲板和甲根。甲的暴露部分为甲板,其前缘游离部分为甲缘,后端基部隐蔽在皮肤下是甲根,深藏在皮肤内,其下组织为甲母质,是指(趾)甲的生长部分。甲是表皮的高度角化物,含大量角素,颇为坚韧。

2.皮肤的功能

皮肤是身体的保护器

皮肤可以保护机体免受外界环境中各种有害物质的伤害,同时防止人体内的各种营养物质、电解质和水分的丢失。

防紫外线伤害

因为皮肤角质层能反射大部分日光,表皮细胞对紫外线有吸收能力,表皮基底层的黑色素细胞产生的黑色素颗粒对紫外线的吸收作用最强。

防低电的伤害

皮肤为电的不良导体,对低压电流有一定的阻抗能力。特别是角质层,由于它比较干燥,而且受外界环境相对湿度的影响,越靠外,细胞越干燥,因而它是电的主要屏障。

防机械的伤害

柔软的皮下脂肪对外来的撞击、挤压起一定缓冲作用。正常的皮肤角质层坚韧,表皮细胞排列紧密,真皮中的弹力纤维和纵横交错的胶原纤维坚韧而具有弹性,在一定程度内,皮肤能承受外界的各种机械性刺激,如摩擦、牵拉、挤压及冲撞,迅速恢复正常状态,而不发生不可逆的改变。

防化学物质侵入

皮肤对化学物质的防护主要在角质层。角质层结构紧密,形成一个完整的半通透膜,除了有汗管向外排出汗液外,不存在大的孔道。

防微生物侵入

角质层对微生物有良好的屏障作用,在正常情况下,细菌和病毒一般不能由皮肤进入人体;当皮肤破损,防御能力被破坏时,容易受到病菌的感染;还有,皮肤表面偏酸性,不利于微生物的生长;此外,皮肤表面皮脂中的某些游离脂肪酸对寄生菌的生长有抑制作用。

防止水分和电解质的丢失

表皮角质层的独特结构足以防止脱水;水分子要通过角质层,就必须出入几层结构紧密的角质细胞和富含脂质的细胞间物质。

皮肤是身体的吸收器

皮肤通过毛孔和细胞间歇吸收某些活性物质,完整的皮肤可以吸收脂溶性物质,而对于水溶性物质的吸收能力很弱,所以植物油的吸收较动物脂肪少,矿物油和水不能被吸收,固体物质不容易被吸收,气体则可以完全浸入皮肤。当皮肤受损时,吸收的能力会成倍增加。皮肤吸收一般有3个途径。

第一,使角质层软化,渗透角质层细胞膜,进入角质层细胞,然后通过表皮其他各层。

第二,大分子及不易渗透的水溶性物质只有少量可以通过毛囊、皮脂腺和汗腺导管而被吸收。

第三,少量通过角质层细胞间隙而渗透进入。

3.如何护肤

美丽肌肤的标准:肌肤干净,有清洁感。肌肤娇嫩光滑,嫩的皮肤细胞表面含有大量水分。肌肤有湿润、冰冷的感觉。肌肤柔细。肌肤亮丽而丰润。身体的健康状况影响着肤色。

正确护肤注意以下几个方面:

体内环境要碱性不要酸性

日常饮食中注意摄入碱性食物,皮肤才会健康美丽。所谓酸碱性食物并不是指味道。食物进入消化系统后,经过氧化分解,有的产生碱性物质,有的产生酸性物质。米面、豆类、鱼类、肉类、蛋类、虾贝类等多种食物,它们在体内氧化分解后,会生成带阴离子的酸根,而使血液、淋巴呈酸性,所以把这类食物称为酸性食物。反之,大多数的水果、蔬菜(如山楂、草莓、酸枣、橘子、苹果等)虽然富含有机酸,但因为它们含有钙、钾、钠、镁等碱元素,所以被称作碱性食物。

如果酸性食物吃得过多,将会改变人体内正常的碱性环境,使体液变酸,血液循环变差,导致皮肤新陈代谢降低。在酸性环境下,皮肤会变得粗糙、失去光泽、产生色素沉着、毛孔变大,有些人反复长粉刺,也与酸性食物摄入过多有关。

保证睡眠

皮肤也需要适时的休息和呵护。皮肤的代谢在晚间最为旺盛,其血液供应也是在睡眠时最为充足。此时人体的肌肉、内脏器官尤其是消耗系统出于相对瓶颈的状态,而皮肤血管则完全开放,血液可充分到达皮肤,为其提供充足的养分和氧气。皮肤在血液的供应下,进行自身的修复和新生,起到预防和延缓皮肤衰老的作用。所以,皮肤的美丽实际上是在睡眠中孕育的。如果错过了睡眠时间,皮肤就会受损,变得干涩、粗糙、多皱等。

肤质不同选用的化妆品也应有所不同,否则可能起副作用,使皮肤老化或受损。同时,选用化妆品时也要注意一些细节问题,如保质期。

除此之外,护理皮肤还要坚持以下 3 条原则。

原则一:经常性

皮肤护理绝不能"三天打鱼,两天晒网"。有些女性护肤没有产生相应的效果,其主要原因是没有坚持,想起来就高兴地"美一次",工作或是生活忙碌时,就忘在脑后。另外,人的肌肤需要不断清洗,并及时补充营养和水分。忙碌一天后,肌肤会沾染灰尘和病菌,皮肤内的水分也会损失许多,这时如果没有及时地进行清洗或是适当地补充营养和水分,就会使皮肤细胞受损,反映在皮肤表面就是脱皮、粗糙、没有光泽。

原则二:系统性

皮肤护理是个系统工程,如果皮肤护理"东一榔头、西一棒槌",最终不会有好的效果。皮肤护理的系统性包括:情绪、精神、饮食、营养结构和工作、生活环境,以及脸部的洁面乳与护肤霜、营养素的选择,等等。一些女性有时只注重脸部的局部护肤,却不注意饮食、情绪、精神的调整,到头来花去不少冤枉钱,可是效果却不好。

原则三:正规性

皮肤护理讲究正规性,当你决定做皮肤护理时,应按照美容师的要求,怎么做、做多长时间等,要按照一定的规则进行,以便各种方法都能达到最好的效果,使你的皮肤得到最有效的护理。

二、强壮骨骼,打造人体的支架

1.骨骼面面观

骨骼的构造

人体骨骼分为颅骨、躯干骨、上肢骨和下肢骨四部分,共有 206 块。

颅骨可以保护脑、眼和内耳,共 29 块。

躯干骨包括脊柱、肋骨和胸骨,共 51 块。脊柱位于背部正中,由颈椎、胸椎、腰椎、骶骨和尾骨组成。脊柱中央有一管道为椎管,内为脊髓。椎管向上经枕骨大孔与颅腔相通。两椎骨体之间有椎间盘。肋骨呈细长方形,共 12 对。后端与胸椎连接，上部经肋软骨与胸骨连接。胸部中央是胸骨。

上肢骨共 64 块。胸廓的后外侧为肩胛骨，与肱骨构成肩关节。肱骨下端与桡骨、尺骨构成肘关节。桡骨下端与腕骨组成腕关节。

下肢骨共 62 块。髋骨与骶骨共同组成骨盆。股骨下端与胫骨、髌骨相接组成膝关节。胫腓两骨下端与跗骨形成踝关节。

骨骼的代谢

骨骼在人体中无时无刻不在进行新陈代谢。如果新陈代谢不平衡，骨骼也就退化萎缩。人体所有的骨头包含了人体中约 99% 的钙、约 85% 的磷及约 66% 的镁，可见骨骼是人体矿物质的集中营。除了这些矿物质外，骨骼中还有两种细胞——成骨细胞和破骨细胞。这两种细胞不断地建筑和破坏骨骼，并相互作用，正常的骨骼新陈代谢才得以平衡。

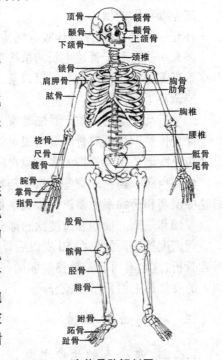

顶骨　额骨
颞骨　颧骨
下颌骨　上颌骨
颈椎
锁骨
肩胛骨　胸骨
肱骨　肋骨
胸椎
腰椎
桡骨
尺骨　骶骨
髋骨　尾骨
腕骨
掌骨
指骨
股骨
髌骨
胫骨
腓骨
跗骨
跖骨
趾骨

人体骨骼解剖图

骨骼的构造像海绵一样有空洞，破骨细胞不时泄出一些酸性的化学物质，将骨头的钙和磷溶解，降低骨骼的密度，使它变得脆弱、易碎，而成骨细胞则跟在后面修补，把被破坏的空洞填补起来，使骨骼得以更新。因此平均每五六年人体的骨骼就全部更换一次。在少年时期，成骨细胞比破骨细胞形成得快，导致骨骼的成长快于骨骼的萎缩，因此骨骼就增长了。到了青年时期，骨骼的形成和萎缩达到平衡，骨骼也就不再增长了。但是中年以后，骨骼的萎缩超过形成，骨骼就开始退化了。

2.建设骨骼，不做易碎的玻璃人

骨骼是支撑身体的基石，其强韧程度对于人体的整体健康具有非常重要的意义。所以保养骨骼十分重要。

饮食结构要合理

吃富含钙、镁、硅和维生素 D 的食物，如卷心菜、沙丁鱼、大马哈鱼、海藻、牡蛎和奶制品等。

尽量不要同时吃全谷物和富含钙的食物。全谷物含有一种可以与钙结合的物质，会影响钙的正常吸收。

尽量吃一些含硫较多的食物，如大蒜和洋葱。

限制或避免高蛋白的动物性食物。含蛋白较多的食物也会促使钙质从体内排

·养生保健·

图文珍藏版

出。含磷的食物也容易使钙排出。

减少咖啡因的摄入。

补充一些硅,有助于身体吸收钙质。

补充一些有利于骨骼生长的植物成分。紫花苜蓿、大麦、蒲公英根、荨麻、欧芹和蔷薇果都是比较适合的。可以以茶、酊剂或片剂的形式服用。

要调整生活方式

勤于运动。运动有益于骨骼健康,有助于增加或维持骨量和降低跌倒风险。

保持体重。体重对骨骼健康很重要。骨质流失与体重减少有很强的关联性。

防止跌倒。因为骨折大多数源自跌倒,所以预防跌倒也有保护骨骼的功能。

慎对疾病和药物。有些疾病和药物会以不同的方式影响骨骼健康,因此应该将这些疾病和药物视为需进一步观察骨骼健康和骨骼疾病风险因素的潜在警示。

戒烟和限酒。抽烟和过度饮酒都会降低骨量并增加骨折风险。

骨密度检查。如果在 50 岁以后骨折,需要做骨密度检查。即使是由于意外而导致骨折,这也有可能是骨骼脆弱的征兆,所以应做骨密度检查。建议所有 65 岁以上的女性都去做骨密度检查。

三、关爱心脏健康

1.心脏,每个人的生命之泵

心脏位于胸腔的中间偏左侧,如果在胸骨中间画一条正中线,心脏的 2/3 在正中线左侧,1/3 在正中线右侧,前面有胸骨和肋骨保护,左右两侧被肺遮盖,后面是食管、大血管和脊椎骨,下面是横膈,上面与由心脏分出的大血管相连接。

心脏的大小与自己拳头的大小相仿,外形像个尖端向下的圆锥体,或者说像个长歪了的大鸭梨。近梨把处叫心底部,向左下突起的部分称心尖,心底部在胸腔中央,心尖部偏向左侧,通常在乳头附近的肋骨后面。如果把耳朵放在他人的左侧胸壁乳头附近,同样可以清楚地听到心跳的声音。

心脏由间隔分为左右两半,左侧为左心,右侧是右心,左右两侧互不相通。上下也由间隔分开,上面叫心房,下面叫心室,上下有孔相通。这样心脏就被分为四个腔,即右心房、右心室、左心房、左心室。

人的心脏跳动频率,在 0~1 岁约为 140 次/分钟;到 10 岁,约 80 次/分钟;到 16 岁,心跳减慢而且渐趋稳定,大约 60~80 次/分钟。

儿童时期心脏几乎横置于横膈之上,处于水平位,随着年龄的增长和青春期内胸腔的长度、宽度增加,心脏下半部跟着往下移,使心脏转成直立位,这样就减少了心脏喷射血液时的阻力。

进入青春期后,心脏重量大大增加,约达出生时的 10 倍,以后还会继续加重一些。心脏的容量迅速变大,心肌变粗变长,心脏更加厚实,弹力增强。心室每次收缩时排血量增加,脉搏次数减少。

人们常说"一颗永远跳动的心"，或者说心脏是人体内的永动机。正常的心脏从来不会停止跳动，它不断地收缩和舒张，永远不会休止。因此，很多人认为心脏是永不休息的。但从另一角度说，心脏舒张时就是休息，心脏在两次跳动之间的间歇也是休息。因此有的专家认为，如果一个人活70年，心脏差不多要休息40年。因为心脏即使在跳动最剧烈时也要休息，所以，心脏并不是永不休息的，它在一动一静的平衡中工作，伴随人的一生。

2.疾病防治

预防心脏病要注意以下几个原则：

合理饮食

每个人应有合理的饮食安排。高脂血症、糖尿病和肥胖都和膳食营养有关，所以从心脏病的防治角度看，营养十分重要。原则上应做到"三低"即：低热量、低脂肪、低胆固醇。

控制体重

体重增加10%，患冠心病的概率约增加38%；体重增加20%，患冠心病的概率约增加86%；有糖尿病的高血压患者比没有糖尿病的高血压患者冠心病患病率增加1倍。

戒烟

合理饮食有助健康

烟草中的烟碱可使心跳加快、血压升高（过量吸烟又可使血压下降），心脏耗氧量增加，血管痉挛、血液流动异常以及血小板的黏附性增加。这些不良影响，使30~49岁的吸烟男性的冠心病发病率高出不吸烟者3倍，而且吸烟还是造成心绞痛发作和猝死的重要原因。

戒酒

乙醇对心脏具有毒害作用。乙醇摄入过量可降低心肌的收缩能力。对于患有心脏病的人来说，酗酒不仅会加重心脏的负担，甚至会导致心律失常，并影响脂肪代谢，促进动脉硬化的形成。

适量运动

积极参加适量的体育运动。经常性的适当运动，有利于促进身体正常的代谢，尤其对促进脂肪代谢、防止动脉粥样硬化的发生有重要作用。对心脏病患者来说，应根据心脏功能及体力情况，从事适当的体力活动，这样有助于增进血液循环，增强抵抗力，提高全身各脏器功能，防止血栓形成。

改善生活环境

污染严重及噪音强度较大的地方，可能诱发心脏病。因此应改善居住环境，减少噪音,防止各种污染。同时避免到人群拥挤的地方去。无论是病毒性心肌炎、扩张型心肌病,还是冠心病,都与病毒感染有关,即便是心力衰竭也常常由于上呼吸道感染而引起急性加重。因此要注意避免到人群拥挤的地方去,尤其是在感冒流行季节,以免受到感染。

坚持服药

需要提醒大家的是,心脏病不能等到发作时才去医院,平时就要坚持服药。

远离冠心病

冠心病,又称缺血性心脏病,是由于冠状动脉粥样硬化引起血管狭窄或阻塞,引起冠状动脉循环障碍,造成心肌缺血、缺氧或坏死的一种心脏病。

冠心病的患病率随年龄增长而增高,是中老年人最常见的一种心血管疾病。40岁以前冠心病患病率很低,40岁以后开始增加,每10岁约增加1倍。但这并不意味冠状动脉粥样硬化是中年以后才开始形成的。事实上,当患者出现冠心病的临床症状时,其冠状动脉硬化病变和管腔狭窄的程度已到了中晚期,治疗已较困难。

动脉粥样硬化病变最早可见于幼儿期,这时病变很轻且可以消退。也有报告70岁老年人尸检冠状动脉无病变者。所以,冠心病的发病,年龄变化不是必要条件,预防必须自幼年开始。

冠心病患者的注意事项如下:

少吃动物脂肪和胆固醇含量高的食物,如动物内脏、蛋黄等。多吃鱼和豆制品,多吃蔬菜、水果。

控制体重。

限量摄入盐,每日以10克以下为宜。

如患有高血压,应在医生指导下长期服用降压药,使血压保持在正常或较低水平。

不吸烟,少喝酒。

生活要有规律,避免过度紧张和情绪波动。保持大便通畅、睡眠充足。

可做轻微的运动,如打太极拳、做广播操、散步等。

大战高脂血症

血脂成分有胆固醇、甘油三酯、磷脂及游离脂肪酸和微量的类固醇激素等。血脂是人体代谢活动的物质载体之一。当机体脂质代谢异常改变,血清中低密度脂蛋白增高,高密度脂蛋白降低,以及血清中总胆固醇增高及脂蛋白比例失调时,称为高脂血症。

如果血脂过多,容易造成"血稠",逐渐形成小"斑块"(就是我们常说的"动脉粥样硬化")。这些"斑块"增多、增大,逐渐堵塞血管,使血流变慢,严重时血流被中断。这种情况如果发生在心脏,就引起冠心病;发生在脑,就会出现中风;如果堵塞眼底血管,将导致视力下降、失明;如果发生在肾脏,就会引起肾动脉硬化,肾功能衰竭;发生在下肢,会出现肢体坏死、溃烂等。此外,可引发高血压、诱发胆结石、胰腺炎,加重肝炎,导致男性性功能障碍、老年性痴呆等疾病。最新研究还表明,高血脂可能与癌症的发病有关。

高脂血症患者应注意:

调整饮食结构

限制摄入富含脂肪、胆固醇的食物;选用低脂食物(如植物油、酸奶);多食富含维生素、纤维素的食物(水果、蔬菜)。

减少食物热量的摄取,保持标准体重。

减少脂肪的摄入,使其占总热量的 30% 左右。

减少饱和脂肪酸的摄入,使其约占脂肪量的 30%。

适当饮用低度酒。

调整生活方式

戒烟。吸烟已被公认为冠心病的危险因素。同时要强调的是吸烟可以导致血浆 HDL-C(高密度脂蛋白胆固醇)水平降低,戒烟以后就可以改变这一状况。另外,吸烟还被证实会降低 LDL 的自然抗氧化能力。

加强锻炼。这是高脂血症治疗中非常重要的一环。可以增加能量物质的消耗,促使血浆 LDL-C(低密度脂蛋白胆固醇)及甘油三酯水平降低,同时可提升 HDL-C 水平。有研究资料显示,一周步行 13 千米,大约可以提升 HDL-C 水平。

控制体重。体重超标的患者要使体重减到正常水平。减轻体重可采用的措施包括严格控制饮食中饱和脂肪及胆固醇含量,结合饮食与健身计划由专业人员监控进行。减轻体重除了能使 LDL-C 水平降低和提高 HDL-C 水平外,还能降低高血压及糖尿病发病概率,后两者也是引发冠心病的危险因素。

药物治疗

当通过合理调整饮食结构,改变不良的生活方式后,仍不能使血脂降至理想水平时,就必须开始药物治疗。20 世纪 90 年代初,国际医学界进行了大规模的调脂治疗研究,结果显示:长期服用调脂药物不仅能降低血脂,同时也会明显减少冠心病、心肌梗死、中风的发病率和死亡率。另外,还要注意不要应用可影响血脂代谢的药物,如利尿剂、孕激素等。

撑起血压的平衡支点

正常成人的收缩压小于 18.62 千帕、舒张压小于 11.97 千帕。收缩压超过或等于 21.28 千帕、舒张压等于或超过 12.64 千帕时,称为高血压。

高血压早期可能无症状或症状不明显,仅仅会在劳累、精神紧张、情绪波动后发生血压升高,并在休息后恢复正常。随着病程延长,血压明显持续升高,逐渐出现各种症状。严重高血压患者或长期患高血压未得到治疗,由于大脑、眼、心脏和肾脏的损害可以出现头痛、乏力、恶心、呕吐、气促、烦躁不安和视物模糊等症状。

严重高血压患者由于大脑达到水肿,出现嗜睡甚至昏迷症状。引发高血压的原因有2种。原因不明引起的高血压为原发性高血压。原发性高血压的发生可能为多种因素作用的结果,如遗传因素、心脏和血管的多种改变都可引起高血压。有明确病因的高血压为继发性高血压。肾脏疾病、体内激素异常和服用某些药物都可引起继发性高血压。

预防高血压应做到如下几点。

低盐饮食

我们每天摄食的盐分主要是氯化钠。过多的钠盐可因钠离子浓度的增加,造成体内水分潴留,血容量增加。而另一方面,体内长期高钠也会导致血管平滑肌肿胀,血管腔变细,血液流动的阻力增加,两者均促使血压升高。

摄取低脂

过多的饱和性脂肪可促进动脉粥样硬化的发生,进而促发高血压。动物脂肪(如猪油、牛油)以及内脏和各种肥肉中均含有大量的饱和脂肪酸,高血压患者应该避免食用这些食物。烹调食物应采用含不饱和性脂肪酸较多的食用植物油如花生油、葵花子油等。但是食用植物油经长时间加热,特别是反复加热后,其不饱和脂肪酸会因反复受热,变成对人体有害的饱和脂肪酸。故高血压患者不宜多食煎炸食物。

多食水果和蔬菜

蔬菜和水果含有大量的维生素、矿物质和纤维素,对软化血管、修复皮肤以及软组织和骨骼的生长都有帮助,可多食。

戒烟

吸烟可使大量的尼古丁及烟碱进入体内,这两种物质都有明显的收缩血管作用,可使血压升高,长期接触必然会导致高血压。除了主动吸烟者外,在吸烟环境中被动吸烟者也同样会受到尼古丁和烟碱的危害,而且,其受害程度要大于主动吸烟者。

适量饮酒

中医认为,酒可以活血化瘀,所以少量饮酒有益于健康。现代医学的研究也发现,适量饮酒特别是饮用葡萄酒可降低中风的发生。但是,大量饮酒,特别是酗酒,不但伤胃、影响工作,更重要的是可增加中风的发病概率。因此饮酒要适度,不能过量。

经常参加体育锻炼

体育锻炼可以增强体质,提高机体对外部环境的免疫力。

释放情绪

高血压诱发因素之一就是情绪不稳定,克服紧张情绪、放松心情、保持心态平和可以降低血压,所以遇事应理智对待。

控制体重

近些年研究发现,高血压与血脂异常、糖耐量异常有密切关系,肥胖会导致夜间睡眠呼吸暂停,所以肥胖者应减轻体重,以减少心脏负荷。

控制与高血压密切相关的疾病

研究表明,高血压与糖尿病、冠心病、心脑血管疾病互为危险因素,并互相促进,为预防和控制高血压,应注意以上相关疾病的治疗。

经常测量血压

这是预防高血压病的重要措施。因为高血压的隐患始于青少年和有家族病史的人群,如父母均患有高血压者,其子女发病率约为46%;如父母一方患有高血压者,其子女发病率约为28.3%,我们应该定期对自己的血压进行监测,早发现,早治疗。

合理服用降压药

控制血压时一定要注意在医生指导下用药,因为高血压往往并发其他病症,所选用的降压药不尽相同,保护器官的作用也不一样。用药原则是从小剂量开始逐渐增加剂量,直到血压得到有效控制。在血压控制达标后仍然需要继续用药,而且需要终生服药,否则血压升高会对机体重新形成危害。

四、肺需要精心呵护

肺是最重要的呼吸器官。正常人在休息状态的时候,每分钟进出肺泡的气体量大约是4升,每分钟流经肺泡微血管的血量可达5升。如果是在激烈运动之下,气体进出肺部的数量可增加30~40倍,而血流量可增至五六倍。

在人体的新陈代谢过程中,需要不断地从环境中摄取氧气,并排出二氧化碳。而人与环境的这种交换离不开肺,肺组织里有一套结构巧妙的换气站。在人们吸入空气时,空气经鼻、咽、喉、气管、支气管的清洁、湿润和加温作用,最后到达呼吸结构的末端肺泡。肺泡与毛细血管的血液之间有一道呼吸膜相隔。薄薄的呼吸膜,只允许氧气和二氧化碳自由通过,其他一律挡驾。氧经肺泡,通过呼吸膜,进入毛细血管,进而至动脉流遍全身。二氧化碳由静脉经毛细血管,通过呼吸膜,到肺泡,经肺排出体外。如此反复呼吸,人体就能源源不断地从外界获取氧气,排出二氧化碳。

1.疾病防治

肺炎,轻松生活的枷锁

肺炎是指肺实质的炎症,按病因可分为细菌性、霉菌性、病毒性和支原体性肺炎。临床常见的是细菌性肺炎,其中约90%~95%是由肺炎球菌引起。临床有突发的寒战、高热、咳嗽、血痰、胸痛等症状。肺炎的诱发因素有受寒、病毒感染、酒醉、全身麻醉、镇静剂过量等。这些因素削弱全身抵抗力,破坏呼吸道黏膜纤毛运动,减损细胞吞噬作用,最后病毒能轻易地被吸入而引发感染。此外,心力衰竭、有

·养生保健·

图文珍藏版

害气体的吸入、肺水肿、肺淤血,以及脑外伤等都有利于细菌的感染和生长繁殖,导致肺炎。

那么,如何预防肺炎呢?

多食清淡营养食物

肺炎属急性热病,消耗人体正气,影响脏腑功能,易导致消化功能降低。所以,饮食应以高营养、清淡、易消化食物为宜,不要吃大鱼、大肉、过于油腻的食物,食物中也不应多加辣椒、胡椒、芥末、川椒等调味品。酒也属辛热之品,可刺激咽喉及气管,引起局部充血水肿,肺炎患者应禁用。

适当多饮水和进食水果

多数水果对肺部疾病有益,但不宜吃甘温的水果如桃、杏、李子、橘子等,以免助热生痰。即使是一些寒性水果,也并非多多益善。因为过量的寒性水果可损伤到脾胃的阳气,有碍运化功能,不利于病情的恢复。

保暖防寒

加强保暖,特别在冬、春季节及节气交替的时候更要注意。

改善环境卫生

避免有害气体、烟雾、粉尘的刺激。提倡禁烟,创造无烟环境。

及时就诊

一旦发生呼吸道感染,如感冒、咽炎、急性支气管炎,应及时治疗。

如肺炎治疗后仍有轻微干咳,可按如下方法止咳:俯卧,而手与两脚伸直,两手伸直高过头部,全身成一直线,慢慢地吸气至下腹部(丹田穴),同时头尽量抬起朝天花板看,两腿向上抬起,全身呈弓形,这时停止呼吸,身体尽量伸展,维持这一姿势直到气憋不住再松动,每天早、晚各做3~5次。

禁烟标识

儿童应积极防感冒

感冒即上呼吸道感染。其症状为发热、恶寒、鼻塞、骨关节痛、胸闷,或兼有咳嗽、咽痛、咽干等。这类疾病多由病毒感染引起,往往延绵数日。感冒很容易复发,关键是如何提高儿童的免疫力。

合理膳食

应注意儿童食物品种的多样化,营养也要均衡,要既能保证儿童获得充足的营养增加抵抗力,又要注意烹调,以适合儿童脾胃娇嫩的特点。

多喝白开水

水对儿童的生长发育相当重要。儿童体内含水量相对成年人较多。年龄越小,体内水分所占比例越高,只有供给充足的水分,才能保证正常的新陈代谢。多年的研究和实践证明,白开水是儿童最需要的。因为白开水最易于透过各组织的细胞,能最有效地发挥水在人体内的作用,促进新陈代谢,增强免疫功能,提高免疫力。

穿衣要适当

衣服穿得过多、过少均可能成为感冒的诱因。家长要根据气候的变化适当地增减衣服,一定要纠正儿童的不良生活习惯。如果担心孩子受凉,可以给他准备一件夹克衫式的外套,冷的时候套上,热的时候脱下来。

接触新鲜空气,保证充足的睡眠

保证儿童每日有充足的接触新鲜空气的时间及充足的睡眠,减轻疲劳,防止免疫力下降,造成免疫力低下。

增加锻炼

家长应帮助儿童利用自然环境锻炼身体。特别是让儿童多晒晒太阳,不仅可以使全身温暖,加快血液循环,还有利于氧气和营养物质吸收,以及二氧化碳和废物的排出,从而增强免疫力。

室内要经常开窗通风

在不太冷的季节应让儿童养成白天开窗睡觉的习惯,这样能增强阳光、空气和微风对体温的调节功能,提高机体对冷刺激的适应性。但要注意开偏窗,不要形成对流。

室内要禁烟

家中吸烟的人,最好不要在室内吸烟,更不要在儿童卧室内吸烟,因为烟雾可刺激儿童的呼吸道,使其呼吸道黏膜损伤,从而降低防御病毒和细菌侵入的能力。

哮喘的保健

哮喘是一种慢性支气管疾病。气管因为发炎而肿胀,呼吸道变得狭窄,因而导致呼吸困难。中老年人是高发人群。预防哮喘需注意:

避免接触过敏原

哮喘患者应该认清哪些物质可能会刺激自己的呼吸道,尽量避免接触,例如对动物毛发过敏的患者就不应该在家里饲养宠物。

保持室内空气流通及清洁

空气中的尘螨和细菌是引致哮喘病发的主要过敏原,所以应该勤加打扫,减少空气中的尘埃。

戒烟限酒

香烟中的化学品及吸烟时喷出的烟雾对哮喘患者都会有直接的影响,因为它们会刺激呼吸道。患者亦要尽量避免被动吸烟。另外,酒水也应少喝。

适量运动

有些人因为运动可能诱发哮喘,便停止所有运动,其实这是一种错误的做法,因为运动能够有效增强心肺功能,对控制病情大有帮助。

少吃辛辣油腻食物

哮喘患者的饮食应既清淡又富有营养,不能吃引起哮喘发作的食物和"发物",少吃辛辣油腻的食物。多吃蔬菜水果,一些蔬菜,如白萝卜、丝瓜等,具有下气、化痰、清肺的作用,对哮喘患者十分有益。有些水果,如梨、香蕉、枇杷等,还有助于保持大便通畅,降低腹压。但用海产品补钙时,要注意防过敏。哮喘患者平日要多喝水,喝水不仅补充了水分,而且还可以稀释痰液,有利于黏稠痰液的排出。

支气管炎的调养与护理

支气管(通往肺部的主要呼吸道)发炎,就是所谓的支气管炎。通常都是普通感冒或流行性感冒等病毒性感染所引起的并发症,有时可能由细菌感染造成。

在出现支气管炎之前2~3天,患者可能会有流涕现象,而主要症状有:持续咳嗽。病初可为干咳,但若发生细菌性感染,稍后可能会产生黄绿色的脓痰,喘息或气促,有时发热。

支气管炎患者一定要注意平时的调养与护理。

适宜的膳食

支气管炎患者需要摄入高蛋白、高热量、高维生素的食物。要多方摄取、合理饮食,切忌挑食偏食。饮食要清淡,尽量少食辛辣刺激、油腻肥甘和一些易致过敏的食物,如鱼、虾、蟹等。

简易的耐寒按摩

以手摩擦头部面部及上下肢的裸露部位,每日3~5次,每次5分钟。按摩迎香穴:迎香穴位于鼻唇沟止于鼻翼处,以食指轻轻揉1~3分钟,每日2次。按摩风池穴:风池穴位于颈部颈肌两旁的凹窝中,以双手掌心按摩之,每次30~60下,每日2~3次。

清新的居住空间

居住环境幽雅安静、空气清新、阳光充足。室内要经常开窗换气,有些患者常年门窗紧闭,这是不益健康的。室内的温度要冷暖适宜,一般以15~20℃为最佳。

急性发作期护理

急性发作期,患者应卧床休息,有发热者,应定时测量体温;痰多者,可进行体位引流;高龄体弱的患者要做好皮肤和口腔护理,防止产生褥疮和感染。

五、呵护排毒器官——肝脏

肝脏细胞能够控制和调解体内各种物质,使所有器官都能顺利地运行。而且,肝脏是人体解毒的总机关,具有化解细菌、酒精和其他毒素的功能。当细菌毒素侵入时,肝脏里的转氨酶便会把毒素分解,人体产生抗体,以后再有同样细菌侵入时,就无法伤害人体了。另一些食物在消化后,就会腐败、发酵而产生毒素,无法被小肠吸收,毒素就会被送往肝脏。若肝脏变弱,无法完全解毒,毒素就会被送至心脏然后,遍布全身,人就会百病丛生了。

肝脏在糖类代谢中占有重要地位。大量的食物经过消化,陆续吸收到体内,血糖含量会显著地增加。肝脏可以把一部分多余的葡萄糖转变成糖原,暂时储存起来,使餐后血糖含量维持在11.1毫摩尔/升以下。由于细胞进行生理活动要消耗血糖,血糖的含量会逐渐降低。这时,肝脏中的糖原又可以转变成葡萄糖,陆续释放到血液中,使血糖的含量维持在3.3~6.1毫摩尔/升的范围内。

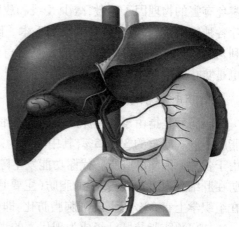

肝脏

肝脏在脂类代谢中也有重要作用。肝细胞分泌的胆汁可以促进脂类的消化和吸收。肝功能障碍时,胆汁分泌减少,脂肪消化不良,就出现厌油等症状,所以肝病患者要少吃脂肪类食物。

肝脏在蛋白质的合成和分解的过程中起着重要的作用。人体的一般组织细胞都能合成自己的蛋白质。肝脏除能合成自己的蛋白质以外,还能合成大部分的血浆蛋白(如白蛋白、纤维蛋白原等)。据估计,肝脏合成的蛋白质占全身合成蛋白质总量的40%以上。

1.疾病防治

肝炎

肝炎指肝脏出现炎症,1~2个月内能治愈的肝炎是急性肝炎,持续6个月以上的肝炎为慢性肝炎。肝炎一般由病毒引起,特别是肝炎病毒,分为甲、乙、丙、丁、戊等5种。

人类普遍易感染各型肝炎,各种年龄均可发病。甲型肝炎感染后机体可产生较稳固的免疫力,在本病的高发地区,成年人血液中普遍存在甲型肝炎抗体,发病者以儿童居多。乙型肝炎在高发地区新感染者及急性发病者主要为儿童,成年患者则多为慢性迁延型及慢性活动型肝炎。丙型肝炎的发病以成年人多见,常与输血与血制品、药物依赖注射、血液透析等有关。丁型肝炎的易感者为 HBsAg 阳性的急、慢性肝炎及或先症状携带者。戊型肝炎各年龄普遍易感,感染后具有一定的免疫力。各型肝炎之间无交叉免疫,可重叠感染、先后感染。

一般来说,肝炎的愈后大多数是良性的,患了急性肝炎可以顺利恢复,不会演变成肝硬变和肝癌。不过确实有乙型肝炎患者长期不愈,渐渐发展成为肝硬变,最终发展为肝癌。据报道,慢性乙型肝炎表面抗原携带者患肝癌的概率比非携带者高200倍以上。95%以上的原发性肝癌患者是由慢性乙型肝炎表面抗原携带者演变而来的。所以患了乙型肝炎应尽可能早治疗；尽可能避免使用损害肝脏的药物；避免有害的物理因子刺激,减少 X 线和放射性物质对肝脏的照射；应尽可能及早治疗各种感染疾病,避免各种创伤和手术。因为麻醉、手术创伤都对肝脏功能恢复不利,必要时应尽量选择在肝功能恢复后再做手术。增强体质,增强人体的免疫力,也是防止肝癌发生的重要方法。

脂肪肝,现代人的时髦病

脂肪肝是指由于各种原因引起的肝细胞内脂肪堆积过多的病变。正常人肝内脂肪占肝脏湿重的 3%~5%,其中 2/3 为磷脂,1/3 为甘油三酯、胆固醇及脂肪酸。由于各种原因使肝脏脂肪代谢功能发生障碍,导致脂类物质的动态失衡,过量的脂肪在肝细胞内蓄积,若蓄积的脂肪(主要是甘油三酯)含量超过肝脏湿重的 5%,或在组织学上有 50% 以上肝细胞脂肪化,即称为脂肪肝。

如何预防脂肪肝已经成为现代人的当务之急。最简易的方法就是合理饮食和适度运动,配合医生治疗。

合理饮食

平时我们应控制总热能的摄入,减少糖和甜食的摄入,适当地提高蛋白质量。饮食中应控制脂肪和胆固醇的摄入,补充维生素、矿物质和食物纤维。脂肪肝患者应多食用蔬菜、水果和菌藻类食物,以保证膳食纤维的足量摄入。多种维生素能保护肝细胞,防止毒素对肝细胞的损害。

适度运动

整天坐办公室的人,若能坚持每天多走一段路、多爬一次楼,对预防和控制脂肪肝都是有益的。

遵医治疗

肝脏是人体的化工厂,任何药物进入体内都要经过肝脏解毒,所以,对出现症状的脂肪肝患者,在选用药物时更要慎重,谨防药物的毒副作用,特别对肝脏有损害的药物绝对不能用,避免进一步加重肝脏的损害。

对存在糖尿病、病毒性肝炎和营养不良等原发病的人来说,除了做好上述 3 条外,应有效地治疗原发病,从根本上去除引发脂肪肝的原因。

六、调养脾胃,巩固后天之本

胃是消化道中最庞大的部分,它具有贮纳、转运食物,消化食物以及杀灭病菌等生理功能。它位于腹腔的左上部,像一个有弹性的口袋,是食物暂时停留和消化的场所。胃有两个口,入口叫贲门,与食管相接;出口叫幽门,与十二指肠相连。自贲门到幽门之间的部分叫胃体。胃有两个弯曲的地方,比较短的一边,在胃的右上方,叫胃小弯;长的一边在胃的左下方,称胃大弯。胃壁的肌肉层很厚,具有强大的舒缩能力。胃壁的内里衬有一层膜叫胃黏膜,其中主要有胃酸、胃蛋白酶和黏液等,这些物质都是食物消化中不可缺少的。

物理消化

食物进入胃后,胃壁舒张,以便容纳食物,同时开始有节奏地蠕动。蠕动波从胃体开始,向幽门方向推进。这种蠕动将食物混合并磨碎,变成食糜,并将食糜自幽门部向十二指肠推送。一般来说,混合性食物在胃内停留3~4小时;糖类食物需2小时以上;蛋白质停留较长;脂肪更长,达6小时;水则只停留5~10分钟。

化学消化

食物在胃中的化学消化是由胃酸来完成的。食物能刺激胃酸分泌,胃酸是消化过程中不可缺少的物质。甜食可促使胃酸分泌增多,咸食则相反;较坚硬的食物引起分泌较多,软的或流质食物则分泌较少。

胃液中最重要的消化酶是胃蛋白酶,它与胃酸能初步消化食物中的蛋白质。

另外,胃可以容纳和暂时储存吃进去的食物,在胃内进行消化变成食糜后向小肠推送。

1.善待你的胃

俗话说:"病从口入。"引发胃病的最初原因是由于饮食不规律,或生活习惯不规则,所以要想保护好你的胃,就必须从饮食入手。

合理选择食物

咖啡、酒、肉汁、辣椒、芥末、胡椒等,这些会刺激胃液分泌或使胃黏膜受损的食物,应适量食用。每个人对食物的反应都有特异性,所以摄取的食物应该依据个人的不同而加以适当的调整。

酸度较高的水果,如菠萝、橘子等,在饭后摄食,对溃疡患者不会有太大的刺激,并不一定要禁止食用。

此外,炒饭、烤肉等太硬的食物,年糕、粽子等糯米类不易消化的食品,各式甜点、糕饼、油炸的食物及冰品类食物,应谨慎选择。

定时定量进食

胃酸分泌具有一定的规律性,即一日三餐时是分泌的高峰,常吃零食,使胃工作紊乱,破坏了胃酸分泌的正常节律,久之可导致胃病,因此日常饮食应一日三餐,不可过多进食零食。每餐的进食量应适度,过饥或过饱,或饥饱不均饮食,会使胃运转失常而导致消化不良。

进食温度适宜

食物的温度以"不烫不凉"为度,即一般保持在40~50℃为宜,过冷饮食,使胃黏膜血管收缩,胃黏膜血流量减少,影响胃的功能,同时过冷饮食还能刺激胃蠕动增强,甚至产生胃痉挛。过热饮食,能烫伤胃黏膜,使胃黏膜保护作用降低,还能使胃黏膜血管扩张,可导致胃黏膜出血。

细嚼慢咽

少食粗糙、过硬食物,对食物充分咀嚼,使食物尽可能碎烂,可减轻胃的工作负担,咀嚼次数愈多,随之分泌的唾液也愈多。唾液具有消化食物及杀灭细菌等作

·养生保健·

图文珍藏版

用,对胃黏膜有保护作用,因此进食宜细嚼慢咽,不可囫囵吞枣。

搭配合理

肉类油腻食物不易消化,过多食用会加重胃肠负担,影响食欲,过多食用细米面食物可导致无机盐、微量元素、维生素及食物纤维素大量损失,长期食用必将造成机体营养不良,导致机体各种功能下降。因此,应荤、素食搭配,粗、细粮搭配,既满足机体正常的营养需求,又不加重胃肠负担。当然还要戒烟限酒。

心情舒畅

人的情绪与胃酸分泌及胃的消化作用密切相关,情绪低落时即使是美味佳肴,也会味同嚼蜡。因此,进食时要保持精神放松、心情愉快。

精神集中

食物的消化、吸收,需充足的血液供应胃肠道。若一边进食,一边思考问题,或一边进食,一边看书、看电视,大量的血液要供应脑部工作,直接影响胃肠道的血液供应,长此以往,势必影响胃功能的正常发挥,诱发胃病。因此,进食时要专心致志,不可一心二用。

饮水择时

饭前、饭后大量饮水,可冲淡胃液、稀释胃酸,使胃的化学性消化作用及胃酸的杀菌作用大力降低。因此,应避免饭前、饭后大量饮水。

合理运动

进食后,胃有节律性的蠕动,使食物在胃内与胃液充分混合,研磨成食糜,并逐渐排空。饭后立即进行剧烈运动,直接影响胃肠的血液供应,导致消化不良,因此进食后应停半小时或 1 小时再行运动。

讲究卫生

注意饮食卫生,把住入口关。做到便后、饭前洗手。生吃瓜果要冲洗干净,避免食物污染上致病细菌。不食变质、霉变食物。

服药慎重

阿司匹林、消炎痛、保泰松、扑热息痛、泼尼松等药物,可直接损伤胃黏膜,破坏胃黏膜屏障,或刺激胃酸、胃蛋白酶的分泌,减弱胃黏膜的保护作用。长期服用中药(如过多服用苦寒或辛温燥热之剂及有毒药品)能引起胃黏膜损害。若病情需要长期服用刺激性药物时,应饭后服用,以减轻其对胃部的刺激作用,并同时服用胃黏膜保护剂。

2.疾病防治

溃疡病(消化性溃疡)

溃疡病是指在某种情况下,胃肠黏膜被胃酸和胃蛋白酶的消化作用侵蚀,而形成的慢性溃疡。本病发生在与胃酸接触的部位如胃和十二指肠,也可发生在食管下段、胃空肠吻合口附近及 Meckel 憩室。有 95% ~ 99% 的溃疡发生在胃或十二指肠。

溃疡病多由于饮食不节,精神紧张,烟酒过度,先天禀赋不足及其他脏腑功能失调引起,可出现胃脘部节律性、周期性、慢性疼痛,嗳气返酸等症状。

胃黏膜脱垂

胃黏膜脱垂是指胃壁黏膜通过幽门脱垂至十二指肠球部,这种病主要与胃窦部炎症有关,多见于 30~66 岁的男性患者。

胃黏膜脱垂时症状可轻可重,绝大多数患者胃黏膜脱垂可以复位,这个特点称之为具备"可复性"。如果在短时间内胃黏膜脱垂可以复位,那么患者就没有什么症状,或者仅有轻度的腹胀、嗳气等;如果不能立即复位,则可能出现上腹隐痛、烧灼感。严重的胃黏膜脱垂甚至会发生嵌顿,即幽门部肌肉收缩,脱垂的黏膜上不去下不来,便会发生幽门梗阻。

胃脘痛

胃脘痛又称"胃痛",是指上腹部发生疼痛的病症。

慢性胃炎

慢性胃炎为一种常见于成年人的消化道疾病。病因可能与高级神经活动功能障碍、营养不良、全身健康状况和局部刺激等因素有关。

十二指肠炎

十二指肠炎为非特异性感染,多发生在球部。病理可分为表浅型、间质型及萎缩型。与胃炎相似,以表浅型居多,炎症限于黏膜层。

消化不良

消化不良是指上腹部或胸部的疼痛或不适感,其他常见症状包括恶心、腹胀和频繁打嗝。

对于消化不良的调养主要是生活要有规律,按时入睡,做好自我心理调理,消除思想顾虑,注意控制情绪,保持心胸开阔;戒烟酒,避免食用有刺激性的辛辣食物及生冷食物;最好在饭前或饭后 1 小时做运动,这样有助于缓解消化不良的症状。同时最好到医院做检查,查出真正的病因。

当发生消化不良时,应暂停进食,实行"饥饿疗法"。禁食一餐或两餐酌情而定。禁食期间可根据口渴情况饮用淡盐开水,以及时补充身体所需的水分和盐分,也可饮用糖加盐水,因为糖可迅速被胃肠吸收,不至增加胃肠负担。如无需完全禁食时,则减量进食,或只吃易消化的粥类加点开胃小菜,这样使胃肠感觉轻松舒适,消化不良易于矫正。同时适当使用助消化药物,一般应在专科医生指导下服用。如系非处方药物,则可根据药品说明书使用。

由于消化不良疾病与许多更严重的疾病有相似之处,如有下述情况,应尽快请教医生:呕吐、体重减轻、食欲减退;排便很黑或者吐血;腹部的右上部分剧痛;消化

·养生保健·

图文珍藏版

不良伴随着呼吸困难、出汗、疼痛蔓延到颈项、手臂或颌。

腹泻

凡是食物在肠道内运行过速,未及消化就被排泄,因而粪便稀薄,便次增多者,都称作腹泻。腹泻有急性与慢性2种。急性腹泻一般与感染或食物中毒有关;慢性腹泻大多由肠的功能性或器质性病变所致。腹泻时需注意饮食调节:

短暂禁食

在急性腹泻期间,有时需要短暂禁食,以使肠道得以休息。脱水过多者,需要输液治疗。当腹泻减缓时,就应食用细软、少油的食物,如藕粉、细挂面、软面片、稀粥及菜汤或果汁。这些食物既有利于消化吸收,又可补充维生素C。应禁食易使肠蠕动及肠道胀气的食物,如蜂蜜、生葱、生蒜、黄豆等。

合理饮食

慢性腹泻患者的饮食,宜精心配制,灵活掌握。一般饮食原则应当是少油腻、少渣子、高蛋白、高热量、高维生素。烹调方法以蒸、炖、煮、烩为主,忌用炸、爆、煎制菜肴。优质蛋白质食物中鱼类、瘦肉、蛋类及各种豆制品少油腻、营养高,可适当选用。为了增加维生素C又不使腹泻加剧,可选用含纤维素少的水果,如香蕉、菠萝、苹果泥或煮熟的苹果。

及时补充淡盐水

慢性腹泻有脱水现象时,应及时补充淡盐开水,以弥补水分和盐分的损失。慢性腹泻如出现急性发作,应按急性腹泻的饮食原则处理。

注意饮食卫生

慢性腹泻者身体抵抗力较差,更应注意饮食卫生,不吃生冷食物及隔夜食物,不随便在外面饭店用餐等。

忌滥用止泻药

腹泻起初多有外邪、伤食,腹泻可使毒物排出体外。所以先要弄清腹泻的病因,如细菌性引起的,则应服抗生素药物;若是食物中毒引起的,应适当服用泻药,以加速毒素的排泄。

忌精神刺激

精神上的过激反应,会使大肠蠕动亢进,应尽量避免。对神经性腹泻,即因精神上不安或紧张引起的腹泻,尤应注意。

忌过度劳累,可适当锻炼

对腹泻患者,特别是慢性腹泻,体育锻炼的目的在于提高机体抗病能力,促进病体康复。可结合自身的具体情况,选择适宜的锻炼方式,促进胃肠的正常蠕动,恢复正常的功能。

七、养肾,巩固先天之本

肾脏为成对的扁豆状器官,位于腹膜后脊柱两旁浅窝中,长10~12厘米、宽5

~6厘米、厚3~4厘米、重120~150克;左肾较右肾稍大,肾纵轴上端向内、下端向外,因此两肾上极相距较近、下极较远,肾纵轴与脊柱所成角度为30°左右。

肾为成对的实质性器官,红褐色,可分为内、外侧两缘,前、后两面和上、下两端。肾的外侧缘隆凸,内侧缘中部凹陷,称肾门,是肾盂、血管、神经、淋巴管出入的门户。这些出入肾门的结构,被结缔组织包裹,合称肾蒂。由肾门凹向肾内,有一个较大的腔,称肾窦。肾窦由肾实质围成,窦内含有肾动脉、肾静脉、淋巴管、肾小盏、肾大盏、肾盂和脂肪组织等。

中医认为,肾为脏腑阴阳之本,是生命之源,故称为"先天之本"。肾在五行属水,与膀胱互为表里。

肾藏精,主生长发育和生殖。"精"有精华之意,是人体最重要的物质基础。肾所藏之精包括"先天之精"和"后天之精"。"先天之精"禀受于父母,与生俱来,有赖于"后天之精"的不断充实壮大;"后天之精"来源于水谷精微,由脾胃化生,转输五脏六腑,成为脏腑之精。脏腑之精充盛,除供应本身生理活动所需外,其剩余部分则贮藏于肾,以备不时之需。当五脏六腑需要时,肾再把所藏的精气重新供给五脏六腑。故肾精的盛衰,对各脏腑的功能都有影响。

1.日常生活中的保养

中医认为肾是先天之本、生命之源。肾病除了包括肾实质病变和排便(大小便)异常外,还包括人体许多系统的病变,如骨、齿、髓、脑、发、腰、耳、二阴(前阴、后阴)等病变。中医肾病多为虚证,而当其他脏器虚衰时,必然涉及肾脏真阴真阳的亏损。在临床上需辨明是肾阳虚还是肾阴虚,因为二者的治疗和方药大不一样。肾阳虚证,多因年高肾亏,或先天不足,或房劳过度,或素体阳虚,导致肾阳虚衰所致。主要表现为腰膝酸软而痛,畏寒肢冷,尤以下肢为甚;头晕目眩,精神委靡,面色㿠白,舌淡苔白,脉沉细。在此基础上,还可出现男性阳痿、滑精早泄,女性不孕、白带清稀而多、尿频清长、夜尿频多、大便久泄不止、顽固不化、五更泄泻、全身水肿、腹部胀满等症。肾阴虚的原因主要是"以酒为浆,以妄为常,醉以入房,以欲竭其精,以耗散其真"(《素问·上古天真本》)。肾阴一亏,则产生阴虚内热,甚则阴虚火旺。临床表现为腰膝酸痛、形体消瘦、潮热盗汗、五心烦热、咽干颧红、舌红少津、眩晕耳鸣、失眠多梦,男性强阳易举、遗精早泄,女性经少、闭经或崩漏。

由此可见,如果没有正常的肾,我们的生活质量将大大下降,就谈不上幸福与快乐。所以平时我们一定要多关注我们的肾。

第一,在饮食上要注意,不要过多地进食高蛋白、高钠饮食。高蛋白饮食是加速肾功能损害的重要因素,老年人应格外注意。正常体重者可按下述标准大致估算蛋白质的摄入量,每天1个鸡蛋、1份鲜奶、100克肉食、100克豆腐、300~400克主食,加上蔬菜、水果。补肾还可以多吃动物肾脏、海参、虾、芡实、山药、干贝、鲈鱼、板栗、枸杞、何首乌。水也不要喝得太多,每日尿量保持在1 500~2 000毫升就可以了。提倡喝白开水,最好喝纯化水(又叫蒸馏水、去离子水)。饮食应清淡、易

·养生保健·

图文珍藏版

于消化,特别要注意适当控制食盐、蛋白质的摄入量。现代研究表明,过咸是许多疾病的危险因素,特别是心脑血管疾病。理想的食盐摄入量为每天 6 克。调查表明,我国绝大多数地区饮食过咸,北方最严重。北京人每天 14～15 克,东北人每天 18～19 克,广东人比较符合健康标准,每天 6～7 克。

第二,尽量不用或少用有损肾脏的药物,避免或减少与毒性强的各种毒物接触。

第三,戒烟忌酒。

第四,注意卫生。妇女月经期、妊娠期、产褥期等尤要注意个人卫生,预防尿路感染。养成良好的习惯,切忌强忍小便。

第五,定期检查身体。特别是尿液化验、肾功能化验,以及早发现和诊治各种肾脏疾病。

第六,提倡健康性生活。洁身自爱,预防性病危害肾脏。

第七,加强锻炼。体格瘦弱修长者,要加强锻炼,提高腰腹肌收缩力,预防肾下垂。

第八,要有充足的睡眠,保证精力充沛。

2.疾病防治

肾功能衰竭

肾功能衰竭是一种综合征,由多种病因引起,使肾小球滤过功能迅速下降至正常状态的 50% 以下,血尿素氮及血肌酐迅速增高并引起水、电解质紊乱和酸碱平衡失调及急性尿毒症症状。肾功能衰竭由许多原因引起,其中一些因素导致肾脏功能下降(急性肾衰竭),而另外一些原因又造成肾脏功能逐渐降低(慢性肾衰竭)。肾功能衰竭者应注意以下几点。

要避免劳累过度及强烈的精神刺激。

预防感染,去除感染灶以减少病情恶化的诱因。

有烟酒嗜好者应戒除。

有水肿、高血压、蛋白尿显著及稍事行动则症状加重者,均宜卧床休息。

尿毒症

尿毒症是各种晚期的肾脏病共有的临床综合征,是进行性慢性肾功能衰竭的终末阶段。

肾脏的功能是将血液中的有害成分像筛沙子一样筛出去,同时把红白细胞等细胞成分和脂肪、蛋白质、糖等有用成分留下来。在肾功能衰竭的情况下,血中的有害成分不能及时排出,从而对全身组织器官造成损害导致尿毒症,如果不采取透析、换肾等措施,就会导致死亡。

现代医学技术的发展,血液透析和腹膜透析的开展已经可以使尿毒症患者长期生存下去,并使其生活质量不断改善。但是,虽然良好的治疗能使患者的寿命接近正常人水平,成功的肾移植也可使患者像正常人一样生活,却会给患者及其家人造成经济上的沉重负担和巨大精神痛苦,所以应及早发现、及早接受正规治疗。

八、乳房的保健

乳房是人体的重要器官,参与人体与生命的循环。女性乳房显得更为重要,不仅体现着女性的形体美,还是孕育生命的源泉。

乳房主要由腺体、导管、脂肪组织和纤维组织等构成。其内部结构犹如一棵倒着生长的小树。

乳房内的脂肪组织呈囊状包于乳腺周围,形成一个半球形的整体,这层囊状的脂肪组织称为脂肪囊。脂肪囊的厚薄可因年龄、生育等原因而有很大的个体差异。脂肪组织的多少是决定乳房大小的重要因素之一。

除此以外,乳房还分布着丰富的血管、淋巴管及神经,对乳腺起到营养作用及维持新陈代谢作用,并具有重要的外科学意义。

疾病防治

避免使用激素药物和美容产品

丰乳膏和其他含雌激素的药物及常用的雌激素有苯甲酸雌二醇、己烯雌酚等,虽然可以促使乳房发育,但同时也可能使乳腺患癌的可能性增加。

正确佩戴文胸

女性不要佩戴过紧或是有隆胸效果的文胸,否则会影响乳房的新陈代谢和淋巴回流,易导致乳腺增生。

保持舒畅的心情

舒畅的心情可使卵巢保持正常排卵,孕激素分泌正常,乳腺就不会因受到雌激素的刺激而出现增生,已增生的乳腺也会在孕激素的作用下逐渐复原。

定期进行乳房检查

年龄在 16~50 岁的女性,都应定期进行乳腺普查,月经后第 3~7 天为最佳检查时机,35 岁以上的女性应该 1~2 年做一次;50 岁以上的女性应 1 年一次;高发人群乳腺病家族史患者、卵巢癌患者、腺体癌患者、有重度增生的女性应半年检查一次,进行动态观察;20~35 岁的女性应 3 年进行一次红外线或乳腺外科检查。

减少人工流产次数

减少人工流产的次数可减少乳腺增生的概率。

九、正确用脑

脑是中枢神经系统的主要部分,位于颅腔内。分为大脑、小脑和脑干 3 部分。

大脑

大脑是神经系统最高级部分,由左、右两个大脑半球组成,两半球间有横行的神经纤维相联系。大脑表面有很多往下凹的沟(裂),沟(裂)之间有隆起的回,大大增加了大脑皮质的面积。

小脑

小脑在大脑的后下方,分为中间的蚓部和两侧膨大的小脑半球,小脑皮质被许多横行的沟分成许多小叶。小脑的内部由白质和灰色的神经核所组成。而小脑的主要功能是协调骨骼肌的运动,维持和调节肌肉,保持身体的平衡。

脑干

脑干包括间脑、中脑、脑桥和延髓,分布着很多由神经细胞集中而成的神经核或神经中枢,并有大量上、下行的神经纤维束通过,连接大脑、小脑和脊髓,在形态上和功能上把中枢神经各部分联系为一个整体。脑各部内的腔隙称脑室,充满脑脊液。

1. 脑也要充电保养

据不完全统计,人的脑细胞有140亿~150亿个,40岁以后每天约有10万个脑细胞开始死亡,到六七十岁时减少1/10左右,为了早日防止智力下降,延缓大脑功能的老化,要时刻记住给脑充电,进行保养。因此,下面几种情况则要尽量避免。

睡眠不足

大脑消除疲劳的主要方式是睡眠。长期睡眠不足或质量太差只会加速脑细胞的衰退,聪明人也会变得糊涂起来。

长期饱食

进食过饱后,大脑中被称为"纤维细胞生长因子"的物质会明显增多。它能使毛细血管内皮细胞和脂肪增多,加速动脉粥样硬化,出现大脑早衰和智力减退等现象。

不吃早餐

不吃早餐会使人的血糖低于正常供给,久而久之使大脑受损。据有关资料显示,一般吃高蛋白早餐的儿童在课堂上的最佳思维普遍相对延长。

甜食过量

甜食降低食欲,减少对高蛋白和多种维生素的摄入,导致机体营养不良,影响大脑发育。

长期吸烟

长期吸烟使脑组织呈现不同程度萎缩,易患老年性痴呆。因为长期吸烟可引起脑动脉硬化,导致大脑供血不足,神经细胞变性,继而发生脑萎缩。

少言寡语

大脑中有专司语言的小叶区,经常说话也会促进大脑的发育,并能起到锻炼大脑的功能。平常应该多说一些内容丰富、有较强哲理性或逻辑性的话。

不愿动脑

思考是锻炼大脑的最佳方法。多动脑筋,勤思考,人才能变得更聪明。

带病用脑

在身体不适或患病时，勉强坚持学习或工作不仅效率低下，而且还容易损害大脑。

另外，当人的神经系统正常功能遭到破坏时，体内外环境平衡失调，会引起各种脏器的功能低下，导致早衰，所以保持神经系统的健康，是防止早衰和大脑功能减退的方法。

值得注意的是，进入中老年以后，记忆力下降的现象完全是一种很自然的生理规律，这与大脑功能衰退有着密切的关系。只是现在，记忆减退已经不再是中老年人特有的现象，越来越多的年轻人开始抱怨记忆力减退给他们的工作和生活带来了困扰。造成如此结果的原因当然是繁重的工作和生活压力，神经长期处于紧绷状态，得不到放松，影响了大脑正常运转。如果压力大导致睡眠不足或睡眠质量太差，更会加速脑细胞的衰退；而且，白领阶层往往长时间处于不通风的空调环境，空气中含氧量不足，完全无法满足大脑每分钟消耗氧气 500～600 升的要求，致使大脑的工作效率不断降低；此外，对电脑等设备太过依赖同样会导致大脑的使用率越来越低，脑功能逐渐下降；长期吸烟及酗酒也会引起脑动脉硬化，导致大脑供血不足及发生脑萎缩，使记忆力提前下降。

2.疾病防治

帕金森氏病

帕金森氏病是一种主要影响运动的进行性发展的神经系统疾病。帕金森氏病是由于大脑内一个称为基底节的结构内的神经细胞被破坏引起的。

大脑内的各个部分通过互相发送信号协调我们所有的思想、运动、情绪和感觉。当我们想挪动身体时，基底节向丘脑发送一个信号，接着再将信号传到大脑皮质及大脑的其他部分。大脑中的神经细胞通过化学物质传递信息。一种称为多巴胺的化学物质是由大脑黑质细胞产生的，是正常运动所必需的神经递质。当黑质细胞死亡时，就不再能产生和发送多巴胺，这样，运动信号就不能传递。大脑中的另一种称为乙酰胆碱的化学物质也受多巴胺的控制。当多巴胺数量不足时，乙酰胆碱数量就会过多，它可引起很多帕金森氏病患者都出现的震颤和肌肉僵直。

帕金森氏病的症状为以下几种。

震颤

震颤俗称颤抖，以每秒 4～6 次的节律出现。震颤多见于四肢，先从肢体的一侧上肢开始，随着病情的发展，逐渐扩展到同侧的下肢及对侧的上下肢，最后发展到下颌、口唇、舌及头部，甚至躯干。震颤多数是在静止时出现，肢体活动时减轻或暂时终止，情绪激动时震颤加重，睡眠时完全停止。

肌肉强直

由于肌肉的张力增强，当肢体被动运动时，肌肉的张力始终保持一致，无论肢体伸或屈到什么角度，都感到一种均匀的阻力，犹如在伸屈一根铅管时的感觉，所

·养生保健·

图文珍藏版

以称之为"铅管样强直"。如果患者在肌肉强直的同时还伴有震颤,伸屈肢体就会表现出在均匀的阻力上有断续的停顿,犹如齿轮在慢速转动一样,医学上称之为"齿轮样强直"。肌肉强直不仅表现在肢体上,全身各处的肌肉均可发生强直,严重时患者会出现腰部前弯成直角样状态。

运动障碍

震颤的早期,患者的上肢不能做精细的工作,主要表现为书写困难。患者写字歪斜不整,字写得越来越小,称之为"写字过小症"。患者的日常生活难以自理,坐下时难于起立,卧床后不能自行翻身,穿衣、洗脸、刷牙等动作都难以完成。行走时,第一步起步困难,但一旦迈步后,即以极小步伐向前冲跑,步伐频率越来越快,不能自主停步或转弯,像有急事慌张赶路一般,称之为"慌张步伐"。由于面部肌肉动作障碍,形成"面具脸",面部无表情、不眨眼、双目向前凝视,当口、舌、腭及咽部肌肉运动障碍时,即表现出大量流口水,不能做吞咽动作。

其他症状

患者还可出现顽固性的便秘、出汗、皮脂溢出增多、智力减退、言语不清、痴呆、忧郁等。

帕金森氏病是现代老年人的常见病和多发病,诊断比较容易,对早期患者也有疗效,较为确切的治疗药物。但帕金森氏病患者晚期的护理十分麻烦,且患者自身十分痛苦。

所以,老年人一旦发现有这种症状就要及早去治疗,以免延误治疗。

中风

中风,又称脑卒中,是急性脑血管病或脑血管意外的俗称。中风是由脑部血液循环系统的破裂或闭塞而引起的局部血液循环障碍,导致脑部神经功能障碍的病症。气候变化、情绪激动、过度疲劳、用力过猛、饮食不洁及体位变化等均可诱发中风。

本病多发生于中年以后,尤以老年人为多,但近20年的资料表明,中风的发病年龄有所变化,30~40岁发病的人也不少,甚至还有更年轻者,但仍以50~70岁年龄组的发病率最高,占发病人数的60%以上。

随着医疗技术的发展,对于治疗中风已有新的有效方法,但前提是必须在出现中风症状数小时内实施抢救。因此,了解中风发生时的症状,以及如何立即抢救就成了患者生死存亡的关键。

而中风症状主要有:突然感到自己很虚弱,有支撑不住的感觉,同时还会出现麻木、语无伦次、不辨方向和听不懂对方的讲话等。

那么怎样预防中风呢?

合理饮食和适当运动是根本。在此基础上还应注意以下几点。

适当放松

老年人可以经常钓鱼、练书法、下棋、练习绘画。

早发现,并有效地控制

这是预防中风的一个中心环节。老年人应定期进行血压、心电图、血脂、血糖的检查,如果发现异常,就应治疗。

及时到医院进行全面检查

例如出现发作性或持续性头痛、头晕、心慌、失眠、短暂的发作性眩晕等。这些轻微症状切勿掉以轻心,很可能是脑动脉硬化、中风的早期表现,应提高警惕。

注意镁的摄入

医学研究证实,缺镁可以导致老年人发生脑血栓。为了预防缺镁,应注意镁的摄入,宜多吃些富含镁的食物,如腰果、杏仁、豆类、海味等。另外,每天多吃些含钾较多的食物,可以预防中风。香蕉中含有丰富的钾,每天坚持吃 1 根香蕉即可。

十、内分泌系统健康不容忽视

内分泌系统是人体内神经系统以外的另一个重要的功能调节系统。人体内分泌系统包括垂体、甲状腺、甲状旁腺、胸腺、肾上腺、松果体等内分泌腺,还包括一些分散在其他器官组织中的内分泌细胞团块,如消化道黏膜中分散存在的内分泌细胞。内分泌系统与神经系统密切配合,共同调节机体的新陈代谢、生长发育和对环境的适应。他们是在大脑统一指挥下的两个协同动作的重要的功能调节系统,但其作用方式却各有不同。神经系统靠神经传导,其特点是快速、灵敏;内分泌系统靠激素通过体液调节方式起作用,其特点是作用广泛、持久。因此,有人曾把神经系统比做人体的"有线通讯网络",而把内分泌系统比做人体的"无线通讯系统"。

垂体

垂体是一个豌豆状的腺体,位于大脑底部一个骨性结构内(蝶鞍)。蝶鞍保护垂体,但仅为垂体留下很小的扩展空间。如果垂体增大,它常向上扩展、压迫传递视觉信号的那部分大脑,可能引起头痛或视觉损害。

垂体调控其他大部分内分泌腺体的功能。由两个紧密相邻的部分组成:前叶(前部)和后叶(后部)。垂体前叶约占垂体总量的 80%,分泌出激素最终调控甲状腺、肾上腺、生殖器(卵巢和睾丸)的功能,调控乳汁的分泌和整个机体的生长。垂体也分泌激素使皮肤变黑及抑制痛觉。垂体后叶产生的激素则能调节水平衡。

甲状腺

甲状腺是人体最大的一个内分泌腺,位于颈前下方的软组织内。甲状腺的形状呈"H"形,由左右两个侧叶和连接两个侧叶的较为狭窄的峡部组成。甲状腺重量变化很大,新生儿约 1.5 克,10 岁儿童 10~20 克,一般

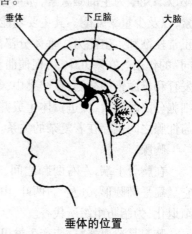

垂体的位置

成年人为 20~40 克。老年人甲状腺将显著萎缩,重量为 10~15 克。

甲状腺的结构和功能单位是滤泡,甲状腺滤泡大小不一,其形态一般呈球形、卵圆形或管状,其主要功能是分泌甲状腺激素。

甲状腺激素对机体的代谢、生长发育、组织分化及多种系统、器官的功能都有重要影响,甲状腺功能紊乱将会导致多种疾病的发生。因此甲状腺也是人体极为重要的一个内分泌腺。

甲状旁腺

甲状旁腺是扁的卵圆形小体,约黄豆大小。甲状旁腺一般有上、下两对,均贴在甲状腺侧叶的后面。

甲状旁腺分泌甲状旁腺激素,影响体内钙与磷的代谢。甲状旁腺功能失调会引起血中钙与磷的比例失常。

有时甲状旁腺单个或全部埋在甲状腺组织内,使甲状腺切除手术发生困难。如将这些腺全部切除,患者出现钙代谢失常,发生手足抽搐,严重者将会死亡。

肾上腺

肾上腺是人体重要的内分泌腺之一,位于肾的上方,左右各一,右侧为三角形,左侧为半圆形,一对肾上腺共重 10~15 克。

肾上腺的外层为皮质,中心部为髓质。皮质可产生肾上腺皮质激素,对调节水、盐代谢及糖与蛋白质的代谢有重要作用。肾上腺髓质能产生肾上腺素和去甲腺素,有加快心跳、收缩血管、升高血压的作用。

性腺

性腺是人体内分泌腺之一。男性为睾丸,女性为卵巢。睾丸和卵巢均兼有产生生殖细胞的生殖腺功能和合成、释放性激素的内分泌腺功能。实际上起内分泌作用的主要是睾丸间质细胞和卵巢中的卵泡细胞、内膜细胞及黄体细胞。睾丸分泌以睾丸酮为主的雄激素,卵巢分泌以雌二醇为主的雌激素和以孕酮为主的孕激素,以及少量睾丸酮。其主要功能是刺激附性器官的发育和第二性征的出现,维持正常性欲和生殖能力。垂体分泌的促性腺激素,到达两性性腺后发挥着"完全不同"的作用。在睾丸中,可促使曲精细管增生和精子成熟,并促进睾丸间质细胞的发育和雄激素的分泌;在卵巢中,却可促使卵泡生长发育及成熟排卵,并刺激卵泡细胞分泌雌激素,促进黄体生成并刺激孕激素的分泌。此外,甲状腺、肾上腺皮质与性腺之间也存在着复杂的关系。

胸腺

在胸骨上端,左右两肺之间,有一个火柴盒大小的黄灰色组织,这就是胸腺。它呈扁平椭圆形,分左、右两叶,由淋巴组织构成。青春期前发育良好,青春期后逐渐退化,为脂肪组织所代替。

胸腺是造血器官,能产生淋巴细胞,并运送到淋巴结和脾脏等处。这种淋巴细胞对机体的细胞免疫具有重要作用。

生长激素和甲状腺激素能刺激胸腺生长,而性激素则促使胸腺退化。

胸腺肽是胸腺产生的一种蛋白质和多肽激素,能刺激 T 淋巴细胞的成熟,平衡和调节免疫功能,是一种与机体的细胞免疫有密切关系的激素。人到成年后,胸腺逐渐萎缩,胸腺素分泌急剧减少或缺失,此时为提高免疫功能减弱的机体,补充胸腺素是必须的。

1.激素的作用

由内分泌腺所分泌的具有生物活性的化学物质,称为激素。激素是由以垂体开始的多种内分泌腺体分泌的物质,大多通过血液运送到其他组织并发挥各种功能,但也有一部分激素不通过血液而在局部发挥作用。

人体到底制造多少种激素无从知晓,甲状腺自身就能分泌 25 种以上的激素,但是那些广为人知的激素可分为 3 大类:性激素、消化相关的激素和应付压力相关的激素。

激素与位于细胞表面或内部的受体结合。激素与受体结和后可加速、减慢或以其他方式改变细胞功能,最终得以调控整个器官的功能。激素调控生长发育、生殖、性征,影响机体利用和储存能量,还调控体液容量、血糖及盐类物质的水平。某些激素仅影响一个或两个器官,而有些激素可影响整个机体。因此,保持体内激素平衡和适量是非常必要的,具体来说,就是要保证饮食健康、睡眠充足、运动适量和拥有良好的心境。

2.疾病防治

痛经

痛经可分为原发性痛经,即从月经初潮就发生痛经;还有继发性痛经,即月经初潮时无痛经,而在以后出现的痛经。原发性痛经多是由于子宫发育不良、子宫颈口狭窄、子宫过度屈曲,即大片肥厚子宫内膜或子宫内膜管型在排出时引起子宫剧烈收缩所致。继发性痛经多由于盆腔炎症、子宫内膜异位、肿瘤等生殖器官病变引起。

痛经的全身症状有:乳房胀痛、肛门坠胀、胸闷烦躁、悲伤易怒、心惊失眠、头痛头晕、恶心呕吐、胃痛腹泻、倦怠乏力、面色苍白、四肢冰凉、冷汗淋漓、虚脱昏厥等。其发病之高、范围之广、周期之短、痛苦之大,严重影响了许多女性的工作和学习。

防治痛经应注意以下几个问题。

不要随便用药

一定要讲究配药,在通调气血的前提下,根据患者的实际情况合理搭配。否则,过量服用止血药或收敛药,必然会造成行经不畅,冲任失调,不仅不利于治疗,反使痛经加剧。

性生活不宜过频,或经期家务繁重、劳累过度

二者均可导致精血亏少,冲任二脉气血运行不畅,胞宫失养而导致痛经。性生

·养生保健·

图文珍藏版

活不洁,不注意经期卫生,都可致盆腔感染炎症,这也是导致痛经的因素。

注意饮食

内分泌失调者应少吃过甜或咸的食物;少食含咖啡因的食物;禁酒;忌食刺激性食物;忌食生冷寒凉食物;忌食酸涩食物。

服用维生素

许多患者在每天摄取适量的维生素及矿物质之后,很少发生痛经。所以建议服用维生素及矿物质,最好是含钙并且剂量低的,一天可服用数次。

警惕女性更年期综合征

更年期是性腺功能逐渐衰退至完全消失,亦即从性成熟期逐渐进入老年期的一个过渡期,也是人生必经的一个生理阶段。就女性来说,包括:绝经前期、绝经期、绝经后期。更年期综合征大多由两方面原因引起:一是卵巢功能衰退,卵泡渐渐衰萎,逐渐停止分泌雌激素,体内雌激素水平下降所产生的影响;另一方面机体的老化所产生的影响。通常两者常交织在一起。

如何预防女性更年期综合征。如果注意饮食均衡,增加摄取钙质,适当补充激素,排除情绪障碍,就可以活得更健康,增进生活品质。每天摄取 5 大类食物并多摄取高纤维食物及少吃含油、盐、糖量高的食物;增加钙质的摄取,除了摄取富含钙质的食物如绿色蔬菜、小鱼干等外,平均每天喝相当两杯奶类的乳制品,并摄取适量的维生素 D,有助于钙质的吸收利用;此外,雌激素也能够抑制噬骨细胞对于骨质的破坏作用及有效防止骨质流失,因此补充激素是更年期女性防止骨质疏松症的重要方法之一。不过,必须经过医生的诊断,因为更年期症状所引起的情绪障碍,经过一段时间的激素疗法和其他药物调养,大多能达到理想的治疗效果,而积极走入社会,培养自己的兴趣及参与各项的活动,才是避免情绪障碍的最佳方法。更年期女性随着年龄的增加,泌尿系统方面发生尿频、尿失禁及尿道炎等问题,平日应多喝水、少憋尿及有规律的运动以促进健康和间接强化骨盆肌肉。

40 岁以后,每年做一次体格检查将是非常必要的,检查内容除了一般性全身各系统器官检查外,还应做妇科检查和肿瘤标志物检查。

脱发

脱发一般可以分为:暂时性脱发和永久性脱发。因各种病变造成毛囊结构破坏而形成瘢痕,新发无法再长出,即是永久性脱发。如果毛囊结构并没有破坏,只是由于局部神经功能发生障碍,毛乳头血管收缩,血液供应减少而引起的脱发,为暂时性脱发。

永久性脱发即常见的男性秃顶。永久性脱发的脱发过程是逐渐产生的。开始时,额头的头发边缘明显后缩,头顶部头发稀少;然后逐步发展,最后会发展到只剩下头后部、头两侧一圈稀疏的头发。遗传因素、血液循环中男性激素的缺乏或失调、过于肥胖等因素都可导致脱发。另外,多种皮肤病或皮肤受伤留下的瘢痕,天生头发发育不良,以及化学物品或物理原因对毛囊造成的严重伤害均可引起永久性脱发。

暂时性脱发往往是高热等疾病引起的。不过,照 X 光、摄入金属(如铊、锡和砷)或摄入毒品、营养不良、某些带炎症的皮肤病、慢性消耗性疾病,以及内分泌失调等也可造成暂时性脱发。

男性内分泌问题

男性内分泌问题主要有以下几个方面:雌激素增加,男性体内雌激素水平的增加,大大限制或制约了雄激素的作用,使得男性对嗅觉、视觉和感官上的性刺激反应迟钝,造成对性冲动的排斥,无法产生性欲。雄激素减少,成年男性的睾丸容量如果小于 10 毫升,或者睾丸的质地明显变软,可能是健康的警报。这可能导致生育能力的丧失,在性生活中力不从心,还会有体力差、经常疲乏、容易出汗、记忆力不好、脾气性格变得古怪、性欲低下、性功能障碍等情况出现。泌乳素增加,男性如果出现高水平泌乳素的分泌,医学上叫"高泌乳素血症",指血清里的泌乳素含量高于正常水平。表现为乳房肿胀、增大、泌乳,还使男性的阴茎在性生活中表现不佳(阳痿)或者坚而不挺。还可能造成对性腺的抑制作用——睾丸内精子产量减少、精子功能异常,因而引起不育。

如何防止男性内分泌失调:

改善饮食

烟酒、粗制棉子油及有些食品在制作过程中加入的添加剂、着色剂、防腐剂等都可能引起睾丸细胞变性。

不要频繁接触重金属

某些重金属,例如铝对男性生殖系统有极强的毒性作用。所以要避免食用含铝较高的食物如干豆类、明矾制作的油条,也尽量不用铝制的烹饪器皿或容器。

不要长时间待在环境污染区

不要近距离接触某些化学物品,包括杀虫剂、除草剂,含有雌激素类食物。

及时到医院就诊

如果患有内分泌失调,别怕去看医生,应在医生的指导下,适当服用雄激素补充类药物。而对于高泌乳素血症,可以在明确诊断的基础上,采取针对性的治疗来降低泌乳素水平,或者利用药物来抑制泌乳素的分泌。

十一、呵护生殖系统

1.生殖器的结构

男性生殖器

男性生殖器分内生殖器和外生殖器两部分。内生殖器包括睾丸、附睾、输精管、射精管、尿道及附属腺体(精囊腺、前列腺和尿道球腺)。外生殖器包括阴茎和阴囊。

男性内生殖器

睾丸位于阴囊内,呈扁卵圆形,精子就是在这里产生,也有分泌男性激素的功能。

附睾贴附在睾丸的上端和后缘,可分为头、体、尾3部分,它具有贮存和输送精子的作用。

输精管是附睾管的直接延续,它会折返向上进入盆腔,与精囊腺的排泄管会合成射精管,穿过前列腺开口于尿道前列腺部。睾丸所产生的精子就是这样通过输精管进入尿道随精液排出。

精囊腺紧贴于膀胱底的后方及输精管的外侧,呈长囊状,表面凹凸不平,其排泄管与输精管会合成射精管。精囊腺分泌黄色黏稠液体,为精液的一部分。

前列腺是由腺体和肌肉组织组成的一个形似栗子的器官,紧靠在膀胱的下方。前列腺分泌乳白色的液体,通过它本身的排泄管排入尿道,参与精液的组成。而精液实际是由精子、前列腺液和精囊腺液组成的。

男性尿道是排尿和排精的共同通道,它起自膀胱的尿道内口,终于阴茎头的尿道外口,全长17~20厘米。整个尿道分成3个部分:尿道前列腺部、尿道膜部和尿道海绵体部。尿道前列腺部是自尿道内口穿过前列腺的一段,当前列腺肥大时会压迫这个部位,导致排尿困难。如果男性的生殖器各部分有炎症,如前列腺炎、输精管炎、附睾炎等,就会导致射精痛。

男性外生殖器

阴茎由两条阴茎海绵体和一条尿道海绵体组成,内有极其丰富的血管,当性兴奋时,海绵体会高度充血,使阴茎变粗变硬。

阴囊是会阴部下垂的皮肤囊袋,中间有阴囊中隔,将阴囊分为左右两半,其中容纳着睾丸和附睾。

女性生殖器

女性生殖器分内生殖器和外生殖器两部分。内生殖器包括卵巢、输卵管、子宫和阴道。外生殖器包括阴阜、大阴唇、小阴唇、阴蒂、前庭大腺、阴道前庭和处女膜。

女性内生殖器

卵巢是产生卵子和分泌雌激素的器官,左右各1个。卵巢的大小随年龄而变化,青春期前,卵巢表面光滑,青春期开始排卵后,表面呈现出凹凸不平的瘢痕,至绝经期后,卵巢亦逐渐萎缩变硬。

输卵管是一对弯而长的喇叭形管道,卵子从卵巢排出后进入输卵管内,停留在输卵管壶腹部与峡部的连接处等待受精。卵子受精后,受精卵会借助输卵管的蠕动和纤毛的推动,向子宫腔的方向移动。

子宫是受精卵发育成长为胎儿的场所。子宫呈倒置的梨形,上端圆凸的部分称为子宫底,子宫底以下的大部为子宫体。子宫呈圆柱状的部分称为子宫颈,它的下部突入到阴道内。子宫的内腔称为子宫腔,子宫腔的内壁上覆盖了一层子宫内膜,子宫内膜在激素的作用下会周期性地增厚。当卵子不能受精时,子宫内膜会剥落出血,从阴道排出,形成月经。

阴道为前后扁的肌性管道,伸展性很大,是月经排出和胎儿娩出的通路。

女性外生殖器

阴阜位于腹壁最下方,耻骨联合前上方的部分。这里皮下脂肪丰富,所以稍微隆起,到青春期时开始长阴毛。大阴唇位于女性阴道口两侧,是一对纵长隆起的皮肤皱襞,下面有很厚的皮下脂肪,并有丰富的血管、淋巴管及神经末梢,对性刺激敏感。

小阴唇位于大阴唇内侧,是一对较薄的皮肤皱襞,表面光滑、湿润,有丰富的神经末梢,对性刺激很敏感。

阴蒂是个能勃起的小柱状器官,位于两侧小阴唇联合处的下面,是一种海绵状组织。其上有丰富的感觉神经末梢,触觉十分敏感,有刺激即发硬,稍勃起。

前庭大腺分布在两侧小阴唇中。开口在小阴唇的内侧面,与阴道入口相邻。它分泌一种黏性物质。

未婚女性的阴道口还有一层中间有孔的环状薄膜组织,位于小阴唇内侧正中,这就是处女膜。

2.疾病防治

睾丸炎

睾丸炎是由各种致病细菌和病毒通过血液、淋巴管与输精管或附睾途径感染引起,其中以腮腺炎引起的睾丸炎最为常见。在急性期,患者表现为阴囊皮肤红肿胀痛,行走时有明显坠胀感觉。若在急性期治疗不当,可转为慢性睾丸炎。急性期要卧床休息,抬高阴囊部并进行热敷,使用抗生素治疗,并应禁过性生活,否则会加重病情。睾丸炎治愈后不影响雄激素的分泌,不致影响性生活。

尿道炎

尿道炎多系逆行感染,即病菌直接侵入尿道所致。患者在急性期表现为尿道黏膜充血、水肿,或有糜烂溃疡形成,尿道口红肿,有黏液性或脓性分泌物,尿道压痛、变硬;重者可影响到附睾、精索。患病时要适当休息,禁止饮酒,避免性生活。主要是采用口服或肌内注射抗生素治疗。

前列腺炎

前列腺炎多由尿道炎直接蔓延所致,或是其他组织器官急性炎症经血液及淋巴感染引起,是中青年男性的一种常见病。急性前列腺炎起病急,多表现为全身无力、腰部酸痛、会阴及肛门有不适下坠感,伴有尿痛、尿频、尿急甚至有血尿,有的人性欲减退,出现早泄或阳痿等。患病后应注意休息,多饮水,节制性生活,坚持使用抗生素治疗。中老年男性,前列腺增生等病症的发病率逐步上升,多数老年男性的生活都受此影响。目前前列腺疾病的治疗手段日益先进,80%以上已无须手术治疗。另外,尽管由于身体器官自然衰老及其他疾病的影响,老年人的性功能逐渐退化,但老年人的性需求是正常的,一般可以用言语、抚摩、感情沟通等方式满足,这需要得到社会和家人的理解。同时,老年人也需要进行自我心理调适,以平常心对待身体状况的正常变化。

附睾炎

附睾炎是由于尿道狭窄、前列腺增生、尿道炎及感染结核和淋病,通过逆行蔓延引起的。附睾具有促进精子成熟、贮存精子和吸收衰亡精子的重要作用,故双侧附睾有病变时可造成不育。在急性期表现的症状为阴囊肿胀、疼痛,可牵扯下腹部及大腿根部,行走不便。急性期治疗不彻底可转为慢性附睾炎,所以在急性期治疗一定要彻底。治疗时可抬高阴囊、局部冷敷,选用有效的抗生素及其他对症治疗方法。

外阴炎

外阴炎有特异性和非特异性感染2种。特异性如霉菌、滴虫感染为主;非特异性如葡萄球菌、大肠杆菌、链球菌感染等。非特异性感染比较多见。此外,还可以继发于其他局部或全身疾病,如宫颈炎、阴道炎、宫颈癌等,由于分泌物增多的刺激,或经血、恶露过多过久的刺激,均可引发不同程度的炎症。其他如卫生巾的浸渍,患有尿瘘、粪瘘者的粪便刺激,糖尿病患者糖尿的刺激等,都可以导致外阴炎。

阴道炎

阴道炎是由不同病因引起的多种阴道黏膜炎性疾病的总称。在正常生理状态,阴道的组织解剖学及生物化学特点足以防御外界微生物的侵袭。如果遭到破坏,则病菌即可趁机而入,导致阴道炎。

常见的阴道炎有以下几种。

非特异性阴道炎

外阴、阴道有下坠和灼热感,阴道上皮大量脱落,阴道黏膜充血,触痛明显。严重时出现全身乏力、小腹不适,白带增多、呈脓性或浆液性,白带外流刺激尿道口,可出现尿频、尿痛。

霉菌性阴道炎

霉菌性阴道炎也叫阴道念珠菌感染。突出症状是白带增多及外阴、阴道奇痒。严重时坐卧不宁、痛苦异常,还可有尿频、尿痛、性交痛。白带呈白色稠厚豆渣样,阴道黏膜高度水肿,有白色片块状薄膜黏附,易剥离,其下为受损黏膜的糜烂基底或形成浅溃疡,严重者可遗留瘀斑;另一类患者的白带为大量水样或脓性而无白色片状物,阴道黏膜呈中度发红、水肿,无严重的瘙痒及灼热感,仅有外阴潮湿感觉。霉菌性阴道炎的发病率仅次于滴虫性阴道炎,主要由白色念珠菌感染所致。一般认为白色念珠菌主要由肛门部传染而致,与手足癣无关。当然,霉菌性阴道炎也可经性交传播。念珠菌可存在于人的口腔、肠道与阴道黏膜而不引起症状,这3个部位的念珠菌可互相传染。当局部条件适合时或卫生习惯不好、长期使用抗生素时,易引起阴道酸碱度改变,使念珠菌得以繁殖而引起感染。

滴虫性阴道炎

患者白带增多且呈黄白色,偶带黄绿色脓性,常带泡沫,有腥臭,病变严重时会混有血液;其次为腰酸、尿频、尿痛、外阴瘙痒、下腹隐痛。阴道黏膜红肿,有散在的出血点或草莓状突起,偶尔会引起性交疼痛。滴虫性阴道炎主要由阴道内寄生虫——毛滴虫生长繁殖引起,感染方式有间接传播(如浴池、浴巾、游泳池、坐便、衣物等传播)、直接传播(即性伴侣患有尿道滴虫,通过性交传播)。

老年性阴道炎

患者白带增多且呈黄水样,感染严重时分泌物可转变为脓性并有臭味,偶有点滴出血症状。有阴道灼热下坠感、小腹不适,常出现尿频、尿痛。阴道黏膜发红、轻度水肿、触痛,有散在的点状或大小不等的片状出血斑,有时伴有表浅溃疡。

阴道炎有很多时候是由不良的生活习惯造成的。比如,习惯久坐的女性会阴部透气性差,血液循环受阻,因而比较容易发生感染;有些女性习惯长期使用护垫,这样同样容易使会阴部透气性差而致感染;清洗阴部时,有些女性将手指或毛巾伸入阴道,这样容易将细菌带入阴道,引起或加重感染;更有许多女性盲目使用阴道清洗液,各种阴道清洗液中含有薄荷成分,使用后虽然可以令人产生清凉感,但是频繁使用阴道清洗液,可能会破坏阴道内环境,反而使阴道炎加重。因此,建议女性不要盲目使用阴道清洗液,除非在有特殊需要时,由医生指导选用。

女性应在平时多注意局部及外阴清洁卫生,与家人的浴具要分开使用,避免交叉感染。经期禁止游泳及盆浴,以免病菌上行感染,等等,这样就能大大减少阴道炎的发生。

阴道炎并非难治之病,只要及时去正规医院诊治,养成良好的卫生习惯,就一定能够摆脱阴道炎的困扰。

宫颈炎

宫颈炎是育龄女性的常见病,有急性和慢性2种,临床上以慢性宫颈炎多见。一般是在分娩、流产或手术损伤宫颈后发生。病原体主要为葡萄球菌、链球菌、大肠杆菌和厌氧菌,其次是淋病双球菌、结核杆菌,原虫中有滴虫和阿米巴,特殊情况下为化学物质和放射线所引起。一般表现为白带增多,由于病原体、炎症范围及程度不同,白带可呈乳白色黏液状,也可呈淡黄色脓性,有时呈血性或性交后出血。炎症扩散至盆腔时可出现腰部酸痛及下腹部坠痛。妇科检查时可见宫颈有不同程度的糜烂、肥大、腺体囊肿或息肉。临床上根据宫颈糜烂面积大小分为:轻度,糜烂面积不超过整个宫颈面积的1/3;中度,糜烂面积占整个宫颈面积的1/3~2/3;重度,糜烂面积占整个宫颈面积的2/3以上。根据糜烂的深浅度,可分为单纯型、颗粒型和乳突型3类。宫颈糜烂与早期宫颈癌从外观上难以鉴别,须做宫颈刮片检查,必要时做活检以确定诊断。

预防宫颈炎具体应注意以下几个方面。

不过早开始性生活

这是有效预防宫颈炎的关键。青春期宫颈的鳞状上皮尚未发育成熟,性生活容易使鳞状细胞脱落而引发宫颈炎。

避免过早、过多、过频的分娩和流产

分娩和流产都会造成宫颈的损伤,从而为细菌的侵入提供了机会。

避免不洁性生活

不洁性生活易带入各种病原体,而诱发宫颈炎甚至宫颈癌。在分娩、流产、宫颈物理治疗术后应预防感染,短期内应避免性生活。

其他

成年女性应积极治疗急性宫颈炎;每年做一次妇科检查;避免用器械损伤宫颈;产后宫颈裂伤应及时缝合。

输卵管炎

由于病原体的感染,造成输卵管的炎症变化,称为输卵管炎,是女性盆腔生殖器炎症中最常见的一种疾病。它常与卵巢炎并存,有时与盆腔腹膜炎、盆腔结缔组织炎同时存在并互相影响。根据临床的发病经过,输卵管炎可分为急性、慢性和肉芽肿性3大类。急性输卵管炎主要表现为高热,甚至寒战,下腹两侧剧烈疼痛或一侧较另侧疼痛严重,白带增多,有时伴有尿频、尿痛。慢性输卵管炎主要表现为下腹不同程度的疼痛,腰骶疼痛、下坠,月经紊乱,痛经,白带增多,不孕等。肉芽肿性输卵管炎与慢性输卵管炎临床表现相似,但多伴有全身消耗症状。

预防输卵管炎也同样要注意以下几个方面:注意卫生,预防感染;尽量避免不当的妇科操作——女性在分娩、流产、妇科侵入性检查或治疗时防治感染措施不严格,如刮宫术、输卵管通液术、上环等各类宫腔操作都容易损伤生殖器,引发感染;积极治疗生殖系统炎症——如阴道炎、宫颈炎、子宫内膜炎、化脓性阑尾炎、腹膜炎、腹腔手术等。

盆腔炎

女性盆腔范围包括生殖器(子宫、输卵管、卵巢)、盆腔腹膜和子宫周围的结缔组织,在此处发生的炎症统称为盆腔炎。盆腔炎可分为急性盆腔炎和慢性盆腔炎。

急性盆腔炎和慢性盆腔炎的治疗是不同的。

对于急性盆腔炎的治疗主要是多休息,如果有条件还可以住院治疗,还应该注意多吃高蛋白营养性食物,另外还要注意电解质的平衡,注意补充水分,最主要的还是应该服用一些消炎的抗生素,需要注意的是要坚持用药,若用了几天后症状消失就不再用药了,这样容易复发,甚至导致慢性盆腔炎的发生,因此治疗一定要彻底。

慢性盆腔炎的疗程比较长,因此治疗起来要比急性盆腔炎更复杂,通常采用中药综合疗法进行治疗,中药综合疗法包括中药口服、中药静脉滴注、中药灌肠、针灸治疗,另外还可以配合中药的热敷和离子导入。

至于盆腔炎的预防,基本上可以参考以上几种炎症,并针对具体情况采取相应措施。

3.远离性病

梅毒

梅毒是由梅毒螺旋体引起的一种性传播疾病,可侵犯全身脏器和器官而产生多种症状,但也可呈无症状的携带潜伏的梅毒。梅毒主要通过性接触传染,极少数可通过污染的生活用具传染,未经治疗的携带梅毒孕妇可通过胎盘传染给胎儿。梅毒的潜伏期为2~4周,一期梅毒主要症状为硬下疳,在生殖器部位发生溃疡,腹股沟淋巴结肿大;二期梅毒出现皮肤黏膜损害,可以出现全身皮疹等症状;三期梅毒除有皮肤黏膜损害外,还可有心血管、骨骼、关节、眼、神经系统等多方面的损害。

淋病

淋病是由淋球菌引起的泌尿生殖系统的化脓性感染,在一定条件下,淋球菌也可以感染眼、咽部、直肠、盆腔,个别出现全身性感染。潜伏期一般为2~10天,平均3~5天。男性常见的症状是尿道炎,有尿频、尿痛、尿道口红肿发痒、脓性分泌物流出等症状。女性常见的是宫颈炎,表现为阴道分泌物(白带)增多、发黄,但也有很多感染者没有任何自觉症状。诊断淋病需从尿道或宫颈取分泌物化验,女性必须做淋球菌培养。

非淋菌性尿道炎

非淋菌性尿道炎(NGU)广义上是指通过性接触传染的,除淋菌性尿道炎以外的尿道炎;狭义上是指由沙眼衣原体或支原体所引起的泌尿生殖道炎症。一般也将阴道毛滴虫、白色念珠菌和单纯疱疹病毒所致的尿道炎包括在内。由于NGU病原菌种类多,可单独或混合感染(包括其他性病),潜伏期长,临床表现差异较大,可继发并发症,治疗效果比淋病差,所以流行甚广,发病率逐年升高,在西方国家和国内部分地区已超过淋病,居性病首位。

尖锐湿疣

尖锐湿疣是由人类乳头瘤病毒引起,在肛门周围产生粟粒大小的疙瘩状病变。潜伏期平均为3个月。初发为柔软的淡红色小丘疹,为肉质赘生物,可逐渐增大,表面颗粒状增殖而粗糙不平,或互相融合呈菜花状。主要通过性接触传染,也可通过污染的生活用具传染。女性怀孕期间尖锐湿疣生长较快,如果没有治愈,可能会在分娩时传染给新生儿。

生殖器疱疹

生殖器疱疹主要是由单纯疱疹病毒引起的一种性传播疾病。潜伏期为 2~20 天,平均 6 天。初发在生殖器部位出现多个丘疹、小水疱或脓疱,继而破溃糜烂、疼痛,可伴有全身症状如发热、头痛等。在损害消退后,部分患者可以隔一定时间后复发。可多次复发。生殖器疱疹主要通过性接触传染,少数亦可通过污染的生活用具传染,产妇可在分娩过程中传染新生儿。诊断生殖器疱疹主要靠临床检查,有条件时可做病毒培养等实验室检查。

艾滋病

艾滋病在医学上被称为获得性免疫缺陷综合征,缩写为 AIDS,是由人类免疫缺陷病毒(HIV)感染引起的以人体细胞免疫功能缺陷为主的一种混合免疫缺陷病。其发病原因是病毒进入人体后,在人体免疫细胞内不断繁殖,并将免疫细胞杀死,使机体的免疫系统崩溃,以致无法抑制其他微生物的进攻,从而很容易患上多种疾病和肿瘤,最终因感染或肿瘤而导致死亡。

艾滋病病毒感染者虽然外表和正常人一样,但他们的血液、精液、阴道分泌物、皮肤黏膜破损或炎症溃疡的渗出液里都含有大量艾滋病病毒,具有很强的传染性;乳汁也含病毒,有传染性。唾液、泪水、汗液和尿液中也能发现病毒,但含病毒很少,传染性不大。

艾滋病传染途径

艾滋病患者及艾滋病病毒携带者是艾滋病唯一的传染源。已经证实的艾滋病传染途径主要有 3 条,其主要是通过性传播和血传播,一般的接触并不能传染艾滋病,如共同进餐、握手等。即性接触传播、血液传播、母婴传播。

艾滋病的临床表现

肺型

其表现为缺氧、呼吸困难、胸痛和 X 线检查呈弥漫性肺部浸润。肺部感染约占艾滋病症状的 50%,其中卡氏肺囊虫引起的肺炎约占 80%。

中枢神经系统型

约 30%艾滋病病例出现此型,由病原体感染中枢神经系统或肿瘤、血管并发症及中枢系统的脑损害,出现头痛、意识障碍、痴呆、抽搐以及周围神经功能障碍,导致严重后果。

胃肠型

胃肠型表现为水样便泻,每天 10~20 次,失水;养分消耗与丢失,体重减轻,衰弱。病原体主要为隐孢子虫。

发热原因不明型

患者因病原体感染,出现高热、不适、乏力及全身淋巴结肿大。

艾滋病是一种严重危害人类生命的性传播疾病,目前尚无特效的治疗方法,除了在杜绝不洁的性行为、慎重输血输液、讲究卫生等方面预防外，尤其不要与人共用牙刷、剃须刀及其他可能被血液污染的物品。还要多吃些抵抗艾滋病毒的食物，比如黄豆、黄瓜、苦瓜、海带、大蒜，及早杀死进入体内的艾滋病病毒，从而预防艾滋病。

第二章　轻松排毒

第一节　警惕环境毒素

一、弥漫在空气中的毒素

20 世纪 50 年代以来,由于社会化大生产和人类生活节奏的加快,汽车被大量投入生产。汽车在给人们的生活带来方便的同时也带来了严重的环境污染,给人类的健康造成了巨大的危害。5 亿辆汽车,每年会排出 4 亿吨一氧化碳、8 000 万吨碳氢化合物和 5 000 万吨一氧化氮。汽车废气已成为世界城市污染的罪魁祸首。

汽车在发动和行驶过程中排出的污染物主要有一氧化碳、碳氢化合物、氮氧化合物及颗粒物质,汽车废气的组成和排放量与发动机的种类及燃料有关。一般来说,柴油发动机废气中一氧化碳和碳氢化合物的浓度都远低于汽油发动机,氮氧化合物的浓度几乎相等,然而柴油发动机排出大量的黑烟产生的臭气令人反感。

目前还没有足够的资料说明汽车废气中各种有害成分对人类及其他哺乳动物产生危害的综合作用,而只是多借助个别成分的毒性作用来评价其危害。一氧化碳主要通过与血红蛋白结合使血红蛋白丧失携氧功能,严重时可致人死亡。人们吸入氮氧化合物后其刺激呼吸道黏膜,引起肺炎。碳氢化合物除具有致癌作用外,还可刺激皮肤、黏膜,尤其是与氮氧化合物形成光化学烟雾,刺激性更强,重者可危及生命。此外汽车废气中含有铅,可导致慢性铅中毒。

二、被环境污染的地下水

水与人类的生产生活息息相关,水污染也是环境污染中对人类危害最大的一种。

水污染给人类生活带来烦恼

我们每时每刻都离不开水。人体在新陈代谢的过程中,水中的各种元素通过消化道进入人体的各个部分。当水中缺乏某些或某种人体生命过程所必需的元素时,就会影响人体健康。例如,有些地区水中缺碘,长期饮用这种水,就会导致“大脖子病"，就是医学上所称的"地方性甲状腺肿"。当水中含有有害物质时，对人体的危害更大。有害物质可以通过受污染的食物（粮食、蔬菜、鱼肉等）进入人体，还可以通过饮水进入人体。据调查，饮用受污染水的人，肝癌和胃癌等癌症的患病率，要比饮用清洁水的高出61.5%左右。

水中生活着各种各样的水生动物和植物。当人类向水中排放污染物时，一些有益的水生生物会中毒死亡，而一些耐污的水生生物会加速繁殖，大量消耗溶解在水中的氧气，使有益的水生生物因低氧被迫迁徙他处，或者死亡。特别是有些有毒元素，既难溶于水又易在生物体内累积，对人类造成极大的伤害。如汞在水中的含量是很低的，但在水生生物体内的含量却很高，在鱼体内的含量又高得出奇。假定水体中汞的浓度为1，水生生物中的底栖生物（指生活在水体底泥中的小生物）体内汞的浓度为700，而鱼体内汞的浓度高达860。

当含有汞、镉等元素的污水排入河流和湖泊时，水生植物就把汞、镉等元素吸收和富集起来，鱼吃水生植物后，又在其体内进一步富集，人吃了中毒的鱼后，汞、镉等元素在人体内富集，则使人患病甚至死亡。从水生植物→水生小动物→小鱼→大鱼→人体，形成了一条食物链。人体成了汞、镉等元素最后的"落脚点"。

由此可见，当水体被污染后，一方面导致生物与水、生物与生物之间的平衡受到破坏，另一方面一些有毒物质不断转移和富集，最后将危及人类自身的生命健康。

水中的健康杀手

水污染对人的健康造成很大隐患，如果水中含有下面几种物质，就可以称为人类健牙康的杀手。

砷元素及其化合物广泛存在于环境中。有毒性的主要是砷的化合物，其中三氧化二砷（即砒霜），是剧毒物。一般情况下，土壤、水、空气、植物和人体都含有微量的砷。若因自然或人为因素，人体摄入砷的化合物超过自身的排泄量，如饮用水中含砷量过高，长期饮用会引起慢性中毒。若煤炭中含砷量过高，因烧煤造成的污染会使人慢性中毒。

砷及化合物进入人体后，蓄积于肝、肾、肺、骨骼等部位，特别在毛发、指甲中贮存，砷在体内的毒性作用主要是与细胞中的酶结合，使许多酶的生物作用失掉活性造成代谢障碍。急性砷中毒多见于从消化道摄入，主要表现为剧烈腹痛、腹泻、恶心、呕吐，抢救不及时即造成死亡。

铬是人体必需的微量元素，但过量的铬能危害人体健康。引起铬中毒的主要指六价铬。由于铬的侵入途径不同，临床表现也不一样。饮用水被含铬工业废水污染，可造成腹部不适及腹泻等中毒症状；铬为皮肤变态反应原，可引起过敏性皮炎或湿疹，湿疹的特征多呈小块、钱币状，以亚急性为主，呈红斑，脱屑，病程长，久而不愈；铬由呼吸道进入可对呼吸道产生刺激和腐蚀作用，引起鼻炎、咽炎、支气管炎，严重时使鼻中隔糜烂、穿孔。铬还是致癌因子。

金属中毒常由汞蒸气的形成引起，汞蒸气具有高度的扩散性和较大的脂溶性，通过呼吸道进入肺泡，经血液循环运至全身。血液中的金属汞进入脑组织后，被氧化成汞离子，逐渐在脑组织中积累，达一定量就会对脑组织造成损害。另外一部分汞离子转移到肾脏。因此，慢性汞中毒临床表现主要是神经系统症状，如头痛、头晕、肢体麻木和疼痛、机体震颤、运动失调等。

在酚类化合物中以苯酚毒性最大。炼焦、生产煤气、炼油等工业生产过程所排废水中苯酚含量较高。酚类化合物侵犯神经中枢，刺激骨髓，进而导致全身中毒症状。如头昏、头痛、皮疹、皮肤瘙痒、精神不安、贫血及各种神经系统症状和食欲不振、吞咽困难、流涎、呕吐、腹泻等慢性消化道症状。不过这种慢性中毒经适当治疗一般不会留下后遗症。

三、室内环境中的毒素

室内某些材料、装置所造成的空气污染、电磁辐射等也不容忽视，相对密闭的空间则会使这些污染的危害更加严重。

居室里的健康杀手

居室里的污染源有很多，概括来说，有下面几种。

燃料的燃烧

居民生活用燃料有煤、液化石油气、煤制气及植物的枝干、茎、叶等。调查资料表明，燃煤的厨房空气中含苯并芘为每立方米 0.5 微克，二氧化氮为每立方米 0.3 毫克，二氧化硫为每立方米 6.9 毫克，一氧化碳为每立方米 4.2 毫克，颗粒粉尘为每立方米 0.8 毫克；使用液体气 1 小时的厨房，一氧化碳可达每立方米 3.5 毫克，10 小时测定为每立方米 8 毫克；管道煤气的污染物是一氧化碳、氮氧化物。

人体呼出和燃料燃烧时放出的二氧化碳

室内的二氧化碳大大高于室外，大气中的二氧化碳是 0.03% 左右，室内可达 0.1%，如果超过 0.2% 时，人则会感到发困、精神不振。

室内的装饰材料

其包括塑料地板、化纤地毯、化纤窗帘、壁纸、塑料用品、家具等。

氡及其子体。氡是一种惰性放射性气体，易扩散，在体温条件下极易进入人体组织。氡是由铀、镭等衰变所产生的。铀、镭都是固体，广泛存在于地壳中，衰变成氡后变成气态，氡可继续衰变直至变成铅。每次衰变都有 α、β 及 γ 辐射。室内氡的来源主要是土壤和建筑材料中含有的镭。氡及其子体对人体的危害主要是引起肺癌，潜伏期约为 15~40 年。现代流行病学资料表明，氡是仅次于吸烟的第 2 个导致肺癌的原因，由氡引起的肺癌占肺癌总发病率的 10%。影响室内氡含量的因素除污染源的释放量以外，室内的密闭程度、空气交换率、大气压、室内外温差等都是重要的影响因素。研究发现，在建筑材料表面使用涂料可起一定的防护作用。

甲醛。甲醛是一种挥发性有机化合物，无色，有强烈的刺激性气味。它是室内的主要污染物之一,主要来自建筑材料、装饰品及生活用品等化工产品,如黏合剂、隔热材料、化妆品、消毒剂、防腐剂、油墨、纸张等。甲醛对健康的影响主要是刺激眼睛和呼吸道黏膜,使人产生变态反应,免疫功能异常,引起肝、肺和中枢神经受损,也可损伤细胞内遗传物质。甲醛在室内的浓度变化主要与污染源的释放量和释放规律有关,也与使用期限、室内温度和湿度及通风程度相关。加强室内通风可降低甲醛浓度。

其他挥发性有机物。挥发性有机物是一类重要的室内污染物,已明确鉴定出300多种,虽然它们各自的浓度不高,但其联合作用不可忽视。挥发性有机物除醛类外,常见的还有苯、甲苯、二甲苯、三氯乙烯、三氯甲烷等,主要来自各种溶剂、黏合剂等化工产品。此外,苯类等环烃化合物还可来自燃料和烟叶的燃烧。挥发性有机物具臭味、刺激性,能引起免疫水平失调,影响中枢神经系统功能,使人出现头晕、头痛、嗜睡、无力等症状,亦可影响消化系统,表现为食欲不振、恶心、呕吐,严重者可损伤肝脏和造血系统。

越来越严重的电磁污染

水污染和大气污染都是以可见的物质形式存在,噪声污染和电磁污染则以能量的形式存在,噪声可以被人们的耳朵感知,只有电磁污染无色无味,看不见、摸不着听不到,其实它穿透力强,充斥整个空间,不同强度的电磁辐射对人们会产生不同程度的影响。

在我们周围,手机、对讲机、微波炉、电磁炉、计算机、电视机、电热毯及户外的高压电线、电焊机、各种高频作业设备和一些医疗设备工作时都会产生一定量的电磁辐射。随着广播电视、输电线路和通讯业的不断发展,辐射源越来越多,电磁污染日益严重,长期处于电磁辐射环境下,对人体会产生伤害:对心血管系统的损害表现为心悸、心动过缓、窦性心律不齐、免疫功能下降;对视觉系统的损害表现为视力下降,引发白内障;孕妇易产生自然流产和胎儿畸形;血液淋巴液和细胞原生质易发生改变,影响人体的循环系统、免疫、生殖和代谢功能等。

电磁辐射能量通常是以辐射源为中心,以传播距离为半径的球面分布,辐射强度与距离平方值成反比。人们应该采取措施对电磁辐射进行防范,包括远离辐射源,减少与辐射源接触的时间,穿防护服等。

办公室的健康杀手——臭氧

办公室内臭氧的主要来源为复印机、激光打印机、紫外灯及一些消毒设备等。目前,办公场所使用的复印机大多采用静电复印法。它在工作的过程中会激发空气中的氧分子发生分解,形成较活跃的臭氧。正常情况下,室内臭氧的浓度比室外低,约为室外浓度的20%~30%。我国《室内空气质量标准》中规定的臭氧允许浓度为每立方米160微克(1小时均值)。

臭氧是具有特殊气味的不稳定气体,具有强氧化作用。有研究表明,臭氧可在

·养生保健·

图文珍藏版

5分钟内杀死99%以上的细菌繁殖体;同时臭氧也可起到除臭的作用,许多室内空气净化器以臭氧的强氧化性为原理,将空气中的有机物氧化,以达到净化空气的目的。

臭氧对眼睛有刺激作用,还可引起上呼吸道炎症,影响肺功能,严重者可导致肺气肿、哮喘等疾病。对于有呼吸系统、神经系统疾病的孕妇,臭氧的危害则更大,可诱发或加重原有的病情。

臭氧危害如此之大,我们应该采取哪些具体措施来预防臭氧的危害呢?

经常开窗通风可以保证办公室内的空气新鲜。有条件的办公楼可在每天早、中、晚各通风3次,每次20分钟以上。

办公室的合理布局。最好将复印机、激光打印机等设备与办公人员隔离;或将办公用的复印机、激光打印机放在离人群远一点的地方;最好在复印机和打印机室内安装排气扇或换气扇,以便稀释或排出工作环境中的臭氧。应该注意的是,臭氧的比重是正常空气的1.65倍,故常常聚集在室内的下层空气中不易流动,因此,换气装置的安装高度不宜过高。

经常接触复印机、打印机以及在该环境工作的人应该加强营养,增强机体的抵抗能力,多食用牛奶、豆制品、菠菜、玉米等富含维生素E的食物。同时要多参加户外运动。

四、无处不在的噪声污染

随着交通、建筑、现代化设施的逐渐增多,环境噪声已成为困扰人们生活的污染源。

危害健康的噪声污染

认识噪声污染源是远离噪声污染的前提,噪声的来源主要有下面几种。

交通运输噪声

随着城乡车辆、公路和铁路交通干线的增多,机动车、火车和飞机的噪声已成为交通噪声的元凶。特别是在一些临街、临近高架桥办公楼工作的人员,其所受的损害则更为严重。

建筑施工噪声

随着城市建设的迅速发展,道路建设、基础设施建设、城市建筑开发、旧城区的改造工程等成了建筑施工噪声的源头。建筑施工现场的噪声一般在90分贝以上。通常,电锯、电刨的噪声为105分贝,捣固机的噪声为115分贝,风镐可达130分贝。

生活噪声

有研究显示,人们生活活动所产生的噪声也不小,如街头锣鼓秧歌的噪声在90~105分贝之间,学校播放广播体操所产生的噪声为80~90分贝。

电器噪声

一般来说,各种电器的噪声强度分别为:电冰箱 34~50 分贝;洗衣机 60~70 分贝;空调机 50~65 分贝;电风扇 60~70 分贝;吸尘器 60~80 分贝;电视机 60~80 分贝。

通常,办公室噪声的强度比工业、交通、建筑噪声等要低很多,它一般也不会引起明显的临床症状,多使人处于亚健康状态。每天暴露在强度为 75 分贝的噪声中 8 小时,或每天暴露在强度为 70 分贝的噪声中 24 小时,均不会使人们出现明显的听力障碍。办公室噪声主要影响人的心理,这多反映在影响人的休息和工作上,表现为使人感到烦躁、萎靡不振、注意力不集中,影响人的工作效率等。

反复、长时间、超负荷的噪声刺激可引起中枢神经系统损害,表现为条件反射异常、脑血管功能紊乱、脑电位发生变化以及头痛、头晕、耳鸣等神经衰弱综合征。累及心血管系统表现为心跳加速、心律不齐、血压升高、心排血量少而使心肌缺血、低氧,严重者可导致心肌梗死。累及内分泌生殖系统可引起性周期紊乱、受精迟缓,并可引起染色体突变而致畸胎的发生。另外,长时间生活于噪声环境中可使听力下降,甚至耳聋。

远离噪声污染

噪声污染虽然无处不在,可是我们可以采取一定的方法来缓解噪声污染对我们的伤害。

进行吸声处理

我们可在墙面、顶棚等界面上安装吸声材料来降低室内的噪声;如果居室临街的话可以安装双层隔音玻璃窗、多用布艺装饰和软性装饰来吸收噪音,其中窗帘的隔音作用最为重要。

电器及设备的选择和摆放问题

应尽量选择质量好、噪声低的电器,不要把电器放在一起,尽量避免各种电器同时使用。可以在电冰箱等大件电器底部的部位安装橡胶垫片,以减轻电器振动所产生的声音。应严格控制电器的音量和开关时间。

应补充营养并进行自我调适

适当补充氨基酸和维生素有助于消除有害物质,减轻精神紧张和疲劳。此外,多吃各种粗粮、花生、大豆及其制品、水果、各种新鲜绿叶菜、肉、蛋、乳等食物,有利于提高机体的免疫力,减轻噪声对人体的损害。

第二节　毒从口入

一、蔬果上的农药残留污染

蔬果类食物中的残留农药主要来源于以下几个方面:施用农药直接污染农作

物;农作物从污染的环境中吸收农药;农药通过食物链污染食品等。常见的残留农药包括有机磷、氨基甲酸酯类、有机氯、杀菌剂等。有机磷是目前使用量最大的杀虫剂,常用的有敌百虫、敌敌畏、乐果等。有机磷属于神经毒剂,主要抑制生物体内胆碱酯酶活性,部分品种有迟发性神经毒作用。慢性中毒主要是指神经系统、血液系统和视觉损伤。

我国农业部已经颁布了部分农药在不同蔬菜上使用的安全间隔期,对于尚未做出具体规定的农药品种和蔬菜品种,目前一般的执行方法为:夏季气温高,农药毒性消失较快,故施用农药后安全间隔期为 5~7 天;春、秋季则最少需要 7~10 天;冬季则应控制在 15 天以上。绝不允许喷施农药后的蔬菜随即采收,因为在这种情况下,被蔬菜吸收的农药即使经过清洗、煮、炒也不能被清除。

为保证食用蔬菜的安全,在市场上选购农药污染少的蔬菜是预防农药中毒的有效方法之一。蔬菜中因不易染虫害而较少施用农药的品种有圆白菜、苋菜、芹菜、菜花、辣椒、萝卜等。食用部分生长在泥土中的蔬菜,如莲藕、马铃薯、芋头、大头菜等一般不施农药。野外生长或人工培育的食用菌和各种芽菜,在生长和培育过程中无须杀虫,是蔬菜中安全系数较高的种类。野菜营养丰富,一般没有污染,市场上常见的野菜有蕨菜、荠菜、马兰头、马齿苋、扫帚苗、龙须菜等,它们生长在野外,不需要人工施肥,更不需要洒药除虫。野菜的蛋白质含量比一般蔬菜高出约20%。目前使用农药较多的是韭菜、空心菜等叶类蔬菜。

另外,不同的蔬菜有不同的去毒方法。

冲洗法

如圆白菜、大白菜等,要先剥除外层菜叶 2~3 片,再一片片剥下来。用大量清水冲洗一次,然后用海绵刷或软毛刷刷除菜叶上的虫卵或污秽,再用清水冲洗第2遍。

清洁剂刷洗法

使用天然安全的清洁剂,如茶籽粉(茶籽粉是用天然茶籽磨成粉。可用茶籽粉泡成的水来清洗蔬菜水果,甚至是油腻的餐具。其有很强的去污、除油腻效果,而且天然无副作用)、海水提炼的清洁剂、牙膏或天然橘精清洁剂等。采用软毛刷蘸清洁剂,仔细刷洗蔬果表面,再用大量清水冲洗干净。此法适用于连皮吃的蔬果,如苦瓜、青椒、小黄瓜、阳桃、番石榴、樱桃、茄子、莲藕等。

削皮法

胡萝卜、马铃薯、菠萝、芋头、猕猴桃等均要削皮才能吃,但削皮之前,一定要先用大量清水冲洗干净,用软毛刷刷除表面污秽,洗后还要用纸巾将表面的水分拭干,这样削皮时才不会让污秽或脏水污染到可食部分。

切除法

小白菜、青椒等,喷洒农药时,农药往往会顺着叶柄汇集在柄基处,所以要先将柄基处切除,再一片片清洗菜叶。像青椒的果蒂处明显凹陷,喷洒的农药便往往蓄积于此,形成一个农药"小池塘",所以清洗前应先将果蒂凹陷处切除,再仔细清洗其他部分。

高温烹煮法

农药属于有机化合物,高温会造成其分解,所以烹煮愈久,农药也分解愈多。而且烹煮时要掀开锅盖,才能让残留的农药分解、蒸发,随着水蒸气往上飞散掉。农药也可能会溶到汤里,所以,菜汤应该倒掉不要喝;但若是采购有机蔬菜,确定无农药污染时,所剩的菜汤便可以放心喝,何况菜汤富含营养,倒掉实在可惜,所以鼓励大家尽量吃有机蔬菜。

储藏法

有些果菜不易腐烂,可先买回存放数天,但不要放入冰箱,植物体原本含有的天然酵素,会将残留的农药逐步分解掉。适用储藏法的果菜包括瓠瓜、南瓜、洋葱、芋头、胡萝卜、白萝卜、番茄、马铃薯、圆白菜、山药、甘薯、菠萝等。

杀菁法

有些蔬菜适合以杀菁法处理,如芦笋、竹笋、玉米等。将这些蔬菜洗净后,放入90℃以上的热水中,加热1分钟左右,再迅速用冷水冲洗,可让残留的农药随着热气蒸发掉,农药也会遇热分解,溶入热水。

二、小心重金属和抗生素污染

近年来,中毒事件的频频发生使人们不得不关注重金属和抗生素的污染。

严重的重金属污染

重金属对人体造成的伤害中我们最熟悉的是铅中毒。铅对我们来说并不陌生。近年来,食品中的铅污染也成为人们关注的问题。食品铅污染主要是指工业"三废"污染环境,环境中的铅再转移到食品中去。农业上使用含铅杀虫剂、日常使用含铅的金属或陶瓷食具、包装材料以及加工机械等亦可造成铅对食品的直接污染。各类色彩鲜艳的玩具中含有铅类化合物,小儿长期接触这些玩具,将铅食入体内,亦可导致铅中毒。

食物中的铅主要在肠道中被人体吸收,吸收入血的铅大部分与红细胞结合,然后逐渐沉积于骨骼中。铅也可在肝、肾、脑等组织中分布并产生毒性作用。铅的生物半衰期较长,可长期在体内蓄积。铅对生物体内许多器官组织都有不同程度的损害,对造血系统、神经系统和消化系统的损害尤为明显。食品铅污染所致的中毒是慢性损害,主要表现为贫血、面色苍白、头昏、头痛、乏力、食欲不振、失眠、烦躁、肌肉关节疼痛、肌无力、口有金属味,还可能发生手足麻痹、腹部绞痛(又叫铅绞痛)等,严重者可致铅中毒性脑病。儿童对铅中毒较成人更为敏感,过量的铅摄入可影响其生长发育,导致智力低下。

对人体危害较大的金属毒物除重金属铅外,还有汞、镉、砷(砷虽是非金属,但有类似有害金属的毒性,习惯上列入此类)。砷中毒被称为人类第4大公害病。砷

·养生保健·

图文珍藏版

的化合物因用作除草剂、杀菌剂、杀虫剂,故中毒事件屡见不鲜。

汞在人体内蓄积到一定的量即可损害人体健康,被污染的水产品如鱼、虾、贝类中的二甲基汞有很高的毒性,含汞农药和用被汞污染的水灌溉农田都会污染农作物,被汞污染的粮食,无论用碾磨或淘洗、烘、炒、蒸、煮等方法,都无法除去其中污染的汞。

各类食品中重金属的含量均有严格规定例如,粮食及其制品每千克汞含量不得超过0,02毫克,镉不能超过0.2毫克,砷不能超过0.7毫克。食油中每千克含汞不得超过0.1毫克。牛奶、蔬菜每千克含汞不得超过0.01毫克。蔬菜、蛋类每千克含镉不得超过0.1毫克,砷不得超过0.5毫克。豆制品、调味品、酒、冷饮每千克含铅不得超过1毫克,砷不能超过0.5毫克。

禽、畜的抗生素污染

抗生素是细菌、真菌、放线菌等微生物代谢产生的一类物质,可抑制其他微生物的生长直至将其杀灭。现有的抗生素已达数百种,但具有治疗传染病功能、有实用价值的却不到1/20。它们之间的物理、化学性质及药理性能,抗菌谱及作用机制均存在差异。

鸡、鸭、鹅、牛、猪等牲畜家禽的饲养者,因为害怕发生瘟疫,造成血本无归,几乎天天在饲料中加入杀菌剂及抗生素类药物,以预防牲畜家禽因细菌感染而生病。鸡饲料中常被添加硝化杀菌剂,这可能是一种致癌物质;猪的饲料中也常加入磺胺剂抗生素、各种抗菌性物质。这些抗生素药物与抗菌剂残留在这些动物身体中,对人体会有什么伤害呢?

首先,残留在禽畜体内的抗生素与杀菌剂,容易引发人体的过敏,使人出现荨麻疹、气喘等过敏症状。长期使用抗生素,更会使鸡、鸭、牛、猪、鱼等肠道中的有毒细菌不断进化,最后变成具有抗药性的超级细菌,并随着这些动物的粪便到处传播。人体万一感染到这种超级细菌,即使用最具特效的抗生素、杀菌剂来治疗,也可能宣告无效,届时只有束手无策、听天由命了。这就是最可怕的后果!所以,一定要少吃这些有抗生素残留的家禽、家畜,尤其他们内脏里残留的有毒药物与重金属特别多,千万不能吃。

另外,还有激素的问题。饲养者为了使饲养的家禽、家畜长得快,也会在饲料中添加激素药剂,若长期吃有激素残留的动物肉,便很可能引发与激素相关的癌症,如前列腺癌、乳腺癌、子宫内膜癌等。

三、了解食物禁忌,打造健康饮食

不同食物由于成分的不同,一起食用后食物之间相互作用,可能会产生有毒物质,从而严重危害人体的健康,要想避免这种事情的发生,只有事先了解食物的禁忌。

常见蔬菜的饮食禁忌

不同的身体状况选择不同的蔬菜,有些食物最好不要与其他食物同食。

黄瓜

黄瓜是许多人夏季的必需蔬菜,食用时要注意以下问题。

不宜与橘子、番茄同时生食。

不宜与辣椒、菠菜同时生食。因为辣椒、菠菜所含的维生素 C,会被黄瓜中的维生素 C 分解酶破坏掉,使营养丧失。

黄瓜为寒凉类蔬菜,脾胃虚寒者不宜食用。慢性支气管炎、溃疡病、结肠炎等患者忌食。

痢疾、疟疾、腹痛、呕吐、腹泻等患者及妇女经期前后,不宜食用黄瓜。

黄瓜含有水杨酸类物质,多动症儿童不宜多吃。

番茄

番茄也是人们喜爱的一类蔬菜,食用时要注意以下问题。

不宜和黄瓜同时生食。因黄瓜含有分解酶,会破坏番茄中的维生素。

不宜食用未成熟的番茄,因其含有生物碱,多吃会中毒。

大便稀软、腹痛者不宜多吃番茄。

肠胃虚寒、胃酸过多者不宜多食番茄。

大白菜

大白菜在冬天非常受欢迎,可是并不是任何人都适合。

服用维生素 K 时不宜食用大白菜,否则会降低维生素 K 的止血疗效。

不宜食用久放的熟白菜。白菜煮熟久放后,会在细菌作用下使硝酸盐还原成亚硝酸盐,易诱发癌细胞。

脾胃虚寒者不可多吃,吃过量容易引起胃酸过多。

肺寒咳嗽者不宜多吃。

菠菜

菠菜是许多人的最爱,但是,食用菠菜时要注意以下问题。

忌与钙片同食。因菠菜含大量草酸,与钙同食易形成结石。

不能与牛奶同食。

变质及熟后放久变酸的菠菜应禁食,否则易引起亚硝酸盐中毒。

肾炎和肾结石患者不宜食用。

菠菜属寒凉类蔬菜,阴盛偏寒体质者勿吃过量。

菠菜

·养生保健·

图文珍藏版

不可与韭菜同食,否则易引起腹泻。

木耳、虾米、海带、紫菜等含钙量丰富,不宜与菠菜同食。

油菜

油菜很好吃,不过需注意以下问题。

油菜不宜久存,否则营养会流失,还会受细菌作用产生亚硝酸盐,容易致癌。

其性偏寒,凡脾胃虚寒、消化不良者不宜多吃。

麻疹后及疮疖、眼病患者、狐臭者不宜食用。

花椰菜

花椰菜是抗癌蔬菜,可是,要注意以下问题。

服用铁剂时不可食用。花椰菜含较丰富的钙、磷元素,会与铁剂结合成不溶性的沉淀物,降低铁剂的吸收。

花椰菜含少量致甲状腺肿的物质,不宜过量进食。

花椰菜中易藏污纳垢,生食易吃到细菌,最好煮熟再吃。

韭菜

韭菜也是一种常见蔬菜,吃韭菜时要注意以下问题。

阴虚内热及眼病患者忌食。

忌与酒同食。

脾胃虚弱、消化不良者,以及咽痛目赤、口舌生疮者,不宜食用。

患有风热感冒、麻疹、伤寒者及肾炎、支气管哮喘、淋病等患者忌食。

茄子

茄子在饭桌上也很常见。食用时需注意以下问题。

茄子性寒,脾胃虚寒者不宜多食。

肠滑腹泻、寒湿痢疾、疟疾、慢性胃炎、子宫脱垂等患者及妇女经期前后,不宜食用。

不宜与墨鱼、螃蟹同食。

过度熟的茄子不宜食用,否则易引起中毒。

皮肤病、痛经患者不可多食。

结核病患者在抗结核治疗期间食用茄子,容易过敏。

多食茄子会使精神不安定,容易亢奋。

不宜同食的食物

有些食物不能搭配在一起食用,常见的有下面几种。

海味+水果

鱼虾、藻类含有丰富的蛋白质和钙等营养物质,如果与含鞣质的水果同食,不仅会降低蛋白质的营养价值,而且易使海味中蛋白质与鞣质结合,形成一种难以消化的物质,使人出现腹痛、恶心、呕吐等症状。

白酒+胡萝卜

胡萝卜中丰富的胡萝卜素,与酒精一起进入人体,会在肝脏中产生毒素,从而损害肝脏功能。

萝卜+水果

二者同食,经代谢后体内会很快产生大量的硫氢酸,这是一种抑制甲状腺素的化学元素,并阻碍甲状腺对碘的摄取,会诱发或导致甲状腺肿大。

肉类+茶

茶中的大量鞣酸与蛋白质结合,会产生具有收敛性的鞣酸蛋白质,使肠道蠕动变慢,延长排泄物在体内的停留时间,造成危害。

牛奶+果珍

牛奶中蛋白质丰富,80%以上为酪蛋白。酪蛋白在 pH 值为 4.6 以下的酸性环境中会发生凝结、沉淀,不利于消化吸收,引起消化不良。故冲调牛奶时不宜加入果珍及果汁等酸性饮料。

四、是药三分毒

药绝对不是补品,应该对症选用,有的药物能治疗身体上的病痛,可是用药不当或者过量,反而成了危害身体的毒药。

正确服用各种药物

所有的药物都会给肝脏带来一定的压力,许多药物还会使人上瘾,这意味着,要维持同样的功效需要增加剂量,停药时会出现脱瘾症状。如果肝脏过度工作,或处于压力之下,它也许就不能完全解除药物的毒性,分解物则在脂肪组织中聚集。有时,分解物本身就具有毒性,甚至对肝脏产生毒害,使肝脏不能有效地发挥它的功能。

非处方药

人们常常意识不到在滥用非处方药,因为它们可以不用开处方就很容易买到,一般毒性也比其他药物小。服用这些药通常是为了缓解如头痛、打喷嚏和流鼻涕之类的急性症状。不幸的是,服用止痛药是为了减轻头痛,但有时会导致定期的头痛,最后很容易造成需每天或每周服用几次止痛药。总的说来,应试图寻找自然的治疗方法,改善健康状况,尽可能避免化学药物,因为这些会增加排毒系统的工作。

处方药

停止服药,或改变药的剂量之前,一定要先询问给你开处方药的医生的意见。如果有其他医疗情况,应该和医生说明你的现用药,以防出现药物反应。排毒正在进行时,也需要向医生咨询,因为你的用药量可能需要调整。例如,或许你的血压,或血液中的胆固醇已降低,则足可以减少用药,甚至停止用药。

生活中常见的用药误区

生活中,人们有一些用药误区,若不能及时认识,对健康非常不利。

滥用解热止痛药

引起发热或疼痛的原因很复杂,其很可能是重病的初期。所以,在病因尚未查明前,用解热止痛药只能暂时缓解症状,并不能从根本上治疗疾病。另外,也会因此掩盖了疾病的主要矛盾,造成治愈的假象,有碍医生做出正确的诊断,从而耽误治疗。如长期服用消炎痛、保泰松等止痛药,则有害无益。因为保泰松能引起水肿,也可引起再生障碍性贫血。消炎药可引起眩晕、精神障碍或腹泻、胃肠出血、胃溃疡等。

大量用泻药

便秘大多是因为肠蠕动减弱所致的功能性便秘,如单靠泻药导泻,易发生结肠痉挛,使排便更加困难。长期服用泻药还可能造成体内钙和维生素缺乏。因此,还是少用泻药好。实在需要时,用开塞露比较安全。

服用安眠药

如果经常有睡眠不良的状况,偶尔服一些安眠药是可以的,但如长期服用就需要增加用量才能奏效。一旦养成习惯,再想不用就困难了,而且久服停药会出现头晕、恶心、肌肉跳动或失眠加重等现象。安眠药不可常服一种,以免形成对药物的依赖性,最好是交替或轮换使用,以保持药物的疗效,且用量一定要小。

有些患者求快,擅自多种药品并用

很多患者认为药多疗效佳,从而忽视药物间的相互作用。其实,药物之间存在着配伍禁忌,服药不当,会产生耐药性、变态反应,加重某些脏器负担,反而不利于病体康复。

乱吃补药

很多人认为"有病必虚、体虚必补",从而一味追求滋补。在经济条件比较好的家庭中,一些儿童会出现性早熟现象,如女孩乳房过早发育、男孩胡须丛生,这很可能就是因为服用了成人滋补品。

滥用抗生素、抗感染药物

现在的家庭几乎都有家用小药箱,买一些常用药以备用。这种意识当然是好的,但是由于大部分人并没有相关的专业知识,所以乱买药、乱吃药的情况近年来十分严重,尤其是滥用副作用较大的抗生素,如青霉素类、头孢菌素类及氨基糖苷之类的药。抗生素可以说是西药中最大的品种,人们一有病首先就想到它,把抗生素看成是"万能药"。实际上,抗生素的副作用是不容忽视的,绝不可滥用。

用药的其他注意事项

药膳未经医生指示,不要随意大量进食,因其有药效存在,可能遇上相忌食物而导致中毒。

外敷软膏使用过后,软膏瓶口表面会有残留杂菌的危险,下一次涂抹药剂时,伤口就会受到感染,所以使用外敷软膏时,瓶口勿直接接触伤口。

市面上有各式各样的维生素制剂,制剂说明中虽强调可以消除疲劳、补充体力,但不宜过度依赖而忽略饮食均衡。维生素分水溶性和脂溶性两种:水溶性如维生素 B、维生素 C 等,摄取过量副作用不大,会随尿液排出;脂溶性有维生素 A、维生素 D、维生素 E、维生素 K,若服用过量,长期累积在体内,反而会损害健康。

草药的来源比较难掌握,尤其有品种确认、病虫害、农药、重金属等不确定因素,最好向草药专家请教清楚,若能学习自行在家利用盆栽种植药草,是最安全的。

眼药一般多为液体,使用期限很短,因为眼药容器开瓶后和空气接触,容易氧化,而且在高温下水分易蒸发流失,造成浓度升高,所以最好将其存放在冰箱内,过期的眼药水则千万别再用。同时,眼药容器的前端如果触及眼睑、睫毛,眼药水就可能遭受杂菌的污染,再使用便易遭感染。另外,随便到药房买眼药水,点错药水的概率也非常高,严重者还会出现眼压升高、过敏、气喘,甚至心律不齐等副作用。眼药水分很多种,包括人工泪液、类固醇、抗生素、抗过敏、白内障及其他复方等,因此点错眼药水如同吃错药,会严重毒害"心灵之窗",所以最好找合格的眼科医生诊治,遵医嘱用药。

一些广告上的药属于成药,种类繁多,琳琅满目,吹嘘药效神速,一般人常容易受广告诱惑而购买。但有部分药品未经有关卫生主管单位审批,很可能是在脏乱的地下工厂中使用伪劣药材制造,奉劝大家购买前要三思,不要让可疑药物毒害自己的身体,破财又伤身。

许多人至今仍认为吃药是"有病治病、无病补身",事实上,药绝对不是补品,必须对症选用。药可以"治病",也可能"致病",用得其所是为良药,反之,也可能成为毒药。为了维护身体健康,对于药物的服用应小心谨慎,千万不可大意并误认为吃药永远是对的。

第三节　认识身体的解毒系统

一、存在于体内的毒素

从外界环境进入体内的毒素以各种形式存在,而身体又会以不同的排毒方式将它们排出体外。

体内毒素

生活中我们无时无刻不在吸收着本该避免的各种各样的"毒",使得我们体内慢慢积存了过多不应有的毒素。

各种各样的毒素在身体的综合作用下,以下面的方式存在。

宿便

人体的肠道很长且多褶皱,许多残余的废物滞留在肠道褶皱内,无法排出体外,就形成了宿便。中医认为宿便中所含的毒素是万病之源,而西医也认为人体内

·养生保健·

图文珍藏版

脂肪、糖、蛋白质等物质新陈代谢产生的废物和肠道内食物残渣腐败后的产物是体内毒素的主要来源。由此可以看出，宿便的危害巨大。如果粪便产生后，不能在12~24个小时的时间里离开人体，就会在肠道内腐烂变质，成为细菌的滋生蓄积地。宿便在人体内停留的时间一长，其中的毒素可能会重新被肠道吸收，再次危害人体。所以，宿便在体内停留时间越长，对人体危害也就越大。

自由基

自由基是对人体造成最大危害的内生毒素。这种物质是人体内氧化反应的产物，它们源源不断地产生，又不停地参与到人体的各种生理和病理过程中去。在人体的衰老过程和许多酶反应以及药理作用中，它们都起着重要的作用，还会损害人体内的蛋白质、脂肪、DNA、RNA 等，并导致许多细胞的癌变或者死亡。

尿酸

尿酸是构成细胞核核酸成分的叫作"普林"的物质代谢后的最终产物，主要由肾脏排出。如果尿酸产生过多，或者排出不畅，就会沉积在人体软组织或者关节中，容易引起关节处红肿、酸痛、发热，关节变形等。

脂肪—血液黏稠

如果经常摄入含有过高营养和过高脂肪的食物，运动量很大，却又时常忘记给体内补充水分，这样很容易导致血液黏稠。

随着血液的黏度增高，血液会变稠，流动速度也会随之减慢，造成大量脂质沉积在血管内壁，使各器官供氧不足，导致人头晕、困倦、记忆力减退，日积月累，当开始步入中年甚至老年时，这些平时沉积的脂质与衰老脱落的细胞、细胞碎屑聚集在一起，容易形成血栓阻住血管，使依赖该血管供血的组织缺血与坏死，从而引起脑栓塞、栓塞性脉管炎、心肌梗死等病。

胆固醇

人体内的胆固醇绝大部分由肝脏制造，其余部分从食物中摄取。胆固醇是人体发育过程中不可缺少的物质，所以并不能说对人体完全有害。只有当体内的胆固醇量过高时，才会对人体造成危害。人体内过多的胆固醇沉积在血管壁上，会使血管逐渐变窄，从而导致高血压和心管闭塞，严重时会发展成冠状动脉、心脏病和动脉粥样硬化等症。

水毒和淤血

水毒是人体体液分布不均匀时所处的状态，也就是体内发生水代谢异常的状态。淤血是人体内的老、旧、残、污血液，是气、血、水不流畅的病态和末梢循环不利的产物。水毒会引起病理的渗出液及异常分泌等，也会使人体出现发汗排尿的异常和水肿。淤血会引起对细胞、肌肉的养分、氧气供应不足，引发腰酸背痛，同时使身体表面温度降低，有寒冷感。

乳酸

人体在长时间运动或者奔波中容易产生乳酸，乳酸和焦化葡萄糖酸在体内不断积累,会导致血液呈酸性。乳酸积累后,人体会处于一种疲劳状态,腰酸背疼,浑身乏力,动作迟钝笨拙。

要消除这种疲劳,可以在运动后做一些简单的慢跑、伸展和按摩,也可以喝一些醋和果酸之类的酸性饮料,抑制乳酸的产生。对于经常需要在外奔波的人来说,每天喝 30~40 毫升的醋,或者多喝一些以糯米、新鲜水果为原料酿造的酸性保健饮料,可以起到调节体内环境的作用。

二、身体排毒器官

为什么我们每时每刻都被毒素侵袭,但仍然能健康地生活? 这是因为身体内部有一个很好的排毒系统。

认识自身的排毒系统

人体有一套动态、完善的排毒系统,只要给予他们充分的援助,你就能打一场漂亮的"排毒战"!

大脑虽不是直接的排毒器官,但精神因素明显影响着排毒器官的功能,尤其压力和紧张会制约排毒系统运作,降低排毒的效率。应当保证充足的睡眠,放松心情,给大脑减压,以间接增强排毒功能。

淋巴系统是除动脉、静脉以外人体的第 3 套循环系统,充当着体内毒素回收站的角色。全身各处流动的淋巴液将体内的毒素回收到淋巴结,毒素从淋巴结被过滤到血液,送往皮肤、肺、肝脏、肾脏等被排出体外。每天可洗 10~15 分钟温热水浴,以促进淋巴回流,天冷时可以每天用热水泡脚代替。

皮肤受"内毒"影响最明显,但也是排毒见效最明显的地方,是人体最大的排毒器官,能够通过出汗等方式排掉其他器官很难排出的毒素。每周至少进行 1 次使身体多汗的有氧运动,可以使身体排毒。

对于女人,尤其是爱哭的女人,眼睛的排毒作用发挥得淋漓尽致。医学证实,流出的泪水中确实含有大量对健康不利的有毒物质。很少流泪的人不妨每月借助感人连续剧或切洋葱让你的泪腺运动一次。哭完后别忘了补充水分。

肺是最易积存毒素的器官之一,因为人每天的呼吸,将约 1 000 升空气送入肺中,空气中飘浮的许多细菌、病毒、粉尘等有害物质也随之进入到肺;当然,肺也能通过呼气排出部分入侵者和体内代谢的废气。空气清新的地方或雨后空气清新时练习深呼吸,或主动咳嗽几声都能帮助肺排毒。

肝脏是人体最大的解毒器官,它依靠奇特的解毒酶,对食物进行加工处理,将食物转换成对人体有用的物质,然后吸收,但食物中的某些毒素却可能留存下来。这种情况下练习瑜伽很有益处。瑜伽是顶级的排毒运动,通过把压力施加到肝脏等器官上,改善器官的紧张状态,加快其血液循环,促进排毒。

肾脏是人体内最重要的排毒器官,不仅过滤血液中的毒素和蛋白质分解后产生的废料,通过尿液排出体外,还担负着保持人体水分和钾钠平衡的作用,控制着和许多与排毒过程相关的体液循环。尿液中毒素很多,若不及时排出,会被重新吸收入血,危害全身健康。

胃的主要功能虽然是杀死食物中的病原体并消化食物,但偶尔也兼职排毒,通过呕吐迫使体内的毒素排出。不要空腹吃对胃刺激大的过酸,过辣的食物。尽量规律用餐,保证胃的健康。

食物残渣停留在大肠内,部分水分被肠黏膜吸收,其余在细菌的发酵和腐败作用下形成粪便,此过程会产生吲哚等有毒物质,再加上随食物或空气进入人体的有毒物质,粪便中也含有大量毒素。和尿液一样,粪便若不及时排出体外,毒素也会被身体重吸收,危害全身健康。

怎样让身体更好地排毒

虽然,我们自身有排毒系统,但它不是万能的,如果不好好保护,它就不能很好地履行职责。

助肾排毒

充分饮水,不仅可稀释毒素在体液中的浓度,还能促进肾脏新陈代谢,将更多毒素排出体外。特别建议每天清晨空腹喝1杯温水。

黄瓜和樱桃等蔬果也有助于肾脏排毒。

黄瓜:清洁尿道,有助于肾脏排出泌尿系统的毒素。它含有的葫芦素、黄瓜酸等还能帮助肺、胃、肝排毒。

樱桃:很有价值的天然药食,有助于肾脏排毒,同时,它还有温和通便的作用。

助肝排毒

肝脏是重要的解毒器官,各种毒素经过肝脏的一系列化学反应后,都能变成无毒或低毒物质。

日常饮食中可以多食用胡萝卜、大蒜、葡萄、无花果等来帮助肝脏排毒。

胡萝卜为有效的排汞食物,其中的大量果胶可以与汞结合,降低血液中汞离子的浓度。

大蒜可降低体内铅的浓度。

葡萄可帮助肝清除体内垃圾,还能增加造血功能。

无花果含有机酸和多种酶,可保肝解毒,对二氧化硫、三氧化硫等有毒物质有一定抵御作用。

润肠排毒

肠道可以迅速排出毒素,但是如果饮食不当,就容易造成毒素停留在肠道,被重新吸收。魔芋、黑木耳、海带、猪血、苹果、草莓、蜂蜜、糙米等众多食物都有利于肠道排毒。

魔芋,中医上称"蛇六谷",又名"鬼芋",能清除肠壁上的废物,是有名的"肠胃清道夫""血液净化剂"。

黑木耳中的植物胶质有较强的吸附力,可清洁血液,清除体内有害物质。

海带中的褐藻酸能减慢肠道吸收放射性元素锶的速度,具有预防白血病的功能,对进入人体的镉也有促排的作用。

猪血中的血浆蛋白被消化液中的酶分解后,产生一种解毒和润肠的物质,与进入人体的粉尘和金属颗粒结合,直接排出体外,有除尘、清肠、通便的作用。

苹果中的半乳糖醛酸有助于排毒,果胶能避免食物在肠道内腐化。

草莓含有多种有机酸、果胶和矿物质,能清洁肠胃,强固肝脏。

蜂蜜含多种人体所需的氨基酸和维生素,能排毒养颜。

简单实用的按摩排毒

通过各种手法刺激人体的皮肤、肌肉、关节、神经、血管以及淋巴等处,可以有效促进局部血液循环,改善新陈代谢,促进机体自然抗病能力和排毒能力。

腹部按摩排肠毒

对于肠道来说,最简单有效的肠道通畅方法是腹部按摩。

腹部按摩可以舒畅气血、增强消化排泄功能、通畅大便以排毒;可以减少血液的停滞;可以促进新陈代谢,加速血液及淋巴液排除废物;还可以改善小肠的紧张状态;随着肠道紧张程度的明显改善,皮肤的状况也会得到改善,心脏的紧张状态也有所缓解。

具体方法是两手掌叠加,置于上腹部,先顺时针旋转按摩 15 次,再逆时针旋转按摩 15 次;移至下腹部再依前法按摩。完成后,再由上腹部向下推至耻骨联合处,连续 20 次。

我们要注意,按摩前需排空尿液;按摩时放松,用力不可过大,过程中若产生便意,立即排便。注意过饱或过饥时都不可做此按摩。按摩结束后多饮水以促进毒素排出。

肋下按摩排肝毒

多做有利于肝脏排毒的按摩能有效地增强肝脏的排毒功能。

具体方法是先把两手搓热,再以双手三指向内,正对乳中肋骨下方缓缓插入约 2~3 厘米。此点为肝经,多做按摩可以帮助养护肝脏。按摩时要注意,无须特别用力,用一般力即可。

还有一种方法,两手交叉抱住前胸,左手在外,身体慢慢往左扭转上升,深吸气直到不能吸为止,然后缓缓吐气。身体往右扭转再做 1 遍。

按摩双耳排肾毒

肾脏疾病的穴位有很多在耳部,按摩双耳可以达到助肾的目的。

双手拉耳。左手经过头顶牵拉右耳朵向上数十次,然后改用右手从头顶过,牵拉左耳朵数十次。这一锻炼不仅可以促进肾脏排毒,还可促进颌下腺、舌下腺的分泌,使耳朵部分充血,减轻喉咙疼痛,治慢性咽炎。

双手扫耳。以双手把耳朵由后向前扫,这时会听到"嚓嚓"的声音,这种刺激能达到使肾脏活跃的目的。每次 20 下,只要长期坚持,必能补肾健耳。

·养生保健·

图文珍藏版

双手掩耳。两手掌掩两耳廓,手指托后脑壳,双手手指同时敲击脑后,左右各弹击24次。可听到"隆隆"之声,叫"击天鼓"。此刺激可活跃肾脏,有健脑、明目、强肾之功效。

搓弹双耳。用双手分别握双耳的耳垂,轻轻搓摩耳垂,至发红发热止,然后,揪住耳垂往下拉,再放手让耳垂弹回原形。每天2~3次,每次20下。此法可加速耳朵的血液循环,活跃肾脏。如果能够坚持每天如此,定可有所收获。

三、出汗、通便,排尿的排毒方式

我们把代谢物通过出汗、通便、排尿等方式排出体外,同时也把一些毒素排出体外。保证这些方式的顺利进行有利于更好地排除体内的毒素。

快速排毒——流汗

流汗是一种快速排除身体毒素的形式,新陈代谢所产生的废物毒素能通过流汗而排出。尤其当人体的肾脏功能衰弱时,排尿不顺,体内毒素就要更多地靠流汗来排除。流汗能排出体内的毒素及废物,防止酸中毒,避免病情恶化。

如感冒、发热、头痛、水肿、风湿等,都可通过流汗来促进血液循环,加速新陈代谢,激发自愈力,减轻症状,使身体早日恢复健康。

进行任何一种发汗排毒疗法时,都应先喝一杯300毫升的温开水,并准备好一杯淡盐水(粗盐3克稀释于300毫升温开水中),排汗后就要饮用,以防流汗过多导致虚脱(若有高血压或肾病、水肿患者,不可以喝淡盐水,只能喝温开水)。

洗浴时,一定要注意水的温度,以免不慎烫伤。

发汗后绝对不能立即到通风处或寒凉处,应用干毛巾将汗擦干,待无汗后再出门,以免受寒感冒。

采用任何一种发汗排毒法,都不能使身体出汗过多,因为排汗过多,代表体液过度流失,身体顿时失衡,会发生虚脱现象,严重时会使人晕倒。所以一定要适当控制流汗量,而汗并非流得愈多愈好。

通便排毒

研究表明,倘若1天不排大便,留在人体中的毒素相当于3包香烟的尼古丁含量。解决排便不畅的问题,对体内毒素的排出至关重要,要做到通便排毒,首先要关注一下:水和纤维素的摄取是否充足。

便秘者的当务之急是检查饮食状况。对付便秘最重要的饮食项目是纤维及水分。大量摄取这两者,是软化大便并促其通过结肠所必要的。

成人每天至少需6杯水,8杯更好。虽然各种液体都有效,但最好的选择还是水。

成人每天应摄取20~35克的食物纤维,便秘患者则至少汲取30克。注意应逐渐增加纤维摄取量,以免引起过度排气。

以下两种通便方式大家不妨试用一下。

放松心情

当你受到惊吓或紧张时，你会嘴巴干涩、心跳加速，肠子也会停止蠕动。这是一种"战或逃"的应激机理。如果你感到便秘的压力，不妨试着放松自己，多听些节奏轻快的音乐。

试试蜂蜜

有"百草药"之称的蜂蜜具有良好的养颜、润燥、通便等功效，最适宜用作老年人的通便剂。食用方法是：取蜂蜜30~45克，冲入温开水，搅匀服用。每日早晨饮服1次。若兼有高血压，可在蜂蜜中加入既可滋阴润肠、又能养肝治晕的黑芝麻（蒸熟捣烂）30~45克，开水搅匀服用，对高血压兼便秘患者较为适宜。

关注利尿排毒

排尿是排除体内废物与毒素的主要途径，与心、肺、肾、膀胱等脏腑的关系极为密切。排尿是否通畅，直接影响到一个人的健康。正常人的每日尿量约1 500毫升，如果少于这个量，日积月累就会造成代谢失调，甚至引发肾脏病。如果每天喝水量不是很多，而一日的排尿量却多于2 000毫升，也是一种异常现象，同样不可大意。人体的尿液代谢是由肾脏来执行，而依靠脑垂体、肾上腺皮质来进行调节，如果患了心脏病、肝硬化、肾炎及营养不良等疾病，都可能使这一调节系统失控引起局部或全身性水肿。

水肿是皮下组织间体液积聚过多的表现。如果体液滞留过多，会造成细胞外液的电解质失衡，人体代谢过程中所产生的废物及毒素就会蓄积在体内，伤害组织细胞，导致各种水中毒现象，如头痛、恶心、瞌睡、视力模糊、疲乏、冷漠、对周围环境无兴趣等，严重者会引起呼吸不顺、心跳骤减等症状。如果这时能补充一些利尿食物，就能改善泌尿系统功能，把滞留在体内组织间的过多液体排出体外，从而预防水中毒，使身体组织细胞不受毒素危害。具体可参见前文"助肾排毒"部分。

四、断食排毒效果神奇

断食的主要作用是排毒。断食时腹中饥饿，身体排泄功能就会增强，有利于把多年积存在肠道中的毒素排出体外。

广受欢迎的一日断食法

一日断食法就是每隔一段时间后，断绝进食一天。实行一日断食法应逐渐缩短间隔时间，刚开始时可以一个月实行一次，两三个月后可以每周实行一次。断食可采用"严格断食法"和"改良断食法"。

所谓"改良断食法"，就是在断食期间，可以摄取少量的饮食。比如米汤断食、清汤断食、蜂蜜断食等。

米汤断食法

·养生保健·

图文珍藏版

米汤不仅味道可口,具有一定的营养,可。以避免严格断食引起的全身乏力和精神不安,而且对胃黏膜有一定的保护作用。因此,米汤断食法非常适宜胃肠功能虚弱的人实行。

具体做法:先用糙米熬粥,然后将米粒去掉,即成米汤。或者直接使用糙米粉末,熬熟后,不去米粒,即为米汤。

可以根据自己的爱好选择做法。每餐可用糙米 25 克,熬取米汤 1 碗。喜欢稍稠点的话,可以用糙米 30 克。喝的时候可加入少量食盐或糖。每日三餐。

清汤断食法

清汤味道鲜美,具有较丰富的营养。在断食过程中,很少发生强烈的饥饿感,有的甚至可以照常坚持工作,好像没有断食一样。

具体做法:首先将 10 克海带和 10 克干香菇,放入 550 毫升水中煎煮,待汁液充分煎出后,再把海带和香菇捞出,仅留清汤汁,再加入酱油 20 克,赤砂糖或蜂蜜 30 克,在冷却之前全部喝完。一日三餐。断食期间,每日应喝纯水或茶水 1~2 升,其他食物一概不吃。

蜂蜜断食法

此断食法简便易行,尤其是蜂蜜甘甜可口,备受欢迎。

具体做法:每次用 30~40 克蜂蜜,以 350 毫升水溶化冲淡后饮用。一日三餐。

月初两日断食法

如果有人认为实行 1 日断食法,每周 1 次的话,间隔时间太短,刚刚结束一次,马上又到了下一次,难以长期坚持。那么,可以把间隔时间适当延长,选择月初两日断食法。也就是把每月的头两天,作为断食日。如果能坚持实行这样的断食法 1 年左右,同样会收到明显的效果。

与 1 日断食法不同,在实施月初两日断食法的时候,有必要在断食的前一天,将饮食量减少为平常的 50%,而且,在断食后的第 1 天,饮食量也应当为平常的 50%,第 2 天上升为平常量的 70%,第 3 天才可恢复平常的饮食量。如果不是这样,而是从平常的饱食突然变为断食,然后又急速恢复平常的饮食量,就会损害胃肠功能。

实行月初两日断食法时,如果选用"严格断食法",恐怕许多人难以忍受,所以,最好选用"改良断食法"。

第四节 检测你的排毒指数

排毒是一个自然发生的过程,它在你的身体中持续地进行着。然而,排毒通常是一个不断循环往复的过程,因为旧的毒素排出后不久,新的毒素就会出现——除非你正在进行排毒。排毒的基本思路是减少你接触毒素的量,这样你的身体就能有效地处理那些在你身体中早已经存在的毒素。

一、你需要排毒吗

如果你正考虑在自己身上实施排毒计划，这就说明你已经注意到了潜伏在你身上的一些不是很明显的症状，而且你怀疑这些症状是由于毒素过量引起的。一般症状如下所述。

- ·面部潮红。
- ·心悸。
- ·心动过速。
- ·头昏眼花。
- ·虚弱、晕厥。
- ·痉挛。
- ·四肢麻木。
- ·失眠、睡眠紊乱、睡眠质量差。
- ·易瞌睡。
- ·生理疲倦、有筋疲力尽感、嗜睡和疲劳。
- ·头痛。
- ·消化不良、胃灼热和胃溃疡。
- ·食欲不振。
- ·贪食症。
- ·厌食症。
- ·恶心呕吐。
- ·胃肠胀气。
- ·体液潴留引起的脚踝肿大。
- ·腹中积气。
- ·腹泻。
- ·便秘。
- ·痔疮。
- ·尿频。
- ·复发性感染。
- ·过敏症状(湿疹、麻疹、哮喘)。
- ·黏液过多(包括鼻子、耳朵、喉咙和粪便)。
- ·鼻窦充血。
- ·口臭(难闻的气味)。
- ·炎症,包括痛风、关节痛、牛皮癣。
- ·痤疮、斑疹、丘疹、疖子。

· 多汗。

· 经前综合征。

· 咳嗽。

· 气喘。

· 喉咙肿痛。

· 颈部僵直。

· 身体局部循环不畅。

· 血脂水平升高。

· 背痛。

· 皮肤干燥瘙痒。

· 脂肪团(橘皮样皮肤)。

· 反复发作的眼部瘙痒和炎症。

· 醒来后眼皮水肿,出现黑眼圈。

· 体重波动,超重或者过度肥胖。

· 性欲不强。

· 受孕困难。

在经常出现在你身上的症状前面打钩:打的钩越多,就说明排毒的必要性越大。无论如何请记住,如果有些症状反复出现,你应该立刻把这个情况告诉医生,因为它们可能预示着更严重的病情,你需要对此进行进一步的检查和治疗。

应当避免"有毒"的习惯

有句老话说道:"你吃什么,你就是什么。"意思是说你吃的食物的种类将决定你身体的健康状况,现在人们逐渐把它当作一条真理来看。坚持健康、有机、纯天然饮食的人,维生素、矿物质、抗氧化剂和有保护作用的植物化学物的摄入量都很充足,他们比那些吃含有过量脂肪、盐分、蔗糖、添加剂的加工食品和外卖的人长期存在健康问题的可能性要小很多。植物化学物存在于植物中,可以对人体产生有益的影响。

在下面的饮食选项中,你打的钩越多,你从排毒计划中获益就越多。

· 要吃非有机食品。

· 经常喝未过滤的自来水。

· 经常喝茶、咖啡或者其他含咖啡因的饮料。

· 经常使用人造甜味剂。

· 经常吃油炸食品。

· 经常吃方便食品或者快餐。

· 经常吃加工食品(例如精米、白面包)。而不吃纯天然食品(例如糙米、全麦面包)。

· 喜食咸味食物,饭菜咸味很重。

· 经常吃盐腌的食物(例如盐水花生、橄榄、盐水罐装食物)。

· 经常吃烟熏食物(例如烟熏鲱鱼、烟熏鲑鱼、熏肉、干酪)。

· 经常吃蔗糖和糖果(蜜饯、巧克力等)

· 经常吃烧烤的、烤焦了的或者加工过的肉。

· 使用铝制的餐具(应该换掉所有的铝制餐具,因为铝会发生熔解,然后进入食物中并在体内囤积产生毒副作用)。

应该改正的坏习惯

很多不良生活方式和个人习惯同样可以表明你有排毒的必要。它们包括以下一些。

· 每天都喝两杯以上酒精饮料。

· 吸烟。

· 吸食毒品。

· 长时间工作,并且在工作的时候从不抽空放松,也不会去找点乐子让自己开心一下。

· 消极怠工。

· 在口腔里使用了水银汞合金填充物。

· 经常使用止痛药。

· 近期使用过抗生素。

请在和你相似的情形前面打钩,打的钩越多,你从排毒中的获益就越多。

你周围的环境有毒吗

接触环境毒素同样会给你的健康带来伤害。下列情形哪些和你的处境比较类似,在前面打钩。

· 生活在工业区附近,接触工业废气。

· 生活在交通要道附近,接触汽车尾气。

· 生活在农村,接触农用化学物,如化肥和杀虫剂。

· 生活在高压电线附近。

· 生活在重要的机场或航线附近。

· 在经常接触有毒物质的工业企业中工作(例如:油漆、化学溶剂、重金属工业)。

· 在汽车尾气和工业废气排放很多的城镇里工作。

· 接触 x 射线、微波、紫外线等电磁污染。

· 在家中接触从管道中泄漏的有害气体。

毒素和压力

一些心理上的症状也和过量的毒素有关。如果出现以下症状,则表明你有排毒和缓解压力的需要。

· 心神不宁。

- ·精神紧张。
- ·丧失幽默感。
- ·注意力不集中。
- ·反应迟钝。
- ·记忆力差。
- ·健忘。
- ·消极归因。
- ·精神疲劳。
- ·情绪波动。
- ·沮丧。
- ·容易发火。
- ·勃然大怒。
- ·无法摆脱的焦虑感和恐慌。

当你的身体发出信号通知你去排毒的时候，你就应该照做。有许多人要么在启动排毒计划的时候只是一味跟风追求新潮技术，要么在结束自己一段痛苦的排毒经历时却没有给自己带来任何积极的效果。你的身体会让你知道何时才是排毒的恰当时机。

二、开始排毒计划的恰当时机

春天，一向被认为是着手开始排毒计划的理想季节。另外一个比较合适的时间是 1 月份——此时的人们都承受着新年计划的压力。

一旦开始排毒生活，很多人会选择做果汁禁食，他们可能会在每个星期做一次为期 1 天的禁食，也有可能每个月做一次连续几天的禁食，不过有些人只会在一年当中做一两次持续时间不超过 1 周的禁食，他们这么做是为了让排毒的过程更有规律性。

排毒要花多长时间

遗憾的是，排毒必须按照它自己的步调一步一步来——不能随意加快节奏。你需要 1 年的时间来更新身体的每个细胞，因此从理论上来讲，至少要花 1 年时间，你才能把聚集在你体内的所有毒素排除净化掉。而在这一段时间里，新的毒素又会出现，这些毒素同样需要处理。

为了启动排毒进程，你可以坚持一套严格的达数星期之久的排毒计划，但是排毒更应该被看作是一种生活方式，只有这样，才能在最大限度上减少你长期接触的毒素的数量和种类。

排毒的好处

以下是排毒可以给人们带来的好处，勾选出你所感兴趣的。

- 清洁净化你的躯体。
- 使你恢复活力或返老还童。
- 增强你的精力。
- 恢复元气。
- 增强你的免疫力。
- 洁净你的皮肤。
- 提高你的柔韧性。
- 提高你的生育能力。
- 激发你的创造力。
- 增强记忆力和集中注意力。
- 减肥。
- 降低血压。
- 降低血脂水平。
- 增进消化道健康。
- 强化你的感觉器官,这样你对强烈的光线、刺耳的声音、强烈的气味和色彩的忍受力便可得到增强。

用补充疗法检测体内毒素

生理健康与心理健康息息相关——补充疗法中存在着一种基于这种思想的整体论方法。拥有此特征的这类疗法数量众多,包括虹膜学、人体运动学、基利安照相术和反射疗法,它们都能够检测到毒素在你体内积聚的情况,帮助你决定是否需要进行排毒。

运用虹膜学辨识体内毒素状态

体内的毒素状态可以通过眼睛的变化辨识,而有很长历史的虹膜学(研究虹膜的学科)就是其中一种可以达到检测目的的方法。和指纹一样,每个人的虹膜都是独一无二的,并且它的每一个部分都和身体的某个特定区域对应。将眼睛的结构放大以后进行研究,遗传基因的优点和缺点都可以被检测出来,同时还可以检测出身体的酸性化、黏液过多和毒素沉积以及身体主要器官和系统的功能障碍等身体状况。

虹膜由含有大约 28 000 个神经末梢的结缔组织构成,所有的神经末梢都连通到大脑。因此大脑在接收有关器官功能的连续信息的同时能将接收到的信息反馈到虹膜斑纹。一些遗传性斑纹,例如深赤褐色沉着(即通常所说的"斑")是遗传而来的,反映了个人体质的大致情况。这些斑纹通常在症状出现之前就能反映出你身体的薄弱环节。以下是 3 种体质类型。

- 淋巴型体质:蓝色、青绿色、偏蓝的黄绿色、灰色的眼睛。
- 多血型体质:深棕色眼睛。
- 混合胆汁型体质:浅褐色、浅棕色眼睛。

　　一个经验丰富的虹膜诊断师不仅能够检测出毒素的存在以及毒性的强度,还能检测出金属沉着、酸性过强和出血等现象以及硫黄、钠或胆固醇在体内的积聚。虹膜诊断师特别注意以下这些排毒器官出现的征兆:肝脏、皮肤、肾脏、膀胱、肺和淋巴系统,除此之外,虹膜诊断师还会去寻觅神经环的踪迹,因为这种神经环的出现意味着过度的紧张和压力的存在。通过一整套净化、平衡排毒程序,虹膜的颜色将随着健康状况的好转而发生改变。一般说来这种变化需要数年的时间才会发生,不过也有人在开始健康饮食和生活几个月之后就发现他们的虹膜颜色开始变得明亮而通透。

　　运用人体运动学评估体内毒素状态

　　人体运动学是一种根据人体的肌肉群与内脏、腺体和循环系统的相关性来诊断疾病的方法。人体运动学家相信,肌肉和反射作用对柔和的压力做出反应的方式能精确地诊断出身体功能和能量的不平衡。比如,人体运动学家可以通过对口腔肌肉在特定食物顶住下颌或置于舌下时产生的对抗力的评估来诊断食物过敏症。而对压痛点进行指尖按摩可以刺激体内循环和调节功能失调。

　　人体运动学家认为通过他们的简单检查,可以在诊断那些与毒素有关的健康问题时将猜测成分排除出去,因为我们的身体会显示需要做些什么以避免出现各种症状。诊断结束后,临床医生会给你提一些营养方面的建议,比如告诉你体内缺乏哪种矿物质和维生素,他们还会建议你改变某些生活习惯,这些改变可以使你获益良多。为了获得最佳的健康状态,你需要对以下4个具体项目进行评估。

　　·心理和情绪的平衡。

　　·生化和营养的平衡。

　　·形态和姿态的平衡。

　　·精力和生命力的平衡。

　　在排毒过程中,人体运动学的平衡治疗能起到逐渐消除能量阻塞、释放你对生活的原始热情的作用。

　　反射疗法

　　反射疗法是一种古老的诊断技术,这种技术认为手上和脚上存在着一些点——即通常所说的反射区——与全身的其他器官、结构和功能有着非常直接的联系。身体的各个区域映射在手和脚上,一般是右侧的器官对应着右手和右脚,左侧器官对应着左手和左脚。按压反射点找出敏感区域,通过这些区域,我们可以精确定位身体受毒素影响特别大的部位。据说用轻压按揉的手法对这些敏感点进行按摩可以刺激神经发送信号给相应器官,从而达到缓解症状的效果。反射疗法能够促进血液循环、恢复身体功能,还能缓解各种类型的毒素引起的症状,比如偏头痛、黏液堵塞、消化疾病和压力过大。

第五节 一周排毒计划

一、周一

早晨

起床后,不要忙着做别的事情,先喝1杯调入少许蜂蜜的温开水。

洗漱过后,定时排便(养成定时排便的习惯,最初可能会不稳定,习惯后会很自然)。

早餐内容:1大杯鲜榨果汁(可于前一天晚上做好放入冰箱冷藏),2片全麦面包,外加1个蒸蛋(可使用微波炉烹制,耗时约为3分钟)。

出门别忘记带上准备好的水果,1个苹果。

到了公司记得要先喝1大杯水再开始工作。

工作的过程中,每1小时喝1杯水,保证在午餐之前喝足4杯水。

中午

吃盒饭或是去餐厅吃炒菜都不利于排毒,这几天不如自己单独吃饭。

午餐内容:1份水果沙拉,1小碗海带汤,1份拌豆腐丝,半碗米饭。

午餐过后可以去写字楼附近的花园散步,然后上楼开始工作。

大约半小时后,开始喝下午的第1杯水。

下午3点钟左右吃带来的水果。

直到下班前喝3杯以上的水。

离开公司准备回家前喝1杯水。

晚上

回到家先喝1杯水,不要开电视,打开音响播放轻音乐,准备晚饭。

晚餐内容:1碗玉米粥,1个素包子(100克以下),1份香菇炒油菜。

准备好第二天清晨的蔬菜汁(番茄、黄瓜、胡萝卜等)。

晚上皮肤的清洁工作很重要,洗澡并认真地把脸洗干净。

第一天吃排毒餐可能会有饥饿感,不如早点休息。

二、周二

早晨

空腹喝1杯温的蜂蜜水。

洗漱后,按时排便。

早餐内容:昨晚准备好的鲜榨蔬菜汁1杯,玉米饼1个,小米粥1碗,蛋羹1碗。

出门前记得带好今天的水果,1 个猕猴桃,外加 1 杯酸奶。

到公司后先喝水再工作。

为了防止饥饿感,大约上午 10 点半左右把酸奶喝掉作为补充。

中午

昨天非常成功,今天继续吃排毒餐。

午餐内容:1 份烧二冬(冬笋炒冬菇),1 份白菜豆腐汤,1 个小馒头。

去附近的书店读 1 篇文章,回公司工作。

下午继续注意要补充水分,因为只有喝充足的水,排毒的工作才不会白做。

下午 3 点半吃带来的猕猴桃,可以用勺子挖着吃。

下班的路上去买 1 小瓶排毒用的香薰精油(各大超市、商场均设有精油的专卖柜台)。

晚上

如果使用电热水器,回到家第一件事就是准备打开电源烧洗澡水。

喝水后,打开收音机,准备晚饭。

晚餐内容:1 碗山药红枣粥、1 份松仁玉米、1 小份烙饼。

休息片刻后,准备今晚的家庭 SPA 排毒。

沐浴前记得喝 1 大杯温水。

然后按照排毒精油的使用说明,滴入少许精油在浴缸内,身体在浴缸中浸泡半小时后,用去角质霜按摩全身,冲净后即可。

沐浴后人会感到困倦,可早些休息。

三、周三

早晨

起床后喝 1 杯滴入鲜柠檬汁的矿泉水。

洗漱,坚持两天后,排便应该可以定时了。

早餐内容:1 碗麦片粥,1 个煮玉米,1 个茶蛋。

上班前准备好用保鲜盒带上洗好的草莓和 4 颗核桃仁。

及时喝水。

在上午大约 10 点半左右,可能会感到饥饿,那么 4 颗核桃仁是很好的补充。

中午

经过两天的适应,今天已经没有十分强烈的饥饿感了。

午餐内容:1 份凉拌菠菜鲜藕,1 碗猪血菠菜汤,1 个玉米饼。

吃过午饭,去附近的美发馆洗个头,洗头师傅的按摩技艺会使肩背放松,脑部供血不足的问题得到缓解,整个上午的疲劳就消失了。

下午又可以精神抖擞地工作了。

下班去超市买菜时,别忘了买 1 盒排毒面膜贴。

晚上

回来先喝 1 杯菊花茶,播放轻音乐。

打开炉灶,准备晚饭喝的红薯粥。

趁着煮粥的时间,去阳台上看看自己养的小花情况如何,松土施肥或是浇水,好好地关注它一会儿。

时间差不多就可以准备晚饭了。

晚餐内容:1 份姜丝糖醋莴苣,1 碗香甜红薯粥,1 个雪菜包。

准备第二天早晨喝的鲜藕汁。

餐后半小时吃 1 个梨。

洗脸敷面膜,15 分钟后洗漱休息。

四、周四

早晨

起床后喝 1 杯温的淡盐水。

洗漱,排便。

早餐内容:1 杯鲜藕汁,2 瓣柚子,1 只玉米圈,1 只茶蛋。

出门前切 1 瓣哈密瓜用密封饭盒装好,另外再带些榛子仁。

下班后去练瑜伽。

工作再忙也不要忘记喝水。

大约 10 点半钟,吃掉榛子仁。

中午

对于排毒餐,应付自如的你应该知道吃些什么了吧。

午餐内容:1 份芹菜炒豆干,1 份茼蒿蛋花汤,1 份素蒸饺。

去楼下的报刊亭买份报纸,在楼下花园里的长椅上坐着看一会儿报,回去上班。

下午 3 点钟记得吃哈密瓜。

快到周末了,工作要抓紧了,否则周末、加班可不利于排毒啊。

晚上

来到瑜伽班练习,因为练习瑜伽必须在饭后 3 小时,所以安排在晚饭之前。瑜伽是最佳的排毒运动之一,练习时要注意教练讲的动作要领,否则不仅达不到锻炼的目的,还会对自己的身体产生伤害。

经过一个半小时的锻炼后,出透了汗,身体会感到十分轻松。

因为时间不早了,晚餐要尽可能的简单。

晚餐内容:1 份拌海带丝,1 份水果沙拉(晚上少放沙拉,或用酸奶代替味道也不错),1 片全麦面包。

准备第二天早晨喝的甘蔗汁。

洗漱后,读报,休息。

五、周五

早晨

起床后喝 1 杯蜂蜜水。

洗漱,排便。

早餐内容:1 杯甘蔗汁,1 根香蕉,1 块绿豆饼,1 个煎蛋。

出门前记得带上切好的阳桃,还有葵花子仁 1 小包。

今天上午的工作是忙碌的,一定要做好工作计划,不忘记喝水。

中午

不要因为周末就大吃特吃,排毒餐尚未结束。

午餐内容:1 份清炒空心菜,1 份黄花菜蘑菇汤,1 小碗素河粉。

为了早点结束手头工作,午餐后,在楼下休息片刻后,上楼工作。

如果周末开例会,开会前别忘记把你的杯子倒满水。

大约 3 点钟,吃阳桃。

晚上

走路是一项不错的排毒运动,选择在周末逛街,既能碰到打折的信息,还能排毒,一举两得。

如果逛街比较晚,可以选择在街上与同事一起共进晚餐。

不要去快餐厅,找一家粥店来解决晚餐。

晚餐内容:1 份拌白菜心,1 份拍黄瓜,1 碗乌梅粥,1 小块南瓜饼。

累了一天,快点回家休息吧,明天的排毒餐不用今晚做了,因为放假了。

六、周六

早晨

虽然是周六,但排毒不主张睡懒觉,因为睡得过多不利于排毒。

早晨起床后的蜂蜜水要记得喝。

如果起床比平时晚的话,排便时间会推迟。

准备早餐,9 点以前争取吃完早餐。

早餐内容:1 杯综合果汁(家里还剩下什么水果就拿几种混在一起榨汁吧),1 碗小米粥,烙 1 张鸡蛋饼。

上午打扫房间,换掉床单和枕巾,把被子拿到阳台上晒一晒。

去菜场或超市买水果、蔬菜及日用品之前,记得喝水,吃几颗核桃仁。

准备午餐。

中午

午餐可以做得丰盛一些,但仍然要有自己吃的排毒餐。

午餐内容:1 份菠萝沙拉,1 份四喜黄豆粒,1 碗山药羊肉汤(最好只喝汤和吃山药),1 碗米饭。

小睡片刻后,吃 1 个芒果。

下午去美容院做一个全身的皮肤护理,背部推油或是穴位按摩对于排毒都十分有效。

晚上

与家人一起看会儿电视,准备晚餐。

晚餐内容:1 份蔬菜沙拉,1 碗苹果米粥,1 份木须肉,1 块玉米松糕。

晚餐后与家人外出散步。

不可休息得过晚,否则会导致毒素堆积。

七、周日

早晨

1 周的排毒就要结束了,这一天中你可以随时检验自己的排毒成果。

排便后,观察便色。

洗漱后观察自己的面部。

张嘴呼吸,闻闻是否还有异味。

检测完毕后,准备今天的早餐。

早餐内容:1 杯鲜荸荠汁,1 盘蔬菜沙拉,1 份馒头片,1 个煮鸡蛋。

今天可以安排爬山的运动,所以要准备好野餐的食物。

中午

在大自然中尽情呼吸新鲜空气,有意识地多做深呼吸,排出肺部的污浊气体。

午餐内容:1 大瓶鲜果蔬汁,1 份五香豆腐干,1 根黄瓜,2 片全麦面包,1 根火腿肠。

午餐后返回家中小憩,下午与家人品茶吃水果聊天。

晚上

晚餐内容:1 份木瓜银耳汤,1 份西芹百合,1 份藕盒。

晚餐后,全家人一起吃水果拼盘。

早些休息,准备明天工作要带的物品。

第三章　提高免疫力

第一节　免疫系统和免疫力

免疫系统由特殊的被称为具有防御因子的细胞组成,它们能抑制那些有害的外来入侵物,例如细菌、病毒、真菌和寄生虫。

需要着重理解的一点是,免疫系统在身体内并不是一个独立的实体,而是依赖于特定器官的完美配合才会发生作用。例如胸腺、脾脏和骨髓都受神经系统的影响,从而使免疫细胞具有脑激素和递质受体,因此,一个人的精神健康与否对免疫系统有重要意义。

一、初级免疫

人生来就拥有的免疫力,叫作先天免疫、被动免疫或者初级免疫。这种免疫力一部分是物理性的。皮肤就是人体抵御入侵物的第一道屏障。婴儿体内天生就有能够抵御微生物的物质,而母亲能够进一步提高婴儿的早期免疫水平,因为母亲通过乳汁将抗体传递给了宝宝。

二、获得性免疫

这是人体的适应性免疫,通常又被称为"后天免疫",因为它包含对后天遇到的特定入侵微生物的永久性反应。一旦身体对某种特定的外源物发生免疫反应,免疫系统就会记住它。如果在其他场合再次接触到这种物质,免疫系统就会快速反应,有力地抵抗这个外源物。

免疫系统的各个组成部分不仅能识别过去接触过的具有感染性的物质,还采用灵活可变的方式抵抗大量新的具有潜在侵染性的外源物。

当某种外源物出现时,免疫系统会有针对性的反应。因此,当我们得了麻疹之后,会对麻疹病毒产生自然免疫。但这并不能帮助我们抵抗水痘病毒,免疫系统需要对这个特殊的入侵者采取其他的针对性的免疫反应。

三、接种免疫

传统西医将接种看作是给身体抵御传染性疾病提供了有效屏障。但是,如同许多替代疗法医师指出的那样,疫苗对免疫系统的增强作用,可能与先天获得的免疫力有些微小差别。

当人暴露在天然的感染源之下时,外源物通常经过第一道防御屏障进入身体。第一道屏障包括鼻黏膜、嘴、咽喉和阴道,它们都有缓冲作用,以减少外源物对血液的负面影响。由于天然诱导免疫反应的存在,只有相当少的感染物能够通过第一道防御屏障进入身体,引起身体的有力防御,虽然这个反应不那么激烈,但是一直会持续到外源物的侵染力消耗殆尽为止。在人体内,入侵的外源物首先接触扁桃体、腺样体和淋巴结,然后进入血液,产生累积效应。外源物还会与肝脏、脾脏、胸腺和骨髓擦肩而过——这些都发生在人们能够意识到自己的症状之前,其间给了免疫系统发挥作用的最佳时机。

当人们接触到人工诱导免疫反应物(例如疫苗或者类似物)时,得到的反应是完全不同的。这是因为现代疫苗包含相当大量的抗原,它们被直接注入血液,完全越过人体的初级防御机制。因此,免疫系统对这种入侵极端重视,并且非常敏感。替代疗法医师将免疫系统的这种过度攻击现象,看作是部分患者在接种疫苗后未能完全康复的原因之一。如果患者在接种疫苗前身体就处于低潮的话,这种情形会更明显。

另外,接种疫苗后还会出现一些严重反应,如过敏、持久性鼻黏膜问题、哮喘症状恶化以及肺部或耳部感染反复发作。

四、免疫系统如何工作

皮肤是人体抵抗感染的第一道屏障。它给予了身体一个外部结构,将血液、肌肉和重要器官包裹在其中,同时也隔离不需要的外源物。

想一想,如果皮肤表面有破损的话会出现什么情况呢?一旦这个关键的保护层被割伤、抓伤或者擦伤的话,外面的有害物质就会进入人体,引发感染。因此,努力保持皮肤的柔软性和尽可能维持它的健康状态意义重大,只有这样才能避免表皮感染。

工作中的T淋巴细胞

当免疫系统对入侵人体的外源物质发生,反应时,胸腺就会制造特定的细胞,这种细胞叫作T淋巴细胞。胸腺一共能够生成4种不同的免疫细胞,它们是:

· 诱导T细胞:最先识别出那些需要消灭的外源物。

· 杀伤T细胞:能消灭外来的蛋白质。

· 巨噬细胞:一类特殊的免疫细胞,能够包围并且吸收抗原。

· 抑制T细胞:当外源物被处理完后,它能中断免疫细胞的继续进攻。

T淋巴细胞是淋巴细胞的一类,而淋巴细胞又是白细胞的一种。骨髓、淋巴结、肝脏和胸腺都能够产生淋巴细胞。因为T淋巴细胞随淋巴液和血液流动,所以它能够影响身体中的所有组织。

另外,骨髓产生的B淋巴细胞能与T淋巴细胞协同发挥作用,促进制造抗体、减少和消灭带有威胁性的有机体。它能记住所有曾经接触过的抗原,一旦再次识别,能够立刻发挥作用。

这种消除外源物的反应一直持续下去,直到抑制T细胞发出信号,让辅助T淋巴细胞和B淋巴细胞停止进攻性反应为止。另外,杀伤T细胞主要用来消灭癌细胞和病毒。

当人体处于最佳状态时,免疫系统能够对过去曾识别出的有机体立刻发动攻击。但如果入侵的有机体是陌生的,免疫系统不能识别,发动有效攻击就需要一些时间。在这个间隙中,我们可能会发现脖子、腋下或腹股沟的腺体出现疼痛、发炎、肿胀现象——这是白细胞在淋巴结中生成抗体的信号。

当身体受伤或感染时,免疫系统能够产生巨噬细胞。巨噬细胞的主要作用类似于垃圾收集者和清道夫,吞噬和处置那些挡住它们去路的微生物和细胞碎片。巨噬细胞同时分泌被称为白细胞介素1的激素,这点体现在抗感染过程中,我们的体温会有明显上升。白细胞介素2则对激活杀伤T细胞有重要作用。

免疫系统的基本作用就是当平衡的基本状态有被破坏的危险时,快速果断地反应,消灭出现的任何外源物。不论何时,只要这种基本状态受到威胁,扁桃体、胸腺、脾脏和淋巴腺就会释放出额外存储的白细胞。

需要记住的是,免疫系统并不仅仅受病毒、细菌和毒素的影响,它同样受到生理和心理冲击的影响,包括严重的压力。

五、为什么需要增强免疫功能

由于过度依赖传统西药战胜疾病而引发的问题已经受到关注,随着细菌对抗生素药物治疗产生抵抗作用,人们逐渐认识到耐药性菌种所带来的问题。当意识到再也不能单独依靠传统西药解决健康问题时,人们会更加焦虑不安。

但是,人们可以采取有效措施加强自身免疫力,这样就不需要一有问题就使用传统西药导致治标不治本了。而且如果使用恰当,这些措施还能带来额外收获,如思路更加清晰、情绪更加稳定、能量水平增加等。

正常或过早地引入传统西药会削弱免疫系统的作用。以一次感冒为例:在生病过程中,我们要帮助身体自愈,并且不引起副作用,最好将注意力集中在那些能增强免疫力的方法上。

除此之外,充分休息也很重要,因为抵抗病魔需要消耗很多体力。在病情稍微好转后,立刻起床行走不仅使自身情况恶化,而且容易将疾病传染给别人。如果发热,最好通过大量饮水来缓解症状,同时避免吃难以消化的食物,而不是过度依赖止痛片维持。

许多传统西药的作用就是抑制机体出现防御反应。例如,适度的体温升高是免疫系统高效运作的标志,一旦这个过程被止痛片抑制,身体就要花费更多的时间来抵抗疾病。

同样,使用药物暂时抑制咳嗽和流涕的情况也是如此。身体咳嗽流涕是为了将体内的毒素尽快排出去,从而加速痊愈。如果这个过程被干扰,身体不适的时间会延长,并且超出我们依靠自身能力痊愈所要的时间。

当然,必须用常识判断疾病的严重性,区分威胁生命的重病与不严重的急性病之间的差异。只有对后者,人们才有时间协助身体安全地复原。

对于急性咳嗽、感冒或胃部不适这样的小毛病,用切合实际的方法自行处理;而对严重的疾病,例如脑膜炎、肺炎或支气管炎(特别是在常年哮喘患者和老年人身上),需要尽快使用传统方法治疗,包括适当的药物治疗和输液,这样患者才有机会完全复原。

六、免疫力降低对健康的影响

免疫系统受危害的后果之一是出现潜在的健康问题,从小小的皮肤问题一直到危及生命的疾病都有可能出现。主要包括以下几方面。

经常感觉精疲力竭或者精力低于正常水平

这是替代疗法师最常遇到的问题。许多病人寻求替代疗法药物治疗,是因为他们自我感觉不好。医生一般会让病人做各种测试(例如检测腺热、贫血或甲状腺功能),以找出负面影响的因素。

通常反应迟缓或者功能低下的免疫系统会引发很多问题,包括反复感冒、尿路感染、抵抗力低下,以及经常出现的倦怠感。这对情绪的稳定和幸福感的获得有负面影响,因为如果经常感到自己的健康未达标的话,人就会变得焦虑沮丧。

超敏反应和过敏

如果身体的免疫系统变得超敏,它会对某些无害的物质反应过度。一些无害的物质如花粉、动物皮毛、粉尘、真菌孢子和部分食物(包括花生、鱼和贝壳)都能引起超敏反应。相应地,这又会引起一系列的干热、哮喘、湿疹和严重的食物过敏症状。

过敏反应有 2 种类型,分别是免疫球蛋白 E 反应和细胞介导反应。一个典型的过敏反应过程表现为免疫球蛋白 E 抗体(由 B 淋巴细胞产生的保护性可溶蛋白)升高引发免疫系统反应,导致发炎红肿。当免疫球蛋白 E 抗体遇到外源物时,会释放化学物质,例如组胺。这就是治疗过敏的传统西药中一般都含有抗组胺成分的原因,它是用来消除或减轻过敏症状的。

免疫球蛋白 E 反应从本质上讲是快速的,也很容易识别。而细胞介导的反应却表现得更加微妙：它不会很快表现出来，但是可能引发急性肠道综合征这类消化系统疾病，也可能导致儿童的过度兴奋和注意力不集中等现象。这些症状可能是由每天接触的食物所引起的，包括糖、茶、咖啡、小麦、玉米和鸡蛋。

由于免疫球蛋白E过敏能够通过血液检查测定，而细胞介导的反应却不能由血液检查测定，因此一部分保守的医学界人士就提出，对食物的不耐性不能引起过敏反应。这一说法，一定会令那些对特定食物有消极反应的人非常沮丧。

自身免疫紊乱

如果辅助T细胞过于热心的攻击外源物，它就有可能出错，转而攻击自身组织。这种情况发生时，免疫系统已经不能识别具有危险的外源物和无害的细胞，从而引发身体周期性的炎症和疼痛。异常的自身免疫反应还会引起一些慢性病，例如风湿性关节炎、角膜溃疡和多发性硬化症。

艾滋病和艾滋病病毒

一个健全的免疫系统依赖于辅助T细胞和抑制T细胞的协作，适量地产生抗体，保护自身。当抑制T细胞占据主导地位时，会产生一系列的问题，导致免疫系统功能弱化或不完善。这种情形可能由遗传造成，抑或由偶尔感染引起，例如艾滋病病毒侵入。艾滋病病毒抑制辅助T细胞正常功能的发挥，它打断了免疫系统之间的根本联系，其结果就是周期性的感染，包括慢性腺肿、念珠菌阴道炎、唇疱疹、生殖器疱疹和极度疲倦无力。

癌症

"癌症"这一疾病事实上包括了将近500种不同病症。每个身体不适的人都本能地害怕自己被诊断出患有癌症。但我们要知道，癌症其实以各种方式表现，严重程度不同由许多因素决定。

癌症的诊断结果可以相差很大，这取决于诊断的时间、癌症部位，以及遗传因素和生活方式。事实上，免疫系统能够规律地消除机体产生的癌前细胞。只有当体内不正常细胞的繁殖速度超过了免疫细胞所能控制的程度时，癌症才会出现。

体内的正常细胞无时无刻不在分化，偶尔产生一个未能正常编码的细胞。如果这个突变细胞不受控制的快速繁殖，就有可能发展为癌前细胞。但如果身体健康，免疫系统工作正常，我们就能消灭这样的癌前细胞。但从另一方面讲，突变细胞具有躲避和还原的性质，有时候能生成表面保护屏障，逃脱杀伤T细胞的毁灭性攻击。

以下几种因素会影响机体受到攻击，进而发展成癌症的风险。

遗传因素

如果一个妇女有血缘较近的女性亲戚（母亲、姐妹或姨妈）得了乳腺癌的话，她们受这种癌症攻击的概率就比平常人高4倍。

生活方式

遗传因素难以改变，但是却可以积极改变生活方式，尽可能地消除那些让我们更易受到重病攻击的消极因素。基本保护方法如下：

·减少酒精摄入量。

·戒烟并且尽可能避免被动吸烟。

·减少脂肪的摄入，例如人造黄油、牛油、奶酪和奶油。

·避免接触射线和过多的日光浴（尤其是在没有足够保护的时候）。

·避免接触某些化学品，例如干洗中使用的苯并芘。

情绪因素

我们的情绪在增强免疫系统功能、避免防御体系被破坏方面起了重要作用。对于受到压抑的健康状况，不良情绪会进一步施以消极影响，这些情绪包括隐忍的怒火、莫名的气愤和长期的消沉状态。未加收敛的消极情绪导致免疫系统功能被抑制；而积极愉快的情绪却正好相反。

第二节　改变生活方式

一、统筹安排

只要采取几个简单的步骤，人们就能从心理上和生理上积极更新自己的状态，而不是每天面对毫无希望的健康状况。

当然，每个人都在现实中生存，并且面对这样一个事实，即当人老去时，免疫系统将不再如年轻时那般精确高效。这是因为胸腺随着人体老化而萎缩，导致免疫能力的降低。在此过程中，胸腺悄悄分泌一种叫作胸腺九肽的激素，使 T 淋巴细胞分泌减少。与 T 淋巴细胞协同作用的 B 淋巴细胞也不能产生抗体，身体更容易出现反复感染的症状。同时，基础能量水平以及睡眠方式也在身体老化过程中发生改变。

但人们不能以一种听天由命的态度来接受这些事实——这非常危险。一旦有人接受这个观点，认为自己不可能从根本上有什么积极的改变来提高生活质量，那么这些人的生活质量肯定处于平均水平以下。

而且，持这种态度的人有提早老化的风险，也可能提早患那些变性疾病，例如循环问题和关节炎。沿着这种消极思路下去，还会有其他症状出现，例如无力感、缺乏活力。这对自尊心有很大打击，让人更加不爱交际，进而变得不受欢迎、意志消沉……就此产生了消极循环。

既然消极循环能够以这种方式获得消极能量，那么只要把积极的生活方法运用恰当，积极循环也能获得积极能量。当然，这需要根据现实进行，毕竟对 50 岁的免疫系统来说，功能不可能跟 15 岁时一样，但是仍然可以维持健康、有效地抵御疾病、增加基础能量水平、保持情绪稳定。

开始这种积极改变，有几个着手点。可以从优化饮食、进行运动或运用替代疗法开始。这包括找出相关的营养供给方案或在家里使用替代疗法抵抗微小的疾病。一旦基础能量水平因某一项改变而提高，你会对进一步的提升有更多激情，因而更加投入。

当人变得更加强壮健康的时候，身体的活动会变得更加协调，自信心和自尊心也得到增强，这是探索提高免疫力方法的动力所在。这些方法可能早已使用了许久，例如我们在工作、社交或融洽关系方面所做的积极改变。

一个人如果对于享有高质量的健康没有自信，他怎么可能变得生气勃勃、精力充沛呢？而对身体自信的基础在于免疫力的提高。

一旦能够找到在增强免疫力方面行之有效的办法，你将朝着获得最佳健康活力的方向迈进一大步。

二、提高免疫力的计划

通过分析4种影响免疫系统功能的生活因素，我们制定了相关的防御计划，它包括加强营养，运用自然疗法，安排运动和保养，学会放松。

加强营养

现在很多人意识到，如果希望拥有长久的幸福活力，摄入食物的质量很重要。虽然听起来有点老套，但是"吃啥补啥"确实有一定道理。我们的饮食提供了身体维持基本功能的必需材料，身体基本功能包括产能、产热，构建、维持和修复身体组织。

俗话说："种瓜得瓜。"如果一个人的饮食主要由垃圾食物组成，同时还长期吸烟、饮酒、规律性地摄入高咖啡因饮料（例如咖啡、浓茶和可乐）时，那么他自然感觉不到自己拥有健康。这种饮食结构不仅严重缺乏身体所需的基本元素，还会造成混乱，消耗身体原本储存的营养。

如果饮食计划中包含增强免疫功能的食物，你就有可能享受最佳状态的健康，这样的饮食不一定完全是粗糙和限制过度的食物。应用平衡法则，使我们从摄入的食物中获得满足感，才是真正的健康。

采用过于苛刻的饮食方法可能会引发一些问题，虽然与食用垃圾食物引起的问题不同，但是也很严重。当你决定为了最大限度地提高身体的免疫力，而开始进行一项饮食计划时，最好是制订一个搭配合理、营养全面的饮食方案，这就不会使你感觉与世隔离或者缺乏食物。你甚至会发现自己比以前更喜爱这些食物，因为按计划饮食后身体更加有活动，头脑更加清晰，精力更加充沛。

饮食基本原则：

·基本饮食要包含足够的新鲜水果蔬菜，特别是富含抗氧化成分的水果蔬菜，因为它们有利于增强免疫系统功能。这类果蔬通常是亮橙色、红色、深绿色或黄色的。

· 规律地摄入必需脂肪酸（EFAs），它们存在于富含不饱和脂肪酸的鱼类、冷压粗制的菜油和坚果中。

· 饮用足够的水，以净化整个免疫系统，改善肤质和扫除系统中堆积的由便秘造成的毒素。

· 饮食中纳入大量植物来源的完整蛋白，将豆类与谷类食品相结合。

· 选择颗粒完整的粮谷，尽量避免使用精白面。

· 尽可能选择有机的、农场放养动物的产品。

· 避免食用那些看起来被过度处理或者添加了防腐剂的食物。包括脱水的、罐装的、真空包装的和含有一大堆莫名其妙的防腐剂或添加剂的食物。

· 寻找替代品代替含有高比例精白糖的食物。既然碳酸饮料有问题，那就尝试各种各样用无糖的天然果汁制成的饮料，或者用矿泉水代替。

· 控制酒、咖啡和茶的摄入。

· 要避免主动或被动吸烟。

运用自然疗法

自然的身体复原疗法，例如西方草药疗法、中药疗法和顺势疗法，都被称为替代疗法，因为它们有不同于传统疗法的医疗观念。

传统西医的医疗观念通常将身体功能用机械术语来描述。身体被看成是由一些精细复杂、相互关联的零件组成的机器。正常运作时，身体就如同一个能够无限地适应改变着的环境的机器。但是，一旦这机器出现故障（可能由多种原因造成），就需要赶快修复，否则会有生病的可能。

一般而言，打断机体平稳运作的因素包括特殊的传染病、意外伤害和生理原因如过度疲劳等。另外，从传统西医角度来看，老化过程就是一个与磨损类似的问题，如关节和肌肉的炎症和疼痛。

压力和不健康的生活方式，如吸烟、过量饮酒、缺乏必要营养的低质量饮食，被越来越多地认为是造成身体系统的运作出现故障的原因。虽然身体能够适应短期不健康生活方式带来的压力，但如果这种压力持续太久，身体就会被打垮，出现生病的症状。这些症状包括基础能量水平持续低下、难以放松、睡眠质量差，以及消化不良、胃口差、腹泻、便秘等消化问题。

传统西药治疗大多数只关注消除特定外源物、化学性不平衡或者额外的身体炎症。尽管人们花费许多时间、精力和金钱，来保证药物顺畅地发挥疗效，短期内它也确实显得功效非凡，但很多文献上报道的药物副作用问题都被认为与这种"速效"疗法有关。

出现了副作用的药物有抗生素、消炎药和类固醇等。其中任何一种都有可能引发消极的链反应，进而出现新的症状——例如消化系统紊乱是服用消炎药的后果，念珠菌阴道炎是使用抗生素的后果——这就需要增加药物来消除新症状。

而这些增加的药量会引发更多的副作用,此时要指出哪几种症状属于原始病症,哪几种是由副作用引起的就不那么容易了。当使用药效强大的药物,例如口服类固醇时,副作用的影响更大,因为这对免疫系统有更强的抑制效果。

替代疗法与传统西药治疗差别很大,替代治疗师不再专注于寻找攻克特定细菌和病毒的疗法,而是寻找什么原因使我们易受疾病的感染。例如,许多人知道他们只要靠近打喷嚏的人,就会得严重的感冒和喉咙痛,在这种情况下,替代治疗师着重于寻找使身体更有力更精确地抵抗传染病的方法。

所选择的疗法不同,强健身体的方式也不同。可以刺激身体,产生对疾病的自然抵抗力的疗法有:特定的草药、针灸疗法或是因人而异的顺势疗法。

替代治疗师也研究其他的方法,例如评估饮食质量、提倡添加增强免疫力的营养物和补充剂,或是研究减压技巧。减压尤其重要,因为长期过度的情感压力容易使人感染顽疾。

有一些问题能够用下面介绍的方法自我解决,但是需要着重指出的是,一个经过专业训练的治疗师的治疗方法更有可能获得成功。当遇到了下述问题时,你就有必要用一个疗程的中药疗法、西方草药疗法、顺势疗法或营养疗法治疗:

·能量水平过低,造成生理和心理严重疲劳,使得工作时难以完成简单的任务。

·一年内得感冒的次数多于三次。

·顽固皮疹周期性出现,而且从来没有痊愈。

·周期性的或者长期的炎症、疼痛和手指、脚趾关节肿大。

·脖子、腋窝或腹股沟的腺体肿大。

·在感冒未痊愈或者症状加重时又感染新的感冒病毒。

·糟糕的肤质,规律性地出现斑点和疖子。

·反复发作的膀胱炎或念珠菌阴道炎。

出现上述情况中的任意一种意味着你的情况是"慢性的"。许多人错误地认为"慢性"意味着严重,但事实上,它更强调这种病症反复出现的性质。如果一种疾病不论花费多少时间精力都难以治愈,这可能意味着它是"慢性"的疾病。这些慢性病包括偏头痛、念珠菌阴道炎、急性肠道综合征和哮喘。

但是,如果一个症状严重的疾病单独出现,并且又迅速消失,没有任何复发的迹象,那么这就属于"急性"的范畴。偶尔的紧张性头痛、食物中毒、流感或跌倒时的擦伤等都是典型的急性病。

下面讲述的方法可以很好地应用于单一的急性病中,因为替代疗法药物用于自我治疗的目的是加速痊愈,缩短病症持续时间、减轻严重性、防止在痊愈后反复。

最重要的一点,替代药物治疗的目的是维持整个系统的长久健康,不仅要消除某种特定的有机体,而且要避免产生前面罗列的副作用。总之,替代疗法的成功在于它逐渐而又有效地发挥功效,又没有严重的副作用产生。

安排运动和保养

规律性的有氧运动对全身健康有深远影响,特别当它成为减肥课程的一部分时。另外,还需要额外的系统性锻炼来增强肌肉的伸展能力、适应能力、持久能力和放松能力。这一系列的运动不仅对生理持久性、身体塑形、基础能量水平和情绪稳定有促进作用,也是任何增强免疫系统功能计划的必要组成部分。

这是因为规律的有氧锻炼能够调节心肺功能,使你更大限度地利用所摄入的氧。另外,这类体育锻炼极大地刺激淋巴液的流动,对抵抗疾病起了很大的作用。

规律的运动还有重要的美容作用,这体现在减少脂肪团生成上。脂肪团减少和分布范围发生改变是免疫系统发挥作用的证据。

选择一种运动时,关键是要确定它充满乐趣,适合你的个性,否则,这个计划注定失败。毕竟,谁能够坚持一个让自己无聊到头脑麻木的运动呢? 你不需对选择运动感到压力,可供选择的运动项目有很多。要确信运动时有乐趣,因为这对你有益,

游泳是一种有效的运动形式

可以考虑的项目包括舞蹈、滑冰、划船、力量瑜伽、自行车、游泳或者网球、排球和羽毛球等。

无论选择了什么运动,都必须具有可行性,能适应你每周的安排,如此才有确定的时间保证运动计划持续进行。规律性是成功的秘诀,每个星期3~4次相对较短的练习获得的好处最多。这样要比休息几周,然后一下子在健身房中花两三个小时以补足运动时间,所获得的效果好得多。后一种方法在强化锻炼时,更有可能受伤或筋疲力尽。

另外,皮肤干刷是一致公认的有价值的保养方法,它能够刺激淋巴液流经身体。这样做的积极效果是使毒素消除更快、营养更有效地传递给组织、免疫系统的工作更加高效。

学会放松

几乎所有人都能意识到额外的压力对整个健康的负面影响。根据传统医学知识和现代实践研究可知,很多健康问题都可能由额外的生理或心理压力引发并且加重。这些问题包括急性肠道综合征、紧张性头痛、偏头痛和皮肤病(例如湿疹和牛皮癣)等。

在神经心理免疫学这个相关的新领域中,人们越来越多地发现情绪平衡与免疫系统功能之间的重要联系。这些发现说明了在我们的日常生活中,情感上的思

考和反应方式对免疫系统的功能具有深远的影响。

当人们意识到压力对全身免疫系统具有负面影响时,也许只注意了压力的普遍反映形式,因为外在的症状是显而易见的。人们普遍在努力奋斗,以战胜生理和心理压力,稍有懈怠就会被急性病症击垮。这些急性病可能是流感、重感冒、偏头痛或者严重的消化不良等,最终使得患者精疲力竭。

其实,这个过程有内在的逻辑性,当人们面临的压力达到最大时,这种状况已经持续了许久,我们的抵抗力已经被破坏了。身体的特殊防御机制使身体在压力达到顶点时,仍然能够继续运作,但万一在此时承受不住垮掉的话,将带来巨大的灾难。免疫系统尽管持续发挥作用,事实上早已累得不行,用完了储存的能量,仅依赖肾上腺素或者其他物质持续。

一旦这个对付直接压力的阶段过去后,事态开始平静,接着就是身体容易暂时放弃工作的时刻。这就是为什么偏头痛患者一到特定日期就一定会发生偏头痛,不论在假期或者周末都一样。急性病发作,是要迫使自己在床上休息一段时间,来面对压力造成的后果。

如果这种病症持续时间很短暂,那我们可以自行应付。如若不然,它将成为难以痊愈的慢性病,反复发作。患者一定要认真学习各种减压技巧,改善这种状态。

第三节 增强营养以提高免疫力

一、制订饮食计划

·选择尽量接近原始状态的食物,例如全麦制品、糙米和新鲜的蔬菜水果。这很重要,因为精制和腌制过程会损失食物中的大量营养。例如,食用全麦面包能使我们最大限度地获得族维生素和维生素 E 以及适量必需的纤维素。

由精白面粉制作的食物缺乏许多营养成分,也缺乏必需的纤维素,因为在处理过程中,整个谷子的外壳和麦芽都被除去了。对于许多其他谷物来说也一样,比如稻米和糙米比精米带给我们更多的营养。

·避免食用任何添加了延长保质期成分的食物。这包括冻干、真空包装、罐装、脱水或者射线处理过的食物。用这些方法处理的食物不仅极度缺乏营养,而且含有额外的化学添加剂、防腐剂和色素,这些化学物质保持了食物新鲜状态下的外观和口味,但给身体排毒组织造成很重的负担,并且对免疫系统的功能有危害。例如味精这样的化学物质会引起过敏症状,如头痛、打喷嚏、流涕和黏膜炎,也会造成消化问题,这都是身体不健康的体现。

·经常食用新鲜蔬菜水果——它们含有增强免疫力的成分。要坚持每天都食用,这样才能从这些水果蔬菜中获得最佳效果。如果因故不能每天食用至少 5 种新鲜水果蔬菜的话,喝果汁(最好是鲜榨的)也可以。

·每天需要饮用6大杯纯净水,确保不会发生低度脱水现象。最重要的是,不要错误地认为茶水、咖啡、可乐能够有相同的效果。这些饮料除了带来额外的健康问题外,还会像利尿剂一样刺激身体排出更多的水分。因此,可能加重脱水症状。持续脱水将引发反复性头痛、肤质变差、消化不良和便秘等,并且当便秘成为慢性病时,将给身体排毒组织带来更多压力,这就给健康和能量水平带来细微但是永久性的破坏。

·除了像红肉(哺乳动物的肉)和奶制品这样的动物蛋白来源之外,尝试其他形式的蛋白质。虽然动物蛋白是完整蛋白质的主要形式,但是频繁大量地食用,也将成为健康问题的主要原因。实验发现,经常食用全麦制品(例如糙米),以及少量蚕豆、豌豆和富含不饱和脂肪酸的鱼类,将提供身体必需的完全蛋白质和纤维素。

·尽量避免含有精白糖的食物,不论最初这看起来是多大的挑战,但如果我们希望获得健康和很好的免疫力,此番努力完全值得。碳酸饮料、蛋糕、饼干、巧克力、冰激凌和暗中添加了数量惊人的糖分的美味方便食品(例如炒豆),这些食品中含有的糖分对健康毫无益处。高糖的饮食增加了患肥胖病、心脏病、糖尿病和蛀牙的风险。另外,糖类也对免疫系统有严重的抑制作用,这种作用随着摄入糖分比例的增加而增强。太多的糖分还会引发情绪波动,胃酸过多和反复发作的念珠菌阴道炎。

·避免过量食用抑制免疫系统的食物,如含糖分、不健康的脂肪、转脂肪酸的食物和红肉。关注营养比例合适的沙拉、新鲜水果蔬菜、豌豆、谷物、全麦制品和富含优质脂肪的鱼类,这些食物不仅有利于增强免疫系统功能,同样也避免了一些健康问题,例如心脏病,这与体重过量有关。

·必须避免吸烟。香烟与大量的健康问题有关,它增加了患肺癌、心脏病、慢性肺病(如支气管炎)和骨质疏松的风险。另外,吸烟会在体内产生自由基。自由基是非常活跃的分子,能够破坏或损毁体内的其他分子。研究表明它与身体提前老化密切相关,并且使身体易受某些疾病的攻击,例如动脉硬化、老年痴呆和癌症等。由于自由基在蛋白质合成过程中有破坏作用,所以会引起提前老化和肌肤松弛、皱纹等美容方面的问题。这个活跃的分子同时对细胞有潜在的破坏力,它会损伤DNA和RNA,导致更易出现前期癌变。自由基的产生主要是受环境毒物(如溶剂、杀虫剂和辐射等)的刺激,可以用简单的方法来减少自由基的产生。

适度饮酒可以避免给身体初级排毒器官——肝带来过度压力。虽然少量的酒(例如每天一杯红酒)对循环系统有益,但是喝得过多,或者严重超过每周允许的酒精量会引起健康问题。每周允许的最大饮用量为女性14个单位,男性21个单位。

二、增强免疫力的食物

想要增强和保护免疫系统,确实有一些需要添加到日常饮食中的食物。不过,我们的目的是建立一个基本饮食结构以长期维持最佳健康活力,所以给出的建议并不极端、苛刻,很容易坚持。也就是说,这些建议的重点在于构建能囊括有益食物的饮食结构,而不在于提供严苛的食物清单。这是有弹性的,如果你临时需要偏离计划——比如去度假或在节日期间——你就会知道如何最快最有效地重新回到计划中。

时刻牢记,要想从食物中获益最大,绝对不可以忽略食物带来的愉悦感,这是任何长期执行的饮食计划的核心。当然,如果想以一种更激烈的方式给系统排毒,就要更严格地遵循这些基本原则。总体说来,激烈的方法不会带来饮食方式上的长期改变,只能带来短期效应。更现实可行的方法带来的则是对健康的激励而不是危害。

同时要牢记,想要最大限度地发挥食物的作用以增强免疫力,注重烹调的方式和注重食物本身的质量一样重要。

新鲜水果和绿色蔬菜

在任何一个增强免疫力的饮食计划中,重要的一点是尽量食用新鲜的、生的水果蔬菜。虽然果蔬品种根据季节不同会有一些变化,但大超市中大多数时候都提供了众多可供选择的种类。你在任何时候都可以根据自己的情绪、预算和时间来挑选水果蔬菜,可以把它们做成沙拉、汤、面酱、果蔬汁、砂锅菜或其他形式的零食。

经常食用水果和蔬菜对免疫系统益处多多,这归功于深橘色、黄色、红色和绿色蔬菜水果中含有的抗氧化成分。

柑橘类水果

柑橘类水果如橘子、柠檬和柚子含有大量的维生素 C。此外,许多其他的水果和蔬菜也含有维生素 C,这些含有大量维生素 C 的水果包括猕猴桃、深红或紫色的莓类(例如蓝莓),还有番茄、胡椒和其他深绿色蔬菜。对柑橘类水果敏感的人而言,要获取维生素 C 可以有多种选择。

含有番茄红素的水果

番茄、西瓜、番石榴和柚子都富含类胡萝卜素、番茄红素。番茄红素是一种脂溶性的营养成分,对免疫系统很有用,能够防癌。由于橄榄油有溶脂性质,因此在食用番茄之前加入少量的冷压橄榄油有助于身体更好地吸收其中的番茄红素。

葡萄

葡萄因含有一种重要的植物化学物质——白藜芦醇,故有抗癌作用。葡萄也是硒和栎精的来源。经常食用葡萄的好处有降低胆固醇、减少过敏次数、增强循环系统等。如果想获得最大的效果,最好选择红色或者紫色的葡萄,因为它们的抗氧化效果更强。

十字花科蔬菜

据研究发现,十字花科蔬菜(例如花椰菜、甘蓝和豆瓣菜)对结肠癌、乳腺癌和肠息肉有防治作用,因而引起了营养学家的兴趣。

花椰菜中所含的植物性化合物对抑制癌细胞扩散,刺激身体消除癌细胞具有积极的效果。同时花椰菜中含有的萝卜子素能促进辅助 T 细胞识别并且尽快地对付癌细胞。

食物纤维

水果和蔬菜是食物纤维的基本来源。食物纤维能促使身体抵抗慢性消化问题,如便秘。严重缺乏纤维素的饮食会使我们更容易患上肥胖、心脏病和肠道疾病。据估计,素食者得癌症的概率大概比肉食者低 40%左右。这可能是因为素食者饮食中的纤维含量高。

有益健康的脂肪

许多人都曾听说,低脂食品是健康食品,其实事实并非如此。商业制造的低脂食品往往添加了化学添加剂,这不仅对健康无益,反而会严重损害健康。我们谈论的那些能增强免疫系统功能的食物(如完整的谷物、水果、蔬菜和新鲜的、没有烤过的坚果和种子)都会强调它们不能经过精细加工。

而看看一般的低脂、低糖或低热量食品的成分表,你会对其中使用的例如防腐剂、调味料和色素等化学添加剂的数量而感到困惑。要想减少与这些有害,或者有潜在毒性的化学成分接触,就要避免食用某些食品。

单从脂肪本身来看,想让身体远离高血压、心脏病和乳腺癌,就要严格控制饱和脂肪酸的摄入量。含有饱和脂肪酸的食物包括黄油、奶油、奶酪和红肉。我们需要平衡地摄入必要的脂肪来维持身体健康。

必需脂肪酸

有益健康的脂肪应当富含人体必需脂肪酸(EFAs)。必需脂肪酸能保护身体抵抗心脏病,防止内分泌失调,以及降低患癌症风险。

健康所需的有益脂肪可以在种子、坚果、冷压粗制油类中找到。富含不饱和脂肪酸的鱼类、橄榄、完整的谷物和深绿色蔬菜,也是必需脂肪酸的丰富来源。

当必需脂肪酸和从亚麻籽油、橄榄油中提炼的固醇和固醇苷,与含有充足的新鲜蔬菜水果的饮食结合起来时,人体就获得了所有的营养物质,能够维持免疫系统有效工作、抵抗疾病、控制念珠菌增殖、抑制肿瘤。如果身体规律地获得必需脂肪酸,就会生成叫作前列腺素的激素类物质,防止身体产生炎症,也能有效改善经前综合征。

但摄取脂肪一定要适量。如果摄入了过多的无益健康的饱和脂肪酸,产生的前列腺素反而会使身体容易发炎和出现经前综合征。

使用植物油

挑选植物油时,最好选择玻璃瓶装的、冷压的、未污染的各种橄榄油、葵花子油

·养生保健·

图文珍藏版

和红花油。避免购买塑料容器盛放的植物油,因为塑料中的残余化合物可能会进入油中。一旦开启,油要贮存于深色玻璃瓶中,避免阳光直射,防止被氧化。不要购买精制的油。为了获得更大的透明度、从外观上更吸引人,油被过度精制加工,其中关键的增强免疫力的植物性营养物质早已被破坏了。

加热植物油时要特别小心,避免油温太高,因为高温下的油会产生自由基,还会破坏必需脂肪酸。

另外还有其他问题与饱和植物性脂肪的加工过程有关。因为这种脂肪在加工过程中会生成危险的转运脂肪酸。转运脂肪酸与黄油、奶酪和红肉等食物中的饱和脂肪酸有相似之处。因此,当频繁大量地使用植物油时,可能会带来与饱和脂肪酸类似的健康危害。

挑选有益的脂肪

遵循下列原则,可确保饮食中含有有益健康的脂肪:

·食用极少量的天然黄油好于食用大量的人造黄油。避免用不健康的转运脂肪酸制成的低脂食品。

·通过在饮食中加入富含不饱和脂肪酸的鱼类(如大马哈鱼和鲭鱼)、核桃和南瓜子来增加健康的必需脂肪酸的摄入。

·尽量减少饱和脂肪酸的摄入。严格限制红肉、全脂奶酪、全脂奶和奶油的摄入量。

·选择未污染的、冷压的橄榄油和葵花子油来烹调,它们含有健康的必需脂肪酸,能够保护心脏和循环系统。在沙拉辅料中也要使用这种有益的不饱和油脂,同时添加一点柠檬汁或醋。

绿茶和其他草药茶

相对于咖啡、红茶、热可可和可乐这类含咖啡因的饮料,绿茶(饮用时不添加牛奶)作为一种健康的选择受到了越来越多的关注。长期饮用含咖啡因的饮料可能带来一系列的问题,例如睡眠障碍、神经过敏、胸部胀痛、反复头痛、长期疲劳和血压升高等。任何一个骨质疏松症患者一定要小心含咖啡因的饮料,因为咖啡因刺激身体排泄矿物质,所以长期摄入咖啡因会导致镁缺乏。

用绿茶这种理想的有机茶代替咖啡因饮料(如咖啡),能让身体有规律地吸收增强免疫力的抗氧化剂和生物类黄酮,帮助身体抵抗细菌性和病毒性感染。

改良热饮的最好方法是搜集大量水果和药草,用不同品种试验,直到找出自己真正喜欢的类型。你可能最适合有镇静作用的洋甘菊茶或薄荷茶,或是本能地偏爱外观漂亮而且有刺激性的柑橘类水果茶。

大蒜

大蒜对免疫系统有着惊人的益处,它能抵抗细菌、真菌和病毒性感染,减少炎症,也有益于心脏和循环系统。研究表明,大蒜的保护和促进作用可能与它的蒜素成分有关。另外大蒜还含有许多化合物,对精神和身体的稳定有一定作用。

大蒜中的含硫化合物是增强免疫力的主要成分,它们能辅助杀伤 T 细胞的行动。经常食用大蒜可以杀灭癌细胞,减少细菌和病毒性感染。容易反复感染的人需要经常用抗生素治疗。对他们而言,大蒜是个必备品,因为它提供了真正有效的替代抗菌疗法。

如果你喜欢大蒜的味道,就将它添加到烤菜中、砂锅菜中和炖菜中,或者单独在烤炉中烧烤,即可得到一盘可口的、原始的佐餐菜肴。而对那些不喜欢大蒜的刺激性气味的人来说,也有另外的食用大蒜、增进健康的替代方法。

酸奶

生物活性物质引起了许多关注,因为它是增强免疫力的重要食物。过度使用抗生素会减弱和抑制免疫系统功能,特别是在整体营养状况不良的情况下。由于免疫系统需要不断地抵抗越来越强大的细菌和病毒,这就需要尽可能地利用体内所有能得到的帮助,来支持身体进行有效的防御战。

在日常饮食中食用现制的、天然的酸奶就可以补充生物活性物质。这能有效地增强人体免疫系统功能。酸奶含有的嗜酸菌能够抑制病毒的增殖,同时对肠炎也有很好的治疗作用。要有规律地食用保加利亚乳酸杆菌,因为它有强大的抗菌能力,能增强免疫球蛋白的功能,同时消除寄生虫。

现制酸奶中的生物活性物质对肠道有很大的益处,有助于平衡益生菌,使消化道顺利工作。

通常在抗生素治疗之后会发生消化紊乱,例如腹泻,食用富含生物活性物质的酸奶能够缓解症状。

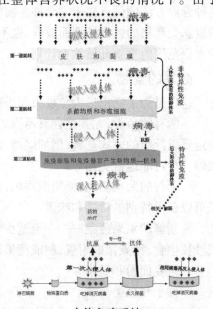

人体免疫系统

在日常饮食中添加一杯富含生物活性物质的酸奶,是一种简单的增强身体抵抗能力的方法。

香菇和灵芝

香菇富含很多植物性化合物,包括亮氨酸、赖氨酸、苏氨酸等氨基酸,还含有钙、磷、维生素 D。另外,香菇含有的香菇多糖具有强大的增强免疫系统功能的能力,能够刺激干扰素生成,帮助身体更有效地抵抗病毒;还有助于抑制肿瘤,降低癌症的患病风险。

灵芝(通常以胶囊或药酒形式出售)对很多疾病都有积极作用,在中药治疗中用于肝炎、支气管炎、支气管哮喘、胃溃疡、偏头痛和冠状动脉心脏病。灵芝也有调节身体状态的功能,例如调节血糖水平、增强免疫系统功能、抑制自由基活性、调节血压和降低胆固醇。它还是天然的镇静剂。

由于灵芝难以被人体吸收,在释放药力前需要经过处理,所以最好以药物形式摄取,这一点与香菇不同。

三、吃出免疫力

这部分概述了一种对免疫系统长期有益的饮食方法。它包括3部分,强调了最好吃哪几类食物,也指出了可以偶尔吃的食物和尽可能避免的食物。

当最佳食物构成了日常饮食的主体后,我们就可以让身体稳定有效地工作。这种营养方法的优点在于它允许在实施日常饮食计划时的灵活变动。如果你由于难以忍受严格的饮食计划而放弃,也不必彻底沮丧,你要做的仅仅是在下面所给出的大概范围内重新开始饮食计划。

必需的食物

这里是为了吃出最大免疫力而进行的任何一种计划中所必需的几类食物。

· 所有的鱼类,尤其是含有不饱和脂肪酸的鱼类中必需脂肪酸的含量特别高。一定要以低脂的方式烹调,例如烘烤、蒸煮或是用少量冷压的未经处理的橄榄油旺火炒。尽可能地避免油炸。

· 新鲜的蔬菜汤,要使用应季的蔬菜自制。在冬天加入完整的谷物和植物种子可以获得特别的口感和味道。

· 新鲜的水果蔬菜——一天至少5种。水果和蔬菜可以有多种食用方式:做成沙拉生食,稍煮做成附餐,制成蔬果汁,或烧成浓汤——你绝对不会感到单调。

· 全麦面粉和糙米。

· 种子和豆类。

· 浓缩的番茄酱富含番茄红素,可以随意搭配主食,再根据口味添加其他的蔬菜。

· 沙拉调料,用冷压橄榄油或葵花子油混合醋或者柠檬汁制成,或用添加草药的天然生物酸奶制成。

· 白肉(如鸡肉)。尽可能挑选有机家禽肉,因为"自由放养"有时并不能保证这些禽类的饲料中没有添加药物或其他的化合物。"自由放养"是仅仅针对禽类养殖的环境而不是喂养的方式来说的。

· 天然生物酸奶。它本身就很可口,加入了天然调料之后,会变得多种多样。

· 新鲜果汁。使用应季的新鲜水果,加入天然生物酸奶以获得特别的口感。同样的方法可以制作新鲜的蔬菜汁。蔬菜特别富含抗氧化剂。

· 每天饮用一定量的水。目标是每天至少5~6杯。

- 绿茶。
- 大蒜。

可以偶尔食用的食物

这些食物可以偶尔加入免疫力增强饮食计划中。

- 有机的、自由放养的禽类的蛋。食用水煮蛋、炒蛋或是荷包蛋，绝不要油炸。
- 适度饮酒，并且最好选择葡萄酒，而不是白酒、啤酒。
- 有机蛋糕和饼干。
- 红肉。由于红肉在消化道中移动缓慢，还没从体内排出就已经腐烂，所以要克制自己，只能偶尔来一份红肉。如果你发现很难完全放弃红肉，那就挑选有机农场的产品。注意一点，避免连续几晚吃红肉。作为替代，可选择鱼类、白肉（禽类）、一定比例的豆类和完整的谷物。
- 咖啡或茶。避免那些使用化学溶剂制作出来的脱咖啡因咖啡，因为那些化学溶剂可能是有毒的。饮用脱咖啡因咖啡时，要选择使用水过滤的已知咖啡品牌。另外，在可能的情况下，选择含有绿茶、水果茶的饮料。
- 低脂鲜奶油。

需要避免的食物

- 大多数快餐或方便食品。
- 含脂肪的食物，例如猪肉馅、香肠、熏肉。除了脂肪含量高外，这类食物通常也是高盐和高添加剂食品。如果你想保护免疫系统，使之保持最佳状态，最好避免这些东西。
- 用精面粉和白糖制作的方便食品含有大量饱和脂肪。可能含有这些成分的食物还包括蛋糕、饼干。
- 用射线处理过的食物或者转基因食物。
- 快餐。这真的需要极少食用而不能成为长期饮食的一部分。
- 添加了人工甜味剂（包括糖精和阿斯巴甜）的饮料和食品。除了口感不好外，这些人工甜味剂也对健康有害，最好尽量避免。
- 酸奶中的饱和脂肪酸。
- 马铃薯片、椒盐花生和腰果（特别是在蜂蜜糖浆中添加了大量的白糖和盐的品种）。

四、制作更有营养的食物

知道你该吃什么食物仅仅是完成了第一步，接下来挑选、准备和烹调也很重要。

挑选和准备食物

如果你想从中获得最大的营养价值，首先需要注意你买的食物的质量。以下几点能帮助你挑选尽可能新鲜的水果和蔬菜。

·尽量挑选有机蔬菜,特别是根类蔬菜,如马铃薯。这非常重要,因为残余农药会被吸收到表皮以下1.5厘米。而马铃薯中的许多营养也就保存在表皮以下,所以食用马铃薯最好不要削皮。但问题在于,带皮水煮非有机马铃薯可能会导致有毒的化合物深入到马铃薯组织的内部,所以还是选择有机马铃薯为好。

·避免食用看起来太完美或者外观触感像蜡一样的水果蔬菜。这是化学物质残留在表皮上的证据。

·大体而言,在烹调前完全削去或擦净非有机蔬菜的表皮显得更安全,这样可以避免食入任何化学残留物。

·每天尽可能多地生食新鲜水果蔬菜。未经烹调的食物保留了大量维生素C,而在烹调过程中大部分维生素C都损失了。当切碎水果和蔬菜时,维生素C被快速氧化,所以要尽量在吃的时候才开始准备。一定要在吃之前将非有机水果和蔬菜擦净并且削皮。

健康地烹调食物

从最佳营养角度考虑,不能只讨论营养成分而不注意烹调方式。这点相当重要,因为一种非常健康的成分可能会因为不健康的烹调方式而转换成有害健康的物质。

例如,如果有机的、擦净的马铃薯带皮烘烤,它是复合碳水化合物的绝佳来源,而同样的马铃薯如果油炸就不健康了。更有代表性的情况是用精制的植物油来油炸,当它被加热到极高的温度时,增加了同自由基的接触,而自由基对人体有害处。另外,油炸马铃薯吸收的脂肪对心脏和循环系统也有害。如果马铃薯和着大量的盐、黄油和全脂奶捣碎的话也会产生相似的问题。

不过,你不需要因此感到气馁,因为我们还有许多烹调方法可以保留食物的营养价值。

爆炒

这是一种快速、通用的烹调方法,保留了食物的质感和营养。对那些时间紧迫、喜欢自己烹调,而不用根据复杂的食谱做菜的人,具有特殊吸引力。爆炒适用于大多数食物,例如贝类、家禽肉、鱼类和大部分蔬菜。做菜时将它们在少量冷压、粗制的橄榄油中翻炒,再加入调味料,因为只需少量的油,所以爆炒的方法避免了油炸对健康的危害,同时,食用富含不饱和脂肪酸的未精制橄榄油和葵花子油等都对健康有保护作用。

蒸

这是烹调蔬菜的最好方法,可以保持它们的颜色、质感和营养。蒸与水煮形成强烈对比,水煮使大部分的维生素溶解到汤中,只有将汤收集起来作为原料或者调料,才可以防止维生素的流失。蒸还适用于其他的食物,例如鱼,会有特别可口的味道。

烧烤

烧烤是肉类和鱼类的完美烹调方法,但要快速和适度。应该使用架子和烤盘,让多余的油脂渐渐烤干,除非有绝对的需要,否则一定要避免在烹调前将其他的油脂刷到食物上。

烤或浅炸

最好用一个厚重的锅在中火上进行,不要加油,或者只加少量粗制的冷压橄榄油或葵花子油,此法适用于在烹调中不会流出汁液的食物。

避免使用的烹调方法

有些烹调食物的方法明显会减少食物的营养价值,必须要避免。

油炸

这个过程包括用油浸没食物,有的时候用白面粉糊厚厚的包裹食物,放入非常热的烹调油中。这种方法一定不要常用,特别是如蘑菇和茄子等有着类似海绵特性的蔬菜,它们很快就会浸满烹调油。我们已经知道了过量地摄入食用油的害处,为什么还要以这种方式增加不需要的油呢?

水煮

如果要让食物又脆又入味,一定要避免在大量的水中煮。吸饱水的大白菜、花椰菜或其他蔬菜不仅无味,同时也缺乏营养,因为都流失在汤水中了。只有在其他方式都不能煮熟食物时才采用水煮法,例如红芸豆在吃之前必须彻底煮透。

微波炉烹调

用微波炉烹调蔬菜和其他食物很快很方便,也保留了颜色、口感和大部分的维生素。但是要知道,不论微波炉烹调是一种多么方便的烹调方法,也不能过分地依赖它。目前我们还不知道食用微波食物会对身体造成什么样的影响,也不知道微波作用过的食物分子进行了怎样的改变。

质量差的微波炉,还有微波泄漏的隐忧,因此在操作时不要离微波炉太近,并且在烹调结束后将食物放置几秒钟再开门。

第四节　补充抗氧化剂

一、抗氧化剂和免疫系统

当免疫系统功能出现衰退时,任何一个希望提高免疫力的人首先都要考虑一些特殊的营养物质。

这些特殊的营养物质被统称为抗氧化剂,包括维生素 A,维生素 C,维生素 E 以及微量元素硒。抗氧化剂被誉为"超级营养物",因为它能有效地保护身体,抵抗许多变性疾病,例如心绞痛、中风、肺癌、冠心病和痴呆症。

同时,抗氧化剂在防止身体衰老,辅助抵抗日常较轻的传染病方面起了重要作用这是通过对免疫系统提供额外帮助实现的。

自由基的威胁

自由基是一种乱窜的分子,在体内干扰一般的细胞活动。当自由基的活动没有得到控制时,它会导致身体组织的严重损害。许多自由基在体内的活动与生命的基本活动有关,因为这些破坏性的分子产生于氧气转换为能量的时候,这个过程叫作氧化。

虽然身体需要制造一定数量的自由基来杀死有害的细菌,但是一旦过量,就会有不良影响,使得身体容易受到变性疾病的攻击,进而遭受损害。

自由基的破坏作用与它们极度短暂和不稳定的性质有关。它破坏细胞膜和遗传物质,导致一系列消极的链式反应,使身体组织受到严重损害。这些细胞恐怖分子使我们易受一些严重的疾病的影响,包括各种癌症、心脏病、循环系统疾病、自身免疫问题(如风湿性关节炎)、慢性神经疾病(如帕金森病)。

对自由基和它们的破坏作用了解更多之后,就能发现某些生活方式会过度产生自由基。这些生活方式包括:

· 过量饮酒。

· 过分依赖方便食品和过度处理的食品。

· 长期食用油炸食物。

· 吸烟(不论主动或被动)。

· 过度地,没有保护地接受太阳辐射。

· 接触大气污染,如汽车排出的烟尘或是有毒化学物质。

健康的生活方式使得我们能享受到最佳的健康状态,身体能够平稳运作。此时我们能够依靠身体内部的安全机制控制自由基。

反之,如果经常接触过量的大气污染、承受严重到难以缓解的压力、选择糟糕的饮食、经常接触香烟,我们则非常有可能因为体内自由基数量过大,难以应付而死亡。此时抗氧化剂的价值不可估量,它能促进身体恢复原来的状况。当然,我们也要减少不良生活方式的影响。

在辅助身体将自由基控制在安全的界限内,以及对抗它的副作用方面,抗氧化营养物质起了重要作用。研究表明,维生素缺乏的人群,比定期摄入维生素的人群更容易患变性疾病,并且容易发展到病情严重阶段。

二、主要抗氧化剂

抗氧化剂在对抗体内的氧化过程中发挥作用。为了形象地理解氧化作用的效果,可以举一个简单的例子:一个苹果切了一半,暴露在空气中几个小时,切面会变成棕黄色,这是苹果与大气中的氧气产生反应的结果。类似的质变过程也不可避免地发生在汽车上,如果汽车在没有采取任何保护措施的情况下搁置时间过长,氧化作用引起车身表面金属的变性,就会出现锈斑。人体内也会发生类似变化,这是自由基过度生成和氧化反应的结果。

幸运的是,身体有了抗氧化剂这一有力同盟,便能将氧化反应过程中出现的不可避免的损害最小化。接下来我们依次研究每种抗氧化剂,了解它们如何帮助我们获得高水平的健康活力。

维生素 A 和 β 胡萝卜素

身体能够将 β 胡萝卜素转化为维生素 A,所以 β 胡萝卜素常被认为是维生素 A 的前身。β 胡萝卜素是公认的最重要最有效的抗氧化剂之一,它能防止水果和蔬菜细胞暴露于太阳光下时枯萎。维生素 A 缺乏的时候容易患感冒和流感,且皮肤复原能力差。维生素 A 也有助于维持消化道、肺和细胞膜健康,防止外源物进入体内,也防止病毒在细胞内找到立足点。

维生素 A 缺乏对胸腺有消极作用,会引起胸腺体积减小,导致免疫反应的有效性降低。体内维生素 A 水平的降低会使身体产生抗体的能力减弱,同时 T 细胞在抵抗危险的外源物时效率也降低。

维生素 A 的来源

· 富含不饱和脂肪酸的鱼。

· 肝脏。

· 鸡蛋。

· 牛奶。

不管如何,挑选 β 胡萝卜素而不是维生素 A 作为补充有重要的实际意义。因为后者是脂溶性的,能被身体贮存,有潜在的危害,所以说每天大剂量地摄取维生素 A 是极端危险的,不论摄入的维生素 A 是来自食物还是补充剂。对于孕妇,建议避免食用动物肝脏,因为太多的维生素 A 是有害的。从另一方面看,β 胡萝卜素是水溶性的,当超过了身体所需时,剩余的部分可以被排泄掉。

植物中形成自由基是过度接触太阳光中的紫外线所致,人体也会因为太阳紫外线辐射而生成自由基。β 胡萝卜素能有效抑制自由基对敏感皮肤的危害。这种基本的抗氧化剂同样也能保护皮肤免遭太阳光的负面作用,用于护肤乳中,具有抗衰老的效果。

想从食物中获得最丰富的 β 胡萝卜素,请选择:

· 带有非常深的橘红色和黄色的水果蔬菜,如胡萝卜、芒果。

· 深绿色蔬菜中,椰菜和新鲜的菠菜是最佳选择。

· 西芹。

· 芦笋。

· 番茄。

· 杏子。

· 桃子。

以每天至少5种上述食物为目标,用少量粗制的菜油来炒蔬菜,使β胡萝卜素的吸收效果达到最大。

烹调

烹调对β胡萝卜素没有什么影响,在烹调中它仍旧可以保持稳定。事实上,有些蔬菜需要通过烹调破坏它们的细胞壁,才能最大限度地释放出β胡萝卜素。定期食用一份切碎的、汁状的或浓汤状的富含β胡萝卜素的水果或蔬菜,能够促进身体快速地吸收β胡萝卜素。

摄取量

维生素A的每日推荐剂量是5 000个国际单位左右,β胡萝卜素的每日推荐剂量是7毫克左右。

维生素C

维生素C通过维持免疫系统活跃、稳定地工作来帮助身体抵抗细菌和病毒的感染。另外,它还能促进生长、修复身体组织、保持皮肤和牙龈健康。

维生素C是主要的抗氧化剂之一,辅助抵御自由基的负面影响。维生素C随着体液流动于细胞间,犹如忠诚的卫士,有效地消除任何被它逮到的自由基。通过抑制病毒复制过程,消除被病毒侵染的细胞。维生素C也能提供保护,抵御病毒感染。研究表明,每天摄取大概1 200毫克的维生素C能够增强T细胞的活性。

因为维生素C在增强免疫系统功能方面起了如此积极的作用,所以我们要保证自己定时摄入维生素C含量高的天然食物和饮料。

维生素C的来源

·浆果类水果,如草莓。

·柑橘类水果,如橘子、柚子和柠檬。

·猕猴桃。

·西芹。

·生的、绿的和红的辣椒。

·花椰菜。

如何获取最大收益

维生素C很难在日常饮食中获取,特别是冬天水果蔬菜减少的那几个月。另外,在准备或烹调食物的过程中,维生素C暴露于空气中,非常容易被氧化。因此在食用前应避免将蔬菜提前几个小时切碎,以最大限度地保留维生素C含量。注意尽可能地购买当季的水果和蔬菜,因为长时间的储存会给维生素C含量带来损失。譬如,秋天新挖的马铃薯含有大概30毫克的维生素C,保存到春天,它们的维生素C含量下降到8毫克。唯一的例外是猕猴桃,不管储存多久,它都能保留大部分的维生素C。

商业化制作果汁的方式对维生素C含量有重要的影响。如果将橙汁敞口放于冰箱内4天,维生素C的含量将减半。摇晃硬纸盒装的鲜果汁很不好,因为振荡增加了果汁与氧气的接触(氧化反应),进一步耗尽了其中的维生素 C。

烹调

如果想保留最多的维生素 C,合理地烹调富含维生素 C 的食物也很重要。最好的方法是蒸;如果必须水煮的话,一定要确保水沸腾后再放食物,而不是放入冷水中加热一些时间才沸腾。这是因为在加热过程中氧化性酶类能够攻击和破坏维生素 C,而在高温下氧化性酶类的工作效率降低。在烹调前将蔬菜浸泡在水中,然后将它们放入冷水中烹调,将大量破坏所含的原始维生素 C,它们在加热时都会溶解到水中。

有一点也很重要,尽可能快地烹调富含维生素 C 的食物,因为据估算,烹调超过 15 分钟后,会损失 25% 的维生素 C,而剩余的 75% 在烹调一个半小时后也会被破坏殆尽。

摄取量

由于维生素 C 的水溶性,身体不可能预先储存,在需要的时候再使用,所以每天都需要食用富含维生素 C 的食物。身体每天需要的维生素 C 的量是变化的,根据每天的经历而定。接触感染性强的病毒或细菌、压力增大、酗酒、吸烟,以及使用传统西药都会增加维生素 C 的需求量,甚至受到突然的、严重的情感打击,也会导致体内维生素 C 的耗竭。

如果免疫系统在冬天反应迟缓,可以考虑每天补充 1 克维生素 C。并发感冒的话,这个剂量需要临时增至 2~3 克,直到感冒痊愈。但如果出现胃酸增多或轻微腹泻的症状,则需要减少剂量。

维生素 E

维生素 E 是一种重要的抗氧化剂,因为它能增强白细胞抵抗感染的功能,同时能增强免疫系统功能,抵抗由衰老所致的免疫力下降。

这种重要的抗氧化剂也有助于防止我们摄取的脂肪在体内腐烂。我们应该根据自己摄入的不饱和脂肪的量来调整维生素 E 的摄入量。

与其他营养物质一样,维生素 E 的效果会由于其他物质的协同作用而得到加强,例如同时摄入维生素 C 和硒,有利于维生素 E 更好地发挥作用,消除自由基。

维生素 E 的来源

维生素 E 的食物来源主要是粗制的植物油,包括麦芽油、红花油和葵花子油。其余的需求量可从完整谷物产品如全麦面包和坚果中获得。

如何获取最大收益

和维生素 C 一样,维生素 E 对烹调方法和存储环境十分敏感。冷藏和油煎有严重危害:据估计,后者大概破坏了食物中 90% 的维生素 E。如果用来煎炸的油已经变质,后果会更严重。

储存同样也要小心。植物油中的维生素 E 由于接触氧气、直接日晒或者温度过高,很容易被破坏。粗制植物油的最佳存储环境是阴凉的、避光的橱柜或冰箱,

·养生保健·

图文珍藏版

而且为了安全起见要经常替换瓶盖。

摄取量

虽然维生素 E 的一种来源形式是人工合成的补充剂,不过据估计,这种维生素 E 比从天然来源中得到的维生素 E 的治疗效果低 36%。

维生素 E 的日推荐摄入量是 200 个单位左右。患有高血压的人要避免摄入大剂量的维生素 E,因为它们可能会有负面作用。相对于将摄入量逐渐增加到一个固定的剂量而言,更好的方法是长期缓慢增加剂量以使身体适应。

锌

锌以增强胸腺功能而闻名,它能够协助免疫系统中的这个重要组成部分的运作。没有胸腺的正常工作,T 细胞就难以有效发挥它们的功能,抵御具有威胁性的外源物。

若身体缺乏锌,就有可能出现 T 细胞、胸腺激素数量的减少。将锌水平恢复到最佳状态,能够增强巨噬细胞消除外源物的能力和免疫系统抵抗病毒侵染的潜力。

缺锌的人,免疫系统反应普遍较弱,重复感染的可能性普遍增加。易患锌缺乏症的高危人群包括:

· 患有肠道炎症,可能会导致吸收障碍的人。

· 年老者,他们的胸腺较小。

· 酗酒者。

· 疯狂节食者。

· 避孕药使用者。

锌的来源

· 贝壳类食物。

· 红肉。

· 坚果,尤其是山核桃、核桃和杏仁。

· 完整谷粒食物。

· 大蒜。

· 马铃薯。

· 豆类。

摄取量

目标是每天大约摄入 15 毫克的锌。锌缺乏可能会引起许多与免疫系统功能有关的严重疾病。通常人们认为,通过另外补充锌来改变这种状况,问题就能自动获得解决。但这不可行,因为摄入过多的微量元素反而会抑制免疫系统的正常功能,引起新的问题。因此,维持平衡的锌含量很重要,每天摄入的最大量是 15 毫克。

辅酶 Q10

该抗氧化剂被命名为"生命火花"。它能有力地增强免疫系统功能、增加抗体生成率。它也是抗病毒、抗细菌和抗癌制剂。

这种营养物质很难单独从食物中获得，需要以补充剂的形式摄入。可能的食物来源包括富含不饱和脂肪酸的鱼类，如沙丁鱼、动物内脏和花生。为了获得效果，推荐的剂量是每天大约 30 毫克。

维生素 B_6

在紧张的时候，复合维生素 B 有协助神经系统运作的作用，而维生素 B_6 在平衡激素水平、调节前列腺素形成、支持免疫系统方面起了作用。

如果身体没有足够的维生素 B_6 可以支配，胸腺的体积会减小，并且生成的胸腺九肽的质量也会相应下降。T 细胞不再那么有效，B 细胞和抗体的行为也如此。白介素-2 的水平也会受负面影响，随后对杀伤 T 细胞产生不利作用，使得身体容易感染传染病或患上癌症。

因此，缺乏维生素 B_6 对免疫系统有多方面破坏效果，妨碍免疫系统有效地运行，使我们无法享有最佳的健康活力。

维生素 B_6 最好作为复合维生素 B 的一部分摄入，因为与其他 B 族维生素一起摄入时，它能够最协调最有效地工作。需要特别注意的是，单独大剂量地摄取维生素 B_6，会对神经产生额外的副作用。

有重大压力时，要好好考虑日常饮食能否补充高质量的复合维生素 B，直到压力缓解。

维生素 B_6 的来源

· 鱼类。

· 家禽。

· 完整的谷制品。

· 坚果和种子。

· 大豆。

· 红肉。

· 绿叶蔬菜。

· 马铃薯。

第五节　适量运动以提高免疫力

一、掌握主动

一旦开始将运动作为规律生活的一部分，我们就可能会产生一种非常积极的感觉，觉得自己不再虚弱又缺乏活力；开始享受主动权，采取积极行动来增强身体功能；感觉像坐在驾驶座上，自己开动健康快车。这有助于树立对身体的信心，享受更高质量的健康水平。

进行积极的心理暗示：如果自认为虚弱无助，就有可能变成那样，别人也会这么看我们。而当我们自我感觉积极、对身体有信心的话，我们就可能在自己的眼中变得强壮有力，在别人眼中也一样。

规律地健身对免疫功能的增强非常有用，它提高了免疫系统的工作效率，提供了压力的基本宣泄口，使身体变得更加强壮、柔韧和有弹性。

二、运动和免疫系统

身体依靠淋巴液的流动来有效消除系统中的毒素。当身体的免疫系统平稳地发挥作用时，淋巴系统，包括位于脖子、腋窝和腹股沟的淋巴结，就可能处于有效运作的巅峰状态。当免疫系统正常地工作时，毒素和死细胞被淋巴液沿着淋巴管冲刷到淋巴结中，淋巴结的作用是在淋巴液直接流回血液前消除其中的杂质。

循环系统拥有有力的心脏搏动和动脉压来维持它的活动。而淋巴系统与循环系统不同，它没有这样的组织帮助抵御淋巴液意外停滞，而是依赖主肌肉群的肌肉收缩或者重力来维持淋巴液的流动。

久坐型的生活方式中，腿部和手臂的肌肉不常运动，可能导致循环系统和淋巴液的停滞。如果这种情况持续时间较长，就会引发长久疲劳和身体毒素消除能力匮乏这些问题。

另一方面，如果你动起来，并着重进行手臂和腿部的主肌肉群运动，你就能大大增强免疫系统功能，使它更有效地工作，同时还能感觉更有能量，在对抗轻微感染时恢复更快。

淋巴液更有效地流动，还带来美容功效，即脂肪团的减少。对于这点一直颇有争议，因为一些医药专家认为脂肪团并不真正存在。另外一些从更全面的角度看待健康问题的专家，则把脂肪团的存在当作行动缓慢、淋巴系统和循环系统效率低下的指示计。从这个观点来看，监测身体中脂肪团的数量，作为判断毒素是否在有效减少的指标，就很有意义了。

三、运动和情绪平衡

运动对于稳定情绪有重要作用。当我们感觉到压力时，一般都趋向于绷紧肌肉，特别是脖子、肩、上臂和背的肌肉。这种肌肉紧张的状态持续过久，将引起紧张性头痛、背痛、睡眠质量差和一些消化问题。如果症状持续下去，还可能引起更大的压力，并导致心理和生理变化，造成恶性循环。幸运的是，我们拥有有效的方法，可将这种压力由消极转变为积极。其中 2 种最重要的方法就是适当、规律的运动和放松。

适当的身体活动对减轻和消除压力有重要作用。这是因为某些非竞技性运动将运动与放松结合起来，例如瑜伽或太极，使你能够感觉到体内的压力区。一旦能感觉到体内压力区,就能有意识地放松紧张的肌肉群,这是非常有利的。

另外,深度伸展的运动形式,例如瑜伽、太极或普拉提,允许你释放来自紧张凸起的肌肉群的压力,同时充分感受到肌肉的力度、持久性和柔软性。据介绍,瑜伽中的某些姿势还能够减少脂肪团,这主要是通过深度伸展运动伸长肌肉,使它们更加紧实来阻碍脂肪团的生成。

规律的有氧运动,例如轻便步行和骑车,对抵抗消极情绪有很好的作用。它也帮助那些长期焦虑的人镇静下来,头脑变得更加平静。这是因为规律的、有节奏的有氧运动增加了体内一种叫作内啡肽的化学物质的分泌。这种分泌物有天然的抗抑郁和缓解疼痛的作用,伴随着激烈的,但不具有过度挑战性的运动会引起情绪高亢。

由于头脑的积极程度对免疫系统的功能和状态有重要影响。规律运动中,情绪稳定和"自我感觉良好"两方面,是任何以自然方法增强免疫系统功能计划的重要组成部分。

最好是选择非竞技性的运动,例如上面已经提到的那些。从控制压力和增强免疫系统功能的角度来讲,这绝对让你受益匪浅,而沉湎于强度过大的运动,如马拉松训练,会造成压力增加、免疫系统受抑制和运动成瘾等问题。

如果采用非竞技性方法,将运动当成生命中规律的、充满乐趣的、放松的部分,你会发现生活被安排得更加平衡,而不是带来更多的压力和无奈。一旦获得了这个基本平衡感,你会发现能量水平增加了,对微小的感染有更多的抵抗力,多数情况下感觉更加放松,心理和生理上的疲劳更易恢复。

四、运动的基本方针

许多人都曾因雄心壮志而设定了不切实际的目标,导致最终放弃运动。我们可能抽不出必要的时间去健身房,也可能开始了一项要求过于苛刻的训练项目,或是选择了一些枯燥的运动项目,这一切也许仅仅因为它们是当前最流行的"健康运动方式"。

如今的人们开始意识到,如果像对待机器一样对待自己的身体,进行不限数量的、累人的、会导致压力的生理训练,所获得的健康收益几乎为零。人们进而意识到身体是心理和生理体验之间复杂交互作用的有机整体。所以运动的重点也从竞技转变为更积极地寻找身心的平衡点。

也许最重要的是,人们开始意识到每个人都是独一无二的个体,拥有自己的能力和局限性。不论选择了哪类运动,它一定要符合特殊的个人要求、体质和性格,这样才有可能享受到运动带来的好处。

选择运动项目

采纳这些全面的建议,你可以避免许多人开始锻炼身体时常犯的错误。

·确保选择的运动项目是有趣的、令人愉快的。因为你不可能有动力坚持乏味无趣的项目。

·仔细思考你的个人要求、品位和爱好。如果希望一个运动项目可以满足你的情感、精神和生理需要,这些个人因素必须要考虑到。

·仔细思考你现在的健康水平,并确保无论你选择了什么运动,它都要适合你的起始水平。首先,一定要避免陷入运动过量的困境。最好是缓慢但稳定地提高你的健康水平,避免将不适当的压力加于自己身上。

·客观估计你能"贡献"在运动上的时间。如果希望一个健身计划获得成功,你必须从一开始就确定自己能够长期花在运动上的时间。成功的秘诀在于估算你能抽出多少时间,而不是过于雄心勃勃。

·千万记住,一旦有了一个良好的开端,你就会被自己看到的收益所激励,对抽出更多的时间有积极性。这时你可以制定一个更加严格的运动时间表,以自然的方式锻炼身体,这样养成的习惯才有可能持续下去。若一开始你就将自己置于不现实的、难以实现的压力下,就很容易导致迅速地放弃。因此,在一开始就应该好好计划一番。

·如果你已经有过一次失败的健身经历,考虑一下你选择的健身活动是否适合你的气质。这次,不要机械地进行选择,而是任由想象驰骋,你会惊讶于过去没有注意到的可能性。

·找出健身中你需要优先考虑的事情,然后选择一项能够兼顾这些领域的活动。

下面的列表针对那些没有规律的运动习惯的人在运动时身体最需要注意的部位,并且附带了有针对性的有效的运动形式。

缺乏肌肉力量

·游泳。

·水中有氧运动。

·举重训练。

·普拉提。

·塑形锻炼。

·瑜伽。

·快走。

缺少有氧运动

·骑自行车。

·游泳。

·跳绳。

·慢走。

·跑步。

·舞蹈。

·台阶有氧健身操。

缺乏柔韧性

·瑜伽。

·太极拳。

·普拉提。

·伸展和伸缩练习。

紧张、难以松弛的肌肉问题

·瑜伽。

·太极拳。

·气功。

·规律的放松练习。

五、特殊的运动方法

上面提到的一些活动,例如游泳、步行、骑自行车和跳绳都不需解释,其他的几项大家可能不太熟悉。

瑜伽

瑜伽是一种符合身体极限条件的运动方法,同时它能保持头脑的放松和平衡。瑜伽是一种以塑造肌肉的力量性、持久性和柔韧性为目的的非竞技性运动形式。同时瑜伽还教授基本的呼吸技巧以促进精神和情绪的平静和谐。

对于那些在孩提时就已厌烦竞技运动的人来说,瑜伽是一种特别有吸引力的选择。如果你是这类人,你会非常高兴地发现,练习瑜伽时,除了自身,不需跟别人竞争,永远不需要逼迫自己超越那些会引起不适的生理极限。(有关瑜伽的详细内容可参见"缓解压力"一章)

瑜伽

普拉提

因为普拉提需要尽可能地满足个人要求,所以一位普拉提教师绝对不会强制学生完成让他们感觉不适合或者不舒服的动作和练习。事实上,普拉提方法的成功应用包括学习如何在严格限制的模仿次数下使肌肉移动达到精确。换句话说,关键在于执行时的精确性,而不是无数次错误地完成一个动作。

一旦练熟了普拉提以后,人们会发现他们的肌肉变得更长更纤细,动作变得更连贯。另外,规律的练习能使瘦弱的肌肉变强壮,紧张的肌肉得到伸展和放松。(有关普拉提的内容可参见"缓解压力"一章)

太极拳

如果你感觉自己需要额外的帮助以提高肌肉的柔韧性和协调性的话,太极拳是一种值得考虑的运动方法,它也是促进头脑和身体协调的有效方法。太极拳练习包括协同呼吸技巧完成优美的、缓慢的动作。当这项技巧熟练时,整体的效果将会是全面的幸福感、彻底的平静感和得以增强的生理和情感恢复能力。

和瑜伽一样,太极拳也主要强调用合适的呼吸技巧促进身体活动或放松。它刺激能量(在太极拳里叫作"气"),使之平衡健康地流动,并且贯穿全身。它与中医针灸有极大的相似之处,针灸也是尝试刺激气沿着经络健康流动——通过在经络上的穴位插入细针得以实现。

太极拳能够提高头脑的清晰度、增强身体的柔韧性、促进肌肉和神经系统的放松、帮助身体更有效地呼吸、不给心脏造成额外压力。(有关太极拳的内容可参见"缓解压力"一章)

气功

气功与太极拳的目标相似,并且有相同的益处。它是一种在运动中思考的方法,也尝试刺激体内平稳的能量(气)流动。因此,它被认为是一种与传统中医吻合的运动方法,它的核心是促进"气"的平稳流动。

作为这个主题的延伸,气功包括刺激精神和身体,以达到最佳平衡协调的效果,同时也增强身体意识的敏锐性。一旦参与者熟悉了规律的气功练习,他们会发现自己达到了能量水平的最佳平衡点,且精神和情绪也感觉和谐放松。

在气功中,身体的一些特殊部位被赋予了特别的重要性,包括头顶、前额、舌头、肚脐、会阴、手掌和脚底。通过发展对这些特殊部位的意识,并有意识地采用可控的呼吸方式,可以加强心理和生理的平衡与活力。(有关气功的内容可参见"缓解压力"一章)

六、皮肤干刷和水疗

以上,我们已经考虑了各种由内而外,加强免疫系统功能的方式(通过进行规律的、有节奏的肌肉运动,或者依靠减压技巧来刺激淋巴液的分泌),现在需要着眼于用体外方式来刺激淋巴液更有效地流动。

这部分描述的2种方法都以温和的自然疗法为基础,容易在家里操作。它们不需要很多时间,也不需要特殊的、昂贵的器械以及更多知识。最重要的是,它们能让你感觉充满能量、活力以及生命力,同时还有美容效果,使肤色和肤质变得鲜亮、光洁。

皮肤干刷

这是最简单的通过刺激淋巴液分泌来促进免疫系统功能的排毒方法。要实施这个方法，你所需要的只是一个天然的毛刷，最好是带有长柄的刷子，这样就能刷到身体上那些难以够到的部位。（具体操作法参见"缓解压力"一章）

水疗

水是生命之源。在超乎想象的长时间中，如果没有食物，我们能够幸存，但若是缺水的话，就会很快危及生命，尤其是幼儿、老人，或是得了快速耗尽体液疾病的患者，情形更是如此。人体的70%由液体组成，依靠这些液体的循环来维持基本的身体功能，使之平稳有效地运作。应用水疗法时，水在生理健康方面起了关键作用，也带来了精神上的健康活力。

简单、实用的水疗可能获得的好处包括：

· 改善皮肤外观、肤色和肤质。

· 增加活力。

· 加强身体自我保护能力，抵抗反复发作的小毛病。

· 减少皮肤问题。

· 由于水疗时毒素通过皮肤更有效地排出，因此可以减少鼻黏膜炎和鼻塞等问题。

· 加强循环。

· 增强排毒器官（如肾、肠和肺）的功能。

如果你身体健康，没有心脏病、心绞痛、静脉曲张或溃疡、慢性皮肤病（如湿疹和牛皮癣）以及高血压，这里所说的水疗对刺激新生的活力有很大作用。（具体操作法参见"缓解压力"一章）

第六节　放松

压力对免疫系统有一定的影响：当我们面对过度的压力时，生理上发生许多改变，这些改变被称为"战或逃反应"。血压升高，额外的血液流向血管末梢，预备从生理危险中逃跑。消化器官在功能上、形式上都发生改变，让我们感觉不稳定，或是想要快速清空我们的内部。所有这些变化都是为了对危险情况有个快速的生理反应。不幸的是，平常我们遇到的大多数压力都不可能用逃避的方式解决，而需要采用其他方式。

一定的激素变化也是压力反应的一部分，例如压力激素肾上腺素和皮质激素快速升高。压力对血糖水平也有影响，血糖的升高提供额外的能量，完成任何需要的生理反应。

如果我们能够将这些应激能量释放于瞬间的生理反应中,例如从生理威胁中逃跑或者与之对抗,那么可以确定,一旦危险结束,身体仍旧能够放松,再次达到平衡的状态。

但是在不适当的状态下,经常经历这种生理改变,而又无法通过简单的生理反应释放,事情就会有所变化,例如意外收到大笔账单而与伙伴争执,或是我们无力面对的工作重压或经济压力。

如果这种消极情形持续很长一段时间,又没有找到有效的方法控制压力,实现放松,我们就可能遭受与压力相关的疾病的袭击。这包括高血压、紧张性头痛、偏头痛、胃溃疡、急性肠道综合征、失眠、心悸等。

另外,精神状态和免疫系统功能有微妙的联系,精神压力会引起微小感染的反复发作、过敏和自身免疫紊乱,例如风湿性关节炎和癌症。神经心理免疫学的出现,使人们开始关注乐观或悲观的心态对免疫系统功能的影响。

神经系统和免疫系统是有紧密联系的,神经肽(神经和免疫系统的化学信使)受积极或消极情绪的影响。免疫细胞具有应激激素肾上腺素和去甲基肾上腺素的接收器,它的分泌物直接与"战或逃反应"有关。因此,我们遭受的难以解决的负面压力对身体防御机制影响显著。

这些难以控制的负面压力也带给免疫系统大量压力。生活在压力中,想增强身体基本自愈能力,要先学习压力控制方法。(参见"缓解压力"一章)

一、减压和放松的基本方法

压力并不一定会成为问题,关键在于人们对付压力的方式,这在一开始处理压力时尤为重要。

学习放松

当我们被负面压力过度压迫的时候,听到别人对自己说"应该放松",也许感觉很愤怒。对那些善于调节的人来说,"放松"不是问题。而那些遭遇压力就会紧张的人,则需要学习如何放松,需要采用一些辅助方法来养成放松的习惯。

对于那些喜欢在集体中接受教育的人,参加一个瑜伽班是好方法。在那里他们学习如何锻炼身体的生理姿势,获得令生理、精神放松的呼吸方法。如果你偏爱独自学习,那么有许多磁带和 CD 能够帮助你放松。总之,应当采用那种更有助于放松的方法,选择最适合你的器械和时间来练习放松。

冥想

冥想是一种非常有效的放松方法,不论什么时候,你感觉紧张和压力过大,想从精神和情感上解脱,就可以采用冥想。如果每天都能进行冥想,就能使情感、精神和生理都变得平静,同时也使头脑更加清晰,对于手边的任务更能集中注意力完成。

达到冥想状态

· 确保你的房间温度适合,不会因为感到过冷或过热而变得心烦意乱。

· 坐在直背椅中,给你的脊柱最大的支撑。

· 将注意力集中于你觉得有吸引力的东西上。这可以是你面前与眼睛处于同一高度的一朵花或者一根蜡烛,也可以是存在于你头脑中,只要你闭上眼睛就能够回想起来的一个简单形象。

· 如果感觉自己在声音下(而不是一个可视的形象)能够更有效地进行放松,可以对自己重复发出一个简单的音节。

· 试着将头脑中任何担忧或困扰清空,关注自己所选的形象,或对自己重复一个声音,同时注意呼吸,使之变得规律又平稳。

不要为进入头脑的烦人想法而担忧,这在最初很有可能发生。试着将它们赶到一边,继续进行冥想练习。要记住,如果想获得冥想所带来的最大减压效果,最要紧的是将它当成日常生活的一部分。

创造性想象

积极的想象可以成为放松训练的一部分。你需要处在暖和、舒适、宁静和放松的环境中,一旦完全放松之后,闭上眼睛,在头脑中显出一个让你感觉特别安静或者有吸引力的地方。这幅画面可以是非常详细的,也可以是不完整的,这都由你选择。然后将自己放在这个想象的环境中,在想象中体会乐趣。

如果需要的话,可以在这地方待很久,一旦睁开眼睛,应该感觉平静、安宁、振作。

另一种选择是,想象自己从头到脚充满了象征幸福、安宁和平静的液体,你可以描绘这种液体从头顶流到脚趾,然后离开,而把持续的幸福感和稳定的情绪留了下来。

呼吸放松法

如何呼吸对于我们如何感觉有直接影响,特别是在紧张焦虑的时候。我们需要形成一种观念,即正确的呼吸能够实现放松、带来平静、消除压力。原因很简单,当感觉害怕焦虑的时候,我们会快速地用一种较浅的方式通过上胸部呼吸。如果学会以自然又有节奏的方式深呼吸,我们就可以平衡身体系统中氧气和二氧化碳的比例,从而感觉更加平静,更加放松,头脑更加清醒。

如果换气过度——也就是通过上胸部快速呼吸——你就进入了一个错误的循环,这会让你感觉更加紧张和恐慌,因为血液中二氧化碳和氧气的比例不平衡,造成焦虑感增加,身体进一步过度换气。这种状况持续过久,你就会感到自己逐渐进入慢性压力状态,顿时万分惊恐。

不过只要熟悉了那些实用的放松呼吸方法,这种不良发展趋势就能够被彻底扼制住并转向良性发展。

·养生保健·

图文珍藏版

一旦掌握这些方法,可以非常容易地获得精神上和生理上的平静安宁。

深呼吸,需要让膈肌(这是位于肋骨和肺的底部的一片肌肉)也参与,以使吸气量达到最大。你可以这样体会膈肌呼吸法:将手置于腹部,大约肚脐的位置。彻底吸气时,你会发现腹部胀起来,将手朝上朝外推。呼气时,手会缩回到原始位置。使用全部的肺活量,深深地、缓慢地吸一口气,然后缓慢又完全地呼气,一旦习惯了这种深呼吸,你会感觉似乎肺泡都清空了。

以这种方式呼吸一会儿,确保自己保持了稳定缓慢的节奏,你会发现在相当短的时间内心情开始变得更加平静,头脑更加清醒。如果有任何头晕眼花、昏眩恶心的反应,那就正常呼吸一会儿作为调整,直到恢复正常,然后再次开始深呼吸。

一旦熟悉了这里所说的感觉,就不需要再将手放在腹部来实现完全放松的呼吸。不论何时何地,只要感到自己处于压力下,就可以使用这个重要的方法来缓解压力。

积极思考

因为积极思考对免疫系统功能有增强作用,所以你需要特别努力,用积极思考模式取代习惯性的消极思考模式。

你可能习惯采取对身体有负面作用的生理姿势(例如脖子和肩膀紧张导致的反复的头痛和背痛),也可能毫无意识地养成消极思考的习惯,甚至可能根本没有意识到自己还可以从更加积极的角度看待问题。如果你感到自己有这样的问题,就应该从认知治疗师那里寻找帮助。他们经过培训,专门指导人们打破一直以来的消极思考模式。

战胜偶尔的消极观点

如果感到自己的生活除了有些意外的压力或者危机,总体上相当乐观,那你就只需要注意观察那些偶尔的消极事件。

· 如果你在自己做错事情的时候有不公正自责倾向的话,试着别对自己那么严格。责任感是成人的标志,但是过多的不应当的自责则是缺乏自信的体现。

· 欣赏你的能力并且开始喜欢上自己。如果你的天赋没有得到别人的肯定而必须自己去肯定,那可能是最困难的事情之一。

· 当情感受伤时,不要为了压抑它而咬紧牙关,要允许自己听从本性释放悲伤。亲人过世,关系破裂,失去工作,或者感到自己正在衰老时都可能用到这条建议。

· 意识到负面情绪,如不可理喻的生气、嫉妒或怨恨,都是生命力的特殊发泄,需要及时应付而不是任由它郁积生根。

· 如果你觉得自己开始被所产生的焦虑感控制,那就试着设想这个特殊的焦虑阶段在今后 10 年内是否还会那么重要。你会有一个更新的视角,这也是一个合理的释放压力的途径。

第四章　增强活力

第一节　增强活力的第一步

　　在开始全方位地增强活力之前,你有必要花点时间来了解一下,你的生活方式中有哪些隐藏的方面会在不经意间消耗你的能量。只要你能不怕麻烦地找出这些问题之所在,也就意味着你已经有了一个良好的开始。越早将这些不良因素有效地处理掉,你所采取的任何增强活力的措施才能越快地发挥更加显著的作用。

一、扫除消耗能量的不良生活方式

　　在生活中,你的能量通常会在不经意间慢慢流逝。只有先找出并认清到底是哪些处世态度和生活方式在耗费你的能量,你才能够扫除它们。

　　·天生的消极思维模式和反应(如:缺乏动力、害怕变化、惰性心理或悲观心态等)。

　　·睡眠紊乱。

　　·依赖"兴奋剂"类物质来振作精神。

　　·应付压力的能力差。

　　·自我形象差,自信不足。

　　·缺乏锻炼。

　　·孤独。

　　·忧郁。

二、构建积极而坚实的能量基础

　　如果你认识到自己已受到以下所列的一种或几种症状的困扰,你就应该及时采取措施了。最重要的是,不要再推延下去。今天按我推荐给你的实用性方案去做,你就会惊异于明天的结果。

心理排毒

缺乏动力

生活中到底是哪些事情削弱了你的热情呢？是觉得生活单调无聊？是感觉生活压力太大？还是因为现在的事业及家庭生活不太适合自己？这个问题你的确应该好好考虑考虑。

单调无聊的生活当然应该改变一下，因为这是最能消耗我们能量的了。如果你认为自己的事业和家庭生活都了无生趣，这时候你就应该有意识地迎接新的挑战，来给生活增添些激情。但是你要确保这些挑战都是现实的，而且在你的能力范围之内是能够解决的。圆满地应对了这些挑战之后，你的自信心绝对会大大增加，能量曲线也会上升得更快。试图稍微改变一下沉闷的生活方式吧，哪怕只是一点点也好，使它更加丰富多彩。不要有那种浑身被禁锢、毫无发展空间的感觉，因为没有比这更让人感到压抑、打击人的积极性的了。

如果你担心某件事非自己的能力所及，也需要静下心来考虑一下是自己真的没有能力做到，还是在逃避挑战。如果你面临着一个自己本能上想逃避的问题，你最好停下片刻，考虑一下事态究竟有多严重，然后抛弃你最初的反应，在心中幻想一下自己正在完美地解决这个问题的过程。

考虑片刻之后，如果你认为自己完全有能力解决问题，那就鼓足勇气，勇敢地去面对问题吧。但如果你认为自己的能力的确不足以解决问题，你也可以选择回避它，然后考虑应对接下来会遇到的情况。最主要的是，在这个过程中你将体会到那种自己做决定的快感，而不是像奴隶一样被动地接受别人的决定。这个方法可以使你感到自己正在掌握自己的命运。

害怕变化

你可能甚至都没有注意到，其实你也是那种安于现状、害怕变化之人。然而殊不知"害怕变化"也会极大地消耗你的活力。如果你对变化的确怀有恐惧的话，你生活中的很多方面都会因此而受到影响。它会阻挡你前进的步伐，妨碍你发展人际关系，阻止你在事业上进行开拓，还会影响你享受生活中偶尔疯狂一下的乐趣。

如果你对变化的恐惧是源于小时候父母对你的言传身教、潜移默化，那么下面介绍的专业疗法将对你大有裨益。对变化的恐惧有多种表现形式：如对衰老的过分恐惧，或是当计划在最后关头发生变化时感到神经过敏、急躁易怒。如果你对变化的恐惧已经严重地影响到你的日常生活的话，恐怕接受普通的心理咨询对你来说是不够的；这时候你应该接受行为心理学疗法，诸如认知疗法的治疗。

这种疗法可以极大地揭开你内心深处的秘密，还可以帮助你确定自己在早年性格形成期的行为模式。而正是这种潜意识中的模式决定了我们成年后是否敢于面对生活中的挑战，诸如迎接变化时会如何反应。当你明白了自己为什么会有这样的行为模式后，如果你真的下决心将其打破，你就处于比较有利的位置了。而一旦这一问题处于你的掌控之内，你就可以极大地释放自己情绪和精神的能量，你的生活也将变得更加丰富多彩。

惰性心理

明知"五味之过,疾病峰起",却仍独钟于膏粱;明知"流水不腐,户枢不蠹","生命在于运动",却仍懒于踢腿伸腰……这些,都是为什么?一言以蔽之:惰性心理。作为人的一种劣根性,惰性可能会伴随我们一生。它总是出现在人生的某些关键阶段或是重大转折期,如第一次当父母(尤其是为此不得不占用宝贵的工作时间)、更年期来临、职位降级、为维持生计却不得不继续干那份单调繁重的工作、生活水准下降、退休或被解雇。

惰性心理往往会使生活缺乏激情、创造力降低、身心疲惫不堪,甚至还有发展为抑郁症的危险。如果惰性心理在你生活中出现的频率已经不能用"偶尔"来形容的话,你就应该立即采取措施来扭转这不良的趋势。

如果你想从惰性心理中摆脱出来,你就需要实实在在地考虑一下如何向你的事业和家庭生活中注入一股新鲜的活力。具体方法因人而异,你可以:制定明确目标、通过提高身体的健康水平来获得充足的体能、寻求专业人士的帮助使你能够解决财政困难、让家人或朋友帮你带孩子使你在繁重的家务之余还有自己自由支配的时间。

但是你要记住,你的主要目的是开发自己多角度思考问题的能力。看看你的人生还有多少种选择吧——你会惊喜地发现人生其实机会多多,生活还可以变得更美好。

悲观心态

其实我们对于一件事的态度会在很大程度上影响其最终的结果。因此,那些天生以积极乐观的心态看待人生、解决问题之人,大多会感到他们的人生旅途非常平坦。这并不是说他们的问题总会奇迹般地解决,只是因为积极的应对措施常常会带来积极的结果。如果你也能够以积极乐观的态度面对生活,你就会发现周围的人也会受到你的影响,他们同样会变得更加心情愉快、乐观向上。

不幸的是,相反的情况也是事实。一事当前,我们总是如履薄冰,如临深渊。遇到困难时看不到希望,面对胜利时又担心出问题。如果你总以消极悲观的心态来应对人生的挑战,事情往往也会朝着不好的方向发展,似乎是在印证你的预言。如果你每次面对挑战时都习惯性地预想到最坏的结果,那么,即使机遇来到你身边,你也很可能与之擦肩而过。因此,一味地悲观情绪会使你在不良的能量螺旋上陷得更深,而每一次失望的经历又会使你的思维方式愈发消极。

如果你自孩童时期就习惯带着"灰色"眼镜看这个世界,那么你就需要接受专业的心理咨询或是认知疗法的治疗了。这种心理技巧可以为你提供必要的动力来打破你内心深处这个根深蒂固的、仿佛是天性的习惯。

如果你大多时候还是能够积极乐观地看待世界,只是偶尔有件事使你大受打击,从而产生了一些消极悲观的情绪,那你应该能够很快地扭转这一局面。因为你

·养生保健·

图文珍藏版

天生还是乐观之人，能够以积极的态度来采取行动。假若情况的确如此，下面的几种办法你都值得一试。

· 邀请好友来家里坐一坐或者一起出去逛一逛，向他（她）倾诉一下自己的心情。你选择的这个人必须是你信赖的，而且最好是那种性格随和之人，跟他（她）在一起你能够充分放松，另外此人必须也是乐观积极之人。否则的话，很可能你倾诉之后，心情却比之前更糟。

· 在生活中，要学会积极思考。当困难或挫折来临时，先坐下来，认真地想一想，它有哪些有利于自己的方面，有哪些不利于自己的方面。如果想不清楚，那就拿笔写下来。在开始思考之前，要努力使自己的头脑保持清醒，这样你才可以尽量客观地看待这件事情。如果你能以全面、平衡的观点来看待问题，你就会发现其实事情并没有你原本想得那么糟糕，它的积极面还是很多的。而另一方面，你也许会发现你的那些消极想法事实上也是正确的，因为只有这样你才能采取必要的措施来走出困境。

· 如果你的悲观低落的情绪只是由于突遇一件心烦意乱之事所致，看一下替代疗法或是补充疗法医生应该会很有帮助。医生们会给你开出可以平衡心情的合适药物来帮助你克服这个心理危机。

充足睡眠

充足的睡眠是能量能够平衡流畅的基础。近年来通过各种各样的研究，我们已经对睡眠的奥秘有了较深的了解，然而这些研究所得出的结论有时候却是完全相反的。研究人员在对 110 多万 30~102 岁的成年人的睡眠状况进行调查研究之后，得出这样一个结论：大多数长寿之人的睡眠时间都只在每晚 6.5 个小时左右。换句话说，人们所需要的能放松身心、有益健康的最佳睡眠时间并不像我们之前所认为的那么长，而是仅为 7 个小时左右。据此看来，晚上睡太长时间并不会给我们的健康带来任何好处，反而会危害我们的健康。

而另一方面，另一项报告又使人们不得不重新关注由于睡眠不足而引起的一系列问题，这既包括因为打瞌睡和反应力下降而造成的道路交通事故危险性的增加，也包括其他很多虽然不那么剧烈，但同样非常严重的健康问题。睡眠不足还会引发一系列不良后果，如身体出现衰老症状（高血压、记忆力减退）、情绪波动、暴躁易怒、精神无法集中、犹豫不决以及总是怀疑自己生病。

对于以上两种截然相反的观点，我们应以全面、综合的态度来看待。因此，睡眠时间并没有必要非得确定某一个标准。不管你睡了多长时间，只要你醒来能够感觉到神清气爽，有精神面对新的一天的挑战那就可以了。因此，为大家设定一个具体而明确的睡眠时间是没有任何意义的。举个例子说吧，有些人也许本能地就认为人每天需要 8 个小时不间断的睡眠才能够以最佳的状态来工作；而另一些人却很清楚自己睡 5 个小时比睡 8 个小时感觉要好得多，如果超过 5 个小时，他们反而会觉得头昏脑涨、反应迟钝。

如果我们想最大限度地拥有健康和活力，那么不管我们需要多长时间的睡眠来满足自身的需求，我们的睡眠都必须是规律的。正如我们前面所看到的，睡眠不足可能引发一系列严重的健康隐患，如扰乱精神和情绪的平衡，降低人体抵御疾病的能力等。另外，如果我们想保持较高的能量水平，有规律、高质量的睡眠是必需的。其中部分原因是当我们睡眠之时，我们身体的重要器官可以得到休息的机会。这是很重要的，因为众所周知，当人体进入睡眠状态后，这些器官的工作节奏也会变缓。

如果你在相当长的一段时间内都睡眠不足的话，你就可能会发现自己变得精神疲惫，头脑不清醒，无法快速做出决定。如果你因为缺乏睡眠而变得暴躁易怒的话，由神志模糊而导致的精神紧张的症状也会愈加明显。与此形成鲜明对比的是，如果你能够重新拥有规律的睡眠，你就会发现益处颇多。比如头脑更加清醒，情绪更加稳定，精神更加放松，以及能量水平更加平衡，这些都是良好的睡眠模式所带来的好处。一旦你的精神、情绪和身体的能量水平因为规律的、深层的睡眠而变得稳定，你就会发现自己不需要一再地喝那些浓咖啡之类的化学刺激物来提神了，这显然也是充足睡眠带来的一大好处。

放松、营养、有规律的睡眠和替代疗法

通过努力将下列实际可行的、促进睡眠的方法付诸实践，你的睡眠质量和时间长短将会很快得到改善。

放松

要想保证一夜酣睡，最简单也是最重要的方法就是避免在上床前至少两三个小时内做劳神费力、刺激神经的工作。我们有时候会忙到上床前的最后一分钟，而这正是人们最容易也最经常犯的睡眠大忌。原因很简单，因为人在睡觉前至少需要一个小时的时间来使自己的大脑工作慢慢平缓。否则你就会发现尽管你已经躺在了床上，但是你的大脑仍然在活跃地运转。

因此，你应该有意识地在睡觉前的一两个小时内做一些愉快的、放松神经的活动，比如：读小说，听音乐或"有声读物"，做放松操，泡温水澡（并且最好在水中滴上具有镇静作用的香薰精油），或做放松呼吸练习。而在睡前需要避免的活动有：做剧烈运动，看电视（尤其是那种令人紧张不安的侦探悬疑剧）或进行激烈的争论，这些活动都会提高肾上腺素水平，使你的心情久久不能平静，而无法入睡。做爱可能会促进睡眠，也可能会增强活力而影响睡眠，这须视个人情况而定。如果你发现自己在做爱之后感到身心松弛，很有睡意，那么做爱就可能是帮助你安然入睡的最愉悦的方法之一了。但如果情况恰好相反，性爱会让你感到精神振奋、充满活力，那就最好避免睡前做爱。

营养

如果你对咖啡之类的刺激物特别敏感的话,那么最好从下午三四点钟开始就不要再喝这类刺激性饮料了。就算你自恃拥有最强健的体质,那也要保证至少在晚饭后不要喝咖啡或浓茶:它们不一定会让你睡不着觉,但肯定会对你的睡眠深度产生不利的影响。

酒精也会扰乱你的睡眠模式,使你无法达到深层睡眠,因为酒精是一种情绪强化剂。如果你睡觉之前感到身心放松而积极,那喝点酒没事。但如果你上床之前感到紧张而焦虑的话,那么喝酒就将成为一个问题。事实上,如果你睡觉之前喝了几杯啤酒或白酒的话,你就会发现晚上得起来上好几趟厕所。这显然会影响你的睡眠深度。

晚上回家能吃上一顿丰盛的晚餐,一定会让你感到十分惬意。但你应该注意你什么时候吃晚饭、吃什么、吃多少。因为吃晚饭的时间和晚饭的分量对你的睡眠质量也有深刻的影响。最糟糕的就是晚饭又丰盛又油腻,还喝了很多烈酒和浓咖啡,而且吃得又特别晚。这样的话,你根本就别指望能睡个好觉了,因为咖啡因和酒精都会妨害睡眠。还有一个问题就是,吃太多的食物会很不容易消化,因为睡觉的时候你的消化系统功能也会降低。

正因为在睡眠状态下我们的主要器官都处于休息模式,所以这时它们的功能均会降低。如果你的胃里没什么东西,感觉舒舒服服的,那么这不会造成任何问题。但是倘若你吃得非常撑,那在你睡觉的时候你的胃就没有办法消化掉这么多的食物,从而会引起胃部极大的不适。在这种情况下,你虽然有可能很快入眠,但是你会失望地发现仅仅过了 1 个小时左右,你就会醒来,因为严重的消化不良、心口灼热、恶心反胃搞得你非常难受。避免这种情况发生的最好也是最实际的办法就是——晚上早点吃饭。(因为食物在胃里通常要经过 4~6 个小时才能够被完全消化掉,这取决于食物的种类。)但如果你不得不吃得很晚的话,那你也要尽量避免吃红肉、奶酪、冰淇淋及其他全脂食品,因为这些食物要经过更长久的时间才能被胃酸分解掉。你应该尽量吃那些易于消化的食物。

环境

要想保证睡眠的酣畅舒适,使之能够真正帮助你恢复精力,那你在睡觉时就需要感觉到放松和安全。因此,卧室的气氛就是一个我们应该十分关注的问题。也许有些人希望将自己的卧室布置得漂亮些,但是却忘记了卧室的真正用途是休息睡觉、放松身心的地方。只有幽静、清洁、舒适的环境,才能使人感到心情愉快,从而有助于睡眠。

尽管颜色淡雅、质地轻柔、色彩朦胧的窗帘看起来非常漂亮,但对睡眠却一点好处都没有,因为你很容易被早晨透过窗帘射入的阳光所弄醒。同样的道理,颜色深暗的窗帘也是应该避免的,因为它会使得你早晨起来也晕晕乎乎的,没有精神面对新一天的工作。你挑选窗帘的颜色、花样、质地的原则应该是——它能够过滤掉足够明亮的光线，使你早上不至于醒得太早。

同时，你还应该最大限度地将外界的噪音排除在外，如果你是那种对声音极度敏感、非常容易被打扰的人，就更应该注意这一点。搬入新家时，一定要仔细观察卧室的方位，看看它是否足够安静。如果你的卧室正对着一条喧嚣的大街，那就最好换一个安静点的房间作为卧室。如果这样做不太现实的话，那就考虑一下装双层玻璃来尽可能地将噪声抵挡在外吧。

规律作息

要知道，只有养成每天规律作息的习惯，你才能够真正地获得健康。这一点在你处于紧张和重压之下，或是感到身心疲惫时显得尤为重要。当然，有时候生活是不允许你严格地坚持这一习惯的。其实，生活就应该如此，可以灵活地变通不正是健康生活的一种标志吗？否则生活就只能墨守成规，毫无激情可言。然而，这种偶尔的激情必须建立在长期规律作息的基础之上。如果你的生活过于杂乱无章、缺乏规律，那么你就将面临着陷入不良能量螺旋的危险。

你应该养成在某个固定时间睡觉的习惯，这样形成生物钟之后，到了睡前时间你的身体和精神就自然而然地开始放松了。你最好每天晚上都在差不多的时间上床睡觉，而这个时间应是你潜意识中认为的最佳入睡时间。久而久之，你的身体就会适应这个作息规律，你会发现入眠逐渐变得容易了，早上准时起床也没那么难了。有规律、不间断、高质量的睡眠对提高你的能量水平极有益处，尤其是当你处于重压之下时。

替代疗法和补充疗法

如果你的睡眠模式和睡眠质量只是暂时性地出现问题，你一定希望尽早将一切拉回到健康的轨道上来；又或者，你的睡眠出现问题已经有一段时间了，但你的确希望能避免对传统安眠药的依赖。在这两种情况下，你都可以从替代疗法和补充疗法中寻求到帮助。替代疗法的最大好处就是治疗效果强，且完全没有副作用。如果睡眠问题对于你来说已经变成了根深蒂固的毛病，建议最好向专业的替代疗法医生寻求帮助，从而可以摆脱对安眠药的依赖。合适的替代疗法有以下几种：顺势疗法、自然疗法、西方草药学、传统中医、阿育吠陀养生学以及催眠疗法。

不要依赖肾上腺素

尽管快节奏的生活有时候能使你感到刺激兴奋，但你为此而付出的代价也是巨大的。因为要使自己充满动力，积极前进，你的肾上腺激素分泌就必须保持在一个较高的水平。然而人体的能力终究有限，它肯定免不了不时地骤然停止。如果这种情况发生的话，你就会感到精疲力竭、暴躁易怒、郁郁寡欢、精神不佳。于是我们中的有些人会犯这样的错误——由于面临着不断增强的压力，于是他们通过化学刺激物使肾上腺素保持较高的水平，来保证自己"强壮"的体力和亢奋的精神，以避免陷入能量衰竭的境地。长此以往，最终将会给他们的身心造成极大的损害，还可能因此而导致肾功能衰竭。到那时,不管他们往自己体内注入多少"兴奋剂"都将于事无补。如果你出现了下列症状:精神难以集中、身心疲惫、肌肉虚弱无力、抵御传染病的能力下降、低血压、心悸、焦虑和忧郁,你就要注意自己可能会有患上肾功能衰竭的危险了。

因此,你应该及时发现自己身上是否有以上症状,以便能够尽早地扭转局面。通过做出积极的改变,你能够采取必要的行动使自己的能量保持在一个基本水平,从而减少最终患上慢性疲劳综合征的危险。下面的几种方法应该对你有所益处。

控制工作时间

请你仔细地观察一下,长期以来自己的工作时间和休闲时间之间的平衡。如果你发现工作正越来越多地侵入你的家庭生活——或许你把大量的工作带回家里做,或许你周末还在工作,或许你每天要加班到深夜——你就应该采取行动了。如果将额外的任务委派给别人或是直接拒绝对你来说很难做到的话,你可以考虑一下后文所介绍的应对压力的基本方法。尽管刚开始做出改变你可能会觉得很难、很痛苦,但是随之你的身体和精神会极大地受益,因为你能够从单调无聊的工作中解脱出来。你应该明白,万事开头难。一旦明显的益处显现出来,你的决心就会更加坚定了。始终铭记一点,你不必独自一人经受这一切。不要羞于向家人和朋友寻求支持和帮助,他们也许会很高兴地向你伸出援手,因为这意味着他们能够更加深入地了解你。

戒掉"兴奋剂"类物质

你应该稳步而缓慢地减少"兴奋剂"类物质的摄入量,以使自己从能量突变的诱发因素中解脱出来。但是切记不能减得太快或太过剧烈。因为"咖啡因戒断综合征"(或称为"咖啡因萎缩症")会让人感到非常难受,同时还会引发一系列症状,诸如严重的头痛、神经过敏以及类似"中毒"的感觉。为了逐步地减少咖啡、茶和咖啡因软饮料的摄入量,你可以用绿茶、草药茶、果茶、谷类制成的咖啡替代物或是含有天然水果和草药提取物的饮料来取代。绿茶是你极好的选择,因为同印度红茶和中国茶一样,绿茶中的咖啡因含量极低,且富含抗氧化剂,可以极大地提高你的免疫力,并让你精神振作、充满活力。

多多运动

因为我们很可能错过肾上腺激素急剧分泌的时刻,所以找出另外一个能够激发活力、提升健康的方法就显得至关重要了。获得这种自然激情最有效的一种方法就是进行有规律的有氧运动,例如跑步、力量行走、游泳、跳舞或骑自行车。此时人的情绪会被自然激发,因为运动时身体会分泌出一种叫"内啡肽"的抗抑郁化学物。科学研究表明,这类自然存在的化学物质会因为强劲而有节奏的运动而增加分泌量。因此,如果你之前生活中常常坐着,或是依赖肾上腺素的激增或"兴奋剂"类物质的刺激来使自己感觉有活力的话,那么你就需要赶紧动起来。

不要被这样的错误念头吓跑,认为让你运动就意味着需要一上来就跑个半程马拉松。其实不然。刚开始的时候你可以在心中制定一个切实可行的计划。最重要的是,要选择一个自己喜欢的运动方式,这样你才更有可能坚持下去。

学会"刹车"

如果你已经习惯了快节奏的生活,你也许不太擅长"刹车",来重新充足你的能量电池。这是一种与你在长期超负荷工作下所感到的那种非常熟悉的精疲力竭完全不同的感觉。放松的艺术是我们每个人都需要学习的,而且事实上有很多放松的方法可供我们学习。你可以在老师的指导下做放松练习、冥想、想象技巧、瑜伽或太极拳。你可以选择一项适合自己的有效的放松方法,并且一定是自己真正喜欢的,以使之完全融入每天的生活。一旦你能够掌握使自己完全放松的诀窍,你就会惊异于你能感觉到的诸多积极益处:你的精神更加集中,睡眠状态更好,情绪更加稳定、更容易恢复,也更容易摆脱一般性的身体紧张。反过来,所有的这些也都会对你的能量水平产生积极的影响。

应付压力

如今,每个人都对压力有着自己的理解。有些人认为压力是 21 世纪之初最大的破坏因素之一,而有些人却认为人其实还是需要高强度的压力的,否则人就失去了动力。

其实,对压力的正确理解应该是上述两种观点的综合。换句话说,你既要保证自己的事业和家庭生活中有足够的积极的压力以激励你前进,但是压力也不能过大,否则你就无法应付那些办不到的事,最终甚至可能导致崩溃。

其实有效地应付压力也能够帮助你保持健康的、富有活力的能量水平。毋庸置疑,过多无法应付的压力显然会对每个人拥有的活力有很强的消耗作用。对此的部分解释就是你所担心的那些事情都是压力的集中点,这自然会极大地消耗你精神、情绪和身体上的活力。如果你感觉孤立无援、对问题一筹莫展的话,这一点显得尤为明显。如果这种情况发生的话,你体内两种有名的压力激素——肾上腺素和皮质醇的分泌都会增加,而且你没有办法通过采取积极的行动将其吸收或在体内燃烧掉。

一旦你能够采取积极的措施来应付生活中的压力,你就会感到精力充沛、更有能力、更加自信,而且如果问题得到解决,你将体会到一种极大的轻松感,这一系列实际的好处都会随之而来。倘若你对每件事都能这样积极应对的话,你会发现自己精神、情绪和身体上的能量水平都会大幅度地提高。随之带来的必然结果是你会感到精神百倍、神清气爽、做事果断、充满自信。

因此现在你很有必要学习一下应付压力的基本方法。记住,这些都是最简单的方法。如果你能够在这些方法上取得成功、见到效果的话,接下来你就可以尝试本书最后几页中所列举的那些更复杂的减压方法了。

今天的事情不要拖到明天……

还记得这首诗吗？"明日复明日，明日何其多？我生待明日，万事成蹉跎。"当然在背诵这首诗的时候，你一定会感慨万千，但是你真的这样做了吗？在背诗的时候明白道理，然而到了工作中真正应用它的时候，大多数人又都做不到"今日事，今日毕"。将今天的事情拖到明天，也许是我们生活中最常用的暂时性摆脱压力的方法了。不到火烧眉毛不得不采取行动之时你是不会去解决问题的。把那些你最终必须处理的任务一再拖延、推迟，这是你所做的最让自己有压力的事。不幸的是，尽管你一再逃避面对这些问题，但在你心中还是很清楚最终你必须要解决这件事，你会一直担心它，虽然你可能不会意识到这一点。这种情况对你的活力会有极大的损耗作用，你会发现自己将无法集中精力处理手头正在做的事情，甚至很可能连晚上睡觉都无法做到真正的放松。如果你手头有一大堆工作等着你去做的话——而且还有时间限制——对你来说这无疑会是沉重的心理负担。

但是，好消息就在于，一旦你能跨出那重要的（尽管刚开始很难）第一步，你肯定就会发现一个令人高兴的秘密：其实将那些你一拖再拖的问题解决掉，并不像你想象的那样困难。这主要是因为人们面对问题时总会夸大它的难度。其实一旦你将球滚起来，任务的完成就会比你预料的快得多。即使问题真的出现，也总有解决的办法。而之所以之前我们总认为自己没有能力解决问题，是因为我们的头脑中一直在想自己做不到。

分出轻重缓急

那些善于与压力打交道的人通常都天生地能够从紧迫的任务中找出哪些事情是急需解决的。如果你以前很少有这样的经历，也别担心，因为这既可以是一项天生的本领，也可以通过后天的学习将其掌握。如果你以前从未有过将轻重缓急有效地区分的经历，那么你可以找一张纸，列个清单。当然，你也可以在心里面列个单子，但是这样通常缺乏清晰度和重点，而这二者恰恰是转移压力至关重要的因素。因为这样的话，单子上的项目也会经常随着你在特定阶段对其的强调程度而发生改变。

因此，最好还是在纸上列一个真正的"实体"单子，这会让那些需要处理的问题变得更加清晰。你可以采用"划线"的方法来区分轻重缓急：对于那些需要紧急处理和特别注意的问题，在下面划上三条线；对于那些比较重要、紧迫的问题，在下面划上两条线；对于那些可以稍后处理的问题，在下面划上一条线；而对那些已经处理好的项目，可以用一个圆点做记号标出，因为这样做会让你有种成就感——当你看到那些困扰你好久的问题最后终于得到有效解决时，你一定会兴高采烈，这种情绪有益于你的健康。

将任务委派给他人去做

你一旦学会如何将手中的任务分出轻重缓急，并且想从有效的应付压力的方法中获得最大的益处,你还需要学会有效地将任务委派给他人。事实上,在很多情况下,除了一些重要的、紧急的工作必须由你亲自完成之外,还有一些不那么急的工作可以适当地委派给别人去做。我们中的有些人认为必须把大大小小的事情都一概地揽在自己身上,殊不知把这些任务委派给别人去做也许会更快更有效地完成。因而,这些人往往也是压力最大、最心力交瘁的一类人。

要想有效地将任务分配下去,第一步就是放开自己,并且要知道你不必每件事都须亲力亲为,不管事情有多小,有多微不足道。通常而言,比起那些不习惯请求别人帮忙的人,那些愿意将不需要自己亲自去管、亲自去做的额外任务委派给别人去做的人,要显得更加冷静沉着,也能够更加健康、平衡地控制自己的生活。

学会将任务委派给别人去做的积极收获是非常直接且十分明显的。你可以看到我们周围其实有很多人是很愿意向别人提供帮助的,这些人可能是你的家人,也可能是你的伙伴或同事。你会意识到你是可以同那些自己所信任的人一起分担责任的。反过来,这样分配也会减轻你的压力,你不会再认为整件事离了自己就不行。尽管这句话乍听起来似乎有种威胁的意味,但是长久之后,等精疲力竭的你从压力中解脱出来,你就会发现,你真的不需要把整个世界都扛在自己一个人的肩膀上。

学会说"不"

学会说"不"并不是说你可以逃避生活中必须面对和处理的问题及任务——这是"拖延"的表现。学会说"不"是说你应该给自己的工作范围设定一个实际可行的界限,明确哪些是你应该做的,哪些不应该是你的任务,这样你才能以充分的创造力和最高的效率投入到工作中去,而不是为那些你根本就没有时间或能力去做的额外任务所拖累。如果你知道现在的工作量已经达到了自己的健康极限,再多一分一毫的额外压力都会将你累垮,那么你一定要毫不犹豫地说"不"。以这种方式保持警惕可以极大地保护你不被累垮。如果你的确想多做点事情,那么就请仔细地考虑考虑,到底还有多少时间可供自己支配呢?如果长期看来,这会使你有陷入负担沉重的危险,你就一定要学会礼貌而坚决地说"不"。

要有条理

如果那种久违的堕落、无力应付的感觉正在慢慢地靠近你,那就请稍微停下手中的工作,仔细地观察一下自己周围的环境吧,因为通常外在环境恰恰能准确地反映一个人的精神状态。打个比方吧,如果你长期受到抑郁之苦,你就可能因此而忽略了你的外表和家务,而只想蜷缩到床上,什么事情都不管。反过来,脏乱的环境也会加剧你的压力感,使你更难解决自己面临的任务。

如果你的办公桌上有堆得像小山一样高的文件需要处理,电脑屏幕上还显示有大量的电子邮件需要回复,这很可能会加剧你杂乱无章的感觉,而且你很可能会被这一大堆需要处理的工作所压垮。幸运的是,一旦你能够勇敢地面对并着手去

·养生保健·

图文珍藏版

解决你事业和家庭生活中的问题,你就会发现其实自己还是可以高效而充满热情地解决这些问题的。

更实际点说,如果你能够快速而不慌乱地找到你需要的资料,你就会发现解决问题并没有你想象中那么困难。但是,如果你要从堆得像小山似的文件堆里找出某一个文件,无疑会消耗掉你大量的精力和时间。因此,你最好将你的东西分门别类,堆放整齐,这样要用的时候随手就可以找到。而且不至于造成截止日期马上就到,但你却发现一个极其重要的文件找不到了的那种恼怒和失望的感觉。

请记住,我们在这里强调的是要用健康、平衡的方法来解决混乱的问题,若是过度地。强调整洁、条理反而会给你的精神和情绪穿上一件"紧身衣",束缚你的行动。如果问题没有得到解决,而只是一味地强调整洁,那将是个悲哀的现实。一旦事情到了这一步,完全强迫自己保持条理和对事态的控制会使你花费更多的时间和精力去做准备工作而不是解决问题——这是一种自我破坏的行为。

如果你希望自己能够健康平衡地处理问题,同时还不失条理,那你应该从今天开始就下定决心永远不要无限期地拖延解决问题的时间。以积极的心态对待问题,可以极大地激发你的自信心,反过来这对你的情绪和精神上的活力也会起到积极的作用。

第二节　从营养中寻求活力

尽管听起来似乎是陈词滥调,但是我们日常饮食的质量和数量的确在很大程度上影响着我们的心理健康。事实上,我们每天所消化吸收的营养物质可以决定我们所拥有的活力、健康水平以及脂肪与肌肉的比例。

当然,饮食不仅仅能为我们提供自身所需要的基石与燃料。相对于通过服用营养品来补充身体能量的疗法而言,饮食疗法可以说是最愉快的感觉体验之一了。享受一顿色、香、味俱全的饭菜是多么令人惬意舒适的美事啊!如果能有爱人相伴,这种感觉就更加美妙了。

然而,饮食有时候也会给我们带来烦恼,因为它们也有一些不利于身体健康的方面。正如我们中的很多人都曾因为吃得太多、太频繁、太少或者不太健康而心中暗暗自责。当生活或工作不如意时,我们可能会不由自主地想吃巧克力或爆米花。这并不是因为饿,而仅仅是为了寻求心灵的慰藉。但是吃完了这些高热量食品之后,你的自责感可能会变得更加沉重,这样就形成了一个恶性循环。然而,只要你能够真正明白饮食的质量和数量会对你的精神、情感和身体的健康以及幸福感产生深远的影响,你就已经向改善你的状况迈出了坚实的一步。

对于这一点,那些能量水平低下或是不稳定的人尤其应该注意,因为我们每天所消耗的饮食在很大程度上影响了可供我们支配的能量总数。在许多方面,建立健康的饮食模式是走上高能量水平生活之路的最关键的一步。

一、营养和能量制造

当想到你的日常饮食和你感受的活力基准数量之间的关系时,你可以把自己的身体想象成一部高性能的保时捷车,那么你每天的饮食就是汽油。换句话说,如果你的保时捷车中灌的是最差的汽油,你怎么能期待它会跑得快呢? 同样的原理也适用于你的身体,因为你每天吃的食物经消化吸收后就变成了你的身体活动所必需的能源,从而身体才可以修复旧细胞、制造新细胞。与此同时,食物还可以为你的身体提供生存所必需的能量和热量。

换句话说,每天的饮食基本决定了一个人的身体状况。因此你应该从日常基础饮食中获取你所需要的充足营养来保持最佳的健康和能量状态。你所需要的营养物质包括:维生素、酶、矿物质、氨基酸、人体必需的脂肪酸、抗氧化剂、膳食纤维和大量的水。

你还需要考虑到,你的身体在你人生的某些阶段也会有额外的营养需求(如怀孕期、青春期、更年期,极端的减肥计划或处于重压之下时)。因此,你应该长期保持一个基本的营养水平,这样当有额外的营养需求时,你的身体才可以经得起考验,而不是感觉精疲力竭。

尽可能地使你的营养水平保持平衡,将会给你带来无限的好处。而任何会损害你的能量水平或使你精神不振的健康问题,不管有多小,都应该立即扫除,如反复发作的头痛、消化不良、便秘、肤色暗淡、情绪波动和睡眠不佳等。尽可能地将你的营养水平拉回到健康的轨道上来吧! 这样可以给身体带来额外的好处。事实上,通过改善日常基本饮食的质量和模式,这些问题甚至有可能会不治而愈。

这里所介绍的方法的优点在于它主要是向食谱中增加食物的种类,而不是减少或限制食物的种类。也许在个别的时候,某些特殊的饮食需要从你的食谱中划去,但同时也需要往你的食谱中增加其他更多的健康的替代品。毕竟,吃饭应该是一种享受,而不是一种引起内疚感的事或是惩罚的措施。当然,饮食方式的重要性也同样应该引起注意,诸如吃饭喝水的频率和规律,因为这是维持高质量能量水平非常重要的因素。这一点在高强度的工作之下显得尤为重要。工作太忙,有些人可能就会不吃饭或草草地吃点快餐。如果只是偶尔如此,应该不会有什么大问题,但如果养成了习惯,等待着你的可能就是很严重的消化问题了。

二、避免能量骤然下降

杀手:损害健康的饮食

糖类

即使是现在,还仍然有好多人错误地认为:当我们精疲力竭时,快速激发活力的最好方法就是增加糖类的摄入量。的确,糖类可以暂时地使我们的活力增加,但是这种效果只能持续很短的一段时间。更为糟糕的是,大量地摄入糖类不仅会使活力不断地起伏,而且会导致一系列的健康问题,诸如:体重增加、患II型糖尿病的危险性增加、龋齿、鹅口疮(由白色念珠菌所引起)、黏液分泌增加以及免疫系统功能降低。所有的这些问题反过来还会使身体更容易受到传染病的侵扰。

从营养学上来讲,大量存在于饼干、蛋糕、巧克力和碳酸汽水中的精制白糖是毫无营养成分的。换句话说,要想消化掉这些富含精制白糖的食物,你需要消耗其他营养物质。然而这些精制白糖却无法转化为体内的营养物质。如此一来,你面临的将是营养的缺乏,而不是营养的摄取。

除此之外,经常大量地摄入精制白糖还会导致更为严重的后果。这种情况通常发生在大量地食入甜性食物和饮品之后。最开始因为血糖的猛然增多,你可能会感到浑身充满能量,但是你的身体很快会对血糖水平的猛然提升产生反应,想把血糖水平恢复到正常。这时胰腺会分泌出胰岛素,胰岛素会迅速降低血糖水平。如果这种现象只是偶尔出现,还不是什么大问题;但如果是经常发生的话,你的胰腺就要承受较大的压力了。一旦你的胰腺达到了完全无法应付的地步(如胰岛素产生了阻抗性),你就可能有患糖尿病的危险了。

如果你还不知道你的血糖水平下降其实是因为胰岛素的分泌而引起的话,你可能会错误地把这一现象理解为你需要更多的糖分来使自己再一次地能量大振。如果你这么做的话,刚才的一切又会重演,直到你发现自己的能量又一次大幅度下降。但是糟糕的是,你可能又会错误地觉得自己应该食用大量的精制白糖来提高自己的能量,从而再一次大量地进食甜食。

如果你真的想全面减少对精制白糖的摄入量,请记住,除了那些显而易见的来源诸如砂糖、蛋糕、甜点、糖果和果汁之外,还有很多种食物和饮品中有"隐藏"的糖分。这些陷阱包括:谷类早餐、番茄酱、方便食品、酸辣酱和泡菜。尽管不是所有的糖类都会破坏你能量水平的稳定性,但如果你真的想解决能量水平长期低下的问题,你就需要尽可能地切断各种各样的精制白糖摄入的来源。

咖啡因饮料

这里我们主要研究咖啡、茶和碳酸饮料。当我们在中午感到疲倦劳累时,我们经常会用这些常见饮品来快速地激发活力,但是依赖这种方法会造成一系列的问题,诸如:容易神经过敏、紧张不安、脾气暴躁易怒。过多的咖啡因同样会导致睡眠问题、慢性消化不良、心悸(感到心跳很快而且不规律)和极度忧郁不安。

咖啡因对血糖水平同样有不利的影响。喝上一两杯浓咖啡,你的血糖水平很快就会提高,如果再吃两块巧克力或是饼干的话,后果就更严重了。如果你又喝咖啡因饮料又吃糖,那你就必然要经历前文所提到的无规律的能量模式了。长期饮用咖啡因饮料会使你的肾上腺功能紊乱,而一旦你的肾上腺功能衰竭,你的精神、情绪和身体就会感到非常疲劳。因此当你处于重压之下时,更要竭力抵抗咖啡因的诱惑,不要用它来使自己精神振作,否则你的情况会变得更糟。

加咖啡因的可乐也会带来同样的问题。因此在你希望提高健康水平、激发或平衡能量水平的时候,选择加咖啡因的可乐是极其不明智的。这些碳酸饮料除了口味不错之外,别无长处。碳酸饮料实际就是糖、人工甜料、香料、色素以及少许的咖啡因调配而成的混合物。这种饮料不但会使血糖水平迅速提高(因为糖和咖啡因的共同作用),而且还会导致一系列的问题,诸如体重增加、患骨质疏松症的危险性增加(由于碳酸软饮料中通常含有磷)以及患龋齿的可能性增加。

还有一点需要记住的是,咖啡因饮料具有利尿的作用(换句话说,它们能促进身体排出水分)。如果你不知道这点,你可能就会错误地认为既然自己每天都喝七八杯茶或咖啡,那么肯定已吸收了很多水分,就不必再补充其他的水分了。其实不然,如果你每天除了茶和咖啡之外没有额外喝一定量的水的话,你可能就要面临低度脱水的危险,而你对此毫无察觉。如果这种情况经常发生的话,下列症状也许会出现,以警告你自己可能会生病了:反复发作的头痛、便秘、皮肤干燥、肤色暗淡以及较低的能量水平。在这种低度的脱水状态下,身体会自发地保留水分,即身体积蓄一部分水作为补偿(又叫"滞水")。这种状况还会使整个身体的新陈代谢发生紊乱,导致更加严重的后果。

酒

偶尔适度地来一杯红酒是一件非常愉快的、有益健康的事。鉴于葡萄皮中发现的抗氧化剂储存物被证明是一种对人体循环系统非常有益的成分,有些人便提出,如果我们直接吃葡萄的话岂不会更好,因为那样就可以避免酒精的负面作用了。当然,严格说来,这种说法是正确的。但是,这样的话,我们就没法体验到在与朋友们享受美味菜肴时,偶尔来一杯高品质的葡萄酒所带来的那种非常愉快、美妙的感受。很遗憾,即使是痛快地吃一串葡萄,也不会带来同样的感觉。

说到这里,如果你喝酒的频率已经不能算是偶尔的话,你可能就要为你的能量水平付出沉重的代价了。众所周知,过量的饮酒会给人的睡眠质量和模式、心理平衡、注意力的集中以及消化等方面造成负面影响。这一方面是由于经常性地摄入酒精会给肝脏带来压力,另一方面是因为酒精会造成血糖含量的提高,就像糖和咖啡因一样。因此,虽然喝酒后会有短暂的兴奋,但当你清醒过来后,你可能会感到比喝酒前更加疲劳。除此之外,经常性地大量饮酒还会消耗人体内一系列的维生素,其中就包括维生素 C,如果你又抽烟又喝酒的话,这一点会更加明显。你必须牢记,酒精是一种强效的情绪增强剂。因此,当你感到情绪低下的时候,你应该远离酒精。尽管刚喝酒的时候,你会有放松的感觉,但是接下来你会比喝酒之前更忧郁。

·养生保健·

图文珍藏版

如果你想在精神、情绪和身体上拥有充沛的活力,你最好以慎重的态度对待酒。如果你能够做到滴酒不沾,那绝对是个好主意,因为这样你的肝脏就能得到休息了。令人欣慰的是,我们可以选择健康的生活方式而不是每顿饭都习惯性地喝两杯。

精制的碳水化合物(细粮)

下面的各种食物均属于细粮:白面包、白米饭、白糖以及用白面粉做的其他食物,诸如蛋糕和点心。这些食物由于大多都经过了漂白和碾磨,本身的天然纤维、维生素和矿物质在此过程中损失了很多,因此能够很快地被人体消化掉,从而迅速地提高血糖水平,造成身体能量的失衡。其实,保持身体的能量平衡并不意味着我们完全不能食用细粮,而只是一个如何选择正确种类的问题。

香烟

尽管香烟不属于食品的范畴,但是它仍然值得我们稍停片刻来思考一下为什么香烟会造成人体能量的削减?我们肯定都知道吸烟会给健康带来诸多的问题。迄今为止发现的此类问题包括:患心脏病、癌症、动脉硬化、高血压、骨质疏松症、肺病(诸如肺气肿)的风险增加。然而,除此之外,吸烟还会对人体内的自由基产生造成严重的促进作用。要知道,自由基是一种天然存在的躁动分子,会对人体健康产生非常大的破坏作用。因此,自由基的大量出现会引起下面的任何一项后果:可见的过早老化特征、患心脏病的风险增加、循环差、智力水平下降、免疫系统功能紊乱。其中没有任何一点会提高你的活力,因此如果你能戒掉吸烟的习惯,将会对你的身体大有裨益。

强化剂:有益健康的饮食

强化剂必须来自你的日常饮食。下面几页中提到的所有强化剂都会对你的身体起到重要的作用,因为它们能够给你的身体提供必需的营养物质,从而使你拥有持续、高效、平衡的能量水平。当你精神上或是体力上倍感压力时,身体对强化剂所能提供的这种支持更为需要。

水

水是维持人体生命活动正常运转和防病健身最重要的物质。科学研究表明,水约占人体重量的70%。因此,如果你没有食物,你或许还可以坚持相当长的一段时间;但是如果你没有水喝的话,死亡也就离你不远了。幸运的是,在日常生活中大多数人一般不会有严重脱水的危险,除非是生了很严重的病或中了暑。然而,我们的能量水平也会因每天发生的轻微脱水症状而下降,这一点你可能根本就没有意识到。水摄入不足,不但会给你的排泄器官(包括肾和肠)带来很大的压力,从而使毒性物质积蓄,而且还会使你经常感到萎靡不振、头脑昏沉、浑身无力,如果你经常饮用前面所讨论的具有利尿作用的咖啡因饮料来暂时激发自己的活力,那么这一问题将会变得更严重。

如果你现在就开始每天喝 5 大杯以上的纯净水或矿泉水的话,你将会有意想不到的收获。你的肠功能将会得到大幅度改善,让你感到通体舒畅,你的皮肤也会因此而变得晶莹剔透。那些长期困扰你的问题(诸如间歇性膀胱炎)也会迅速消失,即使是那些每天都出现的习惯性头痛也会一扫而光。所有的这些都是多喝水的好处。因此,要想生命之树长青,就让生命之水在我们的身体里奔流不息吧!

很多人误以为只有当口渴时才需要喝水。有些人天生就易于口渴,但还是有很多人一天中很长时间都不会感到明显的口渴,只有当身体已经到了严重脱水的地步,这种人才会想要喝水。事实上,口渴是提示体内缺水状态已颇严重的信号,口渴时喝水无异于"亡羊补牢"。当人感到口渴时,说明机体内的水分平衡已经被破坏,人体细胞已开始脱水,所以中枢神经发出要补充水的信号,这时那些缺水的细胞正在备受煎熬,也许有些已经牺牲了。当救命水来的时候,它们却再也不能为你效力了。因此养生学认为,平时在口渴感出现之前就应少量、多次补水。记住,每天早上起床后就要喝一大杯水,然后上午九十点钟、下午二三点钟、四五点钟和晚上七八点钟时再各来一大杯。尽管喝纯净水是最好的,但是你也可以做些改变,比如加入几片柠檬或酸橙,或是偶尔喝点苏打水。如果你容易肠胃胀气,那就最好不要喝太多碳酸饮料。

养成每喝完一杯茶、咖啡、巧克力饮料或酒之后,喝一大杯水的好习惯。因为喝完这些饮品后,身体会流失水分,喝一杯水可及时补充机体水分,改善缺水状态。

粗制的碳水化合物(粗粮)

要论最能抗饿的食物那肯定要算是粗粮了。因为粗粮中含有大量的膳食纤维,这使得粗粮在消化道中要经过很久才能被分解掉。而且,由于没有经过碾磨、漂白和化学精炼,粗粮中还保留了许多细粮中所没有的营养成分。

因为粗粮没有经过复杂的加工,其中还含有大量营养物质,所以它经常被人们形容为"全营养"食物。粗粮富含膳食纤维、维生素、矿物质和分解缓慢的糖,能使你的能量水平尽可能地保持稳定。粗粮包括以下几种:全麦面包、糙米、扁豆、蚕豆和富含淀粉的蔬菜(诸如土豆)。如果这些粗粮和少量富含蛋白质的食物(诸如鱼、蛋、禽肉、豆子,以及一定量的低脂奶酪)一起吃的话,平衡能量的效果就更好了。

生食

新鲜的蔬菜和水果可以极大地激发人体的健康与活力。尤其是深绿色、橘黄色、红色或黄色的水果和蔬菜,它们富含抗氧化剂,能够有效地抵抗自由基对身体的损害。维生素 C 是最为有名的抗氧化剂之一,当任何自由基接触到它时,维生素 C 就能搜索到它们并将其消灭。

抗氧化剂为身体构筑了一道非常宝贵的防线,它可以激发免疫系统抵御各种传染病,保护心脏和循环系统,也能够减少因老化而造成的一系列问题,诸如记忆力减退和过早衰老而带来的一系列症状。尽管我们也可以通过服用药物得到抗氧化剂,但是始终比不上通过食用新鲜的蔬菜水果来得实在。新鲜的蔬菜水果在富含抗氧化剂的同时还含有大量的膳食纤维,膳食纤维可以拉起一道屏障,使果糖不能像精制白糖一样很快地进入血管。因此,当你精神不振时,吃一片水果可以快速地激发你的健康活力,同时也能有效地减少因此而造成的能量水平急剧起伏的危险。

如果你能够有规律地每天增加新鲜蔬菜水果的摄入量,你就会发现你的健康还会为此得到其他的益处,诸如能有效地抵抗感冒、咳嗽和肠胃疾病的侵扰,便秘也会减少。随之而来,你会感到精神振作、浑身充满活力。

如果你想从食物中得到充足的抗氧化剂,并使之最大限度地发挥作用,那就在你的日常饮食中加入一些下面所列的水果蔬菜吧,并确保使之多样化:所有谷类植物、青椒、芹菜、水田芥、胡萝卜、红薯、菠菜、番茄、芦笋、椰菜、花菜、汤菜、新鲜未经烘焙和盐腌的坚果、草莓、西瓜、桃子、黑醋栗、柠檬、橘子、杏等。

初榨橄榄油及其他必需脂肪酸

当你做饭要用油时,诸如煎炒烹炸或做凉拌沙拉,记住最好选用常温压制的初榨橄榄油或葵花子油。它们是单不饱和脂肪酸和多不饱和脂肪酸——而不是诸如黄油、奶油和奶酪中的饱和脂肪酸。不饱和脂肪酸对心脏和循环系统都能起到很好的保护作用,能够防止脂质在动脉壁沉积。

通常来说,脂肪的含量应该不超过饮食总量的20%,但是某些必需脂肪酸对于维持最佳的人体健康和活力状态确实是必不可少的。比如说,Ω-3脂肪酸就可以降低心脏病的发病率。Ω-3脂肪酸存在于鱼子油、亚麻子、胡桃、南瓜子和绿色多叶的蔬菜中。Ω-6油同样也是烹调中非常重要的原料,它可以帮助人体激发能量水平、提高免疫力(帮助我们抵御各种传染病的侵袭)、促进激素达到最佳平衡及帮助调整新陈代谢的速度(确保我们的身体功能不会变得失去活力)。富含Ω-6油的食物包括:玉米、芝麻、粗制红花油和葵花子油。

不含咖啡因或咖啡因含量低的饮料

绿茶是印度茶和咖啡的最好替代品。绿茶中咖啡因的含量很低,一杯热气腾腾的绿茶可以使你精神一振,而不会对你的健康造成什么损害。绿茶还富含抗氧化剂,可以有效地抵制自由基的产生。

如果你希望完全克服掉喝咖啡因饮料的习惯,你可以选择一些替代物来取代茶和咖啡。它们大多是用谷物(如烘焙过的大麦)加入香料(如菊苣)制成的,倒入开水或调入热牛奶,就能很快冲泡好。

除此之外,你还可以根据自己在一天中不同时段的需求,不时地换换草药茶或果茶的口味,来激发活力或达到放松。就拿草药茶来说吧,最好不要总是喝某一种配方的茶。因为这样除了会使你产生厌倦感之外,还容易对某种草药产生敏感。

打个比方说,服用少量缬草根可以缓解头痛和肌肉紧张,然而服用过量的话反而会加剧头痛。

三、能量饮料和能量棒的陷阱

很多人有这样的误解,他们认为喝一听所谓的能量饮料就可以在瞬间增强活力。但如果你能花几分钟时间看一下这些碳酸饮料外包装上印着的成分表,你就会失望地发现,这些饮料之所以有振奋精神的功效是因为其中含有丰富的糖分,且注入了大量的咖啡因和一些维生素。尽管刚开始饮用的时候,能量饮料的确会使你精神一振,但从长期看来,效果却如同咖啡因饮料一样。

能量饮料还会带来其他一系列问题,如心悸、失眠多梦和焦虑不安。这些饮料配方的原理其实就是依靠大量的精制白糖来使人暂时性的精神振作。长期来说,靠喝能量饮料来激发活力对人体没有任何好处。

能量棒同样也值得我们好好地研究一番。仔细看看每条能量棒的配料成分表,你就会发现尽管产品千差万别,但大多数能量棒的主要成分均是精制谷类和糖类。然而,也有一些能量棒是由干果(诸如杏)制成的。尽管这类能量棒的糖含量也很高,但是比起用精制糖类制成的能量棒还是要健康得多,因为毕竟其中含有大量的膳食纤维。对于表面裹有一层巧克力的能量棒尤其需要提高警惕,因为其中糖和饱和脂肪的含量更高。

基本来说,如果你想保持能量的持久释放的话,那就最好不要吃这类东西。如果你真的想瞬间激发活力,那就喝一杯绿茶,再来根香蕉,一把新鲜、未经烘焙和盐腌的坚果或是种仁(比如葵花子),或是几片水果干(杏就是很好的选择,既好吃,含铁量也高)。不要喝含咖啡因的碳酸饮料,选择那些含有天然水果或草药的茶吧!它们既好喝又能使你精神振作。

四、再次激发能量的计划

下面将介绍到底应该以什么食物或饮品作为主食,才能使自己每天都享有高水平的健康与活力。这些食物和饮品能够在我们需要的时候及时帮助我们激发高水平的能量。当然,为了使饮食在自己身上起到最好的效果,你还需要根据自己的身体状况和生活方式做出适当的调整。

打个比方说,你也许会发现偶尔也需要将前面关于饮食的建议调换一下。除此之外,你还应该准备好接受这样一个现实,即这些规则有时候并不能被完完全全地遵守,它们总免不了会有被打破的时候,也许是因为我们必须要吃一块巧克力奶油蛋糕,否则就没有精力去迎接新的充满挑战的一天,或是晚上的约会。所以千万不要有什么心理负担,其实偶尔打破一下规则也不是什么大不了的事情,第二天再重新回到正常的轨道上来就可以了。每天吃饭的时候都能够享受你的食物才是最重要的。

早餐

千万不要不吃早餐。因为吃早餐是确保你在一天中能量不会骤然下降的最可靠的方法。有句老话说,早餐是一天中最重要的一餐。尽管听起来有些老生常谈,但道理的确不假。医学家们把每天吃早餐作为可以获得健康长寿的一项有益行为。那么,就请根据你的心情,选择下面任一种早餐吧:

·两片全麦面包,涂上点牛油,再加上些蜜饯或蜂蜜。

·绿茶、果茶或咖啡替代物。

·一大杯矿泉水或纯净水。

避免:

·用精制谷类做的甜味早餐。

·煎炸的高脂肪早餐,如熏肉和香肠。

·浓咖啡或浓茶。

·不吃早餐。

上午

·一杯矿泉水,加上几片柠檬或酸橙,也可以是一杯绿茶或草药茶。

·当你稍微感到饿时,可以吃切成块的水果,或切成条的生蔬菜,如果你嫌这样做太麻烦的话,可以用苹果、梨或香蕉代替。

避免:

·浓茶或咖啡。

·巧克力饼干。

·炸面圈。

午餐

从下列选项中任选其一:

·用番茄酱调味的全麦意大利面。

·烤面包片,加上两个荷包蛋或炒蛋。

·一片鸡脯肉,上面浇上用常温压制的初榨橄榄油或葵花子油及醋或柠檬汁制成的沙拉酱。

·用以下材料制成的沙拉——鳄梨、菠菜叶、胡萝卜丁、红甘蓝菜末、花菜、莴苣、青椒、红辣椒、甜椒、蘑菇、芹菜、切碎的煮鸡蛋、洋葱或橄榄,如果想再增加点蛋白质的话,可以加点金枪鱼、鲭鱼或奶酪。

·一大杯矿泉水。

·一杯绿茶或果茶。

避免:

· 各种汉堡牛排或法式炸土豆条。

· 加了很多熏肉、奶酪和蛋黄酱的三明治。

· 任何经脱水、调味和上色的速食食品,基本来说,如果包装上写着"加入热水搅拌即可",那就最好把它留在货架上不要放入购物筐。

· 碳酸饮料。

· 含有大量化学色素、调味剂和盐的炸薯片或油炸食品。

· 含有大量精制糖类和饱和脂肪酸的蛋糕或饼干。

· 酒或咖啡。

下午

· 一大杯水。

· 一杯草药茶、绿茶、果茶或是咖啡替代物。

你还可以从下列选项中任选其一:

· 一把未经烘焙和盐腌的新鲜坚果、瓜子或干果。

· 一片用有机谷类加上一点白砂糖或是蜂蜜制成的饼干。

· 几片水果。

避免:

· 碳酸饮料。

· 巧克力。

· 浓咖啡或香烟。

晚餐

从下列选项中任选其一:

· 烤土豆加上很多的绿色、红色和橘黄色的蔬菜,再加上点烤鲑鱼肉或鳟鱼肉。

· 用蔬菜咖喱调制的糙米饭(一定要加上很多扁豆和蚕豆,而且要保证摄取足够的蛋白质)。

· 像前面午饭部分所描述的大份混合沙拉,加上烤鸡肉或鱼肉,调味料可用橄榄油或葵花子油混合意大利醋(用白葡萄汁制成)调配而成。

· 番茄酱调味的全麦意大利面,可以加上下面的任何配料——洋葱、大蒜、西葫芦、各种颜色的辣椒、罗勒、金枪鱼或虾。

· 炒菜,调以鸡肉丝、虾、鲑鱼和面条。

辅以:

· 一杯矿泉水。

· 饭后甜点——新鲜水果、生物活性酸奶。

· 一杯草药茶,可助你睡个好觉。

避免:

· 比萨饼。

· 肉饼。

· 那些经过复杂加工处理过的、真空包装的、仅仅需要重新加热的食物。

· 法式炸薯条、鸡块或鱼条。

· 红肉。

· 外卖食品。

· 布丁。

· 冰淇淋。

保持能量持久释放的饮食模式

· 做到少食多餐,以尽可能地使自己的血糖水平保持稳定。不吃饭的时候,每一两个小时就吃几片全麦面包、米糕或苹果。最应该避免的是工作了几个小时,却只吃了一小块巧克力蛋糕或喝了一杯咖啡垫底。

· 尽管这可能不是你的习惯,但还是要争取每天早晨都吃一份健康的早餐,直到吃早餐真正成为你的习惯为止。早餐可以激活你的消化系统,从而极大地减少你在接下来的一天内想吃甜食的可能性。

· 如果你知道自己在吃完午饭后会很容易犯困,那就不要在中午吃油腻、难消化的食物,否则情况会变得更糟。不要吃那些脂肪含量高的、油炸的或是厚腻的食物。最好多吃点凉拌菜、汤、蔬菜、鱼肉、鸡肉或海鲜。

· 尽量使自己日常饮食的主要成分保持健康的比例:粗粮、大量的水、少量蛋白质、一定量的脂肪。最好不要吃含有饱和脂肪酸的食物,而是提高 Ω_3 脂肪酸和 Ω_6 脂肪酸的摄入量。

· 千万不要边走边吃,你需要抽出时间使自己放松下来好好吃饭。如果你想从吃入的食物中最大限度地摄取营养,那么就不要一边工作一边吃饭或是匆忙地抓起个三明治,赶往下一个约会地点。记住,吃到嘴里的食物应该是一顿饭,而不只是尽快咽下的维持身体机能的燃料。

· 不要为自己偶尔的"开戒"行为感到内疚。只要力图在接下来的几天内将一切都拉回到健康的轨道上来就行了。毕竟,规则总会被这样或那样的原因打破——这就是生活。

五、获取营养的应急之策:不含咖啡因的活力增强剂

当你感到萎靡不振时,除了吃那些可以持续稳定地释放能量的高热量食物之外,你还可以偶尔利用新鲜的果汁来激发你的活力。当你处于重压之下时,比起依靠咖啡和精制糖类这些应急措施,饮用新鲜的果汁饮料好处更多。好处如下:

· 尽管水果本身也含有糖分——果糖,但是这种糖对人体的影响远不像摄取大量的葡萄糖(精制糖类)那样可以使人体内的糖分骤然升高。另一方面,加工过

的碳酸甜味可乐饮料只是以提供大量葡萄糖的形式给人体提供"虚有其表"的空热量。换句话说，为了消化这些糖，你需要消耗自身的能量和营养，但却得不到任何有营养价值的回报。

·水果不仅可以提供给你天然的甜味以帮助你抵制对糖的渴求，而且包含大量的营养物质如抗氧化维生素，这种维生素可以自然地激发你的免疫系统。用搅拌机制成的混合果汁还可以给你提供一定量的有益健康的膳食纤维，这种纤维对你的消化系统好处极大。

·新鲜压榨的果汁中的膳食纤维确保了果糖不会过快地进入你的血管。这是因为膳食纤维充当了营养的"缓冲器"，减慢了果糖进入人体系统的过程。

下面是关于简单的混合果汁的一些建议。

香蕉果汁

将 1 杯（250 毫升）天然生物活性酸奶、1 根大香蕉、1 汤勺蜂蜜和几滴香草汁搅拌均匀。如果你不喜欢太过浓稠的话，可用牛奶代替酸奶。

杏汁

将 6 颗新鲜甜杏或已浸泡一晚变软的干杏和一杯半（375 毫升）天然生物活性酸奶混合。如果喜欢甜味的话，可再加入一点蜂蜜。适量地加入牛奶能起到稀释作用。

激发活力的果汁

在搅拌机中加入 1 杯（250 毫升）半脱脂乳，3~4 颗草莓或 1 把已削皮的切碎的桃肉，半根软香蕉和一点蜂蜜，搅拌至浓稠均匀。

第三节　从运动中寻求活力

没有人不晓得拥有健康体魄的好处。每天，时尚杂志、健身广告和电视节目都不时地向我们展示女子婀娜的身姿和男人强健的体格。这是很容易理解的，因为健康的体形对我们而言肯定好处诸多。

这里所要介绍的每一项锻炼方法不仅能够帮助我们增强肌肉的力量、整体的精力和柔韧性，而且能够帮助我们塑造一个更加苗条的体形。通过形成健康的姿势习惯，每个人都能极大地改善自己的身体素质。而且这些锻炼方法都已形成了自己独特的一套教学体系，长期练习者的身体、情绪和精神状况都能因此而得到极大的改善。所有这些锻炼体系都可以促使情绪、精神和身体达到最佳的平衡状态，这使得这里的每一项锻炼方法对于想要有效地处理不良压力的你来说，都是个非常恰当的选择。

·养生保健·

不但如此,合适的运动方法还可以帮助我们平衡能量水平。它可以提高我们长期较低的活力,消除精神的紧张。

一、运动的必要性

运动能从本质上平衡能量的产生。而营养膳食只是保证人体活力的一个方面,因为人体如同一辆跑车,营养膳食好比汽油,即使你将最好的汽油加入你的跑车中,但却把它放在那里几个月不开,汽车的零部件也会开始失灵的。同样的道理也适用于你的身体,有时甚至会更糟糕。

合适的激发活力的体育运动对你的身体关节和肌肉很有益处。如果你因为某种原因不得不暂停锻炼自己的肌肉,比如说由于刚做完手术或大病一场,你不得不长期卧床休息,你就会发现自己的肌肉力量和大小会以惊人的速度减少,因此而造成的身体颤抖和虚弱无力会使你痛苦地感到体力衰竭、精神疲倦。更为糟糕的是,你会发现要想使肌肉回复本身的力量却要花很久的时间。当然上面举的例子只是个极端情况。然而,如果你考虑到肌肉长期不锻炼或是未充分锻炼会对你的整体活力、力量和精力方面有缓慢而潜在的危害,你就会意识到很长时间不进行体育运动是万万不可取的。

除此之外,肌肉对维持免疫系统功能的稳定也能起到非常重要的作用。这与淋巴液通过淋巴管和淋巴结的运动有关。淋巴系统作为一个整体,是免疫系统的重要组成部分,它通过清除体内的毒素,来帮助身体抵御传染病毒的侵害。

这一切功能的平稳、有效运转,都取决于淋巴液的顺畅流动。与循环系统不同,淋巴系统并没有一个像心脏一样的"泵"来使淋巴液流动。这就意味着身体需要极大地依赖胳膊和腿上的肌肉群的收缩、放松来维持淋巴液有效而顺畅地流动。知道了这一点,你应该就很容易了解为什么说整天坐着的生活方式是不可能激发淋巴系统功能的,而且整天坐在那里,会使你感到自己的生活了无生趣、毫无生气。

如果你本身并不是好动之人,你可能就丧失了吸收氧气的最佳能力,因为你无法高效率地进行呼吸。呼吸是一种无意识的反射行为——换句话说,呼吸并不是一种刻意的行为。正因为如此,我们很多人就不去努力地追求呼吸的效率了。不幸的是,这种意识的缺乏会带来很多问题。

激发淋巴液的有效流动不仅能增强你的活力,还会给你的"面子"带来诸多好处,从而增加你的自信。比如:皮肤更加白皙光滑,患脂肪团的危险减少。

二、为久坐的生活方式付出代价

除了之前提到的缺点,终日懒散在家还会带来很多普遍性的有潜在危险的问题。问题包括如下几个方面:

肌肉紧张

我们中许多人的能量常常因为肌肉和关节的紧张而流逝,而他们自己却根本没有意识到这一点。通过下面介绍的小实验,你就会很清楚地发现肌肉紧张到底会有多累。

握拳,同时绷紧前臂和上臂的肌肉。正常呼吸,将胳膊保持这个姿势1~2分钟,然后完全放松。通过这样的练习你会发现释放和放松紧张会带来极大的放松感。接下来我们再假想自己正绷紧其他肌肉群(如脸、头皮、肩膀和后背)。

通过那些旨在放松和缓和拉伸特殊肌肉群的系统练习(比如:瑜伽、太极拳和普拉提),你可以重新纠正你的习惯姿势。每当你感觉自己的肌肉正处于紧张状态之时,可有意识地用这些运动驱走紧张。久而久之,你就会发现自己的活力正在稳步地提高,情绪更加稳定,精神也更加清醒和集中。

情绪波动

如果你常常没有特殊原因就感觉情绪暂时性的低落,那么有规律地进行具有稳定情绪、调节心肺功能的有氧运动对你应该很有好处。有规律地做一些力量行走、骑自行车、跳舞或跑步(每周3~4次,每次45分钟)等有氧运动可以促进你的身体大量分泌一种叫内啡肽的激素,这种激素能够让人产生愉悦和兴奋的感觉。有规律地进行有氧运动是平衡情绪的最好方法之一。

有规律地进行身体运动还可以给你的精神面貌带来其他的好处。因为身体变得更加自由灵活、强壮健康,你的自信心和自尊心也会随之大增。运动本身就能增强你精神和情绪上的活力,而这与是否拥有完美的体形并无关系。

较差的肤质和纹理

淋巴液运动不畅可能导致皮肤的肤质和纹理不正常。脂肪团(即上臂、臀部和大腿上部像橘子皮一样坑坑洼洼的蜂窝状表面)就是组织受到感染而处于停滞状态的外在表象。这是由于循环系统功能不佳和淋巴液的流动不畅导致脂肪很容易囤积在运动较为匮乏的区域而造成的。

除了带来"面子"上的问题之外,脂肪团的出现也表明你的身体系统无法有效地从组织中排出有毒废弃物。如果你确实受到脂肪团之苦,你可能还发现因为循环系环缓慢你会不时地感到疲劳。

有规律的体育锻炼可以使你体内的大肌肉群运动起来,从而对你的淋巴系统大有裨益,而且能够给你提供消除脂肪团的最好机会。如果你真的想与脂肪团说再见的话,你就应该开始进行下面的活动了。

·每天用皮肤毛刷清洗你的皮肤,可以有效地激活淋巴液的流动。沐浴之前用天然猪鬃毛制成的长柄刷轻缓地刷遍全身,但要注意不要刷到破损、疼痛、发炎或红肿的皮肤。

·洗澡时间不宜过长,水温不宜过高。因为那样会使皮肤丧失过多的水分,失去正常应有的润泽功能,导致皮肤松弛、产生斑点。最好用温水洗浴,而且要确保在水中浸泡的时间不要过长。

·在结束洗温水澡之前,换冷水冲洗一下身体。这一简单易行的水疗法可以极大地激活你的身体系统,增强皮肤微循环。对于感觉行动迟钝、头昏脑涨的你来说,是非常有好处的。

·尽量少吃或不吃那些众所周知的能够引起脂肪团的食物或饮品,这其中包括:茶、咖啡、酒、碳酸饮料、饱和脂肪以及其他任何含糖量高的食物。反之,应多喝点纯净水、果茶或是草药茶,多吃点新鲜水果、蔬菜和富含膳食纤维的食物(为了避免便秘)。

第四节 从呼吸中寻求活力

我们很多人都把呼吸当作理所应当的事,因而常对它漠视。毕竟你根本不用有意去想,就会自然而然毫不费劲地呼气和吸气。但不幸的是,你可能就此而忽略了呼吸的重要性,从而只发挥了身体的一小部分呼吸功能。在你紧张、焦虑之时,可能这一情况会更加明显。上半身的紧张使你的呼吸逐渐变浅且越来越急促,这会进一步加剧你急躁的心情。而且,以这种方式呼吸,不论时间长短,都会使你觉得头昏脑涨,昏昏欲睡。你会不停地打呵欠,以这种方式达到体内氧气和二氧化碳的平衡。

好消息是,有一些简单的呼吸技巧,可以帮助你在感到疲惫紧张、缺乏活力的时候能够最大量地吸进氧气。这些锻炼对于清醒你的头脑、重新补足你的能量电池来说绝对算得上是非常宝贵的方法。但如果你患有什么疾病的话,在做下面的呼吸锻炼之前一定要咨询专业医生。

一、交替鼻孔呼吸法

1.将右手的食指、中指和无名指弯曲,使其自然地贴着掌心。大拇指和小指保持伸直状态。

2.用大拇指轻按住右鼻孔,只用左鼻孔呼吸,心中默数4下。

3.大拇指仍按住右鼻孔,小指按住左鼻孔,使两个鼻孔都不能呼吸,心中默数4下。

4.移开大拇指,用右鼻孔呼吸,心中默数4下。

5.再将小指拿开,用两个鼻孔呼吸。这就完成了一个循环,休息片刻。

6.重复此运动4次,来唤醒你的身体,清醒你的头脑。

胜利呼吸法

也叫"火焰"呼吸法。这是阿斯汤加(Ashtanga)瑜伽的基本技巧之一,可以帮助你放松以及平衡身体的能量水平。

1.坐在一个安静平和的环境中,使你能够全神贯注地进行以下活动,而不会受到任何干扰。

2.深吸一口气,绷紧喉部的肌肉。如果你的方法正确的话,你会感到当吸气的时候喉部会发出轻微的嘶嘶声。

3.缓慢地呼气,仍然注意绷紧喉部的肌肉。你会发现喉部正发出一种类似于打呼噜的声音。

4.用这种方式呼吸6次,之后休息片刻。一旦你熟悉了这种呼吸技巧,你可以重复做4次(6×4)。但是要确保每2个练习中间一定要休息片刻。

二、能量平衡运动

下面介绍一些著名的已经过多次试验的能够激发精神、情绪和身体上的能量达到最佳平衡状态的运动。

瑜伽

众所周知,有规律地进行瑜伽锻炼可以给身体带来很多好处。多年来,瑜伽以其放松身心、提高能量水平、治疗和预防各种疾病、瘦体强身、美容养颜等诸多的神奇功效,一直在世界各地广泛传播。

尽管都被称之为"瑜伽",但是你要记住瑜伽也分为很多流派,它们在强度、进度和总体目标方面都各有不同。哈他瑜伽(Hatha Yoga)比较适合初学者练习,它可以帮助你增强肌肉力量、身体耐力和柔韧性,而且还能教给你一些简单而强效的呼吸技巧来帮助你重振活力或使自己冷静下来。

阿斯汤加瑜伽(Astanga Yoga)也被称为能量瑜伽,近些年来备受关注,因为很多明星都对它表现出了极大的兴趣和热情。但是,阿斯汤加瑜伽却不适合初学者练习,因为它对身体的要求特别高。不过,如果你的身体状况总的来说还不错,并希望通过一种运动来协调身心,使身体变得柔软、苗条、强健,阿斯汤加瑜伽应该是你最好的选择。

瑜伽与上世纪80年代流行的那种竞技性、消耗体力性的运动课程具有显著的不同。在瑜伽练习中,不再强调"没有付出,就没有收获"的苦行主义。基本上来说,瑜伽信奉这一点——"如果感到疼痛,就不要做",因为疼痛就意味着有受伤的危险。而且,在瑜伽课上,你不需与任何人竞争,不需与任何人比较——你只是在寻求自身的提高。

不管你选择何种形式的瑜伽,对于初学者而言,最关键的是尽量选择一家正规的、有专业教练的健身班,从而学习做好瑜伽的正确姿势。这是非常重要的,因为只有姿势足够正确,你才能够从练习中获得最大的收益。安全也是一个你不能忽略的问题。瑜伽练习是非常具有挑战性的一项运动。如果你反复做某个不正确的瑜伽动作,或是你操之过急地想练习某个高级动作,你就很可能因疏忽大意而

· 养生保健 ·

图文珍藏版

受伤。

这时就该由富有经验的专业教练出马了。他会根据每个学员的具体情况来确定哪些动作是合适的,并提出建议和指导。对一个好的瑜伽健身班来说,瑜伽教练的水平是否合格,经验是否丰富,都是至关重要的因素。如果你有什么健康问题,比如说类风湿性关节炎或高血压,在上课之前一定要让你的教练知道。对于处于生理期的女性来说,你处于生理周期的何种阶段关系到你是否能够做一些倒转的姿势,因为有些姿势在生理期来临之前和生理期中是不能做的。一旦熟悉了最基本的姿势,下一步你就可以自己在瑜伽音像教材的指导下在家里练习,以便巩固课堂学习的成果。但是在开始自己一个人做瑜伽之前,你必须要保证你在课堂上已经学会并且真正掌握了这套动作。

普拉提

如果你想寻找一种理想的、精准的锻炼方法,以帮助你有效地减轻精神、情绪和身体上的压力所带来的消极影响,同时还不会使你的身体过度劳累,那么就试试普拉提吧。除此之外,这种健康的活动还可以帮助你拥有高挑苗条的身材、柔软的肌肉和强健的关节。

普拉提是在 20 世纪 20 年代创建的一种物理疗法,几十年来风靡全球。普拉提通过有控制的精准的动作来有效地锻炼身体各个肌肉群。尽管普拉提的每个姿势动作幅度都很小,但是由于要保持很长时间,使得你每次锻炼完之后都会觉得非常疲惫。

普拉提强调塑造躯体的稳定与平衡(大致扩张从胸腔底部到髋骨之间的部位)。有些动作要求你保持直立状态,但有些动作又是在垫子上进行的。有的健身场馆还配备了专业的普拉提设备。

有规律地练习普拉提有诸多好处。它可以帮助你有效地增强身体的柔韧性,改善情绪和精神的平衡,减轻体重,锻炼肌肉,校正体态。因为这些动作需要精神的高度集中才能保证其精准性,同时还需要做平衡的深呼吸,所以练习普拉提可以有效地帮助你减轻压力、降低血压、减缓心跳频率。

有一点很重要,你需要报班来找一位非常有经验的教练帮助你熟悉普拉提。班级人数越少越好,因为只有这样教练才能为你量体裁衣,做出适合你自身情况的指导。

太极拳

人们相信,通过有规律地练习太极拳,辅之以呼吸训练,可以使人神清气爽、稳定情绪、增强自信、强健肌肉、陶冶情操。太极拳旨在促进精神、情绪和身体的协调,同时也能够有效地平衡能量水平。

如果你经常会因刺激而兴奋,或因疲劳而感觉步履蹒跚的话,太极拳应该是个不错的选择。毕竟,这两种极端情况都可能是由同一个原因而引起的,那就是——

不平衡的能量水平。如果你真的能对太极拳感兴趣的话，那么它就可以帮助你重新激活不顺畅的能量之流，让其再次平稳、和谐地自由流动。

在太极拳健身班中，你将学会舒展大方、圆活饱满、轻灵稳健、潇洒流畅的太极拳招式，同时也学会能够有意识地控制自己的呼吸。据称，有规律地练习太极拳可以使全身能量流动更平衡，同时可以放松肌肉、改善循环。

有规律地练习太极拳还可以提高关节的灵活性和肌肉的弹性，改善体形，增强身体的平衡和协调。如果你正被压力引起的问题（诸如焦虑）所困扰，你就应该考虑一下练习太极拳，因为太极拳的重点就是强调气息的调节。这是非常有帮助的，因为人在重压之下，很容易换气过度。练习太极拳，你可以有意识地控制自己的呼吸，进而达到精神和情绪上的平稳状态。这对于为压力所折磨的你来说，无异于是最实用的方法了。

同瑜伽一样，对于练习太极拳来说，参加由合格的专业教练所教授的健身班也是非常重要的，因为只有这样你才能正确地学会各种基本动作。事实上，以不正确的姿势进行任何一种锻炼都会使其效果大打折扣。

气功

气功可谓是一般人可以练习的最能够放松身心、减轻压力、平衡能量、调节机体阴阳平衡的运动之一了。对于缓解精神萎靡不振、注意力无法集中等症状疗效尤为明显。有规律地练习气功可以使你精神集中、头脑清醒、步履稳健、体质增强。

同前面所提到的几种运动一样，气功也会指导你如何规律均匀地深呼吸，并使之配合舒缓的气功招式。在练习气功时，你要集中精神，从而不会被外来杂念所侵扰。一旦你熟悉掌握其动作要领之后，你就会发现自己整体的能量水平更加平衡了，身体更加健康了，抗病能力也得到了增强。同时你还会发现，气功对身体的免疫系统也大有裨益。除此之外，身体的协调性和耐力也因此而大大增强，从而最终帮助你达到养生益智、祛病延年的功效。

学习气功最好请一位中国传统气功老师一对一地教授你，当然，你也可以参加本地的小规模气功班。不要妄图找本书自己练习。因为只有正确地掌握了气功的动作和姿态，你才能从中获得最大的收益。况且，练习的动作不正确还会有受伤的危险。

三、可行性锻炼目标

下面这一部分是专为那些健身运动的完全初学者而写的。本部分充分考虑到这类人（也许你也是其中一员）在初期会遇到的种种"障碍"。只有在刚开始设置现实的目标，制定基本实用的方法，才能够使你在运动健身之路上坚持下去，从而最终把健身真正融入你每天的生活中去。

·养生保健·

图文珍藏版

残酷的现实

将健身运动真正融入生活中去的最大障碍往往就是我们过高的野心。有时候我们会因为把目标定得过高而难以将其实现。如果你之前从未进行过任何锻炼,那么乍一锻炼,你就会为了补偿失去的时间而经常运动过度。其实,这很容易使你在第一道"障碍"前就摔倒,无法完成长期的健身计划。你应该实际地估算一下自己每天到底有多少空闲时间可供健身,不管这段时间有多么短,每天运动的时间都以不超过这段时间为宜。

同样的,你也应该考虑一下自己的身体承受能力。毕竟,如果你原本身体就不太好,那就要量力而行了。你如果凭着原本就不太健康的身体底子,仅仅锻炼了几周之后,就认为自己能够跑半程马拉松了,这种想法是非常荒唐可笑的。但是,如果你能够缓慢地、现实地、一步一个脚印地来实施健身计划的话,你反而有可能一点一点地增强你的自信,从而最终把健身真正变为你生活中不可缺少的一部分。不要妄想有什么捷径。将目标制定得长远些,反而更容易成功。

性情和口味

我们很多人也许都有过这样的经历:跟风去做一些健身运动。身边的朋友去做什么健身,你也跟着去。这样做只是因为这项运动非常时尚,却忘记了事实上自己根本就不适合做这项运动,结果通常也是以失败而告终。如果要问你何时再一次去健身,也许还要等待下一股健身流行风刮来。你应该记住,不管你选择何种健身课程,它对你而言,都必须是有趣的、愉快的,并且是适合自身性格的。毕竟,如果你打心眼里就觉得太极拳很无聊的话,那么要你咬牙坚持上完一堂太极课几乎就没有任何意义了。另一方面,你还可以选择那些不常见的健身运动,也许你会发现虽然它们不怎么流行,但是反而十分适合你。

你是否合群呢

你也许已经发现了,上面所介绍的这些运动课程都需要你付出一定的时间和精力来定期参加健身班,以保证姿势的正确性。如果你喜欢课堂那种欢乐热闹的气氛,你就可以从中享受到课堂学习的好处——课程集中,教练专业。但是,也许在家跟着教学录像练习更加适合你,尤其是如果时间对你而言特别地紧迫或是你希望按照自己的日程来随时安排练习时间的话。如果你的情况正是如此,那也应该建立在你已经在课堂上学习了足够长的时间,自己已经能够正确掌握动作的基础之上。只有这样,你才能够轻松、自在、从容地来进行锻炼。

不要停滞不前

如果你过去根本就不是好动之人,或是自童年起身体状况就很不好,也不要因此而放弃。值得庆幸的是,这里提到的所有运动课程都不是竞技性的,而且每一种运动都可以根据个人的具体情况做出相应的调整。你只需关注自己是不是比以前有所进步,而不用去管其他人做得怎么样。尽管也很具挑战性,但是本章提到的所有运动课程都不会给你的身体带来疼痛或伤病,事实上恰恰相反,进行一段时间的锻炼后,你会感到精力充沛、身心平衡、头脑清醒、放松无比。

四、根据能量体质选择适合自己的运动

下面的观点将提供给你一些额外的信息,来帮助你选择最适合自己体质的健身课程。

"瓦塔"/磷质型能量体质的人

对于此种能量体质的人来说,动力不足是他们的一大问题。但是与"卡法"/石灰型能量体质的人缺乏活力的特点不同,这类人不愿意锻炼的原因是他们比一般人更容易消耗掉能量。因此,"瓦塔"/磷质型能量体质的人通常身材都很苗条,这就使得这类人认为他们已经没有必要再进行健身锻炼来塑造体形了。这种类型的人持久力也很差,他们可能会以极大的热情投入到一项时尚健身运动中去,但一旦有更新鲜、更有趣的健身形式出现,他们可能就会见异思迁。

对于"瓦塔"/磷质型能量体质的人来说,最理想的健身形式是那些能够促进平衡感的运动。适合他们的选择包括:

· 走路。

· 瑜伽。

· 太极拳。

· 骑自行车。

· 跳舞。

· 普拉提。

"皮塔"/马钱子型能量体质的人

"皮塔"/马钱子型能量体质的人最重要的特点是精力像火一样旺盛,充满热情。因此对于这类人来说,最适合他们的莫过于那些能够使人平静舒心的健身运动了。任何竞技性过强的运动都应该避免,因为对于这类人来说,这无异于是在"火上浇油"。练习这种运动,会使得本已压力重重的他们的活力再次降低。因此,适合于"皮塔"/马钱子型能量体质的人的健身运动包括:

· 瑜伽。

· 亚历山大心身医学法(尽管从严格意义上来说,亚历山大心身医学法谈不上是一种运动体系,但是它可以有效地帮助你找到日常生活中哪些习惯性姿势加剧了你的身体、心理和情绪上的紧张)。

· 太极拳。

· 游泳。

"卡法"/石灰型能量体质的人

提高"卡法"/石灰型能量体质之人的健康与活力的关键在于激励,而不是放松。再没有人比这类人更适合这种激励型的健身运动了。

对于"卡法"/石灰型能量体质之人来说,阻碍他们进行健身运动的最大障碍就是动力不足这个问题。但在有规律地进行一段时间的运动之后,如果能量水平开始出现上涨的势头,他们就能够将健身计划坚持下去。毕竟他们看到了健身给他们带来的实实在在的变化。适合此类人的运动形式包括:

- ·快走。
- ·跑步——如果你天生体质较差,最好缓慢而逐步地一步一步地加大强度。
- ·水疗法。
- ·体操运动,包括举重训练和心脏血管功能训练——但切忌一定要在教练的严格指导之下进行,以免受伤。
- ·骑自行车。
- ·游泳。
- ·有氧拳击。
- ·跳舞。

第五节　从环境中寻求活力

采用整体疗法进行治疗最令人兴奋的一点就是,你将开始意识到目前的环境对激发、保持自身最佳活力和高质量健康方面的影响会有多大。毕竟,你可以努力提高饮食质量、有规律地进行锻炼以及学习基本的放松技巧。但是,倘若你生活在一个整天会削弱你的能量甚至会完全损害你的健康的环境中,要想激发或维持你的活力就很困难了。

但是别担心,创建一个平衡的、促进活力的环境并不需要你为此付出多少时间和金钱。你只需明白这样一个道理——其实你只需对周围的环境做一些简单实际的小改变就可以让你有脱胎换骨的感觉,从而帮助你摆脱沮丧消沉、精疲力竭的不良状态,迎接激情,充满活力。而且你要明白,不同的环境对不同人的影响也各不相同,这与个人的口味和性格有关。一旦了解了这一点,你就应该开始有意识地为自己创建一个能够恢复精力、焕发活力、振奋精神的环境。

一、能量和环境

毋庸置疑,有些环境本身就能够使我们心情平静而和谐,积极而清醒,而另一些环境则会使人感到忧虑、不安或精疲力竭。想象一下葱郁的树林或蔚蓝的海滩与工业厂区的不同吧。这不仅是视觉方面的不同,而且声音、气味和空气的质量同样也会极大地影响你的心情,前者让你感到精神振奋、心情平静,后者则让你沮丧消沉。

当然,不同的人对环境的反应也各不相同。有些人身处崇山峻岭中会感到精力充沛,而有些人在同样的环境中却会感到焦虑不安,非常不舒服。对于很多人来说,在茂密的森林中,他们会感到非常振奋、安慰,而另一些人在同样的环境中却会感到幽闭甚至是恐怖。当然,不管你的个人口味有多么独特,总会有一些环境会使你精神焕发。你应该不时地利用空闲时间去这些地方走一走,看一看,从而重新充足你的能量电池。

即使你实在抽不出时间去这些能够使你精神振奋的地方,也不要担心。如果你的想象力足够丰富、活跃的话,每当你感到紧张有压力时,你就可以在脑海里想象自己正身处那个地方。把这当成是一次视觉或是虚拟之旅吧。

二、实际操作

也许你不会总能掌控自己当前的环境。比方说,选择在什么地方居住,更多的是由你的工作机会决定的,而并非出于你的个人意愿。然而,你可以对如何布置自己的家做出自己的决定。下面我将对你如何创建一个能量平衡的、环境宜人的家提出一些实用性建议。为简单起见,我们可以从 5 种感官来分别进行分析。

采光和色彩

众所周知,每天所处的环境的色彩会影响人的心情。但是也许你还没有注意到,有些色彩会使你感到精神振奋,而有些色彩则会让你精神萎靡。同样,有无光线也会起到同样的效果。如果缺乏阳光的照射,你将会感到情绪低落、心情抑郁。长此以往,就可能会患上"季节性情绪紊乱"。知道了这一点,你就可以根据下面的办法重新找回那份激情和活力。

· 要有意识地利用光线的效果来放松身心或激发活力,这取决于你认为哪些光线会让自己感觉比较舒适。如果你长期照不到自然光的话,那么就将常规灯泡换成那种能模拟日光的灯泡吧。

· 如果你早上常常感到反应迟钝,而且从被窝里爬起来对你来说总是很困难的话,那就用一个能模拟清晨朝阳效果的闹钟吧,而不是依靠那刺耳的闹铃声来迫使自己起床。

· 如果你已经查出自己患有季节性情绪紊乱,而且一到冬天就会发作,进而破坏你的能量水平和综合活力,那就买一个全光谱的灯箱吧,这样可以帮助你远离抑郁。

· 慎重地利用色彩来改善你的心情,建立情绪平衡。下面的颜色选择适用于居室装修、墙壁装饰,甚至是服饰搭配。下面将简要地介绍各种色彩对情绪的影响。

红色象征着火一般的激情、温暖和热情,能使人焕发活力、恢复元气、兴奋激动。因此,最好不要过度使用红色,否则可能会造成热情消耗过多以致疲惫不堪的后果。只需在卧室里点缀少许红色,就可以增强活力。

橙色能够增加人的自信和活力。而且橙色还会给人以和蔼、友善的感觉。

黄色可以使人振奋精神、焕发新生。

绿色能够有效地平衡情绪,促使心情平和宁静。

蓝色可以说是最能使人放松的颜色了,而且它还不会使人感到困倦。

靛青或深蓝色不应该大面积使用,因为这两种颜色太过强烈了。它们只可以少量使用(比方说,几个垫子或一个床罩)。然而,如果你希望达到一种强烈的放松和沉思的效果,那可以在卧室或其他房间里大量运用这两种颜色。

声音

在生活中,我们常常会被各种各样令人不快的噪音所侵扰。有时我们不得不把噪音拒之门外,但是有时我们根本就对噪音无能为力。通常来说,讨厌的噪音包括防盗自动警铃声、汽车的鸣笛声、电话铃声、吵架的声音、天上的飞机声以及道路修葺的声音。长期处在讨厌的噪音环境中会使你心烦意乱、紧张不安,反过来,这又会使你感到精疲力竭,压力更大。既然你无法消除周围环境中绝大多数的噪音,那就在情况允许的时候,尽可能地享受具有平衡心情效果的声音,来作为一种积极的补偿吧。

·音乐可以随时有效地改善心情、提升情绪。如果你情绪低落,聆听你最喜欢的音乐可以帮助你增加自信心。当然有时候你可能只想听听那些让人舒心的古典音乐,或是催人泪下的感伤音乐。要尽量尝试去拓展你目前所喜欢的音乐类型的范畴,因为我们很容易被我们的音乐习惯所束缚。寻找新的音乐种类或音乐家可以带给我们巨大的快乐与全新的感受。

·不要认为只有新世纪音乐或古典音乐才可以帮助我们达到情绪的平衡与和谐。有时完全的安静正是我们所需要的。

·风铃可以营造一种悦耳、迷人、精妙的效果,而且价钱较低,方便实用。风铃种类很多,大小各异,从极度精致的小风铃到古怪的猫咪形状的风铃你都可以选购。

·水流声既可以使人心情平静,也可以使人精神振作,这取决于你不同时候的心情。水景可以装饰在你的花园里、院子里、阳台上,或者直接装饰在室内,以营造一种令人心情愉悦的视听氛围。如果你真想选择在室内装饰水景的话,千万要小心孩子们和小动物的安全。

气味

众所周知,香味对我们的心情和情感有着强烈的效果。一阵飘来的芳香可以上我们立刻回忆起往昔岁月。某些特殊的气味还可能会使我们产生沉思、愉快、思念、喜悦或伤感的情绪。最能体现香味这一有力影响情绪功能的就应算是精油了。精油是一种高度浓缩的芳香提取物，当你感到情绪低落时，只需将几滴精油加热熏香就可以让你精神重振。如果你怕麻烦的话，那就在纸巾或手帕上滴上几滴，一旦你需要激发活力，就吸上一口，保证立马会有好心情。

· 柑橘类精油诸如葡萄柚、柠檬和甜橙精油可以焕发活力、振作精神、驱除紧张。

· 迷迭香精油那浓郁的芳香气味能使人神清气爽，它具有提神醒脑、增强记忆力、调节人体情绪的作用。另外它还可以激发性欲。

· 薄荷精油同样具有振奋精神、集中注意力、激发活力、消除疲劳的作用。如果你早上起床非常困难的话，薄荷精油是你最好的选择。

· 苦橙叶精油那具有振奋作用的芳香可以减轻压力带来的失眠多梦、精神衰竭、身体疲劳等症状。

· 薰衣草精油可以镇定心情、振奋精神、恢复活力。

· 快乐鼠尾草精油的香味可以使人平衡情绪、恢复精力、放松身心。它还有刺激性欲的作用。

· 天竺葵精油具有淡淡的甜甜的薄荷香味。当你疲惫不堪、情绪低落时，它可以使你精神焕发、充满活力。

抚摸

抚摸是目前所知的最能引起感官愉悦的方法之一。与所爱之人进行肌肤之亲可以让我们深深地享受到安慰、亲密和快感。不幸的是，在我们面临压力、身体疲惫不堪时，抚摸往往是最容易被我们遗忘的。如果事情让人焦头烂额，你可能就会对别人的抚摸感到非常地反感。你还很可能因此而感到孤独、有负罪感、孤立无援，与周围的人格格不入。

不要太沮丧，这一切还是可以挽回的。你只需要有意识地努力将你的人际关系拉回到健康的轨道上来就行了。一旦成功，你可能就会发现你又能跟你的伴侣进行身体上进而心灵上的接触，你也会因此而感到自己精力充沛，放松自如，从而再次迎来激情。而你所要付出的仅仅是腾出少许时间、花费一点精力而已。

· 很多人在做爱时只是看着对方，却忽略了互相抚摸这一过程，从而也就体会不到身体接触的亲密感。你如果看一下小孩子们之间是如何直接而公开地以本能的抚摸来表达和接受感情的，你就会完全理解这一点——如果你失去了抚摸的能力，你就会迷失自我。握手、拥抱或是用温暖的臂膀环绕着对方能比甜言蜜语更好地表达情感。

· 每天为你和爱人之间的独处生活腾出点时间是必需的，只有这样才能够加深感情，增进交流。我们很多人又何尝没有因为时间紧迫而不得不应付地听对方说话呢？这也许是因为我们正在为孩子上学做早餐，或是为我们将要做的陈述演讲提前做准备，或是看电视看得睡着了。如果你足够诚实的话，我想我们就是如此。如果这种半心半意听别人说话的现象还只是偶尔出现的话，应该还不是什么大问题。但是另一方面，当自己说话的时候，对方没有认真地倾听，你想想是多么伤感情的事啊！你们俩的关系也很可能要为此而大打折扣。如果你不相信的话，那就好好注意一下热恋的情人之间是如何表现的。他们不仅抚摸对方，还经常用眉目传情，而且认真注意倾听对方的话语。如果真的想达到深层次的交流，彼此认真地叙说和倾听就是一个最基本的环节。

·你最好改掉在深夜做爱的习惯。尽管这个习惯的确适合于某些人，但是对于大多数人来说，比起做爱，这个时间可能更希望睡个好觉。最好选择一天中双方的能量水平都较高的时刻来做爱。时间不必像马拉松般漫长，但是你必须拥有足够的活力来保证你们二人可以真正地体会到彼此交融的快感，而不仅仅是例行公事。

·按摩是你与爱人进行交流的一种强效而直接的方法。一定要预留出足够长的时间，以避免草草了事，并且要保证房间温暖舒适、灯光朦胧、气氛温馨，这样才能在感官上获得最大的愉悦感，你可以点一支香熏蜡烛来营造这种怡人的氛围。不要为自己不是按摩专家而担心，也不要为自己的手法是否正确而紧张，重要的是意识到你的爱人正在全神贯注地享受这一过程。用点按摩油能使你的按摩更加平滑流畅。按摩油成品在商店里应该很容易买到，当然，你也可以自己调配。你可以将6滴依兰精油或檀香精油加入4茶匙基础油中调制。一定要将按摩油放在手心暖一会儿，再将其往你的爱人身上涂抹，这样才不会将冰冷的按摩油滴到你的爱人身上，造成与这温馨的场面不和谐的一幕。按摩的力道和手法可根据你们俩的喜好而定，不过你也最好知道，通常的按摩技巧包括画圈、抚、压、捏和揉。

·通过关注日常生活中那些常被你视作是理所当然而漠然对待的感觉，来促进你的感官意识。有时这些感觉是非常单纯的，就像是躺进了充满清新和芬芳的被窝里的那种愉悦感，或者是穿上了柔软而合身的棉质衣服的那种舒适感。

·偶尔由专业的按摩医生帮你做个全身按摩可以让你充分地放松，帮助你平衡压力水平、消除肌肉紧张。如果你是一个人独居，感到形单影只、孤独寂寞的话，这对你就更为重要了。如果你没有足够的时间或金钱来做全身按摩的话，做做某些部位（如颈部、肩膀或后背）的局部按摩也可以。

味道

前文已经介绍了哪些饮食是可以激发活力的，而哪些饮食是会消耗活力的。此外，还有一些关于饮食习惯的实用性建议，你要把它们作为激发活力计划的重要组成部分牢记在心。

·尽管听起来似乎是老生常谈，但是仍要强调下面这一点：一定要花时间仔细地品味你吃的每一样东西,切忌狼吞虎咽。匆匆地吞下一个汉堡或是在电视机前吃送来的快餐和可乐,是不可能对你的活力激发计划有任何帮助的。这种饮食习惯给你带来的可能更多的是消化不良和胃烧灼痛的感觉。毕竟,如果你将注意力放在别的事情上面,你就不能充分地咀嚼食物,从而你会发现自己实际上吃的要比你需要的多出很多。为什么呢?因为你分心了,这些分心的事情往往会分散身体对饥饿感和过饱预兆的注意力,因此这时候你经常是不知不觉就吃过量了。反之,如果你能够多给自己留点时间坐下来慢慢地享用你的食物,并细嚼慢咽,你就能更加仔细地品尝出食物的味道和口感,从而在吃饭的过程中得到更大的享受。而且,这样的话,大脑就有足够的时间意识到你正在吃饭,也可以及时给你的身体发出你是否吃饱了的信号。你的消化系统也能够更加灵敏地做出反应,在你第一次感到饱的时候,它就可以及时做出停止进食的反应了。

· 在进食前,请花点时间来欣赏食物漂亮的颜色和诱人的香味吧。这样不仅可以给你带来感官上的巨大享受,还有益于消化系统功能的发挥。因为此时口中会相应地分泌出唾液,其中的消化酶可以激活消化系统。所以,在把食物送入口中之前,欣赏食物的香味和外观可为消化过程做准备。

· 食物真可谓是情绪上的"雷区",吃东西的很多快乐都可能会因负罪感或自我放纵感而被破坏。如果你把食物视作会使自己增肥的危险之物,这一感觉就更加明显了。以健康的饮食享受为代价而对减肥过度关注,将导致饮食失衡。请把健康饮食原则——高膳食纤维、复合糖、鱼、新鲜水果蔬菜、少量蛋白质和大量纯净水——付诸实践。这一原则不仅可以帮助你自然地保持体重稳定,同时能够保证你享有持久的能量水平。无论如何,一定要避免那种体重减一阵增一阵的或时尚的饮食减肥模式,因为这不仅会剥夺你吃东西的快感,而且还会让你变得更胖。

三、能量陷阱

当你处于重压之下时,你就要注意避免脚底下的陷阱了。下面是一些实用的建议,可以帮助你在感觉有一点缺乏活力之时,重新激发自己的能量水平。

清理混乱局面

没有什么事情比周围堆着大量你已经一拖再拖的工作更加消耗能量的了。一摞摞的文件需要处理,一堆堆好久都没有穿过的衣服至今还没有整理、分类,地上堆着各种杂乱的东西——所有这些都会给你这样的感觉,即你已无法掌控自己的生活。你应该以一个积极的态度去面对这些已困扰了你很久的任务,这样反而能够给你注入一股新鲜的能量和活力。你也许会发现你需要将这些任务一下子都解决掉——其实对于有些人来说,正需要有个限期挡在前面,才能逼着他们动手去做;而对于另一些人来说,他们喜欢一点一点慢慢地来做。不管你属于上述两种人中的哪一种,你一定要保证将困扰你的这些任务一点不剩地全部解决掉。否则,这些残留的任务终有一天会变成又一堆困扰你的大麻烦。从风水的角度看,将自己从这些烦人的琐碎事务中解脱出来能够让你的能量畅通,从而你就可以自由地向新方向前进。

清除小电器

如果每天早上起来你都会感到疲惫,那就该检查一下你的卧室里到底有多少小电器了。也许正是因为你无意中在卧室里装备了过多的电器,诸如电视机、CD播放机、电子闹钟、电热毯和其他电器设备,才扰乱了你的生物磁场能量。如果确实如此的话,那就好办了。你只需将那些不必要的电器移出房间,或是以不用电的设备取代就可以了。打个比方说,你可以收起电热毯,换个热水袋。电视机也应该挪出卧室。因为在床上看电视的姿势通常都不正确,由此会导致紧张性头痛;而且睡前看电视还会使得你的精神又振奋起来,从而导致失眠多梦。

达到最佳平衡

当我们处于压力之下时,忙碌的工作和紧张的压力常使我们容易忘记这一点——我们需要在生活中努力追求一种平衡感。尽管工作或学习非常繁忙,你也需要腾出一点点时间来放松,补充一下自己最基本的能量和活力水平。至于你打算用何种方式来度过这段时间则完全看你自己的选择了:有些人可能想尝试一下各种放松技巧,而另一些人可能会喜欢随心所欲地干一些能够使自己心情平和、精力充沛的活动。选择何种方法完全取决于个人的爱好。当然,下面这些方法对你也应该有所帮助,比如:躺在滴有香薰精油的浴缸里好好地泡个澡,沿着乡间小路或海滩散步,看场电影,和朋友们说说笑笑,每天晚上早点上床阅读你喜欢的书。不管做什么,最主要的目的都在于要保证你有足够的时间来放松自己,重新充足自己的能量电池,尤其是在你感觉自己正比平常承受更多的压力之时。

最重要的是,不要为自己花了宝贵的时间来放松而感到自责。这并不是放纵,而是确保生活健康平衡的一个有效实用的方法。

努力平衡情绪

如果你想要获得最佳的能量水平和充足的活力,你除了需要通过健康的饮食和规律的锻炼来拥有个好身体之外,还需要学会努力平衡情绪。

有些情绪,诸如愤怒、焦虑和忧郁,都会极大地消耗你的能量,使你在大多时候都感到精疲力竭、暴躁易怒。而你甚至还没有注意到这一点。虽然你能有效地压抑这些情绪,但是你会发现,即使是最小的触发事件,都可能引发你莫名其妙的过激反应——事实上,压抑情绪本身就会极大地消耗你的能量,使你更加感到精力衰竭、疲惫不堪。

如果这些症状已经在你身上发生,也别绝望。有些简单的方法可以有效地帮助你消除这些最常见的会消耗能量的情绪,诸如焦虑、忧郁、愤怒或自责感。

四、驱除 4 种消耗能量的恶魔

忧郁

忧郁是我们生活中最强大的破坏性情绪之一,它会造成疲惫、消极、缺乏动力、失望等症状。症状的轻重和持续时间的长短因人而异,各有不同,这取决于你患的是医学上的忧郁症还是暂时性的忧郁。下面的建议主要是针对后一种情况而言的。但即使是长期忧郁症患者,仍可以从中获得一些有益的启示。然而,忧郁症毕竟是一种慢性病,必须经由专业医生的治疗——药物治疗或心理治疗或二者兼有——才能得到帮助。任何的自救措施都只能被视为是额外的帮助,而不能视为一种可供选择的疗法。

· 如果你正为暂时性的忧郁所苦,你自然的反应就是远离朋友,一个人静静地待着。当然,独处有时候的确是件好事。但如果你正处于忧郁之中,却没有人相伴,这很可能会加剧你的孤独感。相反,找一个自己的知己吐露心声,倾诉苦衷,反而可以帮助你更加客观地看待自己目前的处境。

· 哈哈大笑或是找一个可信赖的肩膀好好地哭诉你的烦恼,都会对你的病情有所帮助。每当忧郁的心情来临时,人们常常会非常苛刻地对待自己,不想给别人增添烦恼。然而,如果你有几个真正的知己,那就用不着对他(她)们隐瞒,一五一十地把你的烦恼说出来,他(她)们会给予你情感上的帮助的。

· 当你情绪低落时,你的睡眠模式很可能会被打乱。你可能会睡眠过量,却还是感到昏昏欲睡,反应迟钝,或者是早上很早就醒来,却感到精神不振、紧张不安,一定要想办法改善睡眠的深度和模式。

· 当你情绪低落时,一定要保证饮食健康且规律。尽管光靠饮食很难激发你的活力,但仍值得一试。虽然血糖水平降低不是情绪低下的根本原因,但是血糖水平的确在很大程度上影响着情绪的波动。如果血糖水平不稳定,就可能导致一系列别的症状出现,比如:紧张、暴躁、焦虑、注意力差以及活力下降。如果你已经在精神和情绪上非常脆弱的话,这肯定会加剧你的症状的。

· 有氧运动是帮助你打败忧郁的最强有力的武器。你不必花多大的气力,只需每天快走 30~45 分钟即可。你也可以骑自行车或跑步,如果这两种运动更适合你的话。关键在于你选择的运动必须是有氧运动。在进行持续的富有韵律的运动时,你锻炼了手臂和腿上的大块肌肉,从而可以调节你的心、肺、血液循环系统和淋巴系统,同时还能促使身体分泌让人感到愉快的内啡肽。

· 如果你的情绪忧郁是因为你的人生观本身就很消极的话,那你本人就该为你的忧郁负责了。人的情绪皆是由人的想法所引起的。当你感到忧郁时,此刻的想法会受到消极性的控制而扭曲;而负面的想法则会扭曲你的情绪,使你的忧郁心情变得更糟。忧郁的情绪常常会突然降临在我们身上,而我们本身却对此无法控制。因此,对那些正在受忧郁之苦的人来说,最为糟糕的事莫过于对他们说"自己振作起来吧"。在你情绪低下之时,你应该努力把自己看作一个本质乐观之人,尽力克服消极的情绪。想想看,当你的好朋友或家人感到忧郁时,你是如何去安慰他们的;然后以同样的方式对待自己。这并不是自我放纵,相反是生存的需要。

·在香熏炉中加热精油,能够帮助你平衡情绪、焕发生机。你可以从下列的精油中选择一种:春黄菊精油、快乐鼠尾草精油、依兰精油、薰衣草精油和墨角兰精油。

·圣约翰草具有治疗轻微忧郁的功效。如果你在服药期间,又想接受圣约翰草的治疗的话,你必须从专业医生和药剂师那里寻求咨询。因为圣约翰草会使很多常规药物降低药效,诸如传统的抗抑郁药、治癫痫药、治心血管系统功能紊乱药、哮喘药、艾滋病药、治偏头痛药、抗血凝和抗排斥药物。

焦虑

如果你经常受到焦虑的困扰,你的身体可能就会消耗更多的神经能量。部分原因是一种叫作"战或逃"反应的压力机制的作用。每当你面临威胁时,这种机制就会被触发。这意味着,每当面临压力时,身体就会自动做出反应——准备投入战斗或赶紧从这危险之地逃跑。尽管有些时候若作用过程合适的话,这种"战或逃"的压力机制是能够有效地解决问题的;但是你日常生活中面临的大多数压力却是无法用这种方法解决的,比如说同爱人吵架、突然有大笔账单要付清等情况。

结果,由于体内充满了压力激素,无法通过体力活动将其驱散,这种压力机制的不断触发就会使人感到急躁、紧张。如果该反应持续时间较长的话,将会导致肌肉持续性的紧张疼痛、头痛反复发作、食欲下降、腹部绞痛、睡眠不佳、心悸和惊慌失措。所有这些症状都会极大地削弱你的能量。

如果你平常都很镇定,但是每当压力来临时,你就会不自在地紧张起来,那么下面的建议对你来说非常宝贵。

当你经受了一段时期的重压或孤寂之后,心理咨询也会对缓解你的焦虑起到重要作用。最关键的是,你会发现自己并不是孤单一人,还有很多人跟你一样饱受焦虑的折磨。也许这样想,你的心理负担就没那么大了。

·有些食物或饮品本身就会加剧焦虑症状。你最好不要食用或饮用这些东西,至少在面临沉重的压力时,尽量少吃或少喝。这些食物或饮品包括:咖啡、碳酸或咖啡因饮料、巧克力、茶、酒以及含糖量高的食物如甜食、蛋糕、饼干和方便食品。

·尽管听起来很简单,但是战胜焦虑最有效的方法之一的确就是立刻解决它。设想一下任务如果一直拖着,2年,5年,10年,那么焦虑将会一直困扰着你,这该是多么可怕的事情啊!这种办法可以使你从一味地逃避中回归现实,尽快解决问题。

·有的时候,某些特定的情形或你对某些东西的恐怖心理也可能会引发焦虑,这可能会对你的一生都有影响。比方说,对在大庭广众之下演说的恐惧可能会使你失去本应该得到的工作上的提升机会;恐高症可能会使你的假期出游变得困难。如果这些情形确实发生在你身上的话,你最好去咨询一下心理医生。行为心理医生将会提供给你一些有用的技巧,来教你如何面对焦虑和恐惧,从而帮助你及时战胜它。到时候你就会发现这些东西或情形其实并没有那么恐怖。而你自己则浑身充满了自由感,并拥有了足够的勇气去战胜它们。

·如果你的确感觉紧张、焦虑不安,你很有可能就会不由自主地以"灾难"性的思考方法来想问题。换句话说,你可能会开始想象那些你现在为之焦虑的问题还会引发将来的一系列"灾难"性事件,最终导致进一步的灾难性结局。没办法,人的想象力有时候就是这么丰富,甚至你还会想到这个重大灾难的所有细节。这也许是遇到此情形时人们的通常反应,然而它却对解决问题一点帮助都没有。如果你已经有了这种杞人忧天的症状,你就会发现当自己面对纷繁芜杂的问题时,不能做出理性的决定。事实上,相反的情况倒是真的,因为花很多能量去忧烦那些根本不可能发生的事情,只能使你心烦意乱、精疲力竭。所以,你必须把这种杞人忧天的想法遏制在摇篮之中。首先,确认问题的确已经发生了,因为只有当你先承认了问题的存在,你才能将其解决。其次,一旦忧虑的症状出现苗头,就赶紧采取精神和情绪上的行动,来制止这一想法。刚开始也许你会感觉这一过程很困难也很不自然,但之后你就会尝到甜头的,你会觉得这的确值得一试。

·如果你总因不时地担忧而感到无名的焦虑,那就请将你的注意力着眼于现在吧。将注意力集中在眼前,意味着你可以最大限度地享受当下的人生。同时这样还可以避免你以消极的眼光去看待未来。这是非常重要的,因为在很多情况下,问题往往要到其真正来临之际,才能有解决方法。你要记住,比起等问题真正出现之时再去解决它来说,在问题还没有出现之时就幻想问题会给你带来更大的压力。况且,问题还没有出现之前,你也没有办法采取任何积极的措施来解决它。

用呼吸技巧缓解焦虑

平缓的呼吸技巧是一种有效的辅助手段,在你紧张不安时,它可以使你放松下来。因为它不仅能够促进人体与外界的氧气交换,而且能使人心跳减缓、血压降低,还能转移人在压抑环境中的注意力,并提高自我意识。当人们知道自己能够通过深呼吸来保持镇静时,就能够重新获得控制情感的意识,焦虑循环也会随之被打破。因为,人在感到压力很大、紧张不安之时,呼吸往往会变得又快又浅,而且只在上胸腔进行。另外还可能会攥紧拳头,肩膀变得很僵硬,就好像无意中给身体套上了一副盔甲。这种状态不仅会加剧紧张焦虑,而且还会破坏血液中氧气和二氧化碳的平衡。

不过,这一切都是可以扭转的。你可以迅速地将一切都拉回到健康的轨道上来,使自己感到心情更加平静、放松。而你所需要做的只是集中精神,有意识地缓

·养生保健·

图文珍藏版

慢而稳定地呼吸,并用上你全部的肺活量。

你可以把手轻放在你的腹部(大致在肚脐上方),来学习如何正确呼吸。吸气时,有意识地放松胸腔,使肺部充满空气。你会感到你的胸腔缓缓抬起,手也会随腹部抬起;吸气越深,腹部升起得就越高。这意味着你的肺已经被最大限度地使用了。保持数秒,接着呼气,将腹部向内朝脊柱方向收;收缩腹部,把所有的废气全部从肺部呼出来。在进行下一次呼吸之前,稍稍停顿几秒钟,当废气全部排出后,将手移回原处。

在练习这种缓慢、完整的呼吸方法时,一定要保证你的呼吸不是强迫的,而应该像是海水自然地涨潮落潮一样稳定且有节奏,并以一种表面看来毫不费力的方式进行。在练习时,不要紧张,要尽量保持自然。当你感到头晕眼花、神志模糊时,千万要记住停下来休息一下。按我们教的方法呼吸,情况一定会有所改善的。

愤怒

我们似乎生活在一个火气越来越大的社会。马路边的争执、暴力的任意使用和人际关系的破裂等问题司空见惯。似乎人们有很多愤怒无法解决,从而引发情绪上的混乱与不安。所有这些未能发泄的愤怒本身就是消极的、有损健康的。事实上,将这些不愉快和愤怒以一种可控的、自信的方式发泄出来,比将其压抑于心中要健康得多,因为如若不然,这些情绪就会在平静的表面下郁积甚至爆发。

如果这种情况发生的话,你会在大多时候都感到情绪低落、心神不安,但又找不出是什么原因。这些压抑的情绪就像定时炸弹,随时都可能引爆。比如,当某个人无意之中犯了错误,他就很可能会变成你发泄愤怒的对象,以致受到你不公正的指责。下面这些实用的建议可以帮助你正确应对今后生活中的愤怒。一旦你从这种火暴脾气中解脱出来,你就会惊奇地发现自己浑身上下都充满了能量与活力。并且,你还会发现世界竟是如此美好。

·每当你对某些事情感到生气的时候,赶紧反省一下自己是否真的值得为此而生气。在分析事态之前,你可以先按前文所教的呼吸方法来舒展身心,清醒头脑。如果经过快速而慎重的考虑之后,你认为自己的确应该对这件事生气,那最好也是用平静地向别人倾诉的方式,而不是用辱骂的方式来发泄。否则你很可能会越骂越生气。如果不值得为此事生气,只要再做几次舒展身心的深呼吸来平复自己的心情就好了。

·如果我们过久地把愤怒压抑在心,忧郁就可能找上门来。这会使你的自信心受到极大的伤害,你会对自己的能力产生怀疑。如果你的确认为自己身体和情绪上的活力正是由于这种消极的自我形象而流失的,那就去咨询一下有经验的心理疗法或顺势疗法医生吧。

·某些食物和饮品可能会让你脾气火暴。你最好在生气的时候避免吃、喝这些东西,以免"火上浇油"。

·如果你很想发泄自己压抑的情绪,而周围又没有人倾诉,那就试试对着垫子发泄、唱歌或做做剧烈的运动(如跆拳道)等方法吧。

自责感

毫无来由的自责感是生活中最能消耗我们活力的情绪之一。整天背负着难以释怀的自责感,你就难以放松并享受生活,从而破坏目前的幸福状态。自责感通常还伴随着焦虑。打个比方说,出门在外游玩,你却仍在担心自己出门前是否把所有的家用电器都关掉了,从而整个游玩过程都忧心忡忡的。所以,对于有自责感的人来说,一旦有什么出了毛病,他们都会把责任揽到自己身上。

在适当的情况下,自责感会让我们远离缺乏道德感、自私自利或利用他人等不齿行为。但是那些不必要的懊悔会让我们的生活失去平衡,缺乏创造性。如果这一情绪上的负担是你从小就背负起来的,当你终有一天将其摆脱时,你将会感到无比的轻松。那么请回忆一下,你的童年是被父母视为掌中宝,爱着、呵护着吗?还是你一直感到自己没人疼、没人重视、整天被责备?

不幸的是,如果你从小就怀着这种自责感,你很可能总是害怕自己无法去赢得那些你所关心在意的人的爱、关注和尊敬,觉得这是难以实现的事情。你这样想,随之而来的结果就是,当你无法达到为自己设定的标准之时,你就会感到严重的不安、挫折、自责和无力。要想摆脱这一不良的情绪螺旋,首先你必须承认你的确有这样的问题。而一旦你能找到自己的问题之所在,你就能够全身心地投入到采取措施去解决问题中去。

·要想改变不当的自责感,你需先做到,每当那种熟悉的不自在感觉袭来时,请一定要坚定立场,不要受其影响。不妨分析一下你的自责感与当时的情形是否真正相称,也许你会有两种不同的感受:要么觉得在当时的情况下,你已经尽了自己最大的努力;要么觉得你自己很可能犯了一些错误,但是这些错误并不会影响你的生活。如果后者更有可能发生的话,那你就将这种见识当作自己的优点吧。要善于从以往的经历中吸取经验、教训,这样当你在将来遇到类似的事情时,你就能更妥善地将其解决好。

·如果你那种持续的自责感是由于某个人或某种情形而引起的话,那么你要尽可能客观地评价你的这种反映究竟有多现实。经过认真的考虑和反思后,你可能会发现,通过采取一些积极而有准备的行动,你可以更好地改变目前的处境,而不是仅仅不停地自责。或者,你可能会得出这样一个结论——在这种情况下,虽然你确实已经尽你所能做了大量积极的工作,但你还是得不到任何能够成功解决问题的方法。如果真是这样的话,那你就应该有意识地让自己从这一问题中解脱出来,继续前行!

·最重要的是,如果你的自信心不是很强,当别人当面夸奖你时,不要又陷入无名的自责感中。要努力地按照对方的字面意思去理解、接受这一赞美,并从中获

·养生保健·

图文珍藏版

得真正的快乐;而不是处心积虑地想找出隐藏在这些恭维话后面的动机。也许,你真的需要给自己一张快乐通行证。

赢得积极的心态只需 10 步

如果你天生就怀着消极的态度来看待生活,你很可能在事情发生之前就已花费了大量精神上的能量来担心可能要发生的不良后果。反之,如果你能够有意识地以公正、积极、现实的态度来看待事情,你就会努力地朝好的方向去奋斗。这可以激发你的自信和乐观的心态,而这两种心态都能给人以激励的感觉。

待到你再一次面临挑战之时,请稍微暂停一会儿,观察你对该挑战的最初反应。如果,你发现自己的最初反应仍旧是悲观的情绪,那么就请有意识地以更积极、更乐观的态度来看待问题。尽管刚开始你可能会感到很不自然、很费力,但因此而带来的积极结果肯定会让你感到这确实值得一试。

1.你只有以平衡的观点来看待每件事情,才能够在面临问题时,采取积极的态度,而不是习惯性地用消极的态度来面对。

2.在考虑解决问题的可行性方案时,要尽可能地灵活。千万不要因为方案 A 失败了,就感到束手无策。你要这样想,你的保底方案是方案 B。如果方案 B 也不行,还有方案 C 和 D 可供选择。

3.你是怎样看待变化的呢? 你要记住这点,变化通常是中性的,它可能向好的方向发展,也可能向坏的方向发展;你对该变化的态度决定了你将其视为是新的机遇还是威胁。如果你能够学会去拥抱这些无法避免的变化,这些变化就会成为你人生中一次次丰富的经历。

4.当压力或挑战来临时,不要烦恼,可以在脑海中想象一下你已经冷静地、积极地、成功地完成了这件棘手的任务。

5.如果你很排斥做某些事情,只因之前有过做类似事情的失败经历。你应该稍微停一会儿,想个新方法来应对。与其一味地逃避,你不如从前车之鉴中吸取教训,以更加积极的态度来处理这类问题。

6.用更加积极的、具体的方式来表达自己,能够改变你对一个事件的态度以及在别人眼中你处理事件的态度。打个比方,如果你被要求做某件事情,你应该肯定地说"好的,我会的"或是"对不起,我没法办到",而不是一边心想着"我不可能办到的",一边回答道"可能吧,但是我真的不能确定"或"我会试试"。

7.如果你目前的烦恼是由于你现在面临的压力不断增强而导致的。那么你应该抛开一切烦恼,休息一下,而不是被不断堆积的压力来影响自己。你只需花 5 分钟时间做做能缓解焦虑的呼吸练习,或是喝杯具有减压疗效的草药茶。最重要的是,要给自己时间去休息放松,休息过后你就会觉得神清气爽。

8.如果你做成了什么事,不要马不停歇地就赶着去做下面的事。不妨稍微歇息片刻来体会一下这种成功的喜悦吧! 最重要的是,为自己庆祝一下取得的成就,尽管这成就可能很小。

9.有意识地跟那些能够活跃气氛、能让你开心的积极乐观之人在一起。这可不是放纵,而是激发情绪的一种非常重要的方法。

10.不要遇见问题就习惯性地采取悲观的态度。正如面对着装有一半酒的瓶子,你既可以说"半瓶是满的",也可以说"半瓶是空的"。换句话说,如果你能够努力仔细而客观地看待这件事的话,即使是一件看起来很令人失望的事情也可能会带给你意想不到的好处。

五、激发你的心理活力

众所周知,有规律地进行冥想或是做放松练习会带来显著的好处。有规律地在教练的指导下进行放松训练,可以减少患高血压、心悸、消化问题和睡眠问题等一系列因压力引起的健康问题的概率。除此之外,有规律地进行放松训练还可以带来很多其他的益处。这包括头脑更加清晰、情绪更加平衡、注意力更加集中、思维更加活跃。如果你每天都能抽出一定的时间进行放松训练的话,你就已经在激发精神和情绪活力的漫漫征程上迈出了一大步。

要根据你的习惯、爱好来选择如何进行放松训练。有些人可能跟着市面上卖的放松指导CD练习就很有效果,而另一些人可能喜欢听自己录制的指导语。但是无论你选择何种方法,你都要确保你正在听的指导语可以帮助自己彻底放松下来,而不是听上去会让你有咬牙切齿、浑身不舒服的感觉。

如果你初试放松疗法,那么下面简单的放松指导训练就很值得你一试。它能够很好地平静你的心情,集中你的精神。

· 确保你进行放松疗法的场地舒服、温暖、安静、整洁、空气流通,且周围没有噪音。

· 躺在地上。你的衣服要很舒服,不会约束你的行动,而且要足够暖和——因为你的体温在放松过程中会显著下降。另外一定要确保在你的放松过程中,没有令你分心的事发生。

· 你的身体要能够尽量舒服地接触地面,你可以采取瑜伽中的一种叫"仰尸式"的放松体位姿势。这个姿势并不复杂,你只需面朝上躺在地上,尽量放松头部和颈部。将你的手臂和手自然伸直,与身体自然分开。手背轻微点地,手指自然向内弯曲。腿也要放松,自然分开(双脚分开大约30厘米)。

· 在你感到舒服之后,你还应该注意你的呼吸模式,要使呼吸平缓、节奏规律。

· 先把注意力集中到头部和面部的肌肉。从头顶开始,想象自己正在放松自己紧张的头皮。然后缓缓向下移动,想象你依次放松前额、脸颊、口部和下腭的肌肉,有意识地放松任何紧张的肌肉。

· 这样,依此类推,将注意力逐步缓慢向下移动,特别要注意颈部、肩部和后背这些肌肉容易紧张的部位,将其逐一放松。当你对自己身上那些容易紧张的肌肉更加了解之后,你就会惊讶地发现自己不经意之间在手臂、臀部、大腿和小腿肌肉中积聚了很多"紧张"。知道了肌肉紧张会极大地消耗你的能量之后,你就应该有意识地将这些紧张释放掉,这会使你感到身体无比轻松。

· 将全身的肌肉依次放松之后,你应该重新将注意力集中到呼吸上来。你会发现此刻你的呼吸已经自然地变平缓了,而且更加轻微、稳定。

· 在进行下面的呼吸之前,想象自己正沐浴在充满了能量的金色阳光之中,这阳光正照在你的头部,然后又逐步向下照在你的颈部、胸部、胳膊、腹部和腿部,仿佛正往你的身体里注入无穷的能量。当你吐出气息时,想象着不良的能量也随之从你的身体中释放出来了,取而代之的是那金色阳光给予你的全新能量。

· 当然,你也许希望选择其他颜色的阳光,这可根据你自己的心情而定。

· 只要你感觉舒服,将这种平静的状态保持得越久效果越好。最后你要留出足够的时间让自己从这种深层次的放松状态中"醒"过来。不要操之过急,你需要确保你能从放松训练中全面获益。

· 当你准备好了之后,缓慢地将注意力转移到周围的环境上。慢慢地活动你的头、胳膊、手指、腿和脚。首先进行细微地挪动,然后逐步加大幅度。你可以随便动,或是全面地舒展身体,或是将膝盖蜷缩起来,总之怎么舒服怎么来。

· 当你把眼睛睁开,想停止练习的时候,千万记住不要一下子就挺直身体站起来,要慢慢地来。首先,将身体转向一侧,然后慢慢坐起来,过一会儿,再挺直身体站起来。最后把头抬起来。

· 为了使放松疗法最大限度地发挥疗效,最好每天练习,即使时间很短。对于很多人来说,最好的时间是睡觉之前,这样我们就可以享受一夜酣睡了。关键在于你要把每天进行放松训练作为一个习惯。放松疗法给你带来的好处一定会使你觉得它的确值得每天去做。

第六节　激发身体自愈能力

下面提供的是一些实用的应急性建议,这些建议大多数是自救性的替代疗法或补充疗法。

当然,这些建议并不能完全取代常规医疗。比方说,如果在相当长的一段时间内,你都感到非常疲乏,却又找不出什么原因,那你就必须得去看医生了。医生会给你做一系列的常规检查,以排除患那些没有什么表面症状的潜在疾病的可能性,如贫血或甲状腺功能紊乱。如果你觉得自己需要赶紧将能量水平拉回到健康的轨道上来,那么下面的建议对你来说就显得至关重要了。如果你最近由于繁忙的工作,一直都忽略了自己的健康的话,下面所列举的补充疗法可以帮助你有效地获得最佳的健康和活力,且不会给你带来任何伤害。

一、如何远离亢奋

无法放松

在高强度高压力的现代生活中,我们每天都不断地接受各种感官刺激与情绪压力,身心很容易亢奋,就像一台失控而高速运转的机器,很难停下来。这是现代生活带给我们的最为普遍的症状之一。如果在这种状态下,你仍然继续加大工作量,而几乎不留时间让自己休息、放松,那么当你需要停下休息的时候,你肯定会发现自己已经停不下来了。

我们生活中总有些习惯性的减轻压力的行为,比如喝酒或服用止痛片,虽然从短期来说可能的确有效,但从长期来看却肯定会使事情变得更糟。它们不会让你产生那种头脑清醒、精神放松的愉悦感,反而会让你昏昏欲睡。所以,放弃这些看似"简单"的方法,试试下面的方法吧。它们可以让你这台高速运转的机器在需要的时候随时停下来,而不会损害你的能量和活力。

自主训练

·考虑参加一个自主训练班吧。这是一个简单但非常有效的"刹车"方法,可教会你如何进行深层次的放松。

·如果你是第一次学习自主训练,最好找一位有经验的老师,而不要试图自学。

·一旦掌握了自主训练的技巧,它就可以帮助你在较短的时间内达到深层次的放松状态。最为重要的是,这种方法简单易学,不需要什么工具和设施就可以在任何地方进行,而且也不复杂,任何人都可以练习。

瑜伽

·学习瑜伽可以教会你如何运用呼吸来激发活力或放松身心,这取决于你在特定阶段的需要。瑜伽的姿势会使你达到身体和心灵的双重宁静。如果你希望自己这台高速运转的机器能够有效地停下来,经常练习瑜伽是一个明智的选择。

·如果你是个瑜伽初学者,一定要找一位有经验的老师来指导自己。

冥想

·如果你感觉自己的脑袋里一直嗡嗡地响个不停,那就学习一些简单的冥想技巧吧,它可以帮助你在需要时获得身心放松、愉悦的感觉。

·进行一个简单的冥想练习,你只需在一个安静舒服的房间里,放上一把直背的椅子即可进行。抛开你心中的一切杂念,集中精神想一个物体。这个物体可以是你面前实实在在的一个物体(如点燃的一支蜡烛或一朵花),也可以是你的头脑里想象出来的一个东西。如果你的头脑里仍然有很多杂念闪现,根本就无法达到平静的虚无境界,也不要灰心难过,不要放弃,因为这种情况在初期是很平常的。

如果让你刚开始就能一下子静下来什么也不要想,这基本也是无法做到的。如果心中出现杂念,你只需努力将杂念放在一边,然后重新将你的思想集中到你所选择的那个物体上。

急性焦虑症

可以说,没有什么比一直处于焦虑不安的状态中更能消耗你的能量的了。如果你同时承受着工作和生活的双重压力,又受到了急性焦虑症的侵扰,那么你很可能会最终陷入身体、精神和情绪上都精疲力竭的境地。

下面介绍的 3 种替代疗法和补充疗法都可以帮助你在面临压力时放松下来。当你紧张不安时,它们不仅可以帮助你减少患急性焦虑症的危险,还可以教会你采取有效的措施来减压。

芳香疗法

· 研究表明,作为治疗身心疾病的补充疗法的一种,芳香疗法具有显著的稳定心情和减轻压力的作用。如果再辅之以按摩的功效,精油就可以有效地减轻身体、精神和情绪上不断堆积的紧张与焦虑。

· 下面所列举的任何一种精油,都可以减少患急性焦虑症的危险:香柠檬精油、依兰精油、薰衣草精油、快乐鼠尾草精油、乳香精油。你可以将精油滴在纸巾上来不时闻两下或是用香熏炉进行加热使其挥发到空气中,便于吸入体内。

草药疗法

· 如果你由于神经紧张、精疲力竭而导致能量水平长期低下的话,服用 1 个疗程的有机燕麦酊剂可能会有好转。有机燕麦酊剂是用野生燕麦加入酒精悬浮液浸泡而成。将 8 滴酊剂滴入 1 小杯清水中,每天 1 杯,连续服用 1 个月。如果你仍感到焦虑不安的话,可以再增加 1 个疗程。

· 当你头脑发热需要冷静下来时,服用含有啤酒花和缬草根这两种成分的药片对你会很有帮助。这两种成分(尤其是缬草根)具有非常显著的镇静安神的功效。它不仅能有效地治疗焦虑不安、失眠多梦、精神亢奋等症状,还不会带来传统镇静剂所引起的头脑发晕、昏昏欲睡等副作用。

顺势疗法

· 盲目的焦虑和恐慌通常会突如其来地袭击我们。不用担心,你只需一两剂乌头强心止痛剂就可以迅速有效地减轻症状。如果你的焦虑不安是由于遭受了沉重的打击或创伤而引起的话(诸如发生了事故或听到了坏消息),乌头强心止痛剂可谓是最佳的治疗药物了。

· 有一种焦虑被称为是"浮动性"焦虑,即无确定对象又无具体内容的不安和担心,可反复出现不祥预感或焦虑。担忧可能与现实有一定联系,但在内容和严重程度上却远远超过了正常范围,而且即使是很小的一件烦心事都会引起这种焦虑。然而别担心,几剂磷溶剂就可以大大地减轻此种症状。不过需要注意的是,那些适合这种疗法的人通常都是友好爽直、热情外向、爱好交际且对别人的需求和心情都很在意的人。这种极具活力和创造力的性情的缺点就是,会非常迅速地将这些人的精神和身体上的能量消耗殆尽,因此他们也会很快地感到精疲力竭,对任何事都提不起兴致来。

·当今社会,很多人为了繁重的工作而不得不依赖咖啡、酒或香烟来维持精力。这也很容易导致焦虑不安。反应的症状为精神和情绪上的暴躁易怒、紧张性头痛、严重性失眠。别担心,只需几克马钱子就可以极大地缓解此种症状。

失眠

良好规律的睡眠对每个人来说都非常重要。只有拥有良好健康的睡眠,才能有效地使身体、精神处于平衡状态,从而消除疲劳,恢复体力,焕发精力,重获健康。一旦你的睡眠严重紊乱或是不足,你可能就要为此付出一笔沉重的代价了,症状可能包括:身体和精神的极度疲劳、心情烦躁不安、小毛病不断以及出现黑眼圈、眼睛水肿等一系列的"面子"问题。下面将要介绍的补充疗法可以帮助你很快打破这不良的睡眠循环,而且也不会有上瘾之忧。

芳香疗法

·睡觉之前,试着在你的卧室里将具有催眠作用的精油用香熏炉加热挥发。你可以从以下3种精油中任选一种:薰衣草精油、依兰精油和春黄菊精油。

·当然,你也可以将你所选中的精油滴一两滴在纸巾上,然后把纸巾放在枕边助你入眠。

草药疗法

·含有缬草根成分的草药制剂可以帮助你在夜晚充分地放松,且不会带来常规安眠药所造成的副作用,比如:早上醒来却仍然感到睡意未醒、头晕难受,而且这种状态会持续整整一上午,还可能会让你逐渐形成对药物的依赖性,最终导致只有通过不断增加服药剂量才能重获最初疗效的不良后果。

顺势疗法

·因突如其来的噩耗或事故而造成的短期失眠,可以通过服用几剂乌头强心止痛剂来得到迅速有效地缓解。这种疗法的特点是功效非常快,适合于那些因持续的身体、精神和情绪上的焦虑烦躁、紧张不安而在床上辗转反侧、无法入睡的人。

·如果你夜晚常因噩梦而猛然惊醒,盲然失措,那么乌头强心止痛剂对你也会有很好的疗效。

·工作和学习上的压力过大会使人短期失眠,常见症状为:午夜过后不久就会突然惊醒(一般在凌晨2点左右),而且总会伴随着紧张焦虑、烦躁不安、寒意阵阵。通过服用少许砷酸就可以有效地减轻症状。

·也许现在你已经沉迷于这种高强度高速运转的生活方式,但是却为此而累坏了身体,睡眠质量也很差,无法使自己得到充分的休息和放松。那么几克马钱子

·养生保健·

图文珍藏版

就可以改善你的症状。如果你已经习惯于依赖提神饮料(咖啡因饮料诸如咖啡、茶和可乐)来使自己跟上现代生活的快节奏,或习惯于依赖酒精和香烟来使自己放松下来,那这个疗法对你来说就尤其有效。但是如果服用药物过度的话,也很可能让你躺下睡不着,醒来又有头脑沉重、睡意未醒、想发脾气的感觉。

紧张性头痛

周期性发作的紧张性头痛会使你心情不佳、难以集中精神,从而影响到你的整体活力。主要症状为:后脑勺感觉疼痛,一般为持续性钝痛并从头骨底部辐射到眼睛上部。颈部、肩膀和下巴也会有压迫感和沉重感,有的病人自诉为头部有"紧箍"感。肩膀也会因头部与颈部肌肉的持久收缩而微微向上耸起。这种紧张的姿势又会进一步加剧疼痛和不适,因为它会阻碍血液流向头部。

如果你正饱受紧张性头痛之苦,你可能会因为在不经意间服用了可待因、扑热息痛之类的止痛药而使症状加剧。尽管从短期来说,服用止痛药的确能够有效地缓解疼痛,但是如果长期服用的话,你的症状反而可能会加剧,从而把止痛药变成致痛药。

下面介绍的几种替代疗法和补充疗法虽然功效并不那么迅速,却可以有效地缓解紧张性头痛。如果你正饱受紧张性头痛所引起的阵痛之苦,那这几种疗法就很值得一试。而且它们还可以帮助你抵御全面头痛的袭击。

芳香疗法

·将4滴薄荷精油加入一大汤匙基础油中进行稀释,用棉花棒蘸取一些沿发际线涂抹。或者,将几滴薄荷精油滴在纸巾上,然后放松身心,慢慢地深深吸入(要避免纯精油接触到鼻尖)。

·对于那些月经前紧张性头痛会显著加剧的女士们来说,将几滴快乐鼠尾草精油加入基础油中稀释,用棉花棒蘸取少许沿发际线涂抹,对缓解其病情会很有帮助。

迅速放松

·当下次紧张性头痛的阵痛袭击你之时,请注意你的下巴有何感觉。你可能会发现自己的嘴闭得紧紧的,而也许你以前都没有注意到这一点。你可能还会发现,一觉醒来,你下巴的肌肉却仍然很紧张。你的爱人甚至会发现你晚上睡觉时会磨牙。如果你的确有这些症状的话,当你面临压力时,下面所介绍的放松技巧就很值得一试——有意识地放松脸部和下巴的肌肉,集中精神,释放积聚在肩部和手臂肌肉中的紧张。你应该发现当你这样做的时候,嘴唇会自然分开,肩膀会向下垂一些。一定要保证你手臂中所有的肌肉都处于放松状态。在你逐渐习惯了这一姿态之后,你就会发现你的手指自然地向内弯曲,因为你的手指变得不再僵硬了。

草药疗法

·春黄菊或柠檬马鞭草可以舒缓紧张的情绪,平和不安的心情。该疗法对于治疗因现代高压力高强度的生活所引起的紧张性头痛尤为有效。

顺势疗法

·如果你的紧张性头痛是因为晚上熬夜、压力过大和过量饮用咖啡因饮料综合而致,服用少量稀释的咖啡就可以有效地缓解病情。顺势疗法主要遵循"以引发类似反应的天然物,作为该症状治疗的药物"之原则,"类似"是顺势疗法最中心的治疗逻辑,例如,由于洋葱可引起类似呼吸道变态反应的症状,如眼睛酸痛、刺激、流鼻涕等,因此将洋葱稀释后,即成顺势疗法中治疗鼻咽及眼睛发生与切洋葱时类似的症状时的药物。同样的理论也使用在稀释的咖啡上:失眠的症状和喝了咖啡睡不着觉类似,所以在顺势疗法中,咖啡竟然是治疗因兴奋过度或过劳而产生的失眠症的药物。适应症状:对于轻微的噪声都非常敏感、心里很排斥停下来休息、感觉头痛之处就像被钉入了一颗钉子一样。吃饭会使症状恶化,而在安静黑暗的屋子里舒服地平躺着可以改善症状。

·睡觉过后的左侧紧张性头痛可以在自然排泄开始时得到缓解,如流鼻涕或月经开始。而如果你感觉到温度过热或是被一大群人包围则会加剧症状。

·右侧紧张性头痛经常伴有明显的头皮肌肉敏感和疼痛,即使是最轻微的运动也会加剧病症,不过服用几剂由野生蛇麻草配制的药就可以快速地减轻症状。

水疗

·轻微的脱水会导致便秘,同时也会使紧张性头痛进一步恶化。因此保持足够的水分摄入是至关重要的。

按摩

·如果紧张性头痛对你来说已经是根深蒂固的毛病,而且你头部、脸部、颈部和肩部的紧张感觉就像罩了层僵硬的铠甲,选择专业的治疗来使自己更好地恢复到正常状态是一个明智的选择。虽然专业的按摩治疗比较奢侈,但是的确值得。如果觉得全身按摩比较昂贵,那就考虑接受一下背部和颈部治疗或是印度式头部按摩吧。

情绪波动

轻微的情绪波动在生活中非常普遍。每当生活中出现波澜,我们的情绪或多或少都会有所波动。通常情况下,这没有什么可担心的,而且一般来说轻微的情绪波动也不会引发什么更严重的问题。但是,如果比较严重的或不稳定的精神和情绪上的反应对你来说已经是很经常、有规律的现象的话,那你就应该对其重视了。经常性的情绪波动除了会给你带来那种无法掌控自己命运的不快感,还会让你感觉精疲力竭,就像坐在过山车上那么无助。

情绪波动的常见起因包括激素的波动或不平衡(因为青春期、经前综合征、更年期、怀孕期、甲状腺失调或是男性更年期),或是没有能够有效地处理高强度高压力的生活。严重的情绪波动也可能是慢性焦虑症甚至是抑郁症的表面征兆。如果

·养生保健·

图文珍藏版

真的是这样的话,你就应该尽早寻求专业医生的帮助,这样才能更好地恢复健康。

另一方面,如果你的情绪波动只是由于过长时间处于高强度高压力的工作生活之下而造成的,那么下面介绍的替代疗法和补充疗法将可以帮助你迅速改善症状。

营养均衡

·日常饮食的质量和次数对情绪波动有着重要的影响。这主要是因为血糖水平的波动可以造成以下病症:注意力无法集中、暴躁易怒、紧张不安、轻微的思维混乱、头脑发昏和精疲力竭。如果你的确有情绪波动的趋势,请尽可能地保持你的血糖水平稳定。

·可以备一些小食品,每两三个小时就吃一点。要选择那些消化比较慢的食品,诸如全麦薄脆饼干、全麦面包或是一小片水果。

·尽量避免吃或喝那些会使你的血糖水平产生剧烈波动的食物和饮品,诸如:咖啡、茶、巧克力、饼干以及任何用白面和白糖制成的食品和碳酸甜味饮料。

·不管有多忙,千万不要工作好几个小时却不吃一点东西。这对你的健康有百害而无一益。你的平衡感和集中力也会因此而受到极大的损害。

·如果你的情绪波动已经非常严重,而且早已根深蒂固,并且你知道这是由于不健康的饮食所引起的,那么最好咨询一位有经验的营养师以寻求专业的指导。

营养补充剂

·B族维生素是一种水溶性维生素,它可以在危机到来时,很好地支持你的神经系统。如果你正承受着沉重的压力,服用B族维生素是个很好的选择。

芳香疗法

·将下列任一种精油加热使其挥发到空气中,是一种有效且愉快的平衡不安情绪以及提升整体健康的方式;具有此种效果的精油包括:依兰精油、玫瑰精油、苦橙花精油和柑橘精油。

·精油按摩也可以提升你的精神状态,而且通常会有很多种混合精油的成品供你选择。

有氧运动

·一定要让那些对你有益的化学物质在你的身体系统中运动起来,这要通过有规律的运动来实现。适合的运动包括:骑自行车、跑步、力量行走、游泳和跳舞。这些运动可以调节你的心肺功能。但是记住运动要贵在坚持,可每周运动3~4次,每次45分钟。

草药疗法

·红景天具有极佳的药用功能,它可以全面激发机体免疫力、稳定心情以及提高注意力。建议用量:每天服用200~300毫克,饭时服用。

顺势疗法

·痛苦的经历常常会引起我们心情的巨大起伏(如失恋、亲人去世或失业)。这可以通过服用 1 个短疗程的吕宋豆来减轻症状。吕宋豆有利于消除心神不安、过于敏感、易于激动、悲伤和忧虑等不良心理症状。其特点是见效快,一般几天就可以见效。而且症状消除后,就不必继续服药,除非症状再度出现。

·因激素分泌过量而引起的情绪波动(如怀孕期间、经前或更年期)可以通过服用数剂的洋白头翁来减轻症状。适应症状:常常泪水涟涟,渴望得到安慰、怜悯和关怀,希望大哭一场。

·当你的身体、精神和情绪上都感觉疲惫不堪,加上紧张不安,感觉无力解决生活中的许多问题,那么乌贼汁会给你很多的帮助。这一不良的能量螺旋通常是由于压力累积而造成的。乌贼汁可以帮助你重新找回性欲,并激发起身体和情绪上的活力。

光疗

·冬季来临时,天寒地冻,草木凋零。此刻,一些人的情绪也会变得郁郁寡欢,闷闷不乐,百无聊赖,精力也明显衰退,恨不得像某些动物一样冬眠,等到冰雪融化、大地回春的时候再醒来。如果你也是这样的话,考虑一下买一个全光谱的灯吧! 这一定是个不错的选择。因为这种灯可拟模拟自然光的效果,对治疗季节性情绪紊乱(又称冬季抑郁症)尤为有效。

慢性疲劳综合征

慢性疲劳综合征,是指由疲劳而引起的一种长期疲乏无力的症状,持续时间较长。其特点是症状持续反复发作,持续时间 6 个月以上,充分休息也不能将其解除。

慢性疲劳综合征的症状是极其令人痛苦的,可能包括下列症状中的 4 条或 4 条以上:

·突然觉得严重的精疲力竭,使患者无法下床。

·肌肉疼痛。

·注意力不集中,记忆力减退。

·焦虑不安。

·抑郁。

·睡眠障碍。

·夜间盗汗。

·头痛。

·鹅口疮。

·腺体肿。

·消化不良包括胃痉挛和腹泻。

这些症状的严重程度因人而异,有些人可能以上所列的大部分症状在其身上

都有所体现,而有些人可能只有其中的一小部分症状。引发慢性疲劳综合征的原因也有很多,下面的几种原因都有可能是病因:

· 患了严重的病毒性疾病,但却没有足够的时间来修养康复。

· 因为过度使用抗生素造成免疫力下降。

· 注射的疫苗对身体产生了副作用。

· 生活压力过大,无法有效、健康地排解。

慢性疲劳综合征的易感人群为 15~40 岁的青壮年。就性别而言,女性患者居多。患此病与长期工作紧张、竞争压力过大、生活事件影响以及长时间处于疲劳状态有关。中等以上收入者为易发人群,那些生病之后也只腾出很少的时间休息的人同样也易受此病的侵扰。

目前还没有什么有效的检验方法可以确诊慢性疲劳综合征,但好消息是,替代疗法和补充疗法可以有效地辅助和支持此病的康复。因为这是一种慢性病,治疗过程也很复杂,所以很有必要找一位有经验的医生来给你做专业的替代疗法治疗,从而使你收到最好的效果。

二、如何走出能量不足的状态

持续性疲劳

也许持续性的疲劳状态是 21 世纪的生活方式本身带来的一系列问题所导致的一种必然结果。这些问题可能包括以下几点:

· 面临巨大压力时无法有效排解。

· 依赖垃圾食品和提神食品。

· 缺乏高质量的睡眠。

· 严重的病毒性疾病的后遗症。

· 饮食不规律。

· 久坐的生活方式。

而且,不幸的是,你会发现这些问题彼此间还会互相影响,使你正陷入的不良能量螺旋继续下降,最终导致问题变得更严重。打个比方吧,如果你缺乏锻炼,你会随之发现你的睡眠质量也不高。这样的话,当你开始新的一天时,你就很可能需要依靠那些刺激物(如很多糖、咖啡)来提高自己较低的能量水平。这样导致的结果就是,你的能量水平会进一步降低。同时,你体内的刺激物在夜晚又会来捣乱,你可能又要迎接一个不眠之夜了。

如果你希望从暂时的疲劳状态中迅速恢复过来,那以下的方法可以让你有个很好的开始。但是不要妄想这个临时的小窍门可以起到长期的效果。你仍然需要按照前面提到的方案一步一步慢慢地进行。

芳香疗法

·当你需要迅速激发活力时,你可以选择下列精油:葡萄柚、柑橘、柠檬、薄荷或是迷迭香。可用香熏炉加热精油,让其缓慢挥发,或是滴在纸巾上吸入体内。

锻炼

·如果你的疲劳是因为整天坐办公室,然后开车回家,接着又在电视前或电脑前度过一晚这样的生活习惯所引起的话,那么就该反思一下如何才能使自己的生活方式更加积极活跃一点。如果你偏爱柔和的运动,那就选择瑜伽、太极拳或气功吧。如果你喜欢节奏比较快的运动,那就选择骑自行车(室内固定自行车或室外的都行)、跑步、阿斯汤加瑜伽、跆拳道、网球或羽毛球。

顺势疗法

·如果你是因为晚上经常吃太多的垃圾食品,喝得酩酊大醉,又用了太多的咖啡来提神,这才导致能量水平始终低迷、整个人行动迟钝的话,马钱子正是你所需要的。马钱子可以使你解掉这些不良食物的毒素,只需服用几剂,就可以使你重新找回那丢失已久的规律生活。而且也可以使你戒掉熬夜、喝酒和吃垃圾食品的不良嗜好,从而将你的生活重新拉回到健康的轨道上来。如果你天生是喜欢聚会喝酒之人,那就记着随身带点马钱子吧。

·如果你按照这些激发能量的自救方法去做之后,但能量水平仍然不见上升的话,那么你就应该去咨询一下专业的顺势疗法医生了,他会从专业、客观的角度来给你做出综合的诊断。

其他疗法

·你还可能会发现替代疗法的其他方法对你也是很有帮助的,如西方草药学、印度阿育吠陀养生学和传统中医。如果你怀疑自己的能量水平正是因为肌肉长时间地保持紧张状态而逐渐消耗的话,亚历山大心身医学法或是精油按摩可能会对你有所帮助。

营养疗法

·人参是有名的激发能量的滋补食品。医学研究表明,当我们承受情感或身体上的压力时,人参可以向人体提供支持,从而提高身体和精神上的能量水平,以及整体的活力、集中力和恢复力。切记购买人参时不要贪图便宜,因为质量直接关系到疗效。便宜的人参可能含有的有益成分相对较少。最佳服用量是每天200毫克,分2次服用,每次100毫克。当然,同其他补品一样,人参也不宜长期服用。你只需在你感到能量水平很低的时候,短期服用一下就好了,比如说每半个月服用1次。

·辅酶Q10被公认为是维持细胞活力、激发免疫力的一种必不可少的辅酶。其优异的抗氧化作用可以与抗氧化物质的代表——维生素E——不相伯仲。辅酶Q10的主要来源包括:富含油的鱼类(如沙丁鱼和鲭鱼)、动物内脏和花生。不幸的是,从我们每日的正常饮食中难以摄取到足够量的辅酶Q10,以达到治疗的功效。

所以,一旦你的能量水平因我之前列出的种种原因而大幅度下降的话,那就考虑一下服用辅酶 Q10 吧。它可以全面地激发你的活力。与此同时,你应该将那些会消耗能量的因素从你的生活中完全抹去。

体重增加

现如今达到一个理想的体重已经成为风靡世界的话题。众多时尚杂志上那些骨瘦如柴的超级模特使减肥成为女人们坚持不懈的任务。最新的饮食减肥时尚也不断地向我们灌输这样一个道理按照他们的方法去吃,我们就可以更苗条,从而也就能够更受欢迎、更成功、更快乐。的确,这个社会如今十分注重一个人的外表,那些外表上不漂亮的人似乎总要吃些亏。

所有这些林林总总使得我们更为增加的每一丁点儿体重而苦恼,而其实我们根本就不胖。另一方面,如果你真的到了那种肥胖已经约束了你的生活、胖得浑身都不舒服、连爬楼都上气不接下气的地步,你就的的确确需要采取积极的行动来改善你的健康和体形了。但是请记住,这是为你自己的健康着想,而不是为了你在别人心中的形象才去减肥。

要确认自己到底是不是超重,请抛弃那些标准体重表吧。你应该好好想想以你现在的体重,你的自我感觉究竟如何。下面的问题比起标准体重表来说要有用得多:

· 你是否在跑了一小段路之后,就已经呼吸沉重了?
· 你是否只在急速爬了一小段楼梯之后,就已经上气不接下气了?
· 你的衣服是否在买后不久,就感觉小了、约束你的行动了?
· 你的上臂、肚子、臀部或大腿上是否已经有了明显的赘肉?
· 你是否感到行动迟缓,却不想参加健身班,而原因仅仅是不想动?

如果上述大多数问题你的答案均为"是"的话,那么对你而言,减肥就会对你的整体健康有益,而且可以提升你的幸福感。另一方面,也许你的体重的确比理想体重表所建议的理想体重要重,但是你却感到自己非常健康,那可能就没有理由进行激进的减肥了。如果经体检证实你的心率、心肺功能、血压、胆固醇水平和血糖水平等都很正常,那你就更不用忙着减肥了。

真正意义上的超重可能会导致以下的健康问题,因此为了健康,你的确需要预防和远离肥胖:

· 患 II 型糖尿病的危险增加。
· 心脏病。
· 高血压。
· 关节问题,诸如骨关节炎。
· 静脉曲张。
· 自我评价低、缺乏自信。

· 持续疲劳。

　　如果你已经确认自己的确需要减肥，你最好向下面任一领域的替代疗法和补充疗法的专业医生咨询一下，他们可以给你最专业的建议，告诉你如何减到理想的体重并保持该体重：

· 印度阿育吠陀养生疗法。

· 顺势疗法。

· 营养疗法。

· 自然疗法。

　　营养疗法

· 如果你非常担心自己的体重，那就计算一下你每天摄入的营养吧，你也许会发现你的饮食中有很多是你健康的"潜在杀手"。客观地评价你每天饮食的质量和数量，记录下 48 小时内你吃下的所有东西。结果可能会使你大吃一惊。

· 一定要把坚持高质量的饮食计划作为头等重要的大事。请记住，缺乏营养的食物（含有白面、白糖、饱和脂肪、人工色素、防腐剂和某些刺激性调料）会让你感到吃得不够尽兴，想要吃得更多。

· 将精制加工的食物用新鲜食物代替。新鲜食物要选择那些可以给你带来充足的膳食纤维、维生素、矿物质以及少量蛋白质的种类。避免吃全脂奶酪、人造奶油、黄油、油炸食品和糊状食品。多吃点富含膳食纤维的食品，诸如：用新鲜切碎的蔬菜制成的沙拉、水果、未经烘焙和盐腌的种仁与坚果、豆子、全麦面包、意大利面、糙米饭、鱼和家庭自制的汤，当然汤里面可以加点肉丁。要抵住诱惑，不要往沙拉里加蛋黄酱。可选择用常温榨制的橄榄油和醋，或是天然优酪乳调配的调料。

· 无论如何，千万不要采取那种时尚的、像溜溜球似的节食减肥法。体重的骤然下降会使得一旦你恢复了正常的饮食模式，体重又会强劲反弹。而且，不幸的是，大多数情况下，反弹之后的体重要比以前还要重，这是因为在你故意饿着自己的时候，你的身体已经做出了相应的调整，将新陈代谢率大大降低。同样的，我们也应该避免那些有悖营养学原理的节食减肥法（诸如喝汤减肥法、禁吃流食减肥法和吃肉减肥法）。这些减肥方法虽然可能真的能够帮助你减轻体重，但对你的健康却会有非常大的损害。换句话说，哪种减肥方法的效果来得越快，就越不要尝试。

消化不良

　　一个经常功能紊乱的消化系统会对你的基本能量水平造成巨大的负面影响，带来一系列的问题。毕竟，如果你长期受到严重的消化不良或便秘的困扰，你还能说自己充满活力吗？替代疗法和补充疗法除了可以帮助你将自己的饮食拉回到健康的轨道上来之外，还可以使你的消化系统重现活力。下面列出了几种一两天内就能见效的简单且实用的方法。当然，如果这些自救措施对你的消化系统没有效果，或是你发现自己的胃肠有什么异常的话，一定要去咨询专业医生。

草药疗法

·过分放纵后所引起的不适和肠胃气胀可以通过服用薄荷和茴香茶来得到很大的缓解。

·含服一片糖姜可以迅速地缓解恶心症状。当然,喝生姜茶的效果也不错,只是没糖姜甜而已。

·要减轻大吃大喝后造成的胃酸分泌过度的症状,可以将2大勺赤榆皮粉加入1杯热牛奶中溶化之后饮用。赤榆皮粉在治疗胃病方面负有盛名。

顺势疗法

·轻微的消化不良,诸如打嗝和肠胃气胀,同时胃中有很难受的胀痛感,可以通过服用一两剂植物碳来迅速地得到改善。

·因脱水造成的严重便秘,随之伴有头痛和心情暴躁的症状,可以通过服用两三剂雌雄异株植物泻根属药剂来得以改善。

水疗

·我们很多人如今已经意识到日常饮食中多吃富含膳食纤维食品的重要性,然而我们往往没有注意到其实大多时候的便秘是由于脱水而引起的。因此为了避免脱水,你需要每天喝5大杯纯净水或矿泉水,而且间隔时间要均匀。

第五章　科学饮食

第一节　鉴定选购

一、主食类

1.巧选大米

选大米主要有三步:辨色、捻摸和嗅味。

(1)辨色:就是通过颜色来判断米的质量。正常的米色泽洁白、晶莹,而陈米或劣质米颜色泛黄且有黑斑。

(2)捻摸:就是用手摸搓大米表面。正常抛光的米,摸起来有玻璃珠般圆滑的感觉。但陈米摸上去感觉很粗糙,油米则又腻又油。有些不法商贩还会用石蜡处理劣质米,这样的米摸起来有黏手的感觉。

(3)嗅味:就是闻大米的味道。正常大米有股清香,而劣质米一般都有异味,如陈米有发霉的味道。有时,加工处理后的米气味较难辨别,但用塑料袋包半小时后,就可闻到明显陈味。

另外,正常大米的营养价值一般不会有差别,因此老百姓在买米的时候,不用一味追求外表好看。

2.黑米的鉴别法

目前,市场上常见的黑米掺假有两种情况,一种是存放时间较长的次质或劣质黑米,经染色后以次充好出售;另一种是将普通大米染色后冒充黑米出售。天然黑米经水洗后也会掉色,只不过没有染色黑米厉害而已。消费者在购买黑米时可从以下几个方面进行感官鉴别:

(1)看:看黑米的色泽和外观。一般黑米有光泽,米粒大小均匀,很少有碎米、爆腰(米粒上有裂纹),无虫,不含杂质。劣质黑米的色泽暗淡,米粒大小不匀,饱满度差,碎米多,有虫、有结块等。对于染色黑米,由于黑米的黑色集中在皮层,胚乳仍为白色,因此,消费者可以将米粒外面皮层全部刮掉,观察米粒是否呈白色,若不是呈白色,则极有可能是人为染色黑米。

（2）闻:闻黑米的气味。手中取少量黑米,向黑米哈一口热气,然后立即闻气味。优质黑米具有正常的清香味,无其他异味。微有异味或有霉变气味、酸臭味、腐败味和其他不正常的气味的则为劣质黑米。

（3）尝:尝黑米的味道。可取少量黑米放入口中细嚼,或磨碎后再品尝。优质黑米味佳,微甜,无任何异味。没有味道,微有异味、酸味、苦味或其他不良滋味的为劣质黑米。

3.如何选购面粉

（1）看水分:标准的面粉流散性好,不易变质。当用手抓面粉时,面粉从手缝中呈片段流出,松手不成团。

（2）观颜色:合格的面粉通常情况下呈乳白色或微黄色。

（3）面筋质:水调后,面筋质含量高,一般品质就好。

（4）新鲜度:新鲜的面粉有正常的气味,颜色较淡且清。如有腐败味、霉味,颜色发暗、发黑或结块的现象,则已经变质。

（5）辨精度:好的面粉手感细而不腻,颗粒均匀,既不过细破坏小麦的内部组织结构,保持其固有的营养成分,又不过粗而含大量黑点。

（6）闻气味:面粉要有自然浓郁的麦香味,若面粉有异味,则可能已变质或添加了变质面粉。

4.如何挑选新鲜玉米

买新鲜玉米时,除了要拣外皮呈青绿色的,还要留意玉米须的颜色。若玉米须呈棕色而有光泽,代表成熟可食用;若呈绿色则表示尚未成熟,如已枯干则代表不新鲜。

5.如何挑选燕麦

市场上有两种燕麦,一种是颗粒状,买的时候挑选颗粒比较完整,浅褐色,没有光泽的,有淡淡麦香的品质比较好。还有一种燕麦是经过加工之后变成燕麦片,在加工过程中燕麦的营养价值没有被破坏掉,买燕麦片时尽量买价格相对低一些的,因为它没有经过深加工,价值高的可能含有较高的糖分,并不是对所有人都适合。

6.如何挑选薏米仁

薏米仁又称西米,具有食疗功效。家庭购买应该选择质硬有光泽,颗粒饱满,呈白色或黄白色,坚实,多为粉性,味甘淡或微甜者为上品。

二、蔬菜类

1.蔬菜挑选参考原则

（1）球茎类:如紫高丽菜、自高丽菜、大头菜、花椰菜等。

形状完整,外表光泽,紧密结实,有重量感,底部坚硬,无变色空心、腐烂,颜色无枯黄斑点,纤维质无老化,清炒时有微甜。外部颜色鲜明的为佳。

（2）根茎类:如芦笋、芹菜、牛蒡、红萝卜、甜菜、白萝卜、菜心、嫩茎莴苣、茭白、竹笋、生姜、莲藕等。

外表光滑、质地细腻、颜色无过暗或太白,形状直,有重量感,无空心或块斑。皮薄,内外颜色平均一致,根部无过多纤维,外部无裂开,有香味、耐久煮的为佳。

（3）块茎类:如马铃薯、红薯、凉薯、马蹄、慈姑、百合等。

形状完整,无发芽,皮薄不糙,有光泽,有重量感,结实无裂开或缺损,纹路明显,无皱缩纹或变色,不腐烂的为佳。

（4）叶菜类:根部不长须根,全株完整,叶未变黄或腐烂,颜色鲜明,斑点少,有光泽,无过分肥大或过长现象,不开花,茎部无裂开,叶柄结实且嫩,多汁,放室温下一日,浸入水中后仍保持完整和翠绿色,有清香味或淡甜味的为佳。

2.选购蔬菜的3点注意事项

挑选蔬菜时需要注意以下几点。

（1）不买颜色异常的蔬菜:新鲜蔬菜不是颜色越鲜艳越好,如购买樱桃萝卜时要检查萝卜是否掉色;发现豆角的绿色比其他的鲜艳时要慎选。

（2）不买形状异常的蔬菜:不新鲜蔬菜有萎蔫、干枯、损伤、病变、虫害侵蚀等异常形态;有的蔬菜由于人工使用了激素类物质,会长成畸形。

（3）不买气味异常的蔬菜:为了使有些蔬菜更好看,不法商贩用化学药剂进行浸泡,如硫、硝等,这些物质有异味,而且不容易被冲洗掉。

3.巧辨黄花菜好坏

（1）看:颜色亮黄,条长而粗壮,粗细均匀者为优质;颜色深黄并略显微红,条形短瘦,不甚均匀者质量次之;颜色黄褐,条形短瘦蜷缩,长短不一,带有泥沙的则质量最次。

（2）攥:手攥一把黄花,手感柔软有弹性,松开手后黄花也随即松散的,说明是水分含量少,松手后黄花不易散开的表明水分含量较多;若松手时有粘手感,证明已变质。

（3）闻:闻黄花的气味,有清香者为优质;有霉味者为变质品;有硫磺味者为熏制品;有烟味者为串烟严重的。

4.腐竹真假鉴别法

（1）优质腐竹为淡黄色,能看到瘦肉状的纤维组织。假腐竹没有这种纤维,而且白、黄、黑色泽不均匀。

（2）将少量腐竹在温水中泡软,泡过的水黄而不浑是真货。

（3）轻拉泡过的腐竹,如有一定弹性,并能撕成一丝一丝的为真货。

（4）温水泡过的腐竹细嚼有柔韧感,假货则没有,反而有一种沙土的感觉。

（5）真腐竹可承受110℃高温蒸煮而不烂,假货容易糊烂。

5.黑木耳质量鉴定法

（1）一面颜色乌黑而有光泽,另一面呈灰色的质优。

（2）朵大而薄,质嫩体轻,体干肉厚的质优。

（3）取少许用手捏拢,松手后朵片有弹性,且能很快伸展,说明含水少,质优。

（4）无杂质、无碎屑、无霉变的为优。

6.银耳质量鉴定法

颜色黄白、干燥、朵大、肉厚、无蒂脚的银耳质量较好。黄中带灰、带红或趋向深黄,朵小的银耳,不是次品就是放久了,营养价值较低。银耳颜色深浅不一,朵形不完整,有霉蚀痕迹,耳基部呈棕黄色,说明已经变质,不能再食用了。

7.如何挑选香菇

菇伞部分的肉厚有弹性,而且没有斑纹,呈现鲜嫩的茶褐色的为好。刚采收的香菇,菇伞内侧会有一层薄膜,若此处出现茶色斑点,表示不太新鲜。如果一次买太多,可以放进冰箱的冷冻库保存。

8.如何挑选小黄瓜

小黄瓜有疣状突起,用手去搓会有刺痛感就是新鲜货。若突起的部分是软软的,那么说明里头常常会有小空洞出现,最好不要买。

9.如何挑选芋头

芋头分为水芋及旱芋两大类。再细分就是槟榔芋、红芽芋、白芽芋及荔浦芋多个品种。它含有丰富的淀粉质,因此不宜多食,否则易饱滞。需根少而黏,并带有湿泥或带点湿气的,外皮无伤痕的芋头最为新鲜。

10.如何选购生菜

生菜分球形及长形等多个品种,球形即大家熟悉的西生菜,呈浅绿色,水分多,最适宜做沙拉。长形的较绿,一般用作菜肴垫底,伴碟或炒吃。

选购时应拣菜色青绿,茎部带白的,这代表是新鲜的,叶大而身短的会较好吃。

11.如何选购椰菜

椰菜有很多种,它含有丰富的糖分、钾、钙及多种维生素,对坏血病人及结核病患者有帮助。

购买椰菜时,要挑选椰叶表面干爽、够厚、坚硬及有重量的。

12.如何挑选菠菜

菠菜原产于亚美尼亚及伊朗。含丰富蛋白质、氨基酸、维生素及铁质,极富营养,不过由于也含有大量的草酸,所以不宜与豆腐一起煮食,否则会影响肠胃消化。拣选时,菜叶无黄色斑点,根部呈浅色的为上品。

13.如何挑选豆角

豆角分有白豆角和青豆角两个品种,前者味甜,豆粒大而较软,肉质较松,多用来煮着吃;后者较爽脆,豆粒细小且较硬,多用来炒着吃。拣选豆角时摸下去较实且有弹力,豆粒饱胀的为新鲜嫩豆角。

14.如何选购四季豆

选购四季豆时,应挑选豆荚饱满、肥硕多汁、折断无老筋、色泽嫩绿、表皮光洁无虫痕,具有弹力的为佳。

15.如何挑选玉兰片

玉兰片是冬笋和春笋加工的干制品,在选购时可从以下方面鉴定。

(1)色泽:质量好的玉兰片表面光滑,颜色呈玉白色或奶白色。质量差的玉兰片表面萎暗,色泽不匀。如玉兰片呈深黄色或有焦斑,系烤焦所致。

(2)尺寸:一般讲,长度短,阔度小的质嫩,如一级品尖宝,长不超过 8 厘米,阔3~4 厘米。二级品冬片,长不超过 12 厘米,阔 4 厘米左右。

(3)水分:片体干,手捏片身无黏腻感觉的为上品,手捏发黏的过潮,易变质。

16.如何挑选甜豆

甜豆又称甜荷兰豆,属豌豆类中最新的品种。分大荚种及小荚种,盛产期为11 月至 3 月。甜豆的豆荚及豆粒都十分甜美且脆。选购时以豆荚青绿鲜嫩不萎缩,且没斑点的方为上品,豆粒愈饱满即愈甜。

17.如何挑选马铃薯

马铃薯又叫土豆,可健脾胃,具有通肠功能,能排解体内残留的化学药物,多吃可增强解毒功能。马铃薯分黄肉和白肉两种。良质马铃薯肥大而匀称,皮薄而干净,无干疤和糙皮,无病斑、虫咬和机械外伤,不萎蔫、变软,无发酵酒气味。另外,购买马铃薯时,不要选长出嫩芽的,因长芽的地方含有毒素,而肉色变成深灰或有黑斑的,多是冻伤或坏了的,均不宜进食。

18.如何挑选番薯

番薯别名甘薯、白薯。分紫、红、白及黄色品种,肉质甜且含大量淀粉,而被称作番薯藤的嫩叶亦可食用。拣选时要留意,外形粗圆饱满、外皮干净而没斑点的为佳,相比之下白心番薯含糖分最少。

19.如何挑选莲藕

藕为多年水生蔬菜。营养丰富,用途很广,既可生食,又可熟食,还可加工成藕粉。藕有池藕和田藕之分。池藕栽种在池塘中,较白嫩汁多。田藕栽在水田中,品质略次。池藕身长,有九孔,上市迟;田藕身短,有十一孔,上市早。

藕四季均有上市,以夏、秋的为好,夏天的称为"花香藕",秋天的称为"桂花选购莲藕时要注意：

（1）表面发黄，断口的地方闻着有一股清香味的为佳；而使用工业用酸处理过的莲藕看起来很白，闻着有酸味。

（2）藕身粗长较圆正，节短。从藕尖数起的第二节藕最佳。

（3）藕有多节，尖较嫩，可拌食，中段可炒食，老的一般可塞糯米煮成桂花糖藕。

20.如何挑选茄子

茄子又称茄瓜或矮瓜，品种有长形、椭圆形、胆形，有白、青、红及紫几种颜色。含蛋白质、脂肪、维生素及矿物质，而且独有的维生素 P 有预防微细血管出血的功效。挑茄子时要选外皮饱满带光泽，瓜蒂最好呈绿色，并有柔软手感的。

21.巧选辣椒

辣椒的品种很多，从食味上可以分为辣、甜、辣中甜三类。

辣椒类，果形较小，其中北方六七月上市的皮色青黄的包子椒，辣味较淡；六月上市的形小肉薄的小辣椒，辣味较强；八九月上市的长尖圆形、紫红色的小线椒（有的称朝天椒，有的称"一窝猴"等），辣味最强。

甜椒类，果形大，似灯笼，故名灯笼椒或柿子椒，滋味发甜，果形呈扁柿形，肉厚，味甜，稍辣，是腌酱辣椒的优良品种。

22.挑选海带的方法

海带又称江白菜、昆布，是褐藻类的海生植物，它含有丰富的矿物质，特别是含碘量很高，常用于辅治甲状腺肿大、胆固醇高、血管硬化、癫皮病及肝脏病等疾病。

市场上销售的海带有淡干品和咸干品。淡干海带含水分少，含盐量低，是将鲜海带放在日光下晒制而成的。咸干海带含水量略高，含盐量也高，它是通过一层海带一层盐地腌制后晒干而成的。

海带的质量，一般从其长度、厚度、宽度、颜色及含有杂质多少而定。上等淡干和咸干海带，叶带长而宽厚，不带根，颜色深褐或褐绿色，黄白梢极少，无杂质，含沙粒少，手摸干燥。如果颜色不正，带薄且短小，不整齐，带色多呈褐黄色，杂质较多，则为次品。

23.挑选苦瓜有窍门

苦瓜身上一粒一粒的果瘤，是判断苦瓜好坏的特征。颗粒愈大愈饱满，表示瓜肉愈厚；颗粒愈小，瓜肉相对较薄。选苦瓜除了要挑果瘤大、果形直立的，还要洁白光亮，因为如果苦瓜出现黄化，就代表已经过熟，果肉柔软不够脆，失去苦瓜应有的口感。在重量上，苦瓜以 500 克左右为最好。

具备以上条件的苦瓜一般不会太苦，非常适宜生吃。如果选到这种苦瓜，你可将其内部海绵组织的部分切除，然后切成薄片，浸在冰水里，放入冰箱冰镇 1~2 小时,取出沥干蘸沙拉酱或蘸芥末酱来吃。

24.挑选新鲜的韭菜

购买韭菜时,可通过以下方法来识别韭菜是否新鲜:

(1)查看韭菜根部,齐头的是新货,根部发软的为陈货。

(2)检查捆包的腰部的松紧。一般腰部紧者为新货,松者为陈货。

(3)用手捏住韭菜根部抖一抖,叶子发飘者是新货,叶子飘不起来的是陈货。

25.蒜薹的选购

蒜薹是在春暖季节从蒜苗中心抽出的嫩薹,是极好的菜肴辅料,也可烹炒或煨汤。它形同圆竹筷,上部颜色浓绿,下部呈白色。

选购蒜薹时应挑选条长适中,新鲜脆嫩,白色部分软嫩,无老梗现象,绿色部分尾端不黄、不蔫、无破裂,手掐有脆嫩感者为佳。

26.百合干的选购

优质的百合干应干燥、色白、有光泽、片形肥厚、无杂质或杂质少、无锈斑。老片、焦片、嫩心、色微黄、片形碎瘦但较均匀者次之。

27.如何挑选番茄

番茄又叫西红柿,含胡萝卜素、柠檬酸、维生素C、葡萄糖、抗坏血酸氧化物等,能清热解毒、降血压、健胃消滞及凉血平肝等。

当西红柿成熟时,色泽会由青变红,皮薄而富弹力。美味的西红柿要圆大有蒂兼结实,味道才会清甜。选购肥硕均匀、蒂小、颜色鲜红、硬度适宜、无伤裂畸形者为佳。

28.如何选购胡萝卜

胡萝卜的种类较多,外形呈圆锥形,有粗有细,颜色有橘红、紫红和黄色。无论选购哪种,都要选色泽鲜嫩、匀称直溜,掐上去水分很多的。

一般说来,细心的比粗心的好,颜色深的比浅的好。

29.真假绿豆粉卷的辨别

(1)看色泽:纯正绿豆粉卷色泽清白发亮,有透明感,掺假绿豆粉卷一般掺有玉米淀粉的粉卷灰白色,亮度发暗。

(2)看弹性:纯正绿豆粉卷柔软,有弹性,用手指掐住卷两头,中间弯曲而不折,指压凹陷能迅速复原,拌凉菜时不碎,掺假绿豆粉卷粉厚,发硬,弹性差,用手轻拉易断,拌凉菜时搅拌易碎,入口发面。

3D,豆腐质量鉴定法

(1)眼睛观察法:豆腐内无水纹、无杂质、晶白细嫩的属优质;内有水纹、有气泡、有细微颗粒、颜色微黄的属劣质豆腐。

·养生保健·

图文珍藏版

(2)缝衣针鉴别法:手握一枚缝衣针,离豆腐30厘米高处松手掉下,能插入的是优质豆腐。

三、肉类

1.如何辨别猪肉是否新鲜

(1)新鲜肉:脂肪洁白,肌肉有光泽,红色均匀,外表微干或微湿润,用手指压瘦肉,凹陷处能立即恢复,弹性好,且有鲜猪肉特有的气味。

(2)不新鲜的肉:脂肪少光泽,肌肉颜色稍暗,外表干燥或有些粘手,新切面湿润,指压后的凹陷不能立即恢复,弹性差,稍有氨味或酸味。

2.如何鉴别注水猪肉

市场上有个别不法商贩在生猪放血后从血管注入清洁或不洁的水,非法牟利,坑害广大消费者。那么对市场上销售的猪肉如何进行鉴别?

有下列三条常识可供参考:

(1)认清胴体上红色的动物检疫合格印章:有印章者是经动物检疫员进行宰前检疫、宰后检验合格的健康猪。有检疫印章的猪肉大多来自屠宰场,屠宰场是禁止注水的。因此,白条肉千万不要买。

(2)看清内脏是否"水淋淋",特别是在肝脏处用刀切一切口,观察切面是否外翻,外翻严重者则是注水无疑。如果肝脏干干皱皱,缺乏弹性,则必是"隔夜货"。

(3)取一滤纸贴于脂肪和瘦肉的交界处,滤纸潮湿者是注水肉,此法适用于新鲜猪肉。

3.病变猪肉的识别

(1)米猪肉:系患囊虫病的猪,瘦肉及内脏中有黄豆大小、半透明的小水泡,泡内有米样疙瘩。冻猪肉中的小疙瘩变小,呈绿豆大小的白色瘰粒。

(2)淋巴结病变猪肉:正常猪淋巴结呈灰白色或淡黄色,而淋巴结病变猪的淋巴结有樱红色肿胀或呈红色、暗红色出血,或者淋巴结有边缘性出血或网状出血。

(3)病死猪肉:肉色暗红,脂肪呈粉红或黄色,肌肉无弹性,无光泽,皮肤上有出血点、出血斑。

4.如何选购活鸡

(1)看鸡的整个神态:健康鸡显得有精神,活泼好动,反应敏捷,体质健壮,放在地上又叫又跳,见东西就啄食;病鸡显得没有精神,反应迟钝,体质消瘦,放在地上不爱动,无论喂它什么都不吃。

(2)看鸡头:健康鸡的脑肌肉丰满,以手触之,头伸缩富有弹性,用手拍鸡则有叫声;病鸡脑肌肉消瘦,用手拍之无声。健康鸡的鸡冠鲜红,大多挺直;病鸡的鸡冠或冠尖呈暗紫色或青紫色,苍白肿胀,蔫搭萎缩。健康鸡眼睛炯炯有神,四处张望;

病鸡眼睛无神或闭眼打瞌睡。健康鸡的嘴清洁干净,呼吸自然;病鸡的嘴不断哈气,呼吸急促,有的鼻孔流涕,嘴中流涎。

(3)看鸡翅膀:健康鸡羽毛整齐,光泽均匀,翅膀自然紧贴鸡体;病鸡羽毛松散,光泽暗淡,翅膀下垂微张开。

(4)看肛门:健康鸡的肛门黏膜显肉色,无污物;病鸡肛门周围有绿色或白色污物黏液和脏毛。

(5)摸鸡嗉:健康鸡的嗉子无气体,不胀木硬,八九能知嗉子内为何物;病鸡嗉子膨胀有气体,积食发硬,如果将之倒提起来,头耷脚冷嘴流涎,必是病鸡无疑。

5.鉴别新鸡老鸡的方法

鸡按年龄区分,可分为雏鸡(仔鸡)、新鸡(一二年)和老鸡(二三年以上)。新鸡、老鸡的吃法差别很大。因此购买时,一定要分辨清楚。

如果您准备煮汤、红烧,应选购老鸡。老鸡的特点是嘴尖、胸骨及毛管发硬,爪趾长并呈勾形,皮为红颜色。

如果您需要炒、炸、爆,那最好买新鸡或仔鸡。仔鸡很容易鉴别,新鸡的特点是嘴尖软,胸脯半满,胸骨发软而不突出,羽毛紧密,毛管软,后爪趾平而小,冠小而且颜色和耳垂不相同。

6.巧识家禽内脏的新鲜度

(1)肝:新鲜的肝呈褐色或紫色,用手触摸,坚实有弹性。不新鲜的肝颜色暗淡,无光泽,有软皱萎缩现象,并有异味。

(2)腰子:新鲜的腰子呈浅红色,光泽柔润,富有弹性。不新鲜的腰子呈浅青色,有异味。

(3)心:新鲜的心用手挤压,有鲜红血液流出,组织坚实。不新鲜的心与此相反,并有黏液。

(4)肠:新鲜的肠色泽白,黏液多。不新鲜的肠色泽有青有白,黏液少,腐臭味较重。

7.怎样挑选羊肉

羊肉主要有新鲜、不新鲜和变质之区分,也有羊龄大小之别。挑选时,应在羊肉的颜色、弹性、黏度以及气味上加以鉴别:

(1)新鲜羊肉:肉色鲜红而且均匀,有光泽,肉细而紧密,有弹性,外表略干,不粘手,气味新鲜,无其他异味。

(2)不新鲜羊肉:肉色深暗,外表粘手,肉质松弛无弹性,略有氨味或酸味。

(3)变质羊肉:肉色暗,外表无光泽且粘手,有黏液,脂肪呈黄绿色,有异味,甚至有臭味。

(4)老羊肉:肉色较深红,肉质略粗,不易煮熟,新鲜老羊肉气味正常。

·养生保健·

图文珍藏版

（5）小羊肉：肉色浅红，肉质坚而细，富有弹性。

8.怎样选购香肠

购买香肠时，应从以下特征来判定香肠的质量：

（1）质量好的香肠，肠体干燥并呈皱瘪状，大小长短适度均匀，肠衣与肉馅紧密相连一体，肠馅结实。表面紧而有弹性，切面紧密，色泽均匀，周围和中心一致。肠内瘦肉呈鲜艳的玫瑰红色，肥肉白而不黄，无灰色斑点，嗅之香气浓郁。

（2）质量差或是已变质的香肠，切面发黏。发霉后，呈灰绿色，肠衣的韧性减弱，没有弹性，切面周围有淡灰色轮环，肠衣与肉馅分离，有腐败味道或油脂酸败味。

四、禽蛋类

1.4 招帮你挑选到好鸡蛋

（1）感官鉴别：用眼睛观察蛋的外观形状、色泽、清洁程度。良质鲜蛋的蛋壳干净、无光泽，壳上有一层白霜，色泽鲜明。劣质蛋的蛋壳表面的粉霜脱落，壳色油亮，呈乌灰色或暗黑色，有油样浸出，有较多或较大的霉斑。

（2）手摸鉴别：把蛋放在手掌心上翻转。良质鲜蛋蛋壳粗糙，重量适当；劣质蛋手掂重量轻，手摸有光滑感。

（3）耳听鉴别：良质鲜蛋相互碰击声音清脆。手握蛋摇动无声。劣质鲜蛋蛋与蛋相互碰击发出嘎嘎声（孵化蛋）、空空声（水花蛋），手握蛋摇动时是晃荡声。

（4）鼻嗅鉴别：即用嘴向蛋壳上轻轻哈一口热气，然后用鼻子嗅其气味。良质鲜蛋有轻微的生石灰味。

2.怎样鉴别新陈蛋

若想知道禽蛋是否新鲜，可用盐测试。先在一盆水中加上 1 匙盐，使溶化搅匀，把蛋放入盐水中，若是新鲜蛋会沉入水底；不新鲜的浮在水面；放置时间较长的则半沉半浮。这样可以根据蛋的不同鲜度选择不同的烹制方法。

3.如何挑选鹌鹑蛋

鹌鹑蛋外壳为灰白色，并杂有红褐色和紫褐色的斑纹。优质蛋色泽鲜艳，壳硬，蛋黄呈深黄色，蛋白黏稠。蛋的重量为 10 克左右，比鸽蛋还小，但营养价值却超过鸡蛋 3 倍。

4.如何挑选咸鸭蛋

咸鸭蛋，因蛋壳呈青色，外观圆润光滑，又叫"青果"。它富含脂肪、蛋白质以及人体所需的各种氨基酸。还含有钙、磷、铁等多种矿物质和人体必需的各种微量元素及维生素，而且容易被人体所吸收，咸度适中、老少皆宜。

挑选咸鸭蛋一个简易鉴别方法是：品质好的腌蛋外壳干净，摇动有微颤感，剥开蛋壳后,咸味适中,油多味佳,用筷子一挑,便有黄油冒出,蛋黄分为一层一层的,近一层颜色就深一层,越往里越红。而较差的蛋外壳灰暗,有白色或黑色斑点,易碰碎,保质期较短。剥开后蛋白软烂、腐腻、咸味大。

5.巧选松花蛋

松花蛋又称皮蛋。选购时简便易行的办法是一观、二摇、三掂。

(1)观:看皮色,蛋色灰白,无黑斑,以蛋壳完整者为佳。

(2)摇:可取皮蛋放在耳旁摇动,好蛋无声,坏蛋有声。

(3)掂:将皮蛋放在手掌中轻轻地掂一掂,好蛋颤动大,无颤动的品质差。

五、水产类

1.鉴别有毒水产品

(1)眼看:如果水产品白得超过其应有颜色,且体积肥大,不要购买和食用。

(2)鼻嗅:泡发食品留有一些刺激性异味,所以通过闻就可以初步鉴别。

(3)手摸:用甲醛泡发的食品会失去食品原有的特征,一捏就容易碎。如果水发产品在加热后迅速萎缩,那很可能就是甲醛泡发食品,应避免食用。

2.辨别江鱼湖鱼的方法

两者主要从鱼鳞的颜色加以区分:江河鱼的鳞片呈灰白色,薄而光亮,食之味道鲜美;湖水鱼的鳞片较厚,呈灰黑色,食之有土腥味。

3.怎样鉴别鱼是否新鲜

(1)外观鉴别法

新鲜的鱼,鳞片紧附鱼体而不易脱落;腐败的鱼,鳞片疏松,一动即掉。从鱼体看,新鲜的鱼坚实富有弹性;腐败的鱼肉质松软,用手按下凹无弹性。从鱼鳃看,鲜鱼颜色鲜红,鳃盖紧闭;变质鱼鱼鳃黑紫或发白,鳃盖松动。从眼珠看,新鲜的鱼眼珠突出不塌陷,黑白分明不浑浊;变质鱼眼珠下陷浑浊。

(2)肛门鉴别法

肛门鉴别法是最简单而又较准确的方法。如果鱼的肛门发白,并向腹内紧缩,则鱼的新鲜度较高,若鱼的肛门略为发红并稍有外凸,则鱼的新鲜度较低,但还是可食用的,如鱼的肛门已经发紧,外凸明显,表明此鱼已经腐败变质。

(3)气味鉴别法

鱼本身就有一股腥气味,然而新鲜鱼的气味不重,使人无厌烦感。变质鱼由于腹内粪便发酵,胀破肠肚而流入腹腔与机体发生反应,造成体内蛋白质腐败而散发出腥臭味,使人反感,这种鱼不能食用。

4.巧选海米

海米也称虾米或虾仁。肉质结实,洁净无斑,颜色光亮,呈鲜红或微黄色,有鲜香味,干燥淡口,大小均匀的为上品;肉结实但有一些黑斑或粘壳,颜色淡红,味微咸的次之。

5.巧选鲜虾

鲜虾体形完整,甲壳透明发亮,须足无损,体硬,头节与躯体紧连。体表呈青白色(对虾)或青绿色(青虾),表面清洁,肉质致密有韧性,有光彩,切面半透明,呈青白色,内脏清楚完整,呈暗绿色。

6.巧选螃蟹

新鲜的螃蟹体表花纹清晰,黏液透明,甲壳坚硬而有光泽,颜色黑里透青,外表没有杂泥,脚毛长而挺,腹部和鳌足内侧呈乳白色(蟹肚上有铁锈斑颜色的为老蟹),眼睛光亮,蟹鳃清晰干净,呈青白色,无异味,步足僵硬。变质的螃蟹有异味,蟹腹中央沟两侧有灰斑、黑斑或黑点,步足松懈并与背面呈垂直状态。腐败的螃蟹甲壳内可出现流动的黄色粒状物。

7.干贝质量鉴定法

优质干贝颜色淡黄,有光泽,个大均匀,形体完整,肉丝清晰,坚实饱满,表面有白霜,有特殊香味,味鲜盐轻。粒小、盐重的较次。颜色发暗发黑的更差。

8.鲜蚬的选购

选购时,应选那些蚬壳紧闭,或蚬壳做开合动作,并冒出气泡的。如蚬壳已部分敞开不动,并露出蚬肉,则是不新鲜的蚬,不宜购买。

9.扇贝的选购

新鲜扇贝肉色雪白且半透明,如不透明而色白,则为不新鲜的扇贝。雄体内脏白色,雌体内脏红色。

10.蚶的选购

购买蚶时,要看壳紧闭得如何,壳越紧闭越好。新鲜的蚶切开后见流出血水状的为佳。蚶最肥美的时候是在每年6~9月的产卵期。

六、水果类

1.如何选购苹果

选购苹果时,应挑选大小适中、果皮光洁、颜色艳丽、软硬适中、果皮无虫眼和损伤、肉质细密、酸甜适度、气味芳香者。

2.如何选购梨

选购梨子时,应挑选大小适中、果皮薄细、光泽鲜艳、果肉脆嫩、汁多味香甜、无虫眼及损伤的。

3.如何选购柑橘

选购柑橘时,应挑选果形端正。无畸形、果色鲜红或橙红、果面光洁明亮、果梗新鲜的。

4.挑选香蕉的方法

香蕉的品质因品种、产地、结果季节不同而异。品种以香芽蕉最好,龙芽蕉次之,粉蕉再次之,大蕉列后。同品种以果实肥壮、个大皮薄、成熟适度、成色新鲜、无病虫害、无伤烂、色味俱全者为佳。具体挑选的方法是:

(1)观色:皮色鲜黄光亮,两端带青的为成熟适度果;果皮全青的为过生果;果皮变黑的为过熟果。

(2)手捏:用两指轻轻捏果身,富有弹性的为成熟适度果;果肉硬结的为过生果;易剥离的为过生果;剥皮粘带果肉的为过熟果。

(3)口尝:入口柔软糯滑,甜香俱全的为成熟适度果;肉质硬实,缺少甜香的为过生果;涩味未脱的为夹生果;肉质软烂的为过熟果。

5.挑选葡萄的方法

葡萄以果实新鲜,果穗丰满,果珠均匀为好。具体挑选的方法是:

(1)观色泽:以果梗青鲜,果面果粉完整,皮上无斑痕为好;果梗霉锈,果粉残缺,果皮暗淡无光,果面黏湿或有褐斑者,则是不新鲜的。

(2)察果粒:以果粒饱满,大小均匀,成熟度适中为好。

(3)拎果穗:轻轻提起果穗主梗,微微抖动,凡果粒牢固,落子少,说明果实比较新鲜;若果粒纷纷落下表明存放已久。

(4)尝风味:肉质脆嫩,果浆多而浓,甜味足,酸味少,带有玫瑰香或草莓香味者为上品。甜少酸多则为下品。

6.挑选葡萄干的窍门

(1)观察色泽:红、白葡萄干外表都应带有糖霜及光泽,并呈透明和半透明状。红葡萄干为红紫色,白葡萄干为微绿色,如果颜色为暗黄或黄褐色及黑褐色可判定,这样的葡萄干质量较差。

(2)颗粒外形:葡萄干颗粒应均匀饱满,干瘪的果粒极少,并且无果梗、叶片和杂质。颗粒之间有一定空隙,不应有黏团现象,手摸有干燥感,甩手攥一下再放下,颗粒能迅速散开的葡萄干品质较佳。如果颗粒表面有糖油,或手捏颗粒易破裂的葡萄干质较次。

(3)风味:品尝一粒或几粒葡萄干,味甜且鲜醇,不酸涩,无异味的为正品。如果出现酸味、霉味或口感牙碜,则可判定葡萄干质量较次。

7.挑选西瓜的5个窍门

一看:熟西瓜瓜皮毛茸消失,皮色油亮有强光泽,瓜上纵纹斑已渐呈分散虚线状,青黑条纹分明,瓜把小而凹进去,瓜贴地的一面呈黄色,越黄越好,如果稍微发黄或还是深青色,说明瓜尚未成熟。还可看瓜蒂,瓜蒂细小者多为熟瓜,蒂粗又带茸毛者多为生瓜。

二摸:用手指摸瓜面,感觉软而发黏的是生瓜,滑而硬的是熟瓜。

三拍:轻拍瓜身,声音"嘭嘭"响,手感重的是生瓜,瓜声"吱吱",手感轻的,说明这个瓜酥熟。

四听:用拇指顶住瓜头,放耳边有"沙沙"的声音,便可断定是沙瓤熟瓜。

五掐:用指甲掐瓜皮,生瓜皮难入,熟瓜皮脆而多水。

8.鲜桂圆质量鉴定法

果壳黄褐,略带青色,柔软且带有弹性,果肉晶莹洁白,肉厚,味甜,极易离核,核色乌黑且有光泽,果体大者为上品熟果。果皮发青,果壳坚硬,果肉不易剥离,果核较红,果味极差者为生果;果皮呈黄褐色,手感发软而无弹性则为过熟果,多属变质果。

9.干桂圆质量鉴定法

外壳硬且脆,捏之易碎,体大均匀,色泽黄亮,肉厚软润,味甜清香的为优质干桂圆。明霉易识别,只要视果壳蒂口有无白点,白点越多,霉变越严重;暗霉不易识别,往往是霉变鲜果加工而成的,只能凭果壳是否萎蔫来判断。霉变果于人体有害,不可食用。

10.桂圆肉质量鉴定法

上好桂圆肉味甜,肉片大且厚实,肉色黄亮或红色,肉片易分开。凡肉色红褐略带黑色,肉片较黏或成团状,口味淡且带苦味,有杂质者为下品。已生蛆、霉变等则为次品。

11.黑枣质量如何鉴定

好的黑枣皮色应乌亮有光,黑里泛出红色;皮色乌黑者为次;色黑带萎者更次;如果整颗粒皮表呈褐红色是次品。

好的黑枣颗大均匀。短壮圆整,顶圆蒂方、皮面皱纹细浅。在挑选黑枣时,也应注意虫蛀、破头、烂枣等现象。

12.红枣质量如何鉴定

(1)好的大枣皮色紫红,颗粒大而均匀、果形短壮圆整,皱纹少,痕迹浅,皮薄核小,肉质厚而细实;如果皱纹多,痕迹深,果形凹瘪,则说明肉质差或是未成熟的鲜枣制成的干品。

如果红枣的蒂端有穿孔或粘有咖啡色或深褐色的粉末,这说明红枣已被虫蛀了,掰开红枣可看到肉核之间有虫屎。吃时要将虫屎等剔除干净。

(2)用手将红枣成把紧捏一下,如感到滑糯又不松泡,说明口味较甜,质细紧实,枣身干,核小;如果甜味差、有酸涩味,并且用手捏时松软粗糙,说明质量很差,要是湿软而粘手,说明枣身较潮,不耐久贮,易于霉烂变质。

13.干枣的挑选方法

干枣是由鲜枣经晾晒加工而成。干枣比鲜枣的挑选要稍仔细一些。干枣挑选方法如下:

(1)看色泽:干枣应为紫红色,有光泽,皮上皱纹少而浅,不掉皮屑。皮色不鲜亮,无光泽或呈暗红色,表色有微霜,有软烂硬斑现象的皆为次品。

(2)观果形:枣的果形完整,颗粒均匀,无损伤和霉烂为优良品。观果形应注意枣蒂,如有虫眼和咖啡色粉末的枣为质次品。

(3)检验干湿度:枣的干湿度与质量密切相关,检验方法是手捏红枣,松开时枣能复原,手感坚实的质量为佳。外表湿软黏手,表面返潮,极易变形的,为质次品,湿度大的干枣极易生虫、霉变、不能久存。

(4)品尝:枣的口感很甜,肉多而厚、肉色黄而细实、枣核小者为上品。如果味淡不甜、有苦涩味且核大的红枣为质次枣。

14.选购哈密瓜的方法

生哈密瓜水分多,味淡,如同黄瓜味。所以要挑选八成熟以上的哈密瓜,其特征是:瓜皮有鲜明的色彩或花纹;瓜柄基部产生离层,自然落蒂柄瓜皮网纹明显或产生裂纹。如果瓜体变软,香味浓郁,说明已充分成熟,食用最佳。

15.板栗的挑选方法

栗子要求果实饱满,颗粒均匀,果壳老成,色泽鲜艳,无蛀口,无闷烂,以肉质细、甜味中带糯性的果实为上品,具体挑选方法如下:

(1)看皮色:凡有皮色红、褐等情况,则果实已为虫蛀或受热变质。

(2)捏果实:凡有坚实之感,一般果肉较丰满,若感到空软,则果实已干瘪,或闷热后肉已变软。

(3)用水浸:将栗子浸入清水中,果实下沉者都较新鲜丰满,反之则果实已干瘪或被虫蛀。

16.选购芒果的方法

购买芒果应挑选果实大而饱满,手掂有重实感,表面颜色金黄、洁净无黑斑,清香汁多者为佳。

17.椰子的选购方法

选购椰子应以皮色呈黑褐色或黄褐色,外形饱满,呈圆形或长圆形,捧起时手感沉重,放在耳边摇动,通常汁液撞击声大的果子为优。

而皮色灰黑,外形呈梭形、三角形,摇动果身时,汁液撞击声小的果子质量较次。

18.选购沙田柚的方法

柚子品种很多,识别办法是观察柚子底部是否有一个淡土红色的线圈,有圈的是沙田柚。除了沙田柚外,不宜挑选细颈葫芦形的柚子。

另外,挑选柚子时,在大小都差不多的情况下,要挑分量重且果身有光泽的,这样的柚子皮薄肉多。

19.如何选购槟榔

槟榔应挑选外形为梭形,表皮纹路不规则,果身紧实,无弹性的,这样的果子成熟适中,纤维细,果肉厚实,入口细嫩、柔软。

20.如何选购樱桃

粒大饱满,色泽鲜红或红中略带黄色,表皮光滑、光亮、剔透,富有弹性,无破皮、渗水现象,肉质厚而软的樱桃为上等佳品。

若果实色泽暗晦,果身软潮发皱,皮表面有胀裂,破皮处有"溃疡"现象,或果蒂部分呈褐色,则不宜购买。

七、油料调料

1.如何选购小磨香油

纯正的小磨香油呈红铜色,清澈,香味扑鼻;若小磨香油掺了猪油,加热就发白;掺了棉油,加热会溢锅。

2.怎样鉴别食用植物油的质量

(1)观察油的透明度:质量好的植物油透明度高,水分、杂质少。静置 24 小时以后,清晰透明、不浑浊、无沉淀、无悬浮物。反之,则质量差。

(2)观察油的色泽:质量好的花生油呈淡黄色或橙黄色;豆油为深黄色;菜籽油为黄中稍绿或金黄色;棉籽油为淡黄色。

(3)闻油的香味:用手指蘸少许油,抹在手掌心,搓后闻其气味。质量好的油除有本身应有的气味外,一般没有其他异味。如有异味,说明油质量不好或发生了变质。

(4)品尝:用筷子蘸上一点油,抹在舌头上辨味。质量正常的油无异味。如油有苦、辣、酸、麻等味则说明油已变质,有焦煳味的油质量也不好。

(5)加热鉴别:水分大的食用植物油加热时会出现大量泡沫,且发出"吱吱"声。油烟有呛人的苦辣味,说明油已酸败。质量好的油应泡沫少且消失快。

3.如何选购酱油

(1)酱油的颜色不是越深越好。因为酱油颜色是由酱油中的氨基酸和糖类相互作用生成的一种化合物——焦糖来决定的。酱油颜色越深,意味着营养物质氨基酸及糖类的消耗越多,颜色深到一定程度,酱油中的营养成分也就所剩无几了。

(2)酱油不是越鲜越好。一般来说。豆粕、小麦在发酵过程中,蛋白质水解成氨基酸,其中谷氨酸、天门冬氨酸等给酱油带来了鲜味儿。很多消费者认为酱油越鲜越好,于是一些生产厂家为迎合大众的口味,在酱油配兑时添加水解蛋白质、谷氨酸、核苷酸等,这样做虽然可以增鲜,但对人体健康不利。

(3)价格越高并不代表酱油等级越高。很多消费者购物时,喜欢根据价格高低判定其质量优劣,其实并不尽然。专家认为,优质酱油澄清、无沉淀、无浮膜,色泽呈红褐色,比较黏稠,细闻有酱香味和酯香味。

(4)现在市场上酱油有特级、一级、二级、三级之分。国家也有明确规定,在酱油的外包装上必须标明质量等级和氨基酸含量。有的消费者在选购酱油时往往忽略这一点,而去追求包装精美、价格偏高的酱油。

(5)此外,调味汁、酱汁并不等于酱油。调味汁、酱汁与酱油是两码事。国家在酱油的卫生标准中明确规定了其氨基酸态氮每百毫升不得低于 0.4 克,而调味汁、酱汁其内在质量不执行酱油标准,基本不含氨基酸态氮。

(6)并不是所有的酱油都可以用来炒菜或凉拌。国家标准明确规定,酱油的用途有烹调和佐餐之分,且必须在标志中标明类型。因为二者在发酵中工艺不同,卫生指标也不同,所以不能互相替代。

4.怎样识别掺假味精

一般味精的掺假物有食盐、白糖、石膏、碳酸钠等。味精是以粮食为原料经发酵提纯的结晶体。在感官上应具有正常色泽、滋味,不得有异味和杂物。

若以食盐作为掺假物,则口尝是咸味,用水浸泡后溶解的液体亦是咸的。正常味精系无色透明、针形呈小杆状结晶,掺入的食盐则系白色粉状结晶,易潮;若以白糖作为掺假物,则口尝是甜味,用水浸泡溶解后的液体亦是甜的。白糖多为白色粉状或方块状微透明结晶;若以石膏作为掺假物,口尝是苦涩味,用水浸泡不溶解,有白色大小不等的片状结晶;若以碳酸钠作为掺假物,口尝是微咸味,用水浸泡溶解后的液体味道亦如此。

5.八角质量鉴定法

优质八角颗粒整齐完整,个大饱满,棕红色并有光泽,荚边裂缝较大,荚内子粒明亮,香味浓烈。质次的八角朵瘦小,碎粒多,香味差,黑褐色。

6.花椒质量鉴定法

(1)壳色红艳油润,粒大而均匀,果实开口而不含或少含子粒,无枝杆及杂质,不破碎污染的为好。

(2)手感糙硬,并有刺手干爽感,轻捏即碎,拨弄时有"沙沙"声响的干度较好。

(3)顶端开裂大的,成熟度高,香气浓郁,麻味强烈。

（4）用少许碘酒掺水,呈淡黄色时,撒在花椒面上,呈蓝色的为掺假品。

7.辣椒粉真假鉴别

（1）放少许辣椒粉在25%的精盐水中,下面的水如染成红色,表明其中掺假。或把它倒在白纸上,用手揉搓,如留有红色,则表明掺有色素。

（2）用舌头舔食感到牙碜,表明辣椒粉里混入了碾成碎末的红砖屑。

（3）色泽浅黄,人口黏度大,放到清水中起糊,则是掺了玉米粉。

（4）辣椒粉中可见过多的黄色粉末,鼻闻有豆香味,入口有甜味,则是掺入了豆粉。

八、饮品类

1.茶叶真假鉴别

（1）烧:将数片茶叶放在酒精灯上灼烧,真茶有馥郁芬芳的茶香,假茶叶有异味。

（2）泡:用沸水冲泡,待叶子充分展开后,放在白瓷清水盘内仔细观察,真茶叶具有明显的网状叶脉,主脉直射顶端,侧脉伸展至叶缘2/3处便向上方弯曲,呈弧形与上方脉相联合,叶背面有白茸毛,边缘锯齿明显,基部锯齿渐稀。假茶叶叶脉不明显,侧脉一般直射边缘,正、反面都有白毫或都无白毫,边缘锯齿粗大或不明显。

2.新旧茶叶巧鉴别

茶叶的新旧,品质不同,价值不同,鉴别新旧茶叶,主要掌握以下四要点:

一看:从茶叶外观看,新茶新鲜,干硬疏松;陈茶紧缩色暗、柔软,似受潮状。从茶叶叶片看,泡开新茶叶的上边缘为锯齿状,齿上有腺毛,叶组织有星状的酸钙品体,茶叶背肌有茸毛,老嫩均匀,整碎的程度相当。但一二年的陈茶则紧缩暗软,茶叶叶片形状不清晰。从茶叶的光泽度看,一般干茶叶外观有油光状并且新鲜,颜色较好的为佳品,杂而不均为次品,伪劣的陈茶则色泽灰暗。从茶汤的颜色看,新茶冲泡的茶汤清澈。而陈茶茶汤则色泽灰暗淡浊或呈褐色。

二摸:优质的新茶干燥,用手一捏,叶片即碎,如果软而湿重,一般不易捏碎,则为陈茶,优质新茶含水量一般在5%~8%之间。

三闻:新茶清香扑鼻,经冲泡后芽叶舒展。而陈茶则香气低沉,芽叶萎缩。取一点茶叶放在手心上,用口呵气,使茶叶受潮而散发出香气。如果散发出霉味、酸味等,则说明是陈茶或劣质茶叶。

四尝:味道是茶叶成分的综合反映。新茶茶汤有强劲浓郁的口感,醇和,久久不淡的鲜浓纯正香味;而陈茶茶汤饮后不仅没有清香醇和的感觉,甚至还有轻微的草味、苦涩味、酸味等异味。而有些不法商贩则喷洒"清香剂"等来欺骗消费者,因此在品尝时应细心。

3.怎样识别假奶粉

(1)手捏鉴别:手捏住袋装奶粉的包装来回摩擦,真奶粉质地细腻,发出"吱吱"声音。假奶粉因掺有葡萄糖、白糖等较粗颗粒,会发出"沙沙"的声音。

(2)色泽鉴别:真奶粉呈天然乳黄色,假奶粉颜色较白,细看呈结晶状,并有光泽,或呈漂白色。

(3)气味鉴别:真奶粉有牛奶特有的奶香味;而假奶粉奶香味很淡或没有。

(4)滋味鉴别:真奶粉细腻发黏,溶解速度慢,无糖的甜味。假奶粉入口后溶解快,不粘牙,有甜味。

(5)溶解速度鉴别:真奶粉用冷开水冲时,需经搅拌才能溶解成乳白色混悬液;用热水冲时,有悬浮物上浮现象,搅拌时粘住调羹。假奶粉用冷开水冲时,不经搅拌就会自动溶解或发生沉淀;用热开水冲时,溶解迅速,没有天然乳汁的香味和颜色。

4.真假蜂蜜的鉴别

(1)颜色:真蜂蜜透明或半透明色;假的混浊、色泽鲜艳、浅黄或深黄;

(2)气味:真蜂蜜有特殊的芳香味;假的无芳香味或有刺鼻异味;

(3)口感:真蜂蜜香甜可口,有黏稠糊嘴感;假的味淡或甜或咸或涩,无芳香味;

(4)形状:真蜂蜜是黏稠液体,拉黏丝,不断流,低温(10℃以下)可结晶;假的有悬浮物或沉淀,黏度小,易断流、用勺挑呈滴状下落;

(5)比重:真蜂蜜是水的1.5倍,1 000毫升大约1.5千克;假的比水稍重,1 000毫升约1.3千克;

(6)燃烧:真蜂蜜燃烧彻底,极少残留粉末;假的燃烧后灰分较多,有焦炭样物残留;

(7)暴晒:真蜂蜜晒后变稀薄;假的晒后无明显变化或更黏稠;

(8)咀嚼:真蜂蜜结晶颗粒牙咬如酥、含之即化。假的结晶块咀嚼如砂糖,声脆响亮。

5.燕窝鉴别法

每年开春,金丝燕第一次做的窝,基本上是用自己的津液凝固而成的。这种燕窝洁白晶莹,形如碗碟,浸入水中则柔软涨大,被称为"白燕窝",是燕窝中的珍品。如果第一次做完的窝被人采走,金丝燕要重新做窝,这时因为津液不够,里面就会夹杂不少绒羽、海藻纤维等,加上津液中常带有血渍,做出的窝,颜色微黄,略带咸味,称为"毛燕窝",是燕窝中的次品。

正宗的燕窝应为丝状结构,偶见绒羽,质地坚韧,对光照则半透明。若燕窝呈片状或块状结构,脆而易碎,无绒羽,对光照不透明,则是假燕窝。

·养生保健·

图文珍藏版

真燕窝火烧后会轻微爆裂,熔化后起泡,无烟无臭,灰呈白色;而假燕窝火烧后迸裂火星,冒黑烟,有焦臭味,其灰为黑色结块状。

第二节　清洗加工

一、主食类

1.发面妙法

发面用面种、甜酒均可。在一小碗面粉中加水和成较软面团,放在炉边,经 24 小时,内有小孔即成面种。如加醋,则只需 12 小时。分两次发面,第一次用小半碗面粉加上面种揉匀,放置 4~5 小时,再将其余面粉揉和进去,2~3 小时后,面团胀大约 1 倍时即可。调和面粉时,可加少量盐,蒸出的包子更松软。

2.发面最适宜的温度

发面最适宜的温度是 27℃~30℃。面团在这个温度下,2~3 小时便可发酵成功。为了达到这个温度,根据气候的变化,发面用水的温度可做适当调整:夏季用冷水;春秋季用 40℃ 左右的温水;冬季可用 60℃~70℃ 热水和面,盖上湿布,放置在比较暖和的地方。

3.发面加碱法

在发面中加碱,可以中和酸味。用碱量应依发面的老嫩、酸味而定,也因气候、季节而异。每 500 克面粉的一般用碱量为:春季 4~5 克,夏季 7~8 克,秋季 5~6 克,冬季约需 2.5~3.5 克。

4.白酒催面粉发酵法

可在未发起的面团上按一个凹窝,倒入少量白酒揉和均匀,再用湿屉布捂 10 分钟左右,面团即可发起。

5.和面不粘盆妙法

和面前,先将面盆洗干净,然后放置小火上烘烤,使盆中水分全部蒸发,在面盆稍微有些烫手时开始和面,这样就不会粘盆,即使有点面粉在盆上,只要轻轻一擦就可擦掉。

二、蔬菜类

1.怎样才能吃到放心菜

(1)清洗去皮法:蔬菜表面有蜡质,很容易吸附农药。对于带皮的蔬菜,如生姜、黄瓜、丝瓜等,可以削去含有残留较多农药的外皮,只食用肉质部分。因此,对能去皮的蔬菜,应先去皮后再食用。

(2)储存保管法:大多数喷洒过农药的蔬菜,在一定的天数内,农药会被植物体内的酵素分解掉。所以买回来的蔬菜,先储存几天,让残毒有时间被分解掉。但是放入冰箱冷藏便没有如此效果,因为冰箱内的温度会抑制蔬菜酵素的活动,使之无法分解残毒。一般只需放在室内阴凉处即可,不过并不适用于容易腐烂的叶菜类。

(3)淡盐水浸泡:一般蔬菜先用清水至少冲洗3~6遍,然后泡人淡盐水中,再用清水冲洗1遍。对包心类蔬菜,可先切开,放入清水中浸泡1~2小时,再用清水冲洗,以清除残留的农药。必要时可加入果蔬清洗剂,增加农药的溶出。

(4)碱洗:先在水中放上一小撮碱粉、无水碳酸钙或冰碱、结晶碳酸钠,搅匀后再放入蔬菜,浸泡5分钟,把碱水倒出来,再用清水漂洗干净。也可用小苏打代替,但应适当延长浸泡时间,一般需15分钟左右。

(5)洗洁精浸涤:将洗洁精稀释至300倍清洗1次,再用清水冲洗1至2遍,这样可去除蔬菜上的病菌、虫卵和残留的农药。

(6)开水泡烫:对某些残留的农药最好的清除方法是烫,如青椒、菜花、豆角、芹菜等,在下锅前最好先用开水烫一下。据试验,此法可清除90%的残留农药。

(7)日光消毒:利用阳光中多光谱效应照射蔬菜,会使蔬菜中部分残留农药被分解、破坏。据测定,蔬菜、水果在阳光下照射5分钟,有机氯、有机汞农药的残留量可减少60%。

(8)淘米水洗:用淘米水洗菜能除去残留在蔬菜中的部分农药。因我国目前大多用甲胺磷、辛硫磷、敌敌畏、乐果等有机磷农药杀虫,这些农药一遇酸性物质就会失去毒性。在淘米水中浸泡10分钟左右,用清水洗干净,就能使蔬菜中残留的农药成分减少。

(9)加热烹饪法:部分有机类杀虫剂随着温度的升高,分解会加快。常用于芹菜、圆白菜、青椒、豆角等。先用清水将表面污物洗净,放入沸水中2~5分钟捞出,然后用清水冲洗1~2遍后置于锅中烹饪成菜肴。

2.如何使发蔫的蔬菜复原

可以在大盆里装上水,加入少量的醋和两块方糖,将蔬菜放进去浸泡,再用热水冲一下,然后立即以冷水回冲,这样就可恢复原状。

3.巧洗蔬菜上的蠓虫

蔬菜叶上有了蠓虫,只要将其放入淡盐水中浸泡三五分钟,然后用清水漂洗,很容易洗干净。

4.西洋芹菜的洗净方法

西洋芹菜因培育期长,为防止病虫害而使用大量农药。所以在食用前,首先要

·养生保健·

图文珍藏版

将叶和茎用手折开,置于流动的清水下冲洗 1~2 分钟,再浸泡在醋水中(3 杯水加 1 匙醋)。为使芹菜和醋水接触的面积增大,应将芹菜切薄片,浸泡 5 分钟后再用水冲洗干净即可。

5.卷心菜的清洗

菜粉蝶又名菜白蝶,其幼虫就是常见的菜青虫。全国各地均有这种虫,它是卷心菜、西兰花、菜花、长叶莴苣等十字花科蔬菜的严重害虫。虽然菜粉蝶本身并无害,但菜青虫咬食叶片,咬过的叶子创口易诱发软腐病。因此食品安全专家提醒人们:吃十字花科蔬菜前,一定要注意清洗。首先用清水冲洗至少 3~6 遍,然后泡入淡盐水中再冲洗一遍。对卷心菜,可先切开,放在清水中浸泡 1~2 小时,再用清水冲洗,以清除残附的农药。此外,用淘米水洗卷心菜效果也很不错,这是因为许多有机磷农药遇到酸性物质就会失去毒性。建议在淘米水中浸泡 10 分钟左右,再用清水冲洗。

6.豆芽菜的洗净方法

市售豆芽菜可能会用漂白剂漂白过才出售。因此,必须将豆芽菜浸水,使那些不安全物质溶解在水里,再使用加了醋的热水烫 30 秒,才可食用。

7.青椒去蒂再清洗

多数人在清洗青椒时,习惯不去蒂直接冲洗,或只是将它剖为两半清洗,其实这是不正确的。因为青椒独特的造型与生长的姿势,使得喷洒过的农药都累积在凹陷的果蒂上。因此在清洗青椒时,应先将果蒂去掉,以防清洗后果蒂上的残留农药再次污染青椒。

8.洗蘑菇的窍门

蘑菇表面有黏液,使泥沙黏着,不易洗净,洗蘑菇时,水里放点食盐搅拌,泡一会儿再洗,就很容易把泥沙洗净。

9.巧洗小黄瓜

用流动的清水充分搓洗小黄瓜 5 遍左右,接着将食盐撒在砧板上,用两手轻轻地来回搓动放在砧板上的小黄瓜,如此一来,可利用食盐在小黄瓜表皮上搓出伤痕,渗透在表皮下的农药便会渗出。用砧板摩擦后再用流动的清水将食盐清洗干净即可。

10.巧洗香菇

先将香菇放入盆内,用 60℃ 左右的温水浸泡一小时。然后朝一个方向搅转,使香菇伞褶慢慢张开,沙粒会随之徐徐沉入盆底。然后轻轻捞出香菇,用清水冲洗,再缓缓挤出水分即可烹调。

11.巧洗木耳

涨发木耳时要用冷水浸泡,再加一点醋在水中,然后轻轻搓洗,这样很快就能除去沙土。

12.米汤发木耳法

将一小锅稀米汤烧开,把木耳放入,盖严实。半小时后,捞出木耳,放在清水中漂洗。这样泡发出的木耳肥大、松软,而且味道鲜美。

13.涨发银耳的方法

将干银耳先用温热水浸泡,微微发开后整理洗净污物,摘去粗老部位,再摘成小块,放入保温瓶中,盛满沸水大约12小时倒出,银耳即呈质软发糯,汤稠汁浓的状态,食用时与其他辅料调制即成。

14.干香菇的泡发

烹调前,先用冷水将香菇表面冲洗干净,带柄的香菇可将根部除去,然后"鳃页"朝下放置于温水盆中浸泡,待香菇变软、"鳃页"张开后,再用手朝一个方向轻轻旋搅,让泥沙徐徐沉入盆底。如果在浸泡香菇的温水中加入少许白糖,烹调后的香菇味道更鲜美。

15.老香菇变嫩法

存放过久或保存不当的香菇,质地会变老。对这种老化香菇,在食用之前可做如下处理:

用清水泡发香菇后,把菇足剪去,多清洗几次,直至去掉苦涩之味。然后把水挤干,用适量的食盐、淀粉和鸡蛋清搅拌后,在沸水中氽熟,再以清水冲凉后,就可烹制菜肴了。这样做出的香菇菜肴,味道与嫩香菇一样鲜美。

16.巧洗豆腐

(1)把豆腐放在碗中,盖上有许多小洞的蒸盘,再放到水龙头下冲洗,便可保持豆腐的完整。

(2)豆腐下锅前,先在开水中浸泡10多分钟,便可除去泔水异味。这样做好的豆腐口感好,味美香甜。

17.巧剥番茄皮

(1)先把番茄放在开水碗内浸泡一会,或把番茄放在碗内,以开水均匀冲浇,取出后用手轻轻地撕,就可将皮撕掉。

(2)先用刀在番茄顶部画个十字,可深入番茄肉内。开火煲水,把番茄放在滚水中浸10~30秒,放番茄前要用有洞的圆勺盛着番茄,一旦发现番茄皮出现松开现象,便要即时捞起。最后把番茄浸泡在水中,慢慢剥除番茄皮即可。

(3)用水果刀背把番茄的皮先刮一遍,目的是为了把皮搓皱一点,然后很容易就把皮撕掉了。

18.巧剥大蒜皮

将蒜头掰开,分瓣浸泡于温水中,捞出晾两三分钟后再剥,就可轻松剥皮,极为

·养生保健·

图文珍藏版

省事。或者先将蒜头根部切除放入微波炉,一颗蒜头大约需要在微波炉内烘烤6秒钟,蒜皮将会自动剥落,不需要费任何力气。

19.莲子脱皮妙法

莲子皮薄如纸,剥除很费时间。若将莲子先洗一下,然后放入开水中,加入适量老碱,搅拌均匀后稍焖片刻,再倒入淘米箩内,用力揉搓,即可很快去除莲子皮。

20.马铃薯去皮妙法

马铃薯由于表面大多凹凸不平,削皮时经常连皮带肉地一起削掉,十分浪费。如果把马铃薯放在开水中煮一下,取出后立即放入冷水中泡一下,然后再用手直接剥皮,就可很快将皮去掉,非常省力,而且烹调后,味道也更加鲜美。

21.红萝卜去皮妙法

红萝卜皮很硬,剥除时十分麻烦。可以将红萝卜整个放进水中煮一下,然后放在水龙头下,借助水的冲力把皮去除,可不留一点残皮。

22.巧除萝卜气味

萝卜做法多种多样,做菜、做馅、做汤都很好吃,但萝卜气味不好闻。去除方法为:准备熟吃的萝卜,应该将其生着切好,按每300克萝卜放1克小苏打的比例拌匀,烹制后即可除味。用萝卜做水饺时,小苏打应少放,以免造成水饺开裂。

23.如何除去鲜笋的苦涩味

新鲜竹笋往往带有苦涩味。家庭烹调前,可将新鲜竹笋(去壳或经刀工处理过的)放入沸水中焯煮,然后用清水浸漂,即可除去苦涩味道。浸漂后的竹笋可以用于炒制、干烧、烩制、制馅等。

24.蒜泥香味浓郁法

将蒜去皮后放入捣碎用具内,用捣棍或面杖将蒜充分捣碎,这时再加点精盐和味精,则越捣越黏,越捣越香,捣成后蒜泥香味特别浓郁可口。

25.怎样让海带变柔软

海带营养丰富,可惜不易煮软,因为它的主要成分褐藻胶不易溶于水,然而褐藻胶却易溶于碱,当水中含有碱性时,褐藻胶会吸水膨胀而变软。根据这一特点,可用淘米水泡发海带,既易发、易洗,烧煮时也易酥软,也可在煮海带时加少许食用碱或小苏打,但注意加碱不可过多,煮的时间也不可过长,煮时可用手试掐软硬,一旦煮软,立即停火。

另一种方法是干蒸:把成团的干海带打开放在笼屉里隔水干蒸半小时左右,然后用清水浸泡一夜。用这样的方法处理后的海带不但又脆又嫩,用它来炖、炒、凉拌,都柔软可口。

三、肉类

1.洗猪肉

生猪肉沾满脏物,如果用温淘米水洗两遍,再用清水冲洗,脏物很快就会被洗掉。

2.洗动物内脏

许多人喜欢吃各种动物内脏,但是对于内脏的清洗颇为头痛,下面介绍几种内脏的清洗方法:

(1)许多人都用盐擦洗猪肚,但效果并不是很好,如果在清洗过程中再用一些醋,那么效果会更好。因为,通过盐、醋的作用,可以把猪肚中的不良气味除去一部分,还可以去掉表皮的黏液。清洗后的猪肚要放入冷水中,用刀刮去肚尖老茧。

(2)洗肺叶时,可将气管套在自来水管上,用流水冲洗数遍,直至肺叶呈白色,就没有异味了。

(3)洗门腔时,可先将门腔浸泡在开水中或投入沸水中汆一下,刮去舌苔、白皮,然后洗刷干净即可。

(4)猪肝、猪心有一股秽味,可用面粉揉搓后,再用清水冲净,秽味即除。洗猪心时,可把猪心放入清水中,不停地用手挤压,可使污血排出。

(5)家畜脑子一般很嫩,容易破损,应放置水中轻轻漂洗,用牙签或小镊子剔去血丝、薄膜,再漂洗干净即可。

(6)要去除猪大肠的臭味,可在切碎猪大肠前,把整件放在热锅里干炒一会儿,让附在肠壁上的臭味慢慢蒸发掉,直至闻不到臭味为止,然后取出用清水冲洗,即可烹调。也可将猪肠翻卷过来,然后将洗净的葱结捣碎,按照葱结和肠1:10的比例放在一起搓揉,直至无滑腻感时,反复用水冲洗,异味即除。

3.除鸭毛的窍门

(1)水烫:烫鸭子的水不要烧开,因为,鸭毛孔遇到100℃的沸水后就要收缩,鸭毛就不易拔脱了。

(2)灌酒:杀鸭前先给鸭子灌上一小盅黄酒,不多时鸭毛孔就舒张开了,鸭毛就很容易脱。

(3)加盐:鸭子宰杀后,即用冷水将鸭毛浸湿,然后用热水烫。在烫鸭子的热水中加入一小羹匙食盐,所有的绒毛就都能煺净了。

4.速除猪毛

取一块松香,熬融后趁热倒在有毛的猪肉皮上,待松香完全冷却后揭去松香,猪毛就会全部被粘拔出来了。

·养生保健·

图文珍藏版

5.牛、猪、鸡肉的切法

牛、猪、鸡肉的纤维组织不同,切法也不尽相同。

牛肉质粗筋多,只有横着纤维纹路切,才能将筋切断,烹调后肉味才会鲜嫩;猪肉的肉质比较细腻,肉中筋少,斜着纤维切出的肉,既不断裂,又不塞牙,食之细嫩;鸡肉最细最嫩,肉中含筋最少,只有顺着纤维切,炒时才能使肉不破碎,且整齐美观,入口有味。

6.肉不粘刀的妙法

在剁肉前,把菜刀放进热水里泡3分钟至5分钟,取出后再剁肉时,肉末就不会粘在刀上了。

7.速冻肉不能用热水解冻

不少人急于食用,将刚买回或刚从冷冻箱里取出的冻肉,用热水浸泡解冻,这种方法不妥。

科学的方法应该用冷水浸泡,或将冻肉放在 15℃~20℃ 的地方,使其自然解冻。这是因为肉类在速冻过程中,其组织汁液中所含的蛋白质和有机酸也完全冻成了冰,肉缓慢解冻,这种汁液的结晶体会重新缓缓融化,还原成汁液渗入肉的纤维内,使肉类恢复原来的性质,从而保持肉的原有营养与美味。

如果用热水解冻,肉的汁液晶体很快融化,来不及渗入肉的纤维内而白白流失,从而失去一部分蛋白质和芳香味物质。用这种肉类制作的食品,营养价值不高,味道也不鲜美。

8.肉皮泡发法

用碱水浸泡鲜肉皮,刮去上面的油,温水漂净晾干,然后将干肉皮和冷油一起下锅,油要多,火不宜过大。待肉皮受热卷起并有小白泡时捞出,待气泡瘪去,使油温升至六七成热,将肉皮入锅回炸至发泡膨胀。使用时,先放在热水中浸泡(水中加少许碱),洗去肉皮上的油腻,漂洗干净即可。

四、水产类

1.巧刮鱼鳞

(1)将鱼放在一个较大的塑料袋里,放到案板上,用刀的背面反复拍打鱼体两面的鳞,然后用勺轻轻一刮,鱼鳞既可刮净,而且不外溅。

(2)把鱼放入加了醋的冷水里(每千克水加醋 10 毫升)泡一会儿再刮,鱼鳞就很容易刮干净。

(3)带鱼不用刀刮,而是放入 80℃ 左右的热水中烫十几秒钟,然后立即移入冷水里,再用刷子或用手捋一下,即可快速除鳞。

2.巧除鱼的腥味

将鱼去鳞剖腹洗净后,放入盆中倒一些黄酒,就能除去鱼的腥味,并能使鱼滋味鲜美。还可以把洗净的鱼放在冷水中,再往水中放少量的醋和胡椒粉,经过一段时间的浸泡,土腥味就会明显减少或消除。或者放些月桂叶,也可去除鱼腥味。也可将 200 克食盐溶于 2 500 克水中,把活河鱼放在盐水里,浸泡 1 小时后土腥味即可消失;如果是死河鱼,应放在盐水里浸泡 2 小时以上,也会去掉土腥味。

3.鱼破了苦胆的处理方法

剖鱼的时候,不小心把苦胆弄破了这是常见的事。胆汁污染了鱼肉,使肉带有苦味,很不好吃。破了苦胆光用水洗不大管用,您可以用纯碱来解决。

具体的方法是:先用凉水把鱼冲洗干净,把胆水染黄处洗白。再撒点纯碱,稍等片刻,再用水冲净。如果胆汁污染面大,可把鱼放到稀纯碱液中浸泡片刻,然后再洗净,苦味便可消除。

4.怎样宰杀甲鱼

甲鱼宰杀过程为:宰杀、烫皮、开壳、取内脏、煮、洗涤。

可先将甲鱼翻身,待其头伸出来时,准确地将头剁下;或用左手掐住甲鱼的脖子,并拉出甲鱼头,右手持刀割断甲鱼的气管和血管,放血。

待血放尽后放入 70℃~80℃ 的热水中,约烫三四分钟取出,再从甲鱼裙边下面两侧的骨缝处割开,将盖掀起,取出内脏,用清水洗净。

最后放入开水内略煮,去除血污,取出用冷水洗净。

5.怎样剥出完整的虾仁

把活虾放到冰箱冷冻室里冷冻 5 分钟取出后轻轻一挤就能挤出完整的虾仁。

6.巧洗海蜇皮

将海蜇平摊在案板上,切成细丝,放入 50% 浓度的盐水中,用手搓洗片刻后捞出;把盐水倒掉,再放到盐水里泡,重复 3 次,就能把夹在海蜇皮里的泥沙全部洗掉。

7.贝类去除泥沙法

将蛤蜊、田螺、蚌等贝类浸在水中,同时放入一把切菜刀,2~3 小时后,贝类就会自动吐出泥沙。

8.泡发海参妙法

海参品种较多,泡发的具体方法有所不同。

(1)皮厚坚硬的海参(海参中的上品),要先放在火中烧皮(烧至焦枯发脆即可),然用小刀刮去焦枯皮层,放入冷水中浸泡两天,到体质回软时取出放入水锅加热,水开后改小火焖约两小时,之后捞出剖肚,取出沙肠,再放入冷水桶中浸泡,热天4小时,冷天一昼夜。接着再回锅煮开,小火焖一个半小时,捞出放入清水浸泡4~5小时,即可发透。

(2)皮薄肉嫩的海参,要先放入木桶中,倒进开水加盖,泡约12小时,捞出用清水冲洗,软的即可剖肚取肠,不软的可继续泡,直至变软为止。

五、水果类

1.巧洗桃子

(1)将桃子用水淋湿,先不要泡在水中,抓一撮细盐涂在桃子表面,轻轻搓几下,注意要将桃子整个搓上盐,接着将沾着盐的桃子放进水中浸泡片刻,此时可随时翻动。最后用清水冲洗,桃毛即可全部去除。

(2)桃子不要沾水,用干净的刷子在桃子的表面刷一遍,可将桃毛刷掉,然后再清洗。

2.巧洗葡萄

(1)吃葡萄时,先用剪刀将葡萄剪去根蒂部分,使其保留完整颗粒,并浸泡在稀释过的盐水中,可达到消菌的效果。冲洗干净后,如果表面还残留一层白膜,可挤些牙膏,把葡萄置于手掌间,轻轻搓揉,冲过清水之后,便能完全晶莹剔透,吃起来更安心。

(2)将葡萄去蒂后一粒粒地放在水盆里,加入可以盖过葡萄高度的水,往水中洒一些面粉,用手掌在水里搅动几下,倒掉浑浊的面粉脏水,用清水冲几次至水清澈了即可。因为面粉是很好的天然吸着剂,可以吸掉蔬果表面的脏污及油脂(面粉水也可以洗碗)。

葡萄

3.巧除苹果表层蜡质

如果您喜欢吃苹果,又喜欢连皮一起吃的话,那么就需要将其表面的蜡质去除:

(1)将苹果放进热水(手可以接受的最高温度即可)中,这时候苹果的蜡质就会很容易化开。

(2)将牙膏涂抹在苹果表面上,再用清水冲洗,如此也可除掉苹果表层蜡质。

第三节 烹饪窍门

一、主食

1.怎样使米饭更香

好米煮出的饭很香,但如果只有陈米或机米,怎样做出同好米一样香的饭呢?以下方法可供参考:

(1)陈米淘净后,放到清水中浸泡1小时,然后放入锅中,加适量的水,再加一匙猪油或植物油,用勺搅开油花,用旺火煮开锅,改用小火焖30分钟,这样做出的饭同新米饭一样香。

(2)机米又叫籼米,煮出来的饭也不好吃。如果将机米淘净以后,加一点食盐和一匙花生油或别的植物油,加适量的水将米下锅煮,这样做出的饭完全具有好米饭的特点:闪闪发光,而且吃起来味道也香。

2.煮饭不宜用生水

人们在煮饭时,往往习惯用生水,这是不科学的。因为自来水中含有氯气,在烧饭的过程中,它会破坏粮食中所含的维生素B_1,会使其损失1/3左右。若用烧开的自来水煮饭,维生素B_1可免受损失。

3.如何去除米饭煳焦味

(1)米饭不小心烧煳以后,不要搅动它,把饭锅放置潮湿处10分钟,烟熏气味就没有了。

(2)把一根长约2寸的葱插入串烟的饭锅,再盖上锅盖,一会儿,串烟味就会消失。

(3)可用一块烧红的木炭,盛在碗里,再放入锅内,盖好盖,10分钟后煳焦味也可消失。

4.怎样炒饭才会香

用刚煮好的新鲜米饭做炒饭时,必须要用大火快炒才会好吃,但若是要用隔夜的剩饭来炒饭的话,为了避免饭粒黏成一团,可以在饭里头加些酒一起炒,这样一来,用剩饭炒出的炒饭也可以一样又香又好吃。

5.饭夹生如何补救

(1)在饭上面用筷子插出几个直通锅底的小洞,滴几滴日本酒或黄酒,再蒸一下。不久饭粒就会熟透,而且会变得更香软好吃。日本酒也可用来消除饭热过后常会有的异味。

(2)如果只是表面夹生,只要将表层翻到中间再焖几分钟即可。

6.稀饭快速煮熟法

在煮稀饭的前一天先将白米洗好放置在冷冻库,要煮时将白米拿出来放置在锅里,加上一点水(不需加太多),再盖上锅盖煮5~6分钟左右即可。

7.如何才能熬出好的白粥

(1)浸泡:煮粥前先将米用冷水浸泡半小时,让米粒充分膨胀开。这样做一是熬起粥来节省时间;二是熬出的粥酥、口感好。想节省时间的人这样做最好。

(2)温水下锅:大家的普遍共识都是冷水煮粥,而真正的行家里手却是用温水煮粥,为什么? 你肯定有过冷水煮粥煳底的经验吧? 温水下锅就不会有此现象,而且它比冷水熬粥更省时间。

(1)火候:先用大火煮开,再转文火即小火熬煮约30分钟。别小看火的大小转换,粥的香味由此而出!

(4)搅拌:以前我们煮粥之所以间或搅拌,是为了怕粥煳底,现在没了冷水煮粥煳底的担忧,为什么还要搅呢? 为了"出稠",也就是让米粒颗颗饱满、粒粒酥稠。

开水下锅时搅几下,盖上锅盖至文火熬20分钟时,开始不停地搅动,一直持续约10分钟,到呈酥稠状出锅为止。

(5)点油:煮粥还要放油? 是的,粥改文火后约10分钟时点入少许色拉油,你会发现不光成品粥色泽鲜亮,而且入口别样鲜滑。

(6)粥、料分煮:大多数人煮粥时习惯将所有的东西一股脑全倒进锅里,百年老粥店可不这样做。粥底是粥底,料是料,分头煮的煮、焯的焯,最后再放在一起熬煮片刻,且绝不超过10分钟。这样熬出的粥品清爽不浑浊,每样东西的味道都熬出来了又不串味。特别是辅料为肉类及海鲜时,更应将粥底和辅料分开。

8.熬豆粥的窍门

先将豆子和米分别淘净。锅内放少量水烧开,放入豆子煮五六分钟后,倒入1碗冷水,使浮在水面上的豆子沉到锅底,再用小火煮5~6分钟,豆子就能吃透水涨发起来。这时往锅里加足水,用大火煮,待豆子将要开花时将米放进去,改用中火烧烂。这样煮的粥好吃又省火。

9.熬粥如何防溢

熬大米粥、小米粥,或用剩米饭熬粥时,稍不注意便会溢锅。如果在熬粥时往锅里加5~6滴植物油或动物油,就可避免粥汁溢锅了。

10.怎样煮面条不黏糊

(1)煮面条时,待水开后先加少许盐(每500克水加盐15克),再下面条,即便煮的时间长些也不会黏糊。

(2)煮挂面时不要用大火。因为挂面本身很干,如果用大火煮,水太热,面条表面易形成黏膜,煮成烂糊面。

(3)煮挂面时不应等水沸腾了再下挂面,而应在锅底里有小气泡往上冒时下挂面,然后搅动几下,盖好盖,等锅内水开了再适量添些凉水,等水沸了即熟。这样煮面条速度快,面条柔而汤清。相反,如果水沸了再下挂面,面条表面易黏糊,水分、热量不能很快向里渗透、传导,再加上沸水使面条上下翻滚、相互摩擦,这样煮出的面条外黏、内硬、汤糊。

11.巧煮饺子不粘皮

(1)和饺子面时,每500克面加1个鸡蛋,用这种方法和出来的面,蛋白质含量会增多,包饺子时,抓在手里的面不"较劲",容易捏合;当饺子下锅煮时,蛋白质就会收缩凝固,使饺子皮变得结实,不易粘连。从而使下锅后的饺子不会"乱汤",而且饺子出锅放凉后也不会"坨"在一起。

(2)在水烧开后,在开水中加入少量的咸盐,等到咸盐溶解后,再把饺子下到锅里。用这个方法煮饺子的好处在于,在煮饺子的过程中,不用翻动,不用点凉水,直到饺子被煮熟,开水也不会外溢出来,这样煮出来的饺子不粘皮,不粘锅,盛在盘中的饺子放置一段时间也不会发生粘连。

(3)饺子煮熟后,先用笊篱把饺子捞出来,放入事先准备好的温开水中浸一下,然后再装盘,这样处理过的饺子就再也不会粘在一起了。

12.煎饺子省油法

首先准备好篦子和平锅。向锅里倒入油,油热后,放少量的盐,这样可以避免在煎饺子时油向外溅。把篦子放在平锅里,轻轻摇晃之后把它翻转过来,有油的这面向上,再把饺子放在篦子上。饺子不直接和油接触,那么它吸收的油量就会减少很多,而篦子又有传热的功能,同样可以起到煎饺子的效果。

13.隔夜蛋糕变好吃的方法

蛋糕是大家都很喜欢的甜点,但放过隔夜后蛋糕会变得硬硬的不够松软,吃起来的口感就没那么好吃。此时只要拿一个牛皮纸袋加入少量的水,轻轻摇晃一下,然后将水倒出,放入蛋糕,再用烤箱加温就可以让蛋糕变回松软的口感了。

14.啤酒制面包的窍门

揉面团时,用同量的啤酒代替牛奶,不但面包容易烤制,而且烤出的面包有一种近乎肉的味道。

15.巧吃干硬馒头

馒头放久了会又干又硬,弃之可惜,吃着困难。

(1)可将干硬馒头切成片在盐水中浸一浸,然后放入热油锅中炸,便会变成香脆可口的美食。

(2)可将干硬馒头剁成碎末,根据自己的口味加入盐、味精、酱油、葱、姜、蒜末或五香粉等各种作料,加适量水和匀,揉成丸子,或蒸或炸。

二、菜肴

1. 烹调蔬菜窍门

(1)蔬菜要尽量采用旺火快炒,可减少维生素 C 的损失量。番茄经油炒三四分钟,维生素保存率达 94%,大白菜过油炒 15 分钟左右,维生素 C 的保存率仅剩57%。为使菜梗易熟,可在快炒后加少许水焖熟。如要整片长叶下锅炒,可在根部划上刀痕。

(2)煮菜时应将菜放在热水中煮,不应放在冷水中煮。如马铃薯放在热水中煮熟,维生素 C 损失约 10%,放在冷水中煮要损失 40%。

(3)做菜要加锅盖,免得溶解在水里的维生素随水蒸气跑掉。

(4)烹调蔬菜时,加点菱粉类淀粉,使汤变得浓稠,不但可使食品美味可口,而且由于淀粉含谷胱甘肽,对维生素有保护作用。烧荤菜时,在加了酒后,再放点醋,菜就变得香喷喷的。炒素菜如豆芽之类,适当加点醋,味道好,营养也多。因为醋对维生素也有保护作用。

(5)蔬菜尽可能先洗后切,避免用水浸泡。切块要大,切得越细小,烹调和保存时间越长,蔬菜中的维生素和无机盐损失就越多。

(6)蔬菜尽可能做到现炒现吃,避免长时间保温和多次加热。

2. 做菜火候掌握法

(1)炒油菜、白菜、芹菜及韭菜时,要用旺火、热油,菜下锅后要快速翻搅,时间要短些,断生即可出锅,否则,菜就会出汤变黄。炒菠菜时,炒菜前如在热油中撒点盐,炒好的菜就会翠绿青脆。

(2)炒豆芽时,除了旺火、热油、时间短以外,还要边炒边淋些水,这是保持豆芽脆嫩的关键。炒马铃薯丝时,首先要把切好的马铃薯丝放入水中洗几次,旺火、热油,炒至马铃薯丝变色,再淋点醋、水,撒点盐,翻炒几下即可。

(3)炒肉丝、肉片、腰花、猪肝时,要先腌渍上浆,滑一下油(油温一般为四五成热),然后用旺火、热油,快速煸炒出锅。

(4)蔬菜与肉类同炒时,要先分别用旺火、热油炒一下,然后一起回锅同炒,迅速出锅。

(5)做焦熘肉片、熘肥肠等时,要先进行挂糊处理,然后在热油中炸一下,再用中小火焐炸,之后把锅中热油倒出,留些底油,放在旺火上,加入调好的汁料,一见稠浓,倒入炸好的原料,一拌即成。

(6)做炖肉时,要先用热油加白糖炒糖色(用酱油上色也可),之后放入肉块烧,上色后加五香调料,一次加足水,大火烧开,再改用小火,长时间慢炖。这样炖好的肉酥烂醇香,肥而不腻。需要注意一点,盐要最后放,否则肉不烂。

（7）做蛋品菜时，如煎荷包蛋，在油热下蛋后，要用小火煎，这样才能形态完整，外香内熟；如炒鸡蛋，在蛋浆调匀后，下锅炒时要旺火、热油（油可多放点），这样炒出的鸡蛋，松软味美，色泽鲜明；如蒸鸡蛋羹，要先适量加水，调搅均匀，放些猪油，放在沸水的笼屉中，用中小火蒸，约15分钟即可（蒸汽不能太冲，否则蛋起沙孔，不鲜嫩）。

3.处理"过味"菜的方法

（1）如果做的菜太咸了，可以在菜中放适量的白糖，这样就不咸了，不过如果家里有糖尿病人的话，就别放白糖，可以在菜中放一些醋，咸味也会大大减少。

（2）汤过于油腻，可将少量紫菜置于火上烤一下，然后撒入汤内，再放少许香菜。汤太咸而不宜兑水时，可放几块豆腐或切几片西红柿。

（3）如果不小心把醋放多了，可以将1只松花蛋捣烂了，放在菜里，酸味就会减轻。

（4）苦瓜太苦，可滴入白醋少许，苦味会减轻。

（5）辣椒太辣，可放鲜蛋1只或豆豉数粒同炒，可减轻辣味。

（6）小菜过咸或过辣时，将小菜切好浸在酒水里（酒水各半），可冲淡咸味或辣味，且使味道更鲜美。

4.炒菠菜如何去涩味

（1）先把洗净的菠菜在沸水中烫一烫，再下锅煸炒。这样可以去掉涩味。

（2）把菠菜在热油旺火中快速煸炒，一熟便离火。草酸的涩味会在菠菜煮熟时消失。但又不能使其成熟过头，破坏菠菜中的营养物质。

5.炒茄子不变黑法

炒茄子时适量地加点醋，则炒出的茄子不易变黑。

6.炒茄子省油法

炒茄子时，先把切好的茄块或茄片撒点盐，拌匀，腌15分钟左右，挤出渗出的黑水，炒时不加汤，反复煸至全软为止，然后再按自己的口味放入各种调料，这样炒茄子就会既省油又好吃。

7.炒马铃薯丝不粘锅的方法

马铃薯刨皮洗净后切丝，这时就会发现刀、板上都沾有许多白色的浑浊物，这是马铃薯中含有大量淀粉的缘故，若此时就炒，则必煳无疑，应在下锅前将已切成丝的马铃薯再用清水过滤一遍，这样虽会丧失部分淀粉，但下锅后就不会粘锅了，炒出来的马铃薯丝根根清爽，吃起来也十分爽口。

8.除苦瓜苦味4法

（1）混炒

把苦瓜和辣椒炒在一起,可减轻苦味。苦瓜洗净切丝,炒锅上火,不放油,锅热把苦瓜丝(也可加一点菜豆角)倒入锅内煸炒,如太干可点一点水,炒熟起锅待用。再炒辣椒,将炒好的苦瓜丝倒入拌匀,加作料出锅。稍加适量的白糖,喜欢吃辣的人可在炒前先炸辣椒油再淋上。

(2)盐渍

将切好的瓜片撒上盐腌渍一会儿,然后将水滤掉,可减轻苦味。或把苦瓜切开,用盐稍腌片刻,然后炒食,既可减轻苦味,而且苦瓜的风味犹存。

(3)水焯

把苦瓜切成块状,先用水煮熟,然后放进冷水中浸泡,这样苦味虽能除尽,但却丢掉了苦瓜的风味。

(4)水漂

将苦瓜剖开、去子,切成丝条,然后再用凉水漂洗,边洗边用手轻轻捏,洗一会儿后换水再洗,如此反复漂洗三四次,苦汁就随水流失,苦味也就去除,就没有必要用开水烫或用盐渍了。这样处理好的苦瓜炒熟后,味道鲜美,微带苦味。

9.莲子煮烂法

莲子很难煮烂,这是因为莲子表皮有一层角质,并随着贮存时间延长而日益增厚,故不容易吸水膨胀。如何使莲子膨胀呢?可将莲子用热碱水浸泡,碱与热水的比例为1:10。碱溶解后,将莲子放入泡一小时左右,然后用手揉捏莲子,使其表皮脱落,再放入热水中浸泡,这时莲子肉便会膨胀,随后一煮即烂。

莲子

10.巧烹豆腐不碎法

爆炒豆腐易碎的主要原因是其本身松软、鲜嫩、水分大。为了防碎,可采用旺火水焯和热油滚煎法。

家庭适合采用旺火水焯法。豆腐经开水一焯,因其遇热,内部水分排出,外皮收缩,就不易碎而保持其外形整齐。做法是用旺火将水烧开,把切好的豆腐丁倒入漏勺里,放入开水锅中一焯,使豆腐丁均匀受热,即刻捞出,就可用来烹制菜肴了。

11.巧煮马铃薯

煮马铃薯要用文火。为使马铃薯熟得更快些,可往煮马铃薯的水里加进一汤匙人造黄油;为使熬煮的马铃薯味更鲜,可往汤里加进少许茴香;要想使煮马铃薯时维生素的损失减少到最低限度,最好别用水煮,而采用蒸食法;为了使带皮的马铃薯煮熟后不开裂和不发黑,可往水里加点醋;有经验的家庭主妇往往是将白色的马铃薯用于制作马铃薯泥,黄色的马铃薯用于做汤。

12.速冻蔬菜烹调法

烹调速冻蔬菜前无须化冻,不要洗涤,只需用冷水泡一下去掉冰碴。炒菜时要用旺火,做汤时待汤沸后再下菜,可保持速冻蔬菜的鲜嫩美味。

13.煮胡萝卜的小窍门

胡萝卜与绿色蔬菜一样,烹饪时要注重其色泽和口味。有些胡萝卜需要先煮一下,为了保持其色泽,煮时必须等水滚开后才能下锅,如果水没烧开就下锅,则胡萝卜的艳红色便会减褪,同时还必须注意不要加盖焖炖。

14.煮花生的窍门

新鲜花生含有大量水分,不宜立刻煮。应放置 2~3 天,使水分蒸发后再煮。先把洗净的花生放入锅内,加水不宜过多,再放入适量的盐、花椒、大料。开锅后即用小火,约 25 分钟后关火,关火后不要立即揭开锅盖捞花生,而应让花生有一个入味的过程,约半个小时后就可以吃了。

15.巧蒸蛋羹

在用来蒸蛋羹的容器内壁涂上一层油,然后再加入蛋,加开水,再加调味品,搅打均匀后上笼蒸熟。在蒸制过程中,可将蒸锅稍偏放在炉上,这样可避免锅内水蒸气凝成的水滴在蛋羹内,使之沿锅壁流回锅底,以保证蛋羹的质量。吃完蛋羹的容器内壁很干净,也易清洗。

16.巧煮破壳蛋

煮破壳蛋时,可在水中加一点醋。便能阻止蛋白跑出来。破壳蛋要尽早吃掉,最好不超过 48 小时。

17.煮鸡蛋生熟辨别法

把鸡蛋的大头朝下,用手使劲旋转,能立着旋转的是熟蛋,稍转一下就倒下的是生蛋。

18.巧做蛋花汤

(1)将蛋汁倒在漏勺上,蛋汁就会经洞均匀地流入汤中,形成薄薄的一层而凝固,这样做出的蛋花汤柔嫩可口。

(2)不太新鲜的蛋,下锅易散。如在汤里滴上点醋,蛋汁下锅就能形成漂亮的蛋花。

19.肉类烹调如何掌握火候

(1)炒肉丝、肉片、猪腰、猪肝:腌渍上浆后,放入油温四五成热的油中滑一下油,随即捞出,改用旺火、热油,快速煸炒后出锅。

(2)焦熘肉片:旺火、热油,将肉片挂糊后放入热油中炸一下,再改用中火使原料炸透,捞出备用。锅中热油倒出,留些底油,放在旺火上,加入调料搅拌,待稠浓,倒入炸好的原料,拌匀即成。

(3)肉类与蔬菜同炒:旺火、热油,分别翻炒,再回锅同炒,迅速出锅。

20.炒出鲜嫩的肉片

选料要得当,必须是去皮的五花肉或后腿肉,而不能用软肋和槽头肉。因为软肋和槽头肉不论怎样炒也炒不嫩。切料时,不能切得太厚。肉片切好后,放在碗里加少许酱油(不可以加盐,放盐会使肉变老变硬)、料酒、淀粉、1只或数只鸡蛋(视肉片多少而定,一盘150克肉片放1只鸡蛋便可以了),用手搅拌均匀后,将清油倒入锅内,油温后放入拌好的肉片,用勺轻轻来回拨动,直到肉片伸展变色,再加调料,配料(蒜苗、菠菜、水木耳等),炒一会儿便成。

21.巧炖老鸡

老鸡用猛火炖煮,会使肉质发硬而不好吃。如果先用食醋浸泡2小时,再用文火煮,肉就会变得香嫩可口了。

22.老牛肉快煮烂法

老牛肉不容易煮烂。可在头一天晚上,在牛肉上涂一层干芥末,在第二天煮之前,用冷水把肉冲洗干净下锅。经过这样处理,牛肉不但容易熟烂,而且肉质鲜嫩。如果在煮的时候放些酒或醋(1 000克牛肉放两三汤匙料酒或一两汤匙醋),牛肉就更容易煮烂了。

23.羊肉去膻的烹调方法

羊肉的膻味很重,在烹调时应加以清除,下面介绍两种去膻味方法:

(1)米醋去膻

羊肉切成块后放入锅中,加些米醋,煮沸后捞出羊肉再烹调,就没有膻味了。放米醋的量:500克羊肉,放500克水,加25克米醋。

(2)萝卜去膻

烧煮羊肉时,加一些扎了洞眼的大萝卜或胡萝卜同煮也可去膻味。

24.怎样做汤才能鲜香可口

一般家庭做汤的原料是猪骨、牛羊骨或者蹄爪之类,如用下述方法烧制的汤一定鲜香可口。

(1)冷水下锅:制汤的骨头类原料要在水冷时下锅。猪骨等原料,除骨头外,多少还带些肉,有的人为了要熟得快,一开始就将热水或开水往锅里倒,这使肉骨头的表面骤然遇到高温,外层肉类的蛋白质突然凝固,从而使内层的蛋白质不能充分地溶解于汤中,汤的味道自然不如放冷水烧出的汤味鲜美。

(2)不要过早放盐:因为盐有渗透作用,最容易渗入原料,使其内部的水分析出,加速蛋白质的凝固,影响汤的鲜味。酱油也不宜早加,葱、姜、料酒等作料所加的量也要适宜,不要多加,否则会影响汤汁本身的鲜味。

(3)使用文火:要使汤清,必须用文火烧,加热时间宁可长一些,使汤呈沸而不腾的状态,并注意撇尽汤面上的浮沫浮油。因为如果让汤汁大滚大沸,会使汤中蛋白质分子的运动激烈,碰撞频繁,以至凝成许多白色颗粒,汤汁就浑浊不清了。

25.煮肉和骨头时忌中途加冷水

家庭煮肉或骨头汤如果发现水少时,忌中途加冷水。这主要因为肉、骨头中含有大量的蛋白质和脂肪,如果在烧炖中途突然加冷水,汤的温度发生变化,蛋白质和脂肪会迅速凝固,肉骨表面的空隙也会急骤收缩,不易烧烂,而且汤味也会大大减退,正确方法是续加开水而忌加冷水。

26.巧炖冷冻牛肉

冷冻牛肉往往因为生鲜度略差,红烧后口感微酸滋味不佳,若先以面粉水(或洗米水、酒水)洗净,然后以清水煮熟(加入酒及少许姜片或卤味香包),等到散发出肉香味,再加入香油及冰糖(或砂糖)继续煮到烂熟为止,如此炖煮的红烧牛肉,美味可口,滋味绝佳。

27.巧炼猪油

首先将猪油切成 1 厘米厚、3 厘米见方的块,放在锅里,加进温水,水面以没过猪油为度,再放入大料或花椒加热,待猪油炼到油渣变黄时,将油渣捞出,放入适量白糖或几粒黄豆,即可冷却保存。这样炼油不会造成油渣外煳、油出不净的情况,并能保存较长时间。

28.怎样煎鱼不粘锅

(1)煎鱼之前。把锅洗净、擦干,然后把锅置火上加热,放油。待油很热时转一下锅,使锅内四周均匀地布上油,然后把鱼放入锅内,鱼皮煎至金黄色时翻动一下,再煎另一面。注意油一定要热,否则,鱼皮就容易粘在锅上。

(2)把锅洗净擦干后烧热,用鲜姜在锅底涂上一层姜汁,而后再放油,油热时,再放鱼煎。这种方法也不会粘锅。

(3)把鱼洗净后,大鱼最好切成块,将淀粉或面粉调成浆,把鱼放到浆中蘸一下,挂薄薄一层面糊。等锅中油热后,把鱼放进去,煎到金黄色时再煎另一面,这样煎出的鱼块完整,不会粘锅。

(4)打两个蛋清搅匀,把鱼放里边蘸一下,使鱼裹上一层蛋糊而后放入热油中煎,这样煎的鱼也不会粘锅。

(5)将炒锅洗净烘干,先加少量油,使油布满锅面后将热的底油倒出,另外加上已经烧熟的冷油,形成热锅冷油,再煎鱼就不会粘锅了。

29.炒鱼片不破碎法

选用新鲜的鱼,最好是青鱼、黄鱼、鲳鱼等,做炒鱼片原料,并将切好的鱼片用适量的盐、蛋清、淀粉拌匀,放置一会儿。炒制前鱼片还要炸一下,当油温三四成热时,放入鱼片,待其颜色泛白,能轻轻浮起时即捞出沥油。然后,锅内留少许余油,放入葱、姜末、酒、味精、盐、热汤,用水淀粉勾芡后,将鱼片倒入翻炒几下即可,这样炒出的鱼片色泽洁白、质地鲜嫩而又完整不碎。

30.蒸鱼的小窍门

(1)把宰好的鱼从腹部下刀,将脊骨斩断。如此可防蒸鱼时由于鱼骨的收缩而破坏鱼的整体外型。然后在鱼的表皮涂一层薄薄的淀粉,可防蒸鱼时破坏鱼的表皮。

(2)蒸鱼时判断鱼是否蒸熟可看鱼眼,新鲜的鱼蒸熟后鱼的眼睛是向外凸出的。蒸熟后再将葱、香菜、油等均匀地洒在鱼的表面上,味道更加鲜美。

三、调味

1.调味的技巧

调味一般分为加热前调味、加热中调味和加热后调味。

(1)加热前调味有三种情况:

一是在加热中无法调味的炸、蒸菜,一定要在加热前调好味;二是腥膻味较重、体积厚大不易入味的(如家禽内脏,整鱼整鸡)原料,在烹调前一般要用酱油、盐、糖、醋、料酒、葱、姜等调成汁腌渍;三是为了使某些蔬菜脆嫩爽口,在加热前也要用盐暴腌一下。

(2)加热中调味有两种情况:

一是一样一样地加,二是兑成汁后,一起加入菜中。但这两种方法都要注意下料比例要准确,否则形不成美味。另外,下料次序要准确,如要求上色的菜要先加酱油。做蔬菜要晚加食盐。加热后调味一般是对加热前、加热中调味的补充。

(3)有的菜肴必须在加热后调味,如腌、拌凉菜,涮、白煮等菜。

2.做菜何时放盐好

(1)用豆油、菜籽油做菜时,应炒过菜后放盐,以减少蔬菜中维生素的损失。

(2)用花生油做菜时应先放盐炸锅。由于花生油极易被黄曲霉菌污染,从而含有一定量的黄曲霉菌毒素,故应先放盐炸锅。这样可以大大减少黄曲霉菌毒素。

(3)用荤油做菜时,可先放一半盐,以去除荤油中有机氯农药的残留量,而后在做菜中间再加入另一半盐,以尽量减少盐对营养素的破坏。

(4)在炒做肉类菜肴时,炒至八成熟时放盐最好,可使肉类炒得嫩。

3.做菜什么时候放酱油好

酱油是做菜时常用的调味品,它由大豆、小麦等原料发酵酿制而成,含有多种氨基酸和糖分。酱油放在锅里高温久煮,会破坏氨基酸成分,使其失去鲜味,而且糖分也会因为高温焦化变酸。因此,在菜即将出锅时放酱油,既能起到调味作用,又能保持酱油的营养价值。

4.烹调加酒掌握时机

烹调中最早加入的调料是酒。加酒的最佳时机是锅中温度最高时。具体的加酒时机是:炒虾仁,在虾仁滑熟后加酒;炒肉丝,在肉丝煸炒完毕时加酒;红烧鱼,在煎后立即加酒,以保持酒香入味。

第四节　自制美食

一、大众主食

1.自制炸酱面

取甜面酱和黄酱各 1 包,猪肉馅 250 克,香菇 100 克切丁,葱段、姜末、蒜末、料酒、生抽适量。把油烧热倒入葱段、姜末、蒜末炒熟。炒香了葱、姜、蒜,再加入肉馅,八成熟的时候加入香菇丁翻炒;放点料酒去肉馅的腥味,再加点生抽,翻炒一下,把两包酱都放进去,然后加一碗水拌匀,盖上锅盖等 20 分钟;然后把炸酱倒在事先煮好的面上,再撒点葱花,即可食用。

炸酱面

2.自制刀削面

先将 50 克肉片,100 克青菜和酱油、葱花、姜末、味精、精盐、胡椒面兑汤烧开,把面粉扒成一个坑,打入 2 个鸡蛋,加水和成硬面团,擀成薄面片,卷在木棍上。左手托面,右手持刀,从上往下,往汤锅里削,煮熟后即成。

3.自制抻面

取面粉 1 000 克,精盐 20 克,水 500 毫升,碱少量。将面粉倒入盆里,用水(冬季 35℃,春秋 25℃,夏季用凉水)将盐化开,分 3~4 次加入面里,边加边搅拌,揉匀后用湿布盖好,在20℃~30℃的温度下放置30分钟;用少许水把碱化开,揉进面团;把面团抻成长条,捏住两端,一上一下地在面板上甩动,抻长后两端合拢,再捏住两头,上下甩动,如此反复,直至面条粗细均匀;把抻好的面条放在面板上,用干面粉补匀,一手将两头捏紧,另一手中指扣在长条中间,向左右拉开,再对折开来,如此反复(一般为6~8扣);将两头用刀切去,下锅煮熟即可。

4.自制拨鱼面

取面粉1 000克,凉水700毫升,精盐少许。把盐用水化开,加入面粉和成稀面糊,盖好稍饧;取1碗面糊,一手将碗向锅边倾斜,使碗中面糊流向碗沿,一手用削尖的竹筷将流出碗沿的面往锅里拨,拨成两头尖、中间粗的小鱼形;煮熟后盛在碗里,浇上炸酱、卤汁或炒肉丝即可食用。

5.自制牛肉面

取面条500克,牛腱子肉250克。江米12克,水发明笋60克,精盐3克,豆瓣40克,料酒5毫升,熟菜油75毫升,酱油100毫升,味精5克,葱花25克,红油辣椒80克,鲜汤125毫升,麻油3毫升。把肉洗净后切成1厘米见方的肉丁,加入料酒码味;明笋用沸水过一下,切成5毫米的颗粒;豆瓣用少量菜油煸一下,至油红味香时去渣取油待用;锅置旺火上,放入熟菜油,烧至七八成热时下牛肉煸炒,至断生时加江米、豆瓣油继续炒,然后放入明笋粒、精盐炒匀即成卤料;把酱油、味精、葱花、红油辣椒、麻油、鲜汤分放各碗中,面条煮熟后倒入碗内,在上面浇上卤料即成。

6.自制烩面

取细面条600克,猪蹄500克,青菜心250克,净冬笋50克,细盐12.5克,味精3克,黄酒25毫升,葱2根,姜2片,生油25毫升。把青菜心洗净切成2.6厘米长的段儿;冬笋切成4.3厘米长的段儿;把猪蹄放在沸水中煮一下以去除血沫,然后放在锅里,加2 500毫升清水、黄酒、葱、姜,用旺火烧沸,撇去浮沫,转用小火焖煮1小时;把生油倒入炒锅,烧至七成热时放入青菜心炒一下,再加笋片、猪蹄、猪蹄汤1 500毫升,烧沸后放入面条,再烧沸,加细盐、味精,用小火煮3~5分钟即成。

7.自制八宝饭

取糯米500克,白糖200克,熟猪油75克,豆沙125克,蜜枣、瓜子仁、松子仁、糖莲子、桂圆肉、红绿瓜丝适量。把糯米淘净,放入冷水中浸5~6小时,捞出沥干,松松地放入笼屉(笼内垫薄布),用旺火蒸熟成糯米饭,倒入适当的容器中,加入白糖、熟猪油、开水,拌和待用。取小碗5只,碗底抹上猪油,把蜜枣、桂圆、糖莲子、瓜子仁、松子仁、红绿瓜丝等在碗底按图案排列后,放入少许糯米饭,再放入豆沙,最后把糯米饭填满至碗口,压平,上笼屉用旺火蒸约1小时,使糖油渗入饭中。蒸好后倒覆于盘中即成。

8.自制茶叶饭

取 0.5~0.7 克茶叶,用 500~1 000 克开水冲泡 5 分钟,滤去茶渣,将淘净的米沥去水分倒入茶汤中,按常规煮饭的用水比例烧煮。以茶代水煮出的米饭色、香、味、营养俱佳,且有洁口、去腻、化食的功效。

9.自制叉烧包

取面粉 1 000 克,鲜酵母半块,叉烧肉 200 克,白糖 275 克,味精 1 克,麻油 2.5 毫升,细盐 2.5 克,鲜汤 150 毫升,水生粉、胡椒粉各少许。把叉烧肉切成小片,再在锅内放鲜汤、细盐、25 克白糖、味精、麻油、胡椒粉,烧沸后用水生粉勾芡,把肉片倒入拌和即成叉烧馅;把 500 克面粉放到面案上,鲜酵母用 250 毫升温水化开后倒入面粉中,搅拌均匀,揉透后静置 2~3 小时;然后把剩余面粉、白糖、250 毫升温水掺到面团中继续揉,再静置 2~3 小时;面团发起后搓成条,揪成坯子,按扁后包入肉馅,上笼屉蒸 10 分钟即成。

10.自制麻花

取面粉 5 000 克,白糖(或红糖)1 000 克,底油 750 毫升,老肥 1000 克,苏打粉适量。先在盆内加入 1 500 毫升水,放入老肥、白糖(或红糖)、底油、苏打粉调匀,然后放入面粉和成面团,静置 10 分钟;把面团搓成八分粗长条,然后刷一层油,揪成剂子;把剂子搓成长约 10 厘米,中间细两头稍粗的小条,刷上油摞成 4~5 层;静置几分钟后,把面条拧成麻花状,投到油锅里炸成金黄色即可。

11.自制油饼

取面粉 500 克,麻油(或猪油)100 毫升。把面粉倒在面案上,加 250 毫升沸水和匀揉透,摊开让其冷却;然后把面团搓成长条,按扁后擀成长方形薄片;在面片上涂上麻油(或猪油)后卷起,用刀切成每只 75 克左右的坯子,再把坯子刀口向上,用手按扁,擀成直径 8 厘米的圆饼;在饼上刷些油,放到烧热的平底锅中用小火烙;待一面烙黄后,翻身再烙另一面,至两面都呈金黄色时出锅,用双手在饼的两边轻轻拍松即成。

12.自制葱油花卷

取面粉 2 500 克,鲜酵母 1 块,生油 60 毫升,葱花 250 克,细盐 15 克。用清水将鲜酵母化开,加入面粉揉成面团;把面团搓成 2 厘米厚的长条,按扁后擀成 6 毫米厚的长方片;在面片上刷上生油,撒上细盐和葱花,由外向里卷成长条,再用刀切成 6 厘米长的卷块,用筷子在卷块中间压一下,使两面的刀口翻上,把压过的卷块折起来,用筷子在中间再压一下,使两侧花纹翻得更清晰,即成花卷坯子;上笼屉蒸 10 分钟即可。

13.自制煎饼果子

取 1 小份面粉加水做成面糊;把面糊平摊到平底不粘锅里,尽量摊薄些;在摊好的面糊上打 1 个鸡蛋,同样把鸡蛋也摊开;待底下的面糊形成薄饼后,把整个面饼翻过来烙好;在面饼上抹上爱吃的酱,再铺上生菜叶,即可食用。

14.自制玉米馒头

取玉米粉 500 克,面粉 50 克,白糖 50 克,酵母适量。将面粉、玉米粉、糖、酵母拌匀后加温水揉成面团,发酵 2 个小时;然后揉成馒头放在蒸锅里,加盖再发酵 10 分钟,点火,水开后再蒸 10 分钟即可。

15.自制玉米窝窝头

取玉米粉 500 克,糯米粉 50 克,白糖 50 克。将这 3 种原料拌匀,加入热水和成面团。分割成小块,用手捏成窝窝形状,上笼屉蒸熟即成。

16.自制元宵

取江米(糯米)粉 4 000 克,白糖 1 000 克,熟面粉 300 克,豆油 100 克,核桃仁、花生仁、芝麻、瓜条共 100 克,青红丝、桂花酱、香精适量。先在 200 克熟面粉内加入白糖、青红丝、芝麻、花生仁、核桃仁、瓜条、桂花酱、豆油、香精,搅拌均匀;再将另 100 克熟面粉打成糨糊倒入,拌匀后搓成馅,拍紧压实切成小方丁待用;在笸箩内放些江米粉,把糖馅放在漏勺内,投在水盆中浸湿后倒入笸箩内,用手摇动笸箩,使江米粉均匀挂在糖馅上(当不挂粉时,可再蘸些水),直至滚成核桃大小,下锅加水煮熟即可食用。

17.自制抄果

取面粉 500 克,鸡蛋 1 个,食糖 50 克,芝麻、食盐少许,食用油 500 克。把面粉、鸡蛋、食糖、食盐、芝麻放在和面盆里,用热水和成面团(与面条面一样软硬),在桌子上将面团擀成面皮,用刀顺一个方向把面皮切成 6~8 厘米宽的长条,每一条顺一头切成 2~2.5 厘米宽的小长条,每个小长条沿长轴方向从中间用刀切一约 2.5~3 厘米的小刀口,然后用手把每一个小长条的一头从中间刀口穿过(也可两头都从中间小孔穿过),轻轻拉直即成抄果生坯;把食用油倒入铁锅中加热至沸,逐一将生坯放入热油中炸至金黄色,捞出沥干;把沥干油的抄果装盘后即可食用,也可再浇上辣椒酱或辣椒油趁热食用。

18.自制糖年糕

取糯米粉 2 500 克,白糖 1 250 克,麻油 50 毫升,桂花 10 克,冷水 500 毫升。将糯米粉倒入面盆,中间挖个圆凹坑,放入白糖、冷水反复搅拌(如有硬块需挑除);笼屉内铺上纱布,把糕粉铺在屉内,放在热水锅上用旺火蒸 15 分钟左右,直至糕粉呈玉色时,倒在面板上;取一块干净的布,用冷水浸湿后将年糕粉包住,用手不断地翻按、揉捏直至糕体光滑、细腻、无颗粒为止;将糕体按平,拉成 16 厘米宽的长条,抹上麻油,放入桂花,切成长方块即可食用。

19.自制腊八粥

取花生 40 克,黄豆 40 克,薏仁 40 克,红豆 40 克,红枣 6~8 个,莲子 15 克,桂圆肉 30 克,糖 1/2 杯,水 10 杯。将花生、黄豆、薏仁、红豆洗净后泡水 4~6 小时,然后放入锅中加水 10 杯,煮至软熟;糯米洗净后加入红枣煮约 25 分钟,再将煮熟的花生、黄豆、薏仁、红豆及桂圆、莲子一起加入熬煮约 20 分钟,加入糖煮开即可。

20.自制片汤

取面粉 250 克,白菜 250 克,水发木耳 15 克,猪精肉 50 克,细盐 15 克,猪油 25 克,鲜汤 1.5 升,味精 1 克,清水 100 毫升。用清水和面,揉透后擀成馄饨皮般厚的面片;在面片上撒些干面粉,切成 3.3 厘米左右的长条,再把长条叠在一起,切成 2 厘米宽的菱形斜角片儿;把猪肉、白菜洗净后都切成丝,木耳切碎;锅内放入猪油,将肉丝炒至变色,放入白菜丝翻炒几下,加入鲜汤、木耳、细盐后煮沸,待锅内沸腾时,再加入切好的面片,在面片熟后加入味精即可。

二、风味小菜

1.凉拌黄瓜

将黄瓜洗净一切为二,挖去内瓤,切成 10 厘米长、筷子粗的长条,加入少许精盐略腌,放味精、麻油,再拍上几只蒜瓣拌匀,在盘中码成形即可。

2.凉拌藕片

将藕洗净,刨皮,切成薄片,在沸水锅中汆过后放入白糖、食盐、白醋各 1 勺拌匀,食用时滴入少许麻油。口味酸、甜,颜色洁白,口感脆嫩。

3.凉拌银芽

取色泽鲜亮、芽茎粗壮的绿豆芽摘去须根,洗净沥干。用开水略烫。捞出,沥去水分,装入盘内。把香油烧热,再将适量酱油、白糖、味精烧开成汁,倒入盘内与绿豆芽拌匀即可食用。

4.凉拌茄子

鲜茄子一剖为二,在有皮的一面用刀切成菱形,上笼蒸透,置碗中,加入少许精盐、味精、白糖,拍几只蒜瓣放入,再淋上少许熟豆油,将茄子捣烂连同调料一同拌匀,即可食用。

5.凉拌甜椒

将熟透的甜椒洗净,切成均匀的条状,放在盘中,在上面淋上熟油、酱油、芝麻、盐、味精、花椒末、醋等调料,吃起来酸甜可口。

6.凉拌药芹

将药芹去叶清洗干净,在沸水中焯透,冲凉,切成寸长的段。加入精盐、味精、麻油拌匀,即可食用。

7.薄荷肉皮冻

取猪肉皮、盐、葱、姜块(拍松)、薄荷汁、黄酒各适量。将肉皮洗净放入清水中,加盐、黄酒、葱、姜块一同煮至浓稠,取出肉皮装盘,浇入肉汁,加薄荷汁,等肉汁结冻后切块装盘。

8.拌凉粉

取凉粉、皮蛋、榨菜、紫菜、葱花、味精、白糖、鲜辣粉、麻油、米醋、精制油各适量。将凉粉切成小三角形状,放入沸水中,出水后捞出,在冷开水中浸半小时,然后沥干水分,加入上述原料拌匀。

9.金银辣凤爪

取鸡爪、柠檬、洋葱、尖辣椒、大蒜头、红油、麻油、鱼露、味精、精盐、白糖、白醋各适量。将鸡爪放入沸水中煮熟,放入冷开水中浸泡半小时,沥干水分,待用。将上述调料拌匀,再将鸡爪浸在调料中,约2~3小时后即可食用。

10.蒜茄子

取500克茄子,洗净后沿茄身竖切一刀(注意不要切断),然后放到锅内蒸熟;待其冷却后,将大蒜末塞人茄体,并在茄子里外薄薄地撒上一层精盐,放在盆里码好,加盖封好。一般腌制5~6天即可食用。

11.自制蒜肠

取肉馅750克,肥肉丁500克,肠皮300克,精盐40克,蒜泥75克,淀粉100克,姜汁5毫升,味精5克。将肉馅与肥肉丁拌匀,加入精盐、蒜泥、姜汁、淀粉、味精,再加入少许水,调成干糊状;把肠皮洗净,用漏斗插入肠口,灌入拌好的馅,用线绳捆紧两头,放入搪瓷盘内,用旺火蒸半个小时即成。

12.自制血肠

取生猪血1升,肠皮300克,精盐30克,花椒面5克,胡椒面1.5克,香菜末20克,味精5克,肉汤500毫升。将猪血过滤,把过出的血块捏碎,再放入血中;将肉汤烧热,放入各种调料(不放香菜末),晾凉后用滤网滤到血中,此时再加香菜末;将血灌入肠皮,用线捆好两头,然后下锅加清水用旺火烧开,再用小火煮15分钟后出锅,用凉水过一遍即可食用。

13.自制肠粉

取淀粉1 000克,甘栗粉200克,盐少许,香菜2棵,辣椒酱100克。将淀粉加温水调成糊状,倒入甘栗粉和盐,再加水拌和揉成面团,静置2小时。将面团搓条,摘成胚子,再擀成皮子,卷成卷儿;上笼后搁置2~3分钟,用旺火沸水蒸15分钟左右,出锅后,撒辣椒酱及香菜点缀即可。

14.自制榨菜

取新鲜青菜头 2 000 克,剥去根皮后洗净,切成半寸厚的大块,拌上姜末、辣椒面、食盐、五香粉等作料,然后放在盆内用重物压 1~2 天;沥干水分,放入坛内密封,一般两个星期后即可食用。15.自制醉蛋

取鸡蛋 500 克,白酒 50 毫升,酱油 50 毫升。将鸡蛋下锅煮熟,捞出后用凉水洗一下,将蛋壳敲出几处裂纹装进坛中,然后放入酱油和白酒。一般腌制 48 小时即可食用。

16.自制腌蛋

1.花椒腌蛋法:用 750 克盐和 25 克花椒加水煮开,待凉后倒入装蛋的坛内,以水量刚能淹没蛋为宜。再倒入 50~100 克白酒,可促使蛋黄出油。封好坛口,20 天后就可食用。

2.黄泥腌蛋法:取红茶 25 克,加水 250 克用旺火煮成约 200 毫升的浓汁,再加入 750 克盐和 75 克黄酒;将汁液与黄土混合成泥,然后将黄泥均匀地涂在蛋上,放入坛中密封,一个月后就可以吃了。

3.菜卤腌蛋法:把腌菜的菜卤煮沸,去沫倒入罐内;冷却后放入蛋浸泡 1 个月左右,即成别有风味的黑心咸蛋。

4.稻草灰腌蛋法:将蛋放在浓米汤中滚一下,在大头周围蘸些稻草灰,小头蘸些细盐,大头朝下,一层层装入坛内,用黄泥封口,过半月即食用。

5.盐水腌蛋法:取适量食盐,放入热水中稀释成饱和溶液,待凉备用;然后把蛋放入碱水中浸泡 5~10 分钟放入坛内,倒入盐水,以水量刚淹没蛋为宜,加盖封好。如能保持室温在 15℃ 以上,则腌 20 天左右即可食用。

6.辣酱腌蛋法:在蛋的外壳涂上一层辣酱,然后再滚上一层细盐,放入坛内码好,再喷上少许白酒,密封 20 天后即可食用。

7.塑料袋腌蛋法:把蛋放入白酒中浸泡片刻,捞出后均匀地滚一层盐,装入塑料袋中密封,放在干燥处保持常温,10 日后即可食用。

17.自制松花蛋

取生石灰 50 克,纯碱 3 克,草木灰 1 克,食盐 2 克,水 20 克,茶叶微量,混合调匀。将鲜蛋在调制好的灰料中滚动几下,使蛋壳表面均匀地涂上一层灰粉,取出后再在灰料上面粘上一层稻糠或锯屑。用手轻轻挤压,使其紧固,放入事先准备好的容器中。密封置于 18℃~24℃ 的环境下,10 天后就可食用。

18.自制五香茶蛋

取鸡蛋 20 个(鸭蛋也行),酱油 500 克,花椒、八角(大茴香)、小茴香、生姜、红糖、味精各适量,红茶 12 克(绿茶也可)。

取锅放火上,下入上述调料(味精最后下入)加水 500 克,烧沸后倒入盆内;取

鸡蛋用水洗净,放锅内加水煮熟,取出后敲出裂纹,泡入烧沸的料汤内,加入味精,浸泡两天后即可食用。特点是色浅红,味咸香。

19.自制咸姜

取鲜生姜1000克,盐200克。把鲜姜洗净,入坛时一层鲜姜撒一层盐,最后再兑入盐水(100克盐兑500毫升水),使姜的各部分都浸泡在盐水中,以隔断空气,防止腐烂;然后在顶部压上石块,每隔2~3天翻动一次,以利散热,并使生姜受盐均匀。一般腌制20天即可食用。

20.自制甜姜

取嫩姜1000克,刮去外皮,切成薄片,用清水浸泡12小时后沥干;然后加50克明矾一起倒入铝锅,用沸水煎煮并不断翻动;熟后放入冷水中浸泡12小时,中间换2次清水,然后沥干水分;加300克白糖、3克盐拌匀,装入大碗中压实;12小时后,再下锅煮沸10分钟,并不断搅拌,然后取出晒干,即成半透明、有光泽、香甜爽口的甜姜。

21.自制酱姜

取500克嫩姜,刮净外皮,在清水中浸泡片刻,滤干后加50克盐拌匀,腌渍3天,滤去盐水,再放入酱油中浸泡6天即成酱姜。

22.自制糖蒜

(1)选中等大小的鲜蒜,洗净去根须,剥去最外层的老皮,然后把蒜头一层一层地码在小缸里,码一层撒一层盐(按5千克蒜60克盐的比例)。最后在上面再撒一点水,5千克蒜撒150克水为宜。

(2)续水、换水。如果是早晨把蒜码到缸里用盐腌好了,那么,当天晚上就得往缸里续干净凉水,水要没过蒜。3天后,每天换1次清水,连换7天,以便除掉蒜中辣味。

(3)上糖。将蒜从缸中捞取出装入盆中,撒入干净的白糖,用手将糖均匀地搓在蒜上。然后把蒜装入坛内,每装一层,再撒些糖(总用糖量按每500克蒜250克糖的比例)。再往小坛里倒一小碗熟盐凉开水,500克糖蒜50克熟盐水(盐与水的比例是35克盐加50克水)。最后,用两层纱布封口,并用绳子紧紧系住,置于室内阴凉处,45天后即可食用。

要注意的一点是腌制糖蒜的坛子要清洁干净,不能粘油,否则蒜易腐烂变坏。

23.自制辣白菜

取白菜9000克,青萝卜、胡萝卜各1000克,食盐900克,酱油500毫升,香菜500克,味精40克,辣椒粉300克。把白菜去根及老叶,洗净后放到缸里,码一层白菜撒一层盐;装满后,在上面稍洒些清水,用重物压紧,5天后捞出,沥去水分;把青萝卜、胡萝卜切成细丝,用水浸泡12小时,捞出沥去水分;把香菜切成碎末,放入泡好的萝卜丝和腌制好的白菜,再加入酱油、味精、辣椒粉,搅拌均匀后即可食用。

24.自制豆腐

取 50 克无虫蛀、无霉变的黄豆,放入 1 个 500 毫升的烧杯内,加 300 毫升水浸泡 24 小时(若气温较高时,中间可更换 1 次水),使黄豆充分膨胀,然后倒掉浸泡水。将泡好的黄豆放在家用粉碎机内,加入 200 毫升水,进行粉碎。将研磨好的豆浆和豆渣一并倒入放有双层纱布的过滤器中过滤,另取 100 毫升水,分多次冲洗滤饼,充分提取豆渣中的豆浆。滤液即为浓豆浆。将自制的浓豆浆倒入容积为 500 毫升的烧杯中,用酒精灯加热至 80℃ 左右,然后边搅拌边向热豆浆中加入饱和石膏水,直至有白色絮状物产生。停止加热,静置片刻后,就会看到豆浆中有凝固的块状沉淀物析出,静置 20 分钟后过滤,再将滤布上的沉淀物集中成一团,叠成长方形,放在洁净的桌面上,用一个盛有冷水的小烧杯压在包有豆腐团块的滤布上,大约 30 分钟后,即可制成一小块豆腐。若用市售的浓豆浆为原料,制成的豆腐更为细嫩洁白。

25.自制臭豆腐

将豆腐切成扁方型,在开水锅里煮沸 5 分钟后晾干,再一层层地码放在小盆里,每层撒上姜末、葱末、盐、味精、五香粉等调味品,然后盖好发酵 4~8 小时(冷天发酵时间略长),就成美味可口的臭豆腐。

三、清凉饮品

1.陈皮茶

将干橘子皮 10 克洗净,撕成小块,放入茶杯中,用开水冲入,盖上杯盖焖 10 分钟左右,然后去渣,放入少量白糖。稍凉后,放入冰箱中冰镇一下更好。常饮此茶,既能消暑又能止咳、化痰、健胃。

2.桑菊茶

将桑叶、白菊花各 10 克,甘草 3 克放入锅中稍煮,然后去渣叶,加入少量白糖,桑菊茶就制成了。常饮这种茶,可散热、清肺、润喉,清肝明目,对风热感冒也有一定疗效。

3.荷叶凉茶

将半张荷叶撕成碎块,与中药滑石、白术各 10 克,甘草 6 克,放入水中,一同煮 20 分钟左右,去渣取汁,放入少量白糖搅匀,冷却后饮用,可防暑降温。

4.西瓜皮凉茶

很多人吃完西瓜将皮丢弃很可惜,可将外皮绿色的那一层利用起来,洗净后切成碎块,放入适量的水煮半小时左右,去渣取汁,再加入少量白糖搅拌均匀,去暑、

·养生保健·

图文珍藏版

利尿、解毒的西瓜皮凉茶就做成了。

5.薄荷凉茶

到中药铺买回薄荷叶、甘草，每次各取6克，加水1 000克左右，煮沸5分钟后，放入白糖搅匀。常饮此凉茶提神醒脑。

6.自制酸奶

取1瓶酸牛奶作为菌种，5瓶不加抗菌素和防腐剂的鲜奶，奶锅1个，搅拌的勺或筷子1副，厚瓷杯或厚玻璃杯若干个，温度计1支。将鲜奶加热煮沸5分钟，用水冷却或自然冷却到42℃左右；将酸牛奶倒入已冷却好的牛奶中，充分搅拌；将调好的奶分装在事先准备好的杯中，加盖置于30℃～35℃的温度下进行发酵；大约经过4~6小时即可形成凝块，然后便可食用。

7.冰激凌啤酒

取啤酒1瓶，巧克力冰激凌球2个，冰箱制作的小冰块适量，略大的玻璃杯1只。先将啤酒置于冰箱的冷藏室内冷却，取出后放置片刻，即可将小冰块放入啤酒杯中，再倒入啤酒，然后放进巧克力冰激凌球，搅拌均匀后便可饮用。此冷饮香味浓郁，爽口清凉，解渴消暑。

8.番茄啤酒

取啤酒1瓶，番茄汁和小冰块适量。略大的玻璃酒杯1只。将小冰块放入杯内，倒入冷却过的啤酒，最后将番茄汁冲入，搅匀后即可饮用。此饮料色泽艳丽，略有酸味，提神解暑，而且维生素C含量丰富。

四、点心甜品

1.自制绿豆糕

取绿豆粉2 500克，糖2 000克，桂花50克。将绿豆粉过筛后，加入糖和桂花拌匀；在笼屉内铺上一层纸，将糕粉铺入，压平后撒上细粉，再用油纸压平，切成正方块，蒸熟后冷却即成绿豆糕。

2.自制豆沙

将红小豆放在冷水中泡1小时，用小火焖煮2小时；红小豆煮烂后放在细筛中擦去豆皮，滤去水分；放入锅中，加糖、油、水，用旺火熬并翻动，熬至呈稠厚状时起锅，冷却后即成豆沙。

3.自制蛋糕

用9个鸡蛋液搅拌成乳状，加入100~500克白糖拌搅，甜度因人调整；然后再加入1克食用苏打粉和400克面粉搅成稀面糊，倒入抹有少许花生油的烤盘上；在烤箱300℃时，把烤盘放入烤箱内上层；用旺火烤10分钟后，把烤盘取出在上面抹点食用油,按食者需要加点瓜子仁和金糕条;再放入烤箱内下层,用微火烤 5 分钟即成。

4. 自制开口笑

取面粉 1 400 克,糖浆 600 克,饴糖 400 克,碱水 20 毫升,芝麻 150 克,生油 1 500 毫升(实耗 450 毫升)。把面粉放在面案上,中间挖个凹坑,加入糖浆、饴糖、50 毫升生油、碱水,拌和均匀后揉成面团;把面团揪成 60 个左右的剂子,揉圆后把表面沾湿,滚上芝麻待用;锅内放生油,煮沸后下人剂子,不断地轻轻搅动,待剂子逐渐浮起,表面开裂,呈深黄色时即可出锅。

5. 自制冰激凌

取鸡蛋黄 2 个,牛奶 500 毫升,白糖 50 克,食用香精、温开水和淀粉各适量。把鸡蛋黄搅匀,加入用温开水调好的淀粉,再加入香精拌匀;在牛奶中加入白糖,煮沸后慢慢冲到拌好的蛋液中,搅拌均匀后再煮沸,待冷却至室温后,放入冰箱冷冻即成。

6. 自制棒棒糖

取白糖 250 克,饴糖(或蜂蜜)200 克,浓缩山楂汁 100 毫升,水 50 毫升,小竹棒适量。把水和白糖放入锅中,加热煮沸,待浓稠后,加入山楂汁和饴糖(或蜂蜜),搅拌均匀;继续煮,直至能拉成长细丝即可离火;用涂过油的小匙舀取糖液,有间隔地倒在抹过油的石板上,再逐个把小棒的一端粘压在糖内,待糖凝固即可。

7. 自制萨其玛

取特级面粉 1 500 克,白糖、饴糖各 850 克,鸡蛋 25 个,化猪油或精炼油 1 000 克,蜜饯或金丝蜜枣 250 克(切成细丝)。

将鸡蛋磕入盆中,搅打成蛋液后加入面粉揉和均匀,用压面机压或用擀面杖擀成 0.4 厘米厚的面皮,再用刀切成 7~8 厘米长的面丝,下入五六成热的油锅中炸至金黄酥脆时捞出;将白糖和饴糖放入锅中,加入适量清水,熬至溶化且温度达到 120℃时,将炸好的面丝倒入锅中翻拌均匀;将粘匀糖液的面丝起锅装入方形框具内,摊平压成 5 厘米厚的大方块,再用刀切成小的长方块,最后在表面撒上蜜饯丝,晾凉即成。

五、调味品

1. 自制辣椒油

取干红辣椒(其他辣椒也可)500 克,姜丝 250 克,大葱 250 克,菜油 2 升。把辣椒切成细丝,用热水闷泡片刻,捞出后沥干水分;将菜油倒入锅中用旺火烧热,待油色变清时投入姜丝、大葱,炒至焦黄时捞出;停火,使油温降至 40℃ 左右,放入辣椒丝炸片刻,然后把锅移至文火上,待油呈红色时即成。

2.自制辣椒酱

取鲜青椒700克,干辣椒300克,菜籽油50毫升,酱油50毫升,生姜50克,盐50克,芝麻40克,黄豆100克。把两种辣椒剁碎,黄豆炒香磨粉,芝麻炒香压碎,生姜切末;在锅中放入少量菜籽油,把辣椒末倒入炒几分钟,然后把其他调料拌入,再炒2分钟即成。

3.自制韭菜花

取韭菜花1 000克,食盐250克,鲜姜30克,白矾5克。把韭菜花放在冷水中浸泡3~4个小时,捞出沥干水分;把鲜姜切成碎末,白矾研成细末,食盐压碎,放入韭菜花中搅拌均匀;然后碾碎放入坛中,存放2日即可食用。

4.自制草莓酱

取1 000克草莓,去根蒂洗净,放入砂锅,添加1 500克清水用旺火煮3分钟,然后改用文火再煮10分钟;加入150克冰糖,25克琼脂,煮3分钟后倒入瓷盆内,待凉后盖上一层保鲜纸,放到冰箱内冷藏即可。

第五节　储存保鲜

一、米面糕点

1.米面除虫的妙方

(1)杨树叶除虫法:米面生虫后,将米面移到干燥密封的容器内,把刚采摘来的杨树叶放入容器与米面一起密封。过四五天后,打开贮藏容器可发现幼虫和虫卵均已杀死。然后用簸箕或筛子将米面过滤后即可食用。

(2)冷冻除虫法:放置时间较长的米面在夏季最易生虫,而冬季生虫率较低。根据这种情况,将过冬后存放的剩余米面,分别装入干净的口袋里,分期分批送入电冰箱的冷冻室内使其经历24小时"寒冬"的折磨。如此处理后的米面,在夏季到来后都不易生虫。

(3)阴凉通风法:将筷子插在生虫的米面内,待米面中表面的虫子爬上后抽出除虫。然后,将米面铺放在阴凉通风的地方,米面深处的虫子便会从温度较高的米面中爬出来。这种方法简单方便,但除虫时间较长。

(4)过箩过筛法:为了缩短除虫时间,将表面的虫子除去后,可用竹子或柳条编成的箩筐将面粉中的虫子除去;用竹条编制的筛子将大米中的虫子筛除。然后,再铺放在阴凉通风处晾晒即可除去米面中的各类虫子。

2.如何保存大米

（1）大米不宜与鱼、肉、蔬菜等水分高的食品同时储存，否则大米吸水，会导致霉变。

（2）大米不宜存放在厨房内，因厨房温度高，湿度大，对大米的质量影响极大。

（3）大米不宜靠墙着地，通常要放在垫板上，这样做的目的同样是为了防止大米霉变或生虫。

（4）大米不宜放在炉灶旁。离热源太近，大米会发热而引起质量变化。

3.粮食与水果不宜混放

粮食易发热，水果受热后会蒸发水分变干瘪，而粮食吸收水分后会发生霉变。

4.巧防绿豆、蚕豆、赤豆生虫

拣去杂物的绿豆摊开晒干，以 3~5 斤为单位装入塑料袋中，再放入一些剪碎的干辣椒，密封起来。并将密封好的塑料袋放置在干燥、通风处。此方法可以起到防潮、防霉、防虫的作用，能使绿豆保持 1 年不坏。还可将绿豆放在开水中浸泡十几分钟，然后捞出晒干，放入缸里收藏起来，可保存很长时间，也不会生虫。将两三瓣大蒜放入装蚕豆或赤豆的容器或口袋中，可使其 2~3 年不被虫蛀。

5.保存面包的窍门

（1）在擦洗晾干后的玻璃或搪瓷器皿的底部放一些生马铃薯或一撮盐，再把面包放进去，可使面包不会变硬；为防止出现怪味，可放入一些新鲜的苹果。

（2）面包袋中放一根芹菜，可以使面包保持新鲜滋味。

6.蛋糕保鲜法

蛋糕与面包同放在不透气的容器内，可使蛋糕保鲜。如果面包变硬了就换上 1 个新鲜的。没有面包放 1 片苹果也可使蛋糕保鲜数天。

7.面包与饼干不宜混放

面包含水分较多，如果两者放在一起，会使面包变硬，饼干也会不再酥脆。

二、干鲜蔬菜

1.叶菜类蔬菜的保鲜方法

利用"纸"留住蔬菜水分。叶菜类蔬菜通常无法久放，如果直接放入冰箱内冷藏，很快就会变黄，叶片也会湿湿烂烂的。保存此类蔬菜最重要的就是要留住水分，同时又得避免叶片腐烂。最简单的方法是利用旧报纸，将叶片喷点水，然后用报纸包起来，以直立的姿势茎部朝下放入冰箱蔬果保鲜室，就可以有效地延长保存时间，留住新鲜。

生菜只要放一段时间就会逐渐变软呈咖啡色，这时可将菜芯摘除，然后将沾湿的纸巾塞入菜芯处让生菜吸收水分,等到纸巾较干时取出,将生菜放入保鲜袋中冷藏。菠菜、油菜、小白菜等在冷藏前用报纸包起来,既可保湿又可避免因过于潮湿而腐烂。

2.白菜的冬季储存方法

贮藏白菜,要选择八九成新鲜的青口菜。贮藏以前,要把新鲜的白菜去掉黄叶、烂叶、老叶,但根部不要切掉;然后再晾晒一周左右,等外边那层帮叶有些发蔫时,便可一层根朝里、一层根朝外地码成垛,这样可以避免烂心。大白菜适宜在阴凉通风、气温在0℃左右的环境中贮藏,楼房的阳台具备这个条件。根据气候,贮藏大白菜要防止前期受热、后期受冻的问题,平时要根据气温变化,掌握白菜苫盖的程度。在整个贮藏过程中,不要轻易撕去大白菜最外层的帮叶,因为撕一层就要往里干一层。

3.芹菜保鲜法

芹菜有时一次吃不完,存放一两天就会脱水变软、变干。如果将剩下来的芹菜整棵用报纸裹起来,拿绳子扎好,再在阴凉处放置一个水盆,将芹菜竖立在水盆内,便可维持一周左右时间,不脱水,不变干,吃时仍很新鲜。

4.如何存放小黄瓜

小黄瓜在常温下会慢慢变干。冷藏保存前,先将小黄瓜放在水中浸泡30~40分钟,然后将外表水分擦干,放入密封保鲜袋中,袋口封好后冷藏即可。用这种方法保存的小黄瓜,食用时会特别地脆。

5.贮存冬瓜的方法

冬瓜的贮存关键是不要碰掉冬瓜上的白霜。人们都知道冬瓜的外皮有一层白霜。这层白霜有什么作用呢? 它不但能防止外界微生物的侵害,而且能减少瓜肉内水分的蒸发。所以在存放冬瓜时,应把它放在阴凉、干燥的地方,不要碰掉冬瓜皮上的白霜。着地的一面最好用干草铺垫。

6.茄子不宜洗后存放

一时吃不完的茄子先存放几天是常有的事,但一定不要用水洗后再存放。因为茄子的表皮外有一层很薄的蜡质层。这个蜡质层具有阻断空气中的微生物侵蚀茄子肉质、保护茄子的特殊作用。如果买来的茄子不管一下吃得完还是吃不完,全都先用水洗干净,以为这样既好看又干净能多保存一段时间,其实恰好相反。由于洗后的茄子其表皮的蜡质保护膜被破坏,在破坏的地方很快就会"生锈",局部发褐、黄、黑色,变软。用不了多久整个茄子就变成了"茄泥"了。这就是空气中的大量微生物通过破损的"缺口",在茄子肉质内不断侵蚀的结果。

所以,一时吃不完的茄子要选表面清洁、蜡质层光亮完整、未被雨水淋过的先保存起来,注意不要损伤它的蜡膜。这样,茄子就能在干燥、凉爽、通风的地方多保存一些时间了。

7.贮存红薯的方法

红薯很怕冷,当温度过低时,就可能受冻,形成硬心,蒸不熟,煮不烂;如温度长期高于18℃以上,又会生碱。因此,最好把贮存红薯的房屋室温控制在15℃左右,不要使温度忽高忽低。红薯受了潮湿,很容易引起病菌侵害,造成腐烂,尤其是那些表面有机械性损伤的红薯。因此,在贮存前,应将红薯在阳光下晾几小时,以减少伤口水分,促进愈合。贮存时,最好把红薯放在透气的木板箱内。如没有木箱,在堆放红薯的地方和靠墙处,应垫上木板,薯堆上再盖上些东西,以防受潮。在温暖的白天里,要适当打开窗口通风换气,保持室内空气新鲜,但要防止冷风吹入。

红薯还可用脱水法贮存。即把红薯蒸熟后,每块切成3~4片,放到房上或向阳、干燥、通风的地方晾晒。红薯蒸熟后,水分蒸发慢,需较长时间才能晒干,晾晒时应注意不要让红薯片受雨淋。晒干后,把红薯片放在室内干燥地方保存起来。吃前用水洗泡一下。

8.贮存豆腐妙法

要使豆腐2~3天不坏,可将一时吃不完的豆腐放入烧开、经冷却后的盐水中浸泡,随吃随取。这样保存的豆腐不失其原味。

9.保存豆腐干妙法

豆腐干买回后想保存几天,可将其泡在清水中,冬季每2~3天换1次水,夏季要半天,最多不能超过1天换1次水。吃时,将豆腐干捞出,再用水冲洗一下。用此方法保存豆腐干,可保存较长的时间。

10.保存鲜藕的方法

买回鲜藕一时吃不完,可以用浸水法保存。方法是用清水把沾在藕上的泥洗净,根据藕的多少选择适当的盆或木桶,把藕放进去后,加满清水,把藕浸没在水中,每隔1~2天换凉水1次,冬季要保持水不结冰。用这种方法可以保持鲜藕1~2个月不变质,不霉烂。

11.巧使韭菜、蒜黄保鲜

冬季,买来的韭菜、蒜黄、青蒜之类的青菜,如果一时吃不完,可用新鲜的大白菜叶子包好,放在阴凉的地方,可保鲜数天。但要注意,吃不完的青菜切忌用水洗。

12.大葱的存放

(1)清水浸:选葱白粗大、不烂的大葱,葱根朝下竖直插在有水盆中,不仅不会烂空,还会继续生长呢!

(2)晾晒法:将大葱的叶子晒蔫,不要去掉,捆好把,根朝下放在阳台的阴暗处,切忌沾水受潮,以免腐烂,太干燥也不好,会干瘪变空。

·养生保健·

图文珍藏版

(3)大葱受冻后的"复原":复原只是相对于冻葱而言,不可能完全恢复到以前的质感。大葱一旦受冻后,不要挪动,以免外力的挤压使细胞间隙中的冰粒压破细胞,使细胞液外溢,造成腐烂。使用冻葱时,要轻拿轻放,需拿到室内放置一段时间,使之慢慢解冻,即可使用。

13.大蒜和姜的保鲜方法

首先将大蒜放入网袋中,然后吊挂在室内阴凉通风处,或是放在专用的陶瓷罐中(罐中要有透气的小孔)。这样约可保存1~2个月。也可以将大蒜去皮,加工成蒜泥密封起来放入冰箱内冷藏,大约可保存2个星期。而姜分为老姜和嫩姜,老姜不适合冷藏保存,可放在通风处和沙土里,嫩姜应用保鲜膜包起来放在冰箱内保存。

三、鱼肉禽蛋

1.肉类常温下怎样保鲜

(1)用浸过醋的湿布将鲜肉包起来,可保鲜24小时左右。

(2)将鲜肉放入压力锅内,上火蒸至排气孔冒气,然后扣上减压阀离火,可保存48小时左右。

(3)将芥末放在小碟里,与鲜肉放在一起,可存放4~5天。

(4)把鲜肉切成500克左右1块,装在干净的盆里。把酱油放在锅里熬开消毒,待凉后再倒入盆里,酱油要能淹没猪肉,然后盖上盆盖,3个月后也不会有异味。

2.鱼儿保鲜有何技巧

(1)蒙眼法:买鱼时,将一张薄纸用水浸湿,把鱼的眼睛蒙上,放入塑料袋中,也不必在塑料袋中装水,这样经过一二十分钟,甚至个把小时,鱼也不会死去,把鱼带回家后,放入水中,把蒙在鱼眼上的湿纸除去,不多时鱼就会活过来了。

(2)白酒保活法:用一只棉球,蘸上白酒,塞到鱼的嘴里,不要用水,只要盖上湿毛巾,几个小时也不会死。因为白酒中含有乙醇,通过鳃的吸收,进入鱼体内,能起到麻醉作用

但在具体做法上,要注意两点:一是所用的白酒必须在50度以上,以增强麻醉能力。二是到了目的地后,要立即将蘸有白酒的棉球从鱼嘴中取出,以免时间过长,会把鱼醉死,一般两三个小时为宜。

(3)低温保鲜法:有时,鱼买得多了,一时又吃不完,可采用低温保鲜法。只要将鱼洗净后,装入塑料袋或放在塑料托盘上,放入冰箱冷冻室速冻,然后移放在低温室即可。根据保温和保存期的不同,低温保鲜可分为3种。

第一种是冷却保鲜:温度在0℃左右。第二种是微冻保鲜:温度在-1℃~-

5℃,使其身上的水分部分冻结。第三种则是冷冻保鲜:先置于-25℃以下的低温,然后放在-18℃以下的温度,可保鲜较长时间。

(4)盐水保鲜法:如果没有冰箱,可先将活鱼或新鲜鱼放入浓度为 2%~2.5%的盐水中,历经 10~15 分钟,这样可以抑制细菌的生长,一般在 30℃ 左右的气温下,保鲜时间可延长几天,也不至于变质腐败。

3.如何保存蛤蛎

取一碗盐水(分量以能盖过蛤蛎为准),将蛤蛎置于其中使其吐沙后,再置于保鲜室中,注意经常更换盐水且不要冰过头,用这种方式约可保存 3 天左右。

4.保存虾米妙法

(1)淡质虾米:可摊在太阳光下晾晒,待其干后,装入瓶内,保存起来。

(2)咸质虾米:切忌在阳光下晾晒,只能将其摊置在阴凉处风干,再装进瓶中。

无论是保存淡质虾米,还是咸质虾米,都可在瓶中放适量大蒜,以避免虫蛀。

5.鸡蛋不宜横放

鸡蛋码在容器里,一定要大头向上,直立堆码,不能横放。这是什么原因?

原来,刚产的蛋蛋白浓稀分布有规律,直立堆码能够有效地固定蛋黄的位置。随着时间的延长和外界温度的上升,在蛋白酶的作用下,蛋白所含的黏液素逐渐脱水,慢慢地使蛋白变稀,这时蛋白就失去了固定蛋黄位置的作用。又由于蛋黄比重轻于蛋白,鸡蛋横放,蛋黄就会上浮,贴在蛋壳上,形成"靠黄蛋"或"贴皮蛋"。如果在码放鸡蛋时,大头向上,直立存放就不会出现贴皮蛋。因为鸡蛋的大头有一个气室,即使蛋白变稀,蛋黄上浮,也不会使蛋黄贴在蛋壳上。

6.鲜蛋与生姜、洋葱不能混放

蛋壳上有许多小气孔,而生姜和洋葱有强烈气味,易透进小气孔,使鲜蛋变质。

7.松花蛋不宜冷冻

松花蛋又叫皮蛋,它是鲜鸭蛋在氢氧化钠等多种物质作用下形成的再制蛋。其蛋白呈琥珀色半透明状,并有松枝状花纹;蛋黄凝而不固,滋味醇厚清香,且可清热明目。

在日常生活中,我们常看到有的家庭把松花蛋放到冰箱里保存,甚至冷冻起来,以为这样可以长期贮存而不变质,实际情况恰恰相反。因为松花蛋是由碱性物质浸泡而成的,蛋体凝成胶状体,含水量在 70%左右,若经冷冻,水分会逐渐结冰。待拿出来吃时,冰逐渐融化,其胶状体会变成蜂窝状,改变了松花蛋原有的风味,降低了食用价值。而且低温会使松花蛋色泽变黄,口感变硬,和正常松花蛋差异极大。

贮存松花蛋的最好方法是放在塑料袋内密封保存,一般可保存 3 个月左右而质量风味不变。

·养生保健·

图文珍藏版

四、干鲜果品

1.巧使削皮水果保鲜

水果被削去皮以后,如不马上吃完,过一段时间,空气在水果表面起氧化作用,使之变成浅棕色,非常难看。如果将削过皮的水果浸泡在凉开水里,既可防止氧化并保持鲜艳色泽,还可使之清脆香甜。

2.贮存苹果妙法

准备一轻便、洁净、无味、无虫的木箱或纸箱,把经过挑选的苹果,用纸包住整齐地码放在箱内。为防止果箱磨破苹果,应在箱底及四周垫些纸或草;包苹果的纸要用柔且薄的白纸,纸的大小以能包住苹果为宜。普通的长方形木箱一般用直行和对角线的码放方式,桶、缸、篮子多用同心圆排列的码放方式。青香蕉、红星、红玉等圆形苹果要横放,扁形的国光苹果应立放;苹果与苹果之间可放一些碎布或草,避免苹果在箱内滚动。最后将包装好的箱子放置温度在0℃~1℃的地方。

苹果

3.贮存西瓜妙法

先将成熟的西瓜放入浓度为15%的盐水中浸泡,然后取出,密封在聚乙烯袋中,再放进地窖存放。可存放1年以上。1年后取出,西瓜表面与存放前相比,无异样,味道香甜可口,基本如初。用此方法还可贮存葡萄、黄瓜、白菜、苹果等。

4.红枣的保存

红枣怕风吹,怕高温和潮湿。受风后易干缩,皮色由红变黑;高温、潮湿易出浆、生虫发霉。

保存方法:可在清明前曝晒四五天。为防止发黑,可在枣子上遮一层篾席,或在通风阴凉处摊晾几天。待晾透后放入缸内,加木盖或拌草木灰,放桶内盖好。也可用30~40克盐,炒后研成粉末,分层撒于500克红枣上,然后封好,红枣就不会坏,也不会变咸。枣多时可按比例增加盐。

5.贮存葡萄的小窍门

可以将亚硫酸氢钠和硅胶按1:2的比例混合在一起,分别装在若干个纸袋里,每纸袋装13克,5千克葡萄需3个纸袋,一同放入容器内盖好,放入冰箱内,一个月换一次纸袋。如果是9月贮存的"玫瑰香"葡萄,存到第二年春节,仍会珠新水足。

或选取成熟的龙眼、巨峰等葡萄,用纸箱垫上两三层纸,然后将葡萄一排排紧密相接地放在箱内,并将箱子放在阴凉处,温度保持在0℃左右,可存放1~2个月。

6.香蕉保鲜的方法

香蕉买回来一次吃不完,如放在冰箱内或保存在一般条件下,易变坏。如果将香蕉放在食品包装袋或无毒塑料薄膜袋内,扎紧袋口,使之不透气,即可保鲜1周以上。

7.柑橘保鲜的方法

(1)陶坛保鲜:将选好的柑橘装入可贮15~20千克柑橘的小口坛内,放在阴凉通风处,一星期后封口,每隔4~5天开盖通风一次,若发现坛壁上有水珠,用干布抹掉即可。这样一般可贮存5~6个月,柑橘也不会腐烂。

(2)塑料袋保鲜:选用2.5~5千克装的食品塑料袋,先在袋上开几个洞,以排除湿气,然后把柑橘装入袋内,封好袋口,挂在室内或放入纸箱内。隔一段时间检查一遍,发现烂果应及时拣出来。一般好果率在90%以上。用这种方法,几个月后柑橘仍可新鲜如初。

8.荔枝保鲜妙法

如果将鲜荔枝放在密封较好的容器内,由于荔枝本身的呼吸作用,放出二氧化碳,容器内氧气少而二氧化碳增多,会自发形成一个氧气含量低,二氧化碳含量高的贮藏环境。

采用这种方法贮存荔枝,在1℃~9℃的低温下,能保存30天,在常温下能保存6天,品质变化不大,其中维生素略有减少,但不影响风味。家庭如果没有冷藏设备,可以用塑料袋密封后放在阴凉处,这样一般可以保存6天。

9.贮存栗子的小窍门

栗子好吃,营养成分高,但不易保存。自家所买的栗子,时间一长,不是长虫,就是霉烂,不能食用只好丢弃,非常可惜。现介绍两个保存的小窍门。

(1)罐藏法

取一只干净的陶土罐,将栗子倒入其中,上口用双层油纸或塑料膜封住扎紧,过半个月或20天做一次翻拣,挑出坏了的,适当透气半天,然后再封藏住。这样栗子可保存到来年春天。

(2)沙埋法

找一只白纸箱或木箱,在底部铺放6~10厘米的潮黄沙,以不沾手为宜,栗子与潮黄沙以1:2的比例拌匀,放在中间,上面再盖6~10厘米的潮黄沙,拍实,放在干燥通风的墙角,定期检查。用此法贮存一般可将栗子保存到来年清明。

五、调料饮品

1.保存食糖的窍门

食糖是一种吸湿性的食品,怕潮湿、怕热,又怕寒冻。因此,室内相对湿度不应超过70%,贮糖环境不能低于0℃,因为在0℃以下,糖会因受冻而结块。

夏季的贮糖环境不要高于 35℃,温度过高糖会化了。糖的旁边不能存放水分容易蒸发的食品或有恶劣异味的食品。另外,还要防止老鼠、苍蝇、虫、蛾等对糖的侵害。把食糖装入瓷罐或玻璃皿中,将盖盖严放在阴凉、通风处,即可防止潮湿,但不可在日光下暴晒或靠近热的东西。

2.巧存醋

醋中所含的醋酸,有很好的杀菌和抑菌作用,但也有些霉菌耐酸,使醋变淡,产生霉臭气味。因此,买回的散装醋应先用纱布过滤,然后加热煮沸,冷却后装入洁净的瓶中,盖严备用。

3.巧存盐

应把碘盐放入干净的容器内保存。碘盐遇热、受潮、风吹和日晒等均可挥发。因此,应将买回的碘盐放入有盖的瓶、罐内,不可开口存放。在炒菜或做汤时,尽量晚放碘盐,以减少碘的挥发。

4.储存酱油的窍门

酱油含有营养成分,微生物容易繁殖,特别是热天,酱油表面会产生一层白膜,这种白膜是因为不洁的容器和尘埃使酱油受到污染而引起的。

下面几法可有效地防止酱油发霉长白膜:

(1)热天买回散装酱油应先烧开晾凉后再装瓶存放。

(2)在酱油表面滴几滴食油,与空气隔开,细菌不易生长。

(3)可向酱油里放几瓣去皮大蒜,防止酱油变质。

(4)往酱油里滴几滴白酒。

切不可多次用煮沸方法来保存酱油,以免其营养成分被破坏。

5.存放葡萄酒的方法

葡萄酒中含有一定的色素,易受紫外线影响产生色素沉淀并使酒液变色,因此,存放时要避免日光照射。葡萄酒中含有蛋白质和盐类,低温下易析出沉淀或引起酒液浑浊,高温下易发生因微生物繁殖引起的变质浑浊。所以,葡萄酒的储藏温度以 18℃~20℃为宜,相对湿度瓶装酒以 70%~75%为宜。

此外,葡萄酒应远离有强烈气味的物品,不能和有异味的物品在一起存放。

6.保存牛奶妙法

(1)把装有牛奶的玻璃杯的多一半放入盛有冷水的大容器里,用一块浸湿并已拧干的餐巾盖在杯口上,使其边浸入水中,放在阴凉、通风处即可。

(2)牛奶烧开后马上将其冷却,再倒入一只宽颈瓶或玻璃罐里,放在盛有冷水的盆里,上面盖上纱布,并常换水,以免温度升高。

(3)把少量的糖(1 升牛奶加 1 汤匙)或盐放入刚烧开的牛奶中,可使牛奶保存较长时间而不变质。

7.防止启封奶粉变质的窍门

取一团脱脂棉,洒上一些白酒,塞在奶粉袋开口处,然后用绳子将袋口连同棉花一道扎紧。用这种方法防止奶粉变质,效果非常好。

第六节　饮食宜忌

面对众多的食材,你知道哪些食材宜食,哪些食材忌食? 你了解它们的性味归经吗? 本章收录多种食材,每一种都包含性味归经、功效、搭配宜忌等多方面内容,帮助读者从各个方面了解食材饮食宜忌,从而使人们的饮食更加合理。

一、蔬菜类饮食宜忌

蔬菜,是指可以烹饪成为食品的。除了粮食以外的其他植物,多属于草本植物。蔬菜是人们日常饮食中必不可少的食物之一。蔬菜中含有维生素、矿物质微量元素以及相关的植物化学物质、酶等,植物化学物质、酶等都是有效的抗氧化剂,所以蔬菜不仅是低糖、低盐、低脂的健康食物,同时还对各种疾病起预防作用。

菠菜

别名

赤根菜、鹦鹉菜、波斯菜、角菜、菠棱菜。

性味归经

性凉,味甘、辛。无毒。归肠、胃经。

功效

菠菜具有促进肠道蠕动的作用,利于排便,对于痔疮、慢性胰腺炎、便秘、肛裂等病症有食疗作用,能促进生长发育,增强抗病能力,促进人体新陈代谢,延缓衰老。

注解

菠菜原产地为波斯,为一年生植物,但全年皆可取得。菠菜含有丰富的铁,常吃菠菜,令人面色红润,光彩照人,不易患缺铁性贫血。另外,菠菜还含有大量的胡萝卜素,也是维生素 B_6、叶酸和钾元素的极佳来源。

选购宜忌

【宜】宜选择个大、叶柄粗、叶片肥大的菠菜。

【忌】忌选叶子上有黄斑、叶背有灰毛的菠菜,这表示其感染了霜霉病。

烹调宜忌

【宜】菠菜宜焯水后再进行烹调,以降低草酸含量。

【忌】爆炒会令菠菜里的营养大量流失:

食用宜忌

【宜】电脑工作者、爱美的人应常食菠菜;糖尿病人,尤其是Ⅱ型糖尿病人,经常吃些菠菜有利于血糖保持稳定;菠菜还适宜高血压、便秘、贫血、坏血病、皮肤粗糙、过敏者。

【忌】菠菜草酸含量较高,一次食用不宜过多;肾炎、肾结石患者不适宜吃菠菜;脾虚便溏者不宜多食菠菜。

贮藏宜忌

【宜】贮藏前要去除烂叶、黄叶。

【忌】不能放在阳光下直晒。

食物搭配之宜

菠菜+猪肝　预防和改善缺铁性贫血

猪肝富含B族维生素和铁,菠菜含有铁、多种维生素和人体必需的微量元素,同时食用,营养全面。

菠菜+胡萝卜　预防中风

菠菜能促进胡萝卜素转化为维生素A,而维生素A可以防止胆固醇在血管壁上沉着,保持心血管的畅通。

菠菜+鸡血　改善慢性肝病

鸡血中含有多种营养成分,有生血、养肝之功效,同菠菜一起食用可以补充人体多种维生素和微量元素。二者同食,是慢性肝病患者良好的补品。

菠菜+鸡蛋　预防贫血、营养不良等疾病

菠菜+花生　保护视力,美白

常吃菠菜,可以帮助人体维持正常视力和上皮细胞的健康,防止夜盲,增强抵抗传染病的能力。花生中含有丰富的油脂,二者同食,还可以美白皮肤。

菠菜+粉丝　养血润燥,滋补肝肾

菠菜+腐竹　外气养血

菠菜+羊肝　羊肝明目,强身健体

菠菜以胡萝卜素、维生素B_6、维生素C和铁质含量为最多,羊肝有养肝明目之功效,为肝病目疾之良药。菠菜和羊肝同吃,还有恢复活力的作用。

食物搭配之忌

菠菜+牛肉　阻碍铜、铁的吸收

牛肉中含有丰富的蛋白质和锌,菠菜中含有大量的草酸和铜,牛肉与菠菜同时食用会阻碍机体对铜、铁的吸收和脂肪的代谢。

菠菜+大豆　影响消化吸收

菠菜中含有大量的草酸,大豆中含有丰富的钙质,同时食用会形成草酸钙沉淀,影响消化吸收。

菠菜+醋　阻碍钙的吸收

菠菜中含草酸,醋中含有多种有机酸,两者共用会阻碍钙质的吸收,还会损伤牙齿。

菠菜+鳝鱼　容易导致腹泻

菠菜性甘冷而滑,下气润燥,鳝鱼性甘大温,补中益气,除腹中冷气,二者性味功效皆不协调,同时食用容易导致腹泻。

菠菜+黄瓜　破坏维生素 E

黄瓜含有维生素 E 分解酶,若与菠菜同时食用,菠菜中的维生素 E 会被分解破坏。

菠菜+韭菜　易引起腹泻

油菜

别名

芸苔、青江菜、上海青、油白菜、苦菜。

性味归经

性温,味辛。无毒。归肝、肺、脾经。

功效

油菜具有活血化瘀、消肿解毒、促进血液循环、润便利肠、美容养颜、强身健体的功效,对游风丹毒、手足疖肿、乳痈、习惯性便秘、老年人缺钙等病症有食疗作用。

注解

油菜属十字花科草本植物,其茎鲜嫩,叶呈深绿色,帮与白菜相似,质地脆嫩,略有苦味。油菜主要有芥菜型、白菜型、甘蓝型三种类型,原产我国,南北广为栽培,四季均有供产。油菜的营养价值及食疗价值比较高,其食用方法也多种多样,可以做主菜,也可用做配菜。

选购宜忌

【宜】宜挑选新鲜、油亮、无虫、无黄叶的嫩油菜,用两指轻轻一掐即断者为嫩油菜。

【忌】仔细观察菜叶的背面,有虫迹和药痕的不要选。

烹调宜忌

【宜】宜现做现切,可使其营养成分不被破坏。

【忌】忌用小火慢炒。

食用宜忌

【宜】特别适宜口腔溃疡、口角湿白、齿龈出血、牙齿松动、淤血腹痛、癌症患者。

【忌】孕早期妇女、小儿麻疹后期、患有疥疮和狐臭的人要少食用油菜。

贮藏宜忌

【宜】油菜保存时间不长,放在冰箱中可保存 24 小时。

食物搭配之宜

油菜+香菇　增强免疫力,预防癌症

油菜含植物激素,能增加酶的形成,对致癌物质有排斥作用。香菇有补肝血、降血脂、增强人体免疫力等作用。油菜与香菇搭配,有预防癌症的功效。

油菜+豆腐　清热解毒,生津润肺

油菜中的膳食纤维与豆腐中的植物蛋白相结合,有生津润燥、清热解毒、润肺止咳的功效。

油菜+香油　保护视力

油菜中的类胡萝卜素与香油中的维生素 E 搭配,可保护眼睛、预防癌症。

油菜+虾仁　提高机体抗病能力

油菜+鸡油　润肠通便,解毒消肿

食物搭配之忌

油菜+南瓜　破坏维生素 C

油菜和南瓜都含有非常丰富的维生素 C,而维生素 C 丰富的食品相搭配就会把维生素 C 破坏掉。

油菜+黄瓜　不利于营养吸收

油菜富含维生素 C,黄瓜却含有丰富的维生素 C 分解酶,后者会加速前者的氧化,降低人体对它的吸收,所以不宜搭配。

油菜+胡萝卜　不利于维生素吸收

胡萝卜所含的维生素 C 分解酶会破坏油菜中的维生素 C,影响人体对维生素 C 的吸收。

油菜+竹笋　降低营养价值

油菜中的维生素 C 与竹笋中的生物活性物质结合,易破坏维生素 C,降低营养价值。

芹菜

别名

蒲芹、香芹。

性味归经

性凉。味甘、辛。无毒。归肺、胃、肝经。

功效

芹菜有清热除烦、平肝、利水消肿、凉血止血的作用,对高血压、头痛、头晕、暴热烦渴、黄疸、水肿、小便热涩不利、妇女月经不调、赤白带下、瘰疬、疔腮等病症有食疗作用。

注解

芹菜属伞形科植物,有水芹、旱芹两种,其功能相近,药用以旱芹为佳。旱芹香气较浓,又名"香芹",亦称"药芹"。芹菜含有多种营养素,不仅有丰富的胡萝卜素、维生素 C 和粗纤维,还含有大量的钙、磷、铁、钾、钠等矿物质,有"厨房里的药物"之称。

选购宜忌

【宜】要选色泽鲜绿、叶柄厚的、茎部稍呈圆形、内侧微向内凹的芹菜。

【忌】叶子尖端翘起、叶子软,甚至发黄起锈斑的芹菜最好不要买。

烹调宜忌

【宜】烹饪时先将芹菜放沸水中焯烫,焯水后马上过凉,除了可以使成菜颜色翠绿,还可以减少炒菜的时间,减少油脂对蔬菜"入侵"的时间。

【忌】择菜时不要把能吃的嫩叶扔掉,因为芹菜叶中所含的胡萝卜素和维生素 C 比茎多。

食用宜忌

【宜】芹菜特别适合高血压、动脉硬化、高血糖、缺铁性贫血者及经期妇女食用。

【忌】芹菜性凉质滑,故脾胃虚寒、肠滑不固者食之宜慎;婚育的男性应注意适量少食。

贮藏宜忌

【宜】买回的芹菜一次吃不完,可以把它捆好,用保鲜袋或保鲜膜将茎叶包严,将芹菜根部朝下,竖直放入清水盆中,水没过芹菜根部 5 厘米,这样可保持芹菜一周内不老不蔫。

食物搭配之宜

芹菜+百合　润肺止咳,清心安神

芹菜性味甘凉,富含膳食纤维,可清胃、涤热、祛风。百合味甘性平,可润肺止咳、清心安神。

芹菜+核桃　降压,通便

芹菜具有降压、通便的功效,与营养丰富的核桃仁搭配食用,是高血压、便秘患者的理想食品。

芹菜+西瓜　消肿,降压

西瓜有除水肿、降血压的功能,芹菜可舒缓焦虑和压力,混合榨汁食用,既凉爽清淡,又预防疾病。

芹菜+香菇　和胃调中

二者搭配食用,可和胃调中、滋阴补肾,对食欲不振、慢性胃炎、贫血等症有一定的食疗功效。

花生+芹菜　有助于降低血压、血脂

食物搭配之忌

芹菜+醋　不利于钙的吸收

醋与芹菜同食,会加快钙的溶解速度,容易损害牙齿,也不利于人体对钙质的吸收。

芹菜+螃蟹　破坏营养价值

螃蟹含有维生素 B_1 分解酶,与芹菜一起吃会破坏芹菜的营养价值,还会影响人体对蛋白质的吸收。

芹采+蛤蜊　容易引起腹泻、腹痛等不良症状

包菜

别名

圆白菜、卷心菜、结球甘蓝、洋白菜、莲花白。

性味归经

性平,味甘。无毒。归脾、胃经。

功效

包菜有补骨髓、润脏腑、益心力、壮筋骨、利脏器、祛结气、清热止痛、增进食欲、促进消化、预防便秘的功效,对睡眠不佳、多梦易睡、耳目不聪、皮肤粗糙、皮肤过敏、关节屈伸不利、胃脘疼痛等病症有食疗作用。

注解

包菜是十字花科、芸苔属植物,二年生草本,矮且粗壮,一年生茎肉质,不分枝,绿色或灰绿色。基生叶多数,质厚,层层包裹成球状体,扁球形,直径 10~30 厘米或更大,乳白色或淡绿色。包菜起源于地中海沿岸,16 世纪开始传入我国,在我国各地普遍栽培,是我国东北、西北、华北等地区春、夏、秋季的主要蔬菜之一。

选购宜忌

【宜】包菜应选菜球紧实的,用手摸上去越硬实越好,同重量时体积小者为佳。

【忌】尖头形的包菜最好不要选。

烹调宜忌

【宜】做炝炒包菜时,注意锅热、油多、火猛,趁油热入锅,猛火颠炒几下,能炒出香辣脆嫩的包菜。

【忌】包菜不宜用水煮、烫。炒包菜时,不应烧烂,以三五成熟为好,以免水分损失。

食用宜忌

【宜】患慢性习惯性便秘、伤风感冒、肺热咳嗽、喉发炎、腹胀及发热者适宜食用。

【忌】包菜性平养胃,诸无所忌。

贮藏宜忌

【宜】放进塑料袋里,将袋口扎紧,置于阴凉干燥处。

【忌】忌高温潮湿的环境。

食物搭配之宜

包菜+猪肉　补充营养,通便

包菜和猪肉一起食用,能补充营养、通便,适宜于营养不良、贫血、头晕、大便干燥者食用。

包菜+猪肝　滋补

包菜清热,猪肝补血,二者配合有滋补功效。

包菜+鲤鱼　改善妊娠水肿

包菜和鲤鱼能提供丰富的蛋白质、维生素C等多种营养素,是改善妊娠水肿的食物。

包菜+虾仁　防治牙龈出血,解热除燥

包菜+海带、海鱼等海产品　防止碘不足

包菜+辣椒　促进肠胃蠕动,帮助消化

食物搭配之忌

包菜十黄瓜　破坏维生素C

黄瓜含有维生素C分解酶,可破坏包菜含有的维生素C。

包菜+兔肉　引起腹泻或呕吐

兔肉性凉,容易导致腹泻,白菜有通便功效,二者同食,更易引起腹泻或者呕吐。

生菜

别名

叶用莴笋、鹅仔菜、莴仔菜、油麦菜。

性味归经

性凉,味甘。

功效

生菜因其茎叶中含有莴苣素,故味微苦,具有镇痛催眠、降低胆固醇、改善神经衰弱等功效;生菜中含有甘露醇等有效成分,有利尿和促进血液循环的作用;生菜中膳食纤维较多,有助于消除多余脂肪,可用于减肥。

生菜

注解

生菜原产欧洲地中海沿岸,由野生种驯化而来。古希腊人、罗马人最早食用生菜,其因能生食而得名。生菜味甘甜微苦,颜色翠绿,口感脆嫩清香,有球形的包心生菜和叶片皱褶的奶油生菜(花叶生菜)两大类。生菜含有糖类、蛋白质、莴苣素和丰富的矿物质,尤以维生素 A、维生素 C 和钙、磷的含量较高。

选购宜忌

【宜】应选菜色青绿、茎部带白的生菜,这代表其新鲜。

【忌】叶小身长的口感稍差,不宜选用:

烹调宜忌

【宜】生菜很有可能残留农药化肥,吃前一定要洗净。

【忌】若要生吃,忌直接入口,最好先用微波炉消毒。

食用宜忌

【宜】生菜特别适宜胃病、肥胖、高胆固醇、神经衰弱、肝胆病、维生素 C 缺乏者食用。

【忌】生菜性寒凉,尿频、胃寒者应少吃。

贮藏宜忌

【宜】宜放在阴凉处保存。

【忌】因生菜对乙烯极为敏感,帮其储藏时忌与苹果、梨和香蕉放在一起,以免诱发赤褐斑点。

食物搭配之宜

生菜+豆腐　减肥,健美

豆腐和生菜搭配能为人体提供丰富的营养,还具有清肝利胆、滋阴补肾、增白皮肤的作用,更是减肥、健美的好搭档。

生菜+海带　促进铁的吸收

海带中铁元素含量丰富,与生菜中的维生素 C 搭配,可促进人体对铁元素的吸收利用。

生菜+猪肝　补充营养

生菜+鸡蛋　滋阴润燥,清热解毒

食物搭配之忌

生菜+大蒜　伤肝损眼

患有青光眼和白内障等眼部疾病的患者不宜经常食用,否则易伤肝损眼。

蕨菜

别名

拳菜、龙头菜、如意菜。

性味归经

性寒,味甘、寒。微毒。归大肠、膀胱经。

功效

蕨菜具有清热、利湿、止泻利尿、滑肠、益气、养阴、扩张血管、降低血压、解毒、杀菌消炎的功效。

注解

蕨菜喜生于浅山区向阳地块，多分布于稀疏针阔混交林，是野菜的一种，其食用部分是未展开的幼嫩部位。蕨菜被称为"山菜之上"，用其烹制的菜肴色泽红润、质地软嫩、清香味浓。除了鲜食外，蕨菜还经常被加工成干菜、用来做馅、腌渍成罐头等。

选购宜忌

【宜】蕨菜应选择粗细整齐、色泽鲜艳，这样的蕨菜比较嫩。

【忌】质地坚硬的菜老，不宜选购。

烹调宜忌

【宜】鲜品在食用前应先在沸水中浸烫 3 分钟左右后过凉，以清除其表面的黏质和土腥味。

食用宜忌

【宜】蕨菜中的粗纤维可促进肠道蠕动，是肥胖者的理想食品。

【忌】脾胃虚寒者慎用。

贮藏宜忌

【宜】将蕨菜上锅蒸一下，然后摊开晒成干菜，可以存放较长时间。

【忌】鲜品不宜存放太久。

食物搭配之宜

蕨菜+木耳、猪肉　补血，通便

蕨菜、木耳质滑润而能利肠道，但其性偏寒凉，与肉同炒则较平和而味鲜美。此搭配可改善老人、虚人津血不足，肠燥便秘或大便不利等症。

蕨菜+鸡蛋　均衡营养

食物搭配之忌

蕨菜十黄豆、花生、毛豆破坏维生素

苋菜

别名

长寿菜、刺苋菜、野苋菜、赤苋、雁来红。

性味归经

性凉，味微甘。归肺、大肠经。

功效

苋菜富含易被人体吸收的钙质，对牙齿和骨骼的生长可起到促进作用，并能维持正常的心肌活动，防止肌肉痉挛（抽筋）。它含有丰富的铁、钙和维生素 K，具有促进凝血、增加血红蛋白含量，并提高携氧能力、促进造血等功能。常食苋菜还可以减肥轻身，促进排毒，防止便秘。

注解

苋菜为苋科植物苋的茎叶,主要产于广东、广西和长江流域的一些地区,生长于荒地、林旁、路旁、沟边。苋菜外形高大。分支较少,叶呈卵形或棱形,菜叶有绿色或紫红色,茎部纤维一般较粗,咀嚼时会有渣。苋菜菜身软滑而菜味浓,入口甘香,是夏季主要叶菜之一。

选购宜忌

【宜】宜选叶片新鲜、无斑点、无花叶的苋菜。

【忌】叶片厚、皱的较老。

烹调宜忌

【宜】苋菜食用前最好用开水焯烫,以去除所含植酸以及菜上的农药。

【忌】苋菜炒制时间不宜过长,以免菜中营养流失。

食用宜忌

【宜】苋菜尤其适合老人、儿童、女性、减肥者食用。

【忌】消化不良、腹满、肠鸣、大便稀薄等脾胃虚弱者要少吃或不吃苋菜。

贮藏宜忌

【宜】苋菜最好是储存在8℃~10℃的高湿环境中。

【忌】苋菜的储存期不长,且于7℃以下会发生冷害,故苋菜不宜久存,且贮藏场所的温度不应低于7℃。

食物搭配之宜

苋菜+豆腐　清热解毒,生津润燥

苋菜和豆腐一起煮汤,有清热解毒、生津润燥的功效,对于肝胆火旺、目赤咽肿者有食疗作用。

苋菜+虾仁　补虚助长

苋菜+猪肝　增强人体免疫功能

苋菜+鸡蛋　增强人体免疫功能

食物搭配之忌

苋菜+螃蟹　引发中毒

苋菜+鳖肉　影响消化吸收

苋菜+甲鱼　引发中毒

荠菜

别名

假水菜、地地菜、护生草、鸡腿草、清明草、银丝芥。

性味归经

性凉,味甘、淡。归肝、胃经。

功效

荠菜有健脾利水、止血解毒、降压明目、预防冻伤的功效,并可抑制眼晶状体的醛还原为酶,对糖尿病性、白内障有食疗作用,还可增强大肠蠕动,促进粪便排泄。

注解

荠菜是十字花科草本植物荠菜的嫩茎叶,原产我国,目前遍布世界。我国自古就采集野生荠菜食用,早在公元前 300 年就有关于荠菜的记载。其叶质脆嫩,风味鲜美,营养丰富,是人们喜爱的一种野菜。

选购宜忌

【宜】要挑选不带花的荠菜,这样的荠菜比较鲜嫩、好吃。

【忌】荠菜以单棵生长的为好。忌选轧棵的:

烹调宜忌

【宜】宜凉拌,操作简单,维生素、矿物质等营养成分不易损失。

【忌】烹调荠菜时,最好不要加蒜、姜、料酒来调味,以免破坏荠菜本身的清香味。

食用宜忌

【宜】痢疾、水肿、淋病、乳糜尿、吐血、便血、血崩、月经过多、目赤肿痛等病症患者宜食荠菜,高脂血症、高血压、冠心病、肥胖症、糖尿病、肠癌及痔疮等病症患者也宜食荠菜。

【忌】便清泄泻及阴虚火旺者不宜食用荠菜。此外,患有疮疡、热感冒等病症者或素日体弱者也不宜食用荠菜。

贮藏宜忌

【宜】用开水捞过速冻起来,味道也不错。

食物搭配之宜

荠菜+鸡肉　滋阳补气,减肥美容

荠菜+豆腐　补虚益气,健脑益智,清热降压

荠菜+鸡蛋　养血止血,清热降压

荠菜+蜜枣　健脾止血

荠菜+淡菜　降血压

食物搭配之忌

荠菜+鲫鱼　引发水肿

空心菜

别名

藤藤菜、通心菜、无心菜、瓮菜、空筒菜、竹叶菜。

性味归经

性寒,味甘。无毒。归肝、心、大肠、小肠经。

功效

空心菜有促进肠蠕动、通便解毒、清热凉血、利尿的功效,可用于防暑解热,对

食物中毒、吐血鼻衄、尿血、小儿胎毒、痈疮、疔肿、丹毒等症状也有一定的食疗作用。

注解

空心菜为蔓性草本,全株光滑,地下无块根。其梗中心是空的,故称"空心菜"。其叶互生,椭圆状卵形或长三角形,开白色喇叭状花,也有紫红色或粉红色。空心菜原产东亚,主要分布于亚洲温热带地区,对土壤要求不严,适应性广,无论旱地水田,还是沟边地角都可栽植。夏季炎热高温,它仍能生长,但其不耐寒,遇霜茎叶枯死,高温无霜地区可终年栽培。

选购宜忌

【宜】选空心菜时,最好挑选新鲜细嫩、不长须根的。

【忌】忌选茎叶凌乱、残缺的。

烹调宜忌

【宜】空心菜买回后,很容易因为失水而发软、枯萎,炒菜前将它在清水中浸泡约半小时,就可以令其恢复鲜嫩、翠绿的质感。炒空心菜时宜大火快炒,以免营养流失。

【忌】因快炒时间段,茎部的老梗会生涩难咽,所以择取时要记得择去。

食用宜忌

【宜】高血压、头痛、糖尿病、鼻血、便秘、淋浊、痔疮、痈肿患者尤其宜食。

【忌】空心菜性寒滑利,故体质虚弱、脾胃虚寒、大便溏泄者不宜多食。

贮藏宜忌

【宜】空心菜的叶子容易黄、蔫,可以先将空心菜的叶子摘下来食用,留下的茎第二天吃也不会变色。

【忌】鲜品不宜长时间存放。

食物搭配之宜

空心菜+尖椒　解毒降压

空心菜和尖椒一起炒,会使此道菜富含维生素和矿物质,并可降血压、止头痛、解毒消肿、预防糖尿病。

食物搭配之忌

空心菜+牛奶、酸奶、乳酪　影响钙质吸收

空心菜不宜与牛奶、酸奶、乳酪等同时食用,因牛奶、酸奶、乳酪含丰富的钙质,空心菜所含的化学成分会影响钙的消化吸收。

小白菜

别名

不结球白菜、青菜。

性味归经

性温,味甘。归肺、胃、大肠经。

功效

小白菜具有清热除烦、行气祛瘀、消肿散结、通利胃肠等功效,对肺热咳嗽、身热、口渴、胸闷、心烦、食少便秘、腹胀等病症有食疗作用。

注解

小白菜属十字花科蔬菜,是一种普遍栽培的大众化蔬菜。其品种多,生长期短,适应性广,高产易种,可全年生长与供应。小白菜原产我国,栽培历史悠久。早在后汉时代就有关于小白菜的文献记载,当时称其为"菘""鲜菜"。

选购宜忌

【宜】新鲜的小白菜呈绿色、鲜艳而有光泽、无黄叶、无腐烂、无虫蛀现象,宜选用新鲜的白菜。

烹调宜忌

【忌】用小白菜制作菜肴,炒、熬时间不宜过长,以免损失营养。

食用宜忌

【宜】一般人群均可食用,每餐 70 克。

【忌】脾胃虚寒、大便溏薄者不宜多食小白菜。

贮藏宜忌

【宜】小白菜因质地娇嫩,容易腐烂变质,一般是随买随吃。

【忌】保藏在冰箱内,至多能保鲜 1~2 天,不宜长期存放。

食物搭配之忌

小白菜+兔肉　引起腹泻和呕吐

木耳菜

别名

落葵、藤菜、篱笆菜、紫豆菜、胭脂菜、豆腐菜。

性味归经

性寒,味甘、酸。归心、肝、脾、大肠、小肠经。

功效

木耳菜有清热、解毒、滑肠、凉血的功效,对便秘、痢疾、疔肿、皮肤炎等病症有食疗作用。

注解

木耳菜属落葵科,一年生蔓生草本植物,其幼苗、嫩梢或嫩叶都可供食用。木耳菜质地柔嫩软滑,营养价值高,可爆炒、烫食、凉拌等。其味清香,咀嚼时如吃木耳一般清脆爽口,故名木耳菜。木耳菜在南北方普遍栽培,在南方热带地区可多年生栽培,在北方多采用一年生栽培。

选购宜忌

【宜】木耳菜要选择叶片宽大肥厚、光滑油亮的,这样的木耳菜比较鲜嫩。

烹调宜忌

【宜】木耳菜适合素炒,且要用大火快炒,炒的时间不宜过长。若炒的时间过长,易出黏液。

【忌】炒木耳菜不宜放酱油。

食用宜忌

【宜】木耳菜极适宜老年人食用。

【忌】木耳菜性寒,孕妇、脾胃虚寒患者不宜多食。

贮藏宜忌

【宜】将木耳菜放在塑料袋中存放,可以减少水分蒸发,保持其新鲜度。

食物搭配之宜

木耳菜+黄瓜　减肥塑身

食物搭配之忌

木耳菜+牛奶　影响钙质吸收

韭菜

别名

韭、丰本、扁菜、懒人菜、起阳草。

性味归经

性温,味甘、辛。无毒。归肝、肾经。

功效

韭菜含有蛋白质、脂肪、糖类、钙、磷、胡萝卜素、硫胺素、核黄素、抗坏血酸等营养成分,具有温中下气、补肾益阳等功效,还有很好的消炎杀菌作用。

注解

韭菜原产于我国,早在2000年前的汉代,我国就已提出利用温室生产韭菜的技术。韭菜于9世纪传入日本,后逐渐传入东亚各国。韭菜在我国几乎所有的省份都有栽培,是我国栽培地域最广的蔬菜之一。它开白色花卉,其嫩叶和柔嫩的花茎、花、嫩籽等都可供人们食用,被现代人称之为蔬菜中的"伟哥"。

选购宜忌

【宜】韭菜宜选叶直、鲜嫩翠绿的,这样的韭菜的营养素含量较高。阔叶韭菜较嫩,香味清淡;窄叶韭菜外形不太好,但香味浓郁。

烹调宜忌

【宜】韭菜可炒食,与荤素搭配皆宜,还可做馅,风味独特。

【忌】由于韭菜切开遇空气后味道会加重,故应即切即炒。

食用宜忌

【宜】腰膝无力、肾虚者可常吃韭菜炒河虾。

【忌】消化不良或者肠胃功能较弱的人,吃韭菜会烧心难受,不可多食;眼疾、胃病患者也不宜多食。

贮藏宜忌

【宜】新鲜韭菜洗净后切成段,沥干水分,装入塑料袋后,再放进冰箱冷冻,其鲜味可保存2个月。

【忌】不宜在阳光直射处保存。

食物搭配之宜

韭菜+鸡蛋　补肾,行气,止痛

韭菜和鸡蛋混炒,有补肾、行气、止痛的作用,对阳痿、尿频、肾虚、痔疮及胃病有一定的食疗功效。

食物搭配之忌

韭菜+蜂蜜　引起腹泻

韭菜为百合科葱属,性辛温而热,含蒜辣素和硫化物,与蜂蜜性相反,二者同食会引起腹泻等不良反应。

韭菜+白酒　上火,胃肠不适

白酒含有大量乙醇,极具刺激性,能扩张血管,加快血流速度,属太热之物。韭菜也是辛温之物,二者同食,使火气更盛,对人体不利。另外,二者同食还会引起肠道疾病复发。

韭菜+牛奶　影响钙吸收

韭菜+菠菜　易引起腹泻

韭黄

别名

韭芽、黄韭芽、黄韭、韭菜白。

性味归经

性温,味甘。归肝、胃、肾经。

功效

韭黄含有挥发性精油及硫化物等特殊成分,散发出一种独特的辛香气味,有助于疏调肝气、增进食欲、增强消化功能。另外,韭黄还对驱寒散瘀、增强体力、续筋骨、疗损伤等有食疗作用。

注解

韭黄为韭菜经软化栽培变黄的品种。韭菜隔绝光线,完全在黑暗中生长,因无阳光供给,不能产生光合作用、合成叶绿素,就会变成黄色,称之为"韭黄"。韭黄因不见阳光而呈黄白色,其营养价值要逊于韭菜。

选购宜忌

【宜】用手抓起时,韭菜叶片挺拔直立的为最好。切口色泽鲜艳的韭黄较新鲜。

【忌】韭黄不宜挑选腐烂、枯萎的。

烹调宜忌

【宜】韭黄用沸水快速浸烫后,质地微脆,更加清爽。

食用宜忌

【宜】适宜便秘、产后乳汁不足的女性、寒性体质等人群。

【忌】阴虚内热及目疾之人忌食。

贮藏宜忌

【宜】用带帮的大白菜叶子把韭黄包住捆好,放在阴凉处,不要沾水,这样可以保存好几天。

食物搭配之宜

韭黄+鲜虾　壮阳

用鲜虾炒韭黄可促进性欲、补肾壮阳,对性欲低下、阳痿有一定的功效。

芥蓝

别名

白花芥蓝。

性味归经

性平,味甘。归肝、胃经。

功效

芥蓝具有利尿化痰、解毒祛风、清心明目、降低胆固醇、软化血管、预防心脏病的作用,不过久食也会抑制性激素的分泌。

注解

芥蓝为十字花科、芸苔属甘蓝类两年生草本植物。其栽培历史悠久,起源于我国的南方,主要产区有广东、广西、福建和台湾等省区,沿海及北方大城市郊区有少量栽培,是我国的特产蔬菜之一。芥蓝的菜苔柔嫩、鲜脆、清甜、味鲜美,可炒食、汤食,或作配菜。

选购宜忌

【宜】要选择叶片颜色浓绿及整齐、圆滑鲜嫩,且没有黄叶和老化的芥蓝,还要注意无虫蛀。

烹调宜忌

【宜】芥蓝清淡爽脆,爽而不硬,脆而不韧,以炒食最佳。其稍有苦涩味,炒时要放少量豉油、糖调味,起锅前加入少量料酒。凉拌时可先用沸水焯熟。

食用宜忌

【宜】特别适合食欲不振、便秘、高胆固醇患者。

【忌】吃芥蓝应适量,数量不要太多,次数不要太频繁,否则有耗人真气的副作用,还会抑制性激素的分泌。

贮藏宜忌

【宜】买回的芥蓝一次吃不完,可以使用保鲜膜将其包裹,再放入冰箱冷藏。

【忌】保存时间不宜超过三天。

食物搭配之宜

芥蓝+西红柿　防癌

芥蓝+山药　消暑

芦笋

别名

青芦笋。

性味归经

性凉,味苦、甘。归肺经。

功效

芦笋具有补虚、抗癌、减肥的功效,对高血压病、高脂血症、癌症。肾炎水肿等疾病有食疗作用。

注解

芦笋原产于地中海东岸及小亚细亚,17世纪传入美洲,18世纪传入日本,20世纪初传入中国。世界各国都有栽培,以美国最多。芦笋为百合科植物石刁柏的嫩茎,是一种高档而名贵的蔬菜,被誉为"世界十大名菜之一",在国际市场上享有"蔬菜之王"的美称。芦笋以嫩茎供食用,质地鲜嫩,风味鲜美,柔嫩可口。

选购宜忌

【宜】芦笋要挑笔直粗壮、12～22厘米长、直径至少达到1厘米的,以色泽浓绿、穗尖紧密者为佳品。用指甲在芦笋根部轻轻掐一下,有印痕的就比较新鲜。

烹调宜忌

【宜】芦笋烹调前先切成条,用清水浸泡20～30分钟,可以去苦味。

食用宜忌

【宜】高血压、高脂血、癌症、动脉硬化患者宜食用,同时也是体质虚弱、气血不足、营养不良、贫血、肥胖、习惯性便秘者及肝功能不全、肾炎水肿、尿路结石者的首选食物之一。

【忌】患有痛风者不宜多食。

贮藏宜忌

【宜】先用开水煮一分钟,晾干后装入保鲜膜袋中,扎口,放入冷冻柜中,食用时取出。

食物搭配之宜

芦笋+百合或冬瓜　抗癌

芦笋与百合或冬瓜同食,对高血压、高血脂、动脉硬化、癌症等病症有食疗作用。

芦笋十猪肉　利于维生素 B_{12} 的吸收

芦笋中叶酸含量较高,猪肉中含有维生素 B_{12},两者同食,有利于人体对维生素 B_{12} 的吸收和利用。

芦笋+色拉　排毒,养颜

芦笋和色拉同食,可以消除疲劳,促进肠胃蠕动,并可美化肌肤。

芦笋+虾仁　醒脑提神,利尿,润肺

食物搭配之忌

芦笋+巴豆　引起腹泻

芦笋性凉,而巴豆辛热,故两者不宜搭配食用,否则会引起腹泻等不适。

莴苣

别名

莴笋、白苣、莴菜、千金菜。

性味归经

性凉,味甘、苦。归胃、膀胱经。

功效

莴笋可增强胃液和消化液的分泌,促进胆汁的分泌,常吃对牙齿的发育很有好处,还能消水肿。其对于肝癌、胃癌有预防作用,也可缓解癌症患者放疗或化疗的副作用,是一种抗癌蔬菜。

莴苣

注解

莴苣为菊科一年生或二年生草本植物的一个变种,原产地中海沿岸及亚洲西部,后传入中国。

选购宜忌

【宜】莴苣宜选择茎粗大、中下部稍粗或呈棒状,叶片不弯曲、无黄叶、不发蔫,肉质细嫩,多汁新鲜,不苦涩者。

烹调宜忌

【宜】为避免烟酸的丢失,莴苣应先洗后切。莴苣叶的营养价值更高,宜带叶一起食用。

【忌】莴苣怕咸,盐不要放太多。

食用宜忌

【宜】莴苣适宜小便不通、尿血、水肿、糖尿病、肥胖、神经衰弱症、高血压、心律不齐、失眠患者食用;妇女产后缺奶或乳汁不通也宜食用;酒后食用可解酒,青少年生长发育时也宜食用。

【忌】多动症儿童,眼病、痛风、脾胃虚寒、腹泻便溏者不宜食用;女性月经来潮期间以及寒性痛经者,忌食凉拌莴苣。

贮藏宜忌

【宜】将莴苣浸泡在冰冷的水中,使其温度降至 7~8℃,再用毛巾吸去水分,用沾湿的纸巾包好放进冰箱,可以延长其保鲜的时间。

【忌】莴苣对乙烯敏感,不可与苹果、梨、花菜、西红柿、香蕉、芒果等果蔬混放。

食物搭配之宜

莴苣+蒜苗　预防高血压

莴苣有利五脏、顺气通经脉、健筋骨、洁齿、清热解毒等功效,蒜苗能解毒杀菌,两者同食可以预防高血压。

莴苣+鳄梨　提高免疫力

鳄梨中的长链不饱和脂肪酸能敲开莴苣的营养阀门,使人体对 β 胡萝卜素和黄体素的摄入量分别升至原来的 15 倍和 5 倍,大大提高人体免疫力。其中的黄体素还能预防白内障。

食物搭配之忌

莴苣+蜂蜜　引起腹泻

蜂蜜的食物药性属凉,莴苣性冷,两者同食,不利肠胃,易致腹泻。

竹笋

别名

笋、闽笋。

性味归经

性微寒,味甘。无毒。归胃、大肠经。

功效

竹笋具有清热化痰、益气和胃、治消渴、利水道、利膈爽胃、帮助消化、去积食、防便秘等功效。另外,竹笋含脂肪、淀粉很少,属天然低脂、低热量食品,是肥胖者减肥的佳品。

注解

竹笋是从竹子的根状茎上发出的幼嫩的发育芽,一长出地面就被砍下作为一种蔬菜,尤其被中国人和日本人所食用。在我国,其自古被当作"菜中珍品"。竹笋一年四季皆有,但唯有春笋、冬笋的味道最佳。烹调时无论是凉拌、煎炒。还是熬汤,其味均鲜嫩清香,是人们喜欢的佳肴之一。

选购宜忌

【宜】竹笋根部的"痣"要红,"痣"红的笋鲜嫩;竹笋节与节之间的距离要近,距离越近的笋越嫩;外壳色泽鲜黄或淡黄略带粉红;笋壳完整且饱满光洁的竹笋。

烹调宜忌

【忌】加工竹笋时,尽量不要用刀削,因为竹笋肉一遇铁往往会变硬、发死。

食用宜忌

【宜】肥胖和习惯性便秘的人尤为适合食用竹笋。

【忌】胃溃疡、胃出血、肾炎、肝硬化、肠炎、尿路结石、低钙、骨质疏松、佝偻者不宜多吃竹笋。

贮藏宜忌

【宜】竹笋宜带壳保存。

【忌】竹笋要避免风吹日晒,以防肉质变硬,失去清香的风味。

食物搭配之忌

竹笋+山楂　破坏维生素 C

竹笋中含有大量的维生素 C 分解酶,易将山楂中的维生素 C 分解破坏,因此两者不宜同食。

竹笋+红糖　生成有害物质

红糖性温,竹笋性寒,两者为性能相克食物。同时,竹笋中的氨基酸易与红糖在加热过程中生成赖氨酸糖基,对人体有害。

竹笋+豆腐　易生结石

竹笋+鹧鸪肉　产生腹胀

竹笋+羊肉　会引起中毒

绿豆芽

别名

绿豆菜。

性味归经

性凉,味甘。归胃、三焦经。

功效

绿豆芽具有清暑热、通经脉、解诸毒的功效,还可用于补肾、利尿、消肿、滋阴壮阳、调五脏、美肌肤、利湿热、降血脂、软化血管。

注解

绿豆芽,即绿豆的芽。绿豆在发芽过程中,维生素 C 含量会增加很多,而且部分蛋白质也会分解为各种人体所需的氨基酸,可达到绿豆原含量的七倍,所以绿豆芽的营养价值比绿豆更高。

选购宜忌

【宜】好的绿豆芽略呈黄色、不太粗、水分适中、无异味,以 5~6 厘米长的绿豆芽为好。

【忌】断裂的不宜选。

烹调宜忌

【宜】绿豆芽烹调时应配上一点姜丝来中和它的寒性,十分适合于夏季食用。绿豆芽菜下锅后要迅速翻炒。

【忌】烹调时油盐不宜太多,要尽量保持其清淡的性味和爽口的特点。

食用宜忌

【宜】绿豆芽适合于湿热郁滞、食少体倦、热病烦渴、大便秘结、小便不利、目赤肿痛、口鼻生疮等患者。

【忌】绿豆芽纤维较粗,不易消化,且性质偏寒,所以脾胃虚寒之人不宜多食。

贮藏宜忌

【宜】新鲜的吃不完的豆芽可以原封不动地封在袋子里或装入塑料袋密封,再放入冰箱,最多不要超过两天。

食物搭配之宜

绿豆芽+猪肚　降低胆固醇吸收

猪肚可健脾、助消化、增食欲,而绿豆芽可降低胆固醇,两者同食,有利于降低人体对胆固醇的吸收,提高人体免疫力。

绿豆芽+韭菜　解毒,补肾,减肥

两者搭配,有温热解毒、下气散血和补肾的作用,且有利于减肥。

绿豆芽+鸡肉　降低心血管疾病及高血压病的发病率

食物搭配之忌

绿豆芽+猪肝　降低营养价值

绿豆芽中含有维生素 C,猪肝中含铜,铜会加速维生素 C 氧化,失去其营养价值。

黄豆芽

别名

如意菜。

性味归经

性凉,味甘。归脾、大肠经。

功效

黄豆芽具有清热明目、补气养血、消肿除痹、祛黑痣、治疣赘、润肌肤、防止牙龈出血及心血管硬化以及降低胆固醇等功效,对脾胃湿热、大便秘结、寻常疣、高血脂等症有食疗作用。

注解

黄豆芽是由黄豆发芽而成。在黄豆发芽过程中,其营养成分会发生变化。研究发现,黄豆芽既保留有黄豆的营养特点,同时也生出许多新的营养素。黄豆经 3~4 天发芽,这时蛋白质、脂肪含量基本不变,但是黄豆中原来不易被吸收的物质起了变化,甚至变得非常有利于被人体吸收利用。由于对人体有益的成分不断出现或增加,使黄豆中更多的磷、锌等矿物质被释放出来,维生素含量的变化最大,胡萝卜素增加2~3倍,维生素B_2增加2~5倍,烟酸增加2.5倍多,维生素B_{12}增加9~10倍。

选购宜忌

【宜】新鲜的黄豆芽应茎白而粗,且不容易折断。

【忌】不宜选用折断的黄豆芽。

烹调宜忌

【宜】烹调黄豆芽时加少量食醋,这样能使B族维生素不减少。烹调过程要迅速,或用油急速快炒,或用沸水略焯后立刻取出调味食用。

【忌】烹调黄豆芽不可加碱。

食用宜忌

【宜】黄豆芽适宜胃中积热、妇女妊娠高血压、癌症、癫痫、肥胖、便秘、痔疮患者食用。

【忌】黄豆芽性寒,慢性腹泻及脾胃虚寒者忌食。

贮藏宜忌

【宜】将黄豆芽用保鲜袋装好,尽量排出袋内的空气,打好结,再用另一保鲜袋套上,再打上结,这样可使外界空气不能进入或进入少许,然后置放于冰箱保鲜室内。这样,豆芽可以保存三四天。

食物搭配之宜

黄豆芽+黑木耳　提供全面营养

黄豆芽的蛋白质结构比较疏松,易于消化,维生素B_1、维生素B_2、维生素C的含量以及水溶性纤维素的含量也比较高,是理想的高营养蔬菜;黑木耳含较多的微量元素、木糖、卵磷脂、钙、铁等。两者搭配,提供的营养更为全面。

黄豆芽+牛肉　预防感冒,防止中暑

黄豆芽+榨菜　帮助消化,增进食欲

食物搭配之忌

黄豆芽+猪肝　破坏营养

猪肝中的铜会加速豆芽中的维生素C氧化,从而失去其营养价值。

蒜薹

别名

蒜苔、蒜毫、青蒜、蒜苗。

性味归经

性平,味甘,无毒。归肺、脾经。

功效

蒜薹中所含的大蒜素、大蒜新素可以抑制金黄色葡萄球菌、链球菌、痢疾杆菌、大肠杆菌、霍乱弧菌等细菌的生长繁殖；蒜薹中含有的粗纤维可预防便秘；蒜薹中含有丰富的维生素 C，具有明显的降血脂及预防冠心病和动脉硬化的作用，并可防止血栓的形成。

注解

蒜薹是大蒜的花茎。蒜薹的辛辣味比大蒜要轻，加之它所具有的蒜香能增加菜肴的香味，因此更易被人们所接受。其常被作为蔬菜烹制，川菜制作回锅肉时更是不可少的配菜。

选购宜忌

【宜】要选择粗细均匀、颜色翠绿的蒜薹。

【忌】不要选择断头损伤、畸形变黄的蒜薹。

烹调宜忌

【宜】蒜薹主要用于炒食，或做配料。

【忌】蒜薹不宜烹制得过烂，以免辣素被破坏，杀菌作用降低。

食用宜忌

【宜】冠心病、便秘者宜食蒜薹。

【忌】过量食用蒜薹会影响视力，有肝病的人过量食用蒜薹可造成肝功能障碍，消化能力不佳的人宜少吃。

贮藏宜忌

【宜】将蒜薹放在室内阴凉潮湿处，用潮湿的黄沙盖上，这样可以保存 7~10 天不变色。

食物搭配之宜

蒜薹+木耳　降脂，消肿，止泻

蒜薹与木耳同食，可降脂、减肥、消水肿、止腹泻。

蒜薹+虾仁　美容

蒜薹搭配虾仁一起吃，可促进胶原蛋白的合成，有助于美容。

香椿

别名

山椿、虎目树、虎眼、大眼桐、椿花、香椿头。

性味归经

性凉，味苦、平。归肺、胃、大肠经。

功效

香椿有清热解毒、健胃理气、润肤明目、杀虫等功效，对疮疡、脱发、目赤、肺热咳嗽等病症有食疗作用。香椿中含有丰富的维生素 C、胡萝卜素等物质，有助于增强机体免疫功能，并有很好的润滑肌肤的作用，是保健美容的良好食品。

注解

香椿原产于我国,分布于长江南北的广泛地区,为楝科,落叶乔木,雌雄异株,叶呈偶数羽状复叶,圆锥花序,两性花白色,果实是椭圆形蒴果,翅状种子,种子可以繁殖。香椿树体高大,除供椿芽食用外,也是园林绿化的优选树种。

选购宜忌

【宜】要挑选颜色碧绿、具有香味、无腐烂的香椿。

烹调宜忌

【宜】烹饪前应先焯烫,以除去硝酸盐和亚硝酸盐。

食用宜忌

【宜】脱发、目赤、肺热、痢疾、咳嗽者宜多食香椿。

【忌】香椿为发物,多食易使痼疾复发,所以慢性疾病患者应少食或不食。

贮藏宜忌

【宜】将香椿放置于阴凉通风处,可储存 1~2 天。

【忌】香椿忌沾水,也不可在烈日下暴晒。

食物搭配之宜

香椿+鸡蛋　润肤,美腿

鸡蛋的绵软和香椿的清香混合在一起,味道十分鲜美。鸡蛋里含丰富维生素 A 和维生素 B_1,维生素 A 使肌肤滑嫩,维生素 B_2 则可消除腿部脂肪。

香椿+豆腐　清热解毒,补钙

香椿拌豆腐能起到很好的润燥及清热解毒功效,也有利于儿童补钙。

芦荟

别名

油葱。

性味归经

性寒,味苦。归肝、大肠经。

功效

芦荟含酚类、芦荟素、芦荟酊、有机酸等成分,对某些细菌、真菌、病毒有一定的杀灭作用,对某些呼吸道、消化道炎症出有一定的作用。芦荟中的粘多糖类物质,有很好的扶正祛邪作用,能提高机体免疫力,增强人体免疫功能。另外,芦荟还有美容护肤的作用。

注解

芦荟原产于地中海、非洲,为独尾草科多年生草本植物。据考证的野生芦荟品种有 300 多种,主要分布于非洲等地,可食用的品种只有六种。芦荟叶大而肥厚、基出、簇生、狭长披针形,叶边缘有尖锐的锯齿,叶汁可入药,花黄色或有赤色斑点,花像穗子。

选购宜忌

【宜】应挑选叶片健壮、饱满的芦荟。

烹调宜忌

【宜】将芦荟去刺去皮,用清水洗净,再用开水烫热后食用。

食用宜忌

【宜】肿瘤、高血脂、糖尿病、乙型肝炎、肾炎、红斑狼疮等病患者宜多吃芦荟。

【忌】芦荟性寒,吃多了会造成上吐下泻,故不宜多食。一般的标准限量是每人每天不宜超过15克,孕妇、老人和儿童不建议食用芦荟。

贮藏宜忌

【忌】芦荟不宜置于阳光下或过热环境中。

食物搭配之宜

芦荟+柠檬　生津

雪里蕻

别名

雪里红、春不老。

性味归经

性温,味甘、辛。归肝、胃、肾经。

功效

雪里蕻具有解毒消肿、开胃消食、温中利气的功效,对疮痈肿痛、胸膈满闷、咳嗽痰多、牙龈肿烂、便秘等症有食疗作用。

注解

雪里蕻的栽培品种为"八根柴",系多年栽培的农家良种。它耐热性较差,耐寒性较强,适于秋季栽培,从播种到收割只有60天。其叶片为板叶,叶长0.5米左右,肉质根直径约0.03米,亩产约万斤。

选购宜忌

【宜】雪里蕻最好选择菜棵整齐、根茎小、叶色浓绿、叶片肥厚、质地细嫩的。

【忌】不宜选叶色较黄的。

烹调宜忌

【宜】买来的雪里蕻最好在清水里泡一泡,再换两次水,这样可以减轻雪里蕻的咸味。

食用宜忌

【宜】雪里蕻可以祛痰,咳嗽多痰者适宜食用。牙龈肿烂、便秘者也可多食。

【忌】雪里蕻含大量粗纤维,不易消化,小儿消化功能不全者不宜多食。

贮藏宜忌

【宜】往雪里蕻的叶片上喷点水,然后用纸包起来,茎部朝下直立着放进冰箱。

食物搭配之宜

雪里蕻+猪肝　有助于钙的吸收

雪里蕻是高钙蔬菜,每百克雪里蕻中含有200毫克钙,猪肝中维生素D的含量较高,二者搭配有助于人体对钙的吸收。

食物搭配之忌

雪里蕻+醋　降低营养价值

雪里蕻含胡萝卜素,醋酸会破坏胡萝卜素,降低雪里蕻的营养价值。

山药

别名

怀山药、淮山药、土薯、山薯、玉延。

性味归经

性平,味甘。归肺、脾、肾经。

功效

山药具有健脾补肺、益胃补肾、固肾益精、聪耳明目、助五脏、强筋骨、长志安神、延年益寿的功效,对脾胃虚弱、倦怠无力、食欲不振、久泄久痢、肺气虚燥、痰喘咳嗽、肾气亏耗、腰膝酸软、下肢痿弱、消渴尿频、遗精早泄、带下白浊、皮肤赤肿、肥胖等病症有食疗作用。

注解

山药为多年生草本植物,茎蔓生,常带紫色,块根圆柱形,叶子对生,卵形或椭圆形,花乳白色,雌雄异株,块根含淀粉和蛋白质,可以吃。

选购宜忌

【宜】山药要挑选表皮光滑无伤痕、薯块完整肥厚、颜色均匀有光泽、不干枯、无根须的。

烹调宜忌

【宜】做山药泥时,将山药先洗净,再煮熟去皮,这样不麻手,而且山药洁白如玉。削皮的山药可以放入醋水中,以防止变色。

食用宜忌

【宜】山药适宜糖尿病腹胀、病后虚弱、慢性肾炎、长期腹泻者食用。

【忌】山药有收涩的作用,故大便燥结者不宜食用。

贮藏宜忌

【宜】尚未切开的山药,可存放在阴凉通风处。如果切开了,则可盖上湿布保湿,放入冰箱冷藏室保鲜,或是削皮后切块,分袋包装,放在冷冻室保鲜。

食物搭配之宜

山药+胡萝卜　美容,养颜

山药被视为滋阴补阳圣品,对于女性丰胸、肌肤防皱有效果;胡萝卜则有排水利尿、帮助消化、避免脂肪堆积等功效。两者搭配食用,对于女性美容养颜、瘦身消肿均有奇效。

山药+黑木耳　营养丰富

土豆

别名

山药蛋、洋番薯、洋芋、马铃薯。

性味归经

性平,味甘。归胃、大肠。

功效

土豆具有和胃涧中、健脾益气、补血强肾等多种功效。土豆富含维生素、钾、纤维素等,可预防癌症和心脏病,帮助通便,并能增强机体免疫力。

牛肉炖土豆

注解

土豆为多年生草本,但作一年生或一年两季栽培。其地下块茎呈圆、卵、椭圆等形,有芽眼,皮红、黄、白或紫色;地上茎呈棱形,有毛;奇数羽状复叶;聚伞花序顶生,花白、红或紫色;浆果球形,绿或紫褐色;种子肾形,黄色。土豆多用地下块茎繁殖,可供烧煮,作粮食或蔬菜。

选购宜忌

【宜】应选择个头结实、没有出芽、颜色单一的土豆。

【忌】不要买出芽的、皮变绿的土豆。

烹调宜忌

【宜】土豆切块,冲洗完之后要先晾干,再放到锅里炒,这样它就不会粘在锅底了。煮土豆时,先在水里加几滴醋,土豆的颜色就不会变黑了。

食用宜忌

【宜】一般人都可食用,妇女白带者、皮肤瘙痒者、急性肠炎等肠胃不适者更适合食用。

【忌】腹胀者不适宜食用土豆。

贮藏宜忌

【宜】土豆可以与苹果放在一起,因为苹果产生的乙烯会抑制土豆芽眼处的细胞产生生长素。生长素积累不到足够的浓度,自然不会发芽了。

食物搭配之宜

土豆+牛奶　提供全面营养素

土豆富含糖类和维生素,牛奶富含蛋白质和钙,两者同食,可提供人体所需的大部分营养素。

土豆+醋　分解土豆中的有毒物质

土豆营养丰富且养分平衡,但它含微量有毒物质龙葵素。若加入醋,则可以有效地分解其中的有毒物质。

土豆+豆角　预防急性肠胃炎、呕吐腹泻

土豆+牛肉　保护胃黏膜

食物搭配之忌

土豆+西红柿　导致食欲不佳、消化不良

土豆+香蕉　导致面部生斑

胡萝卜

别名

红萝卜、金笋、丁香萝卜。

性味归经

性平,味甘、涩。无毒。归心、肺、脾、胃经。

功效

胡萝卜有健脾和胃、补肝明目、清热解毒、壮阳补肾、透疹、降气止咳等功效,对于肠胃不适、便秘、夜盲症、性功能低下、麻疹、百日咳、小儿营养不良等症状有食疗作用。

胡萝卜

注解

胡萝卜是伞形科胡萝卜属二年生草本植物,以肉质根作蔬菜食用,原产亚洲西南部,阿富汗为最早演化中心,栽培历史在 2000 年以上。胡萝卜的品种很多,按色泽可分为红胡萝卜、黄胡萝卜、白胡萝卜、紫胡萝卜等数种。我国栽培最多的是红、黄两种。

选购宜忌

【宜】要选根粗大、心细小,质地脆嫩、外形完整的胡萝卜。另外,表面光泽、感觉沉重的才是好的胡萝卜。

烹调宜忌

【宜】胡萝卜素是一种脂溶性物质,消化吸收率极差,烹调时应用食油烹制。

【忌】烹制胡萝卜时最好不要放醋,否则会使胡萝卜中的胡萝卜素遭到破坏。

食用宜忌

【宜】一般人都可食用,更适宜癌症、高血压、夜盲症、干眼症、营养不良、食欲不振、皮肤粗糙者。

【忌】脾胃虚寒者,不可生食胡萝卜。

贮藏宜忌

【宜】将胡萝卜加热,放凉后用密封容器保存,冷藏可保鲜 5 天,冷冻可保鲜 2 个月左右。

食物搭配之宜

胡萝卜+包菜　有效减少癌细胞的产生

胡萝卜富含胡萝卜素,包菜含有大量的抗氧化剂,如维生素 C、维生素 E、维生素 A,能有效减少癌细胞的产生。

胡萝卜+蜂蜜　排毒,预防便秘

胡萝卜含有果胶物质,有助于人体排除有害成分,蜂蜜有润肠通便的作用,两者同食,可预防便秘。

胡萝卜+猪心　缓解神经衰弱

食物搭配之忌

胡萝卜+白萝卜　降低营养价值

白萝卜中的维生素 C 含量较高,与胡萝卜同食,会被胡萝卜中的分解酶破坏,降低营养价值。

胡萝卜+辣椒　破坏维生素 C

胡萝卜含有维生素 C 分解酶,与辣椒同食,会破坏辣椒中的维生素 C,影响人体吸收。

胡萝卜+醋　破坏胡萝卜素

胡萝卜含有大量胡萝卜素,被人体吸收后会转化为维生素 A,若加入醋,会使胡萝卜素受到破坏。

胡萝卜+酒　易导致肝病

胡萝卜与酒同食,会造成大量胡萝卜素与酒精一同进入人体,从而在肝脏中产生毒素,导致肝病。

胡萝卜+山楂　破坏维生素 C

白萝卜

别名

莱菔、罗菔。

性味归经

性凉,味辛、甘。归肺、胃经。

功效

白萝卜是地道的保健食品,能促进新陈代谢、增进食欲、化痰清热、帮助消化、化积滞,对食积胀满、痰咳失音、吐血、消渴、痢疾、头痛、排尿不利等症有食疗作用。常吃白萝卜可降低血脂、软化血管、稳定血压,还可预防冠心病、动脉硬化、胆石症等疾病。

注解

白萝卜为十字花科草本植物白萝卜的根茎,根肉质,长圆形、球形或圆锥形。白萝卜起源于欧亚温暖海岸的野萝卜,由中亚传入中国后,经过长期选育,形成大型的中国萝卜,在欧洲则被培育成小型的四季萝卜。白萝卜在中国已有2000多年的栽培历史。白萝卜价格低廉,但营养价值甚高,是普通百姓的养生食品。常言说得好:"冬吃萝卜夏吃姜,一年四季保安康。"

选购宜忌

【宜】以个体大小均匀、根形圆整、表皮光滑的白萝卜为优。

烹调宜忌

【宜】白萝卜宜于切丝、条,快速烹调。

【忌】空心的萝卜不宜选。

食用宜忌

【宜】头屑多、头皮痒、咳嗽、鼻出血者适宜食用白萝卜。

【忌】白萝卜为寒凉蔬菜,阴盛偏寒体质者、脾胃虚寒者不宜多食。胃及十二指肠溃疡、慢性胃炎、单纯甲状腺肿、先兆流产、子宫脱垂等患者少食白萝卜。

贮藏宜忌

【宜】白萝卜最好能带泥存放。如果室内温度不太高,可放在阴凉通风处。如果买到的白萝卜已清洗过,则可用报纸将其包起来放入塑胶袋中保存。

食物搭配之宜

白萝卜+羊肉、牛肉　降低胆固醇,防癌

如此搭配,能降低体内胆固醇,减少高血压和冠心病的发生,且具有防癌作用。

白萝卜+豆腐　帮助人体吸收豆腐的营养

豆腐属于植物蛋白质,多吃易消化不良,白萝卜易消化,两者同食,可帮助人体吸收豆腐的营养。

白萝卜+紫菜　清肺热,治咳嗽

白萝卜可化痰止咳,紫菜可清热化痰,两者搭配,可清肺热、治咳嗽。

食物搭配之忌

白萝卜+黑木耳　易引发皮炎

白萝卜+橘子　易诱发甲状腺肿大

白萝卜+人参　功能相抵,影响滋补作用

藕

别名

水芙蓉、莲根、藕丝菜。

性味归经

性凉（熟者偏于微温），味辛、甘。归肺、胃经。

功效

莲藕具有滋阴养血的功效，可以补五脏之虚、强壮筋骨、补血养血。生食能清热润肺、凉血行淤，熟食可健脾开胃、止泻固精。

注解

藕原产于印度，很早便传入我国。在南北朝时期，藕的种植就已相当普遍了。藕微甜而脆，可生食，也可做菜，而且药用价值也相当高。它的根叶、花须果实，无不为宝，都可滋补入药。在清咸丰年间，藕被钦定为御膳贡品。

选购宜忌

【宜】要选外皮呈黄褐色、较长、较粗壮、有清香味的藕。

【忌】藕两头不要通气，这样的藕里面不干净。

烹调宜忌

【宜】藕切片后放入烧开的水中片刻，捞出后放在清水中冲洗，可使藕不变色，还能保持爽脆。炒藕片时速度要快，爆炒几下即可出锅。

【忌】煮藕忌选铁锅、铁器。

食用宜忌

【宜】老幼妇孺、体弱多病者皆宜，特别适宜高热病人、吐血者以及高血压、肝病、食欲不振、铁性贫血、营养不良者食用。

【忌】藕性偏凉，产妇不宜过早食用；藕性寒，生吃清脆爽口，但碍脾胃。脾胃消化功能低下，大便溏泄者不宜生吃。

贮藏宜忌

【宜】要保存的藕不要用水清洗，可以糊上些泥巴，放在冷凉湿润处保存。

食物搭配之宜

藕+鳝鱼　滋阴血，健脾胃

藕和鳝鱼一起食用，能滋阴血、健脾胃，并且营养丰富，具有滋养身体的显著功效。

藕+芹菜　减肥瘦身

藕+猪肉　健胃，壮体

洋葱

别名

玉葱、葱头、洋葱头、圆葱。

性味归经

性温，味甘、微辛。归肝、脾、胃、肺经。

功效

洋葱具有散寒、健胃、发汗、祛痰、杀菌、降血脂、降血压、降血糖、抗癌之功效。

常食洋葱可以长期稳定血压、降低血管脆性、保护人体动脉血管,还能帮助防治流行性感冒。

注解

洋葱为百合科草本植物,原产于中亚,在埃及是一种古老的蔬菜,消费历史已有5000多年了。它的适口性好,具有突出的防病保健功能。洋葱含有植物广谱杀菌素,且含有挥发性硫化丙烯,能杀菌抑菌,对害虫有驱避作用,因而极少有病虫害,是一种比较洁净的绿色食物。

选购宜忌

【宜】要挑选球体完整、没有裂开或损伤、表皮完整光滑的。

烹调宜忌

【宜】切洋葱前把刀放在冷水里浸一会儿,再切洋葱就不会刺眼睛了。

食用宜忌

【宜】高血压、高血脂、动脉硬化、糖尿病、癌症、急慢性肠炎、痢疾等病症患者以及消化不良、饮食减少和胃酸不足者适宜食用。

【忌】洋葱一次不宜食用过多,容易引起目糊和发热。同时凡有皮肤瘙痒性疾病、患有眼疾以及胃病、肺胃发炎者少吃。另外洋葱辛温,热病患者应慎食。

贮藏宜忌

【宜】将洋葱放入网袋中,然后悬挂在室内阴凉通风处,或者放在有透气孔的专用陶瓷罐中保存。

食物搭配之宜

洋丛+鸡蛋　利于维生素C和维生素E的吸收

洋葱中含有丰富的维生素C,但易被氧化,鸡蛋中的维生素E可以有效防止维生素C的氧化。两者同食,可以提高人体对维生素C和维生素E的吸收率。

洋葱+火腿　防止有害物质生成

洋葱中含有丰富的维生素C,能防止火腿中的亚硝酸盐在人体内转化为亚硝酸胺。两者同食,可以防止有害物质生成,有助于人体对营养的吸收。

洋葱+大蒜　抗癌

大蒜含有大蒜素和含巯基的化合物,能从多方面阻断致癌物质亚硝胺的合成;可抗菌消炎,减少慢性炎症的癌变机会;洋葱除含有大蒜中一些相同的抗癌物质外,还含有谷胱苷肽;能与致癌物质结合,有解毒作用。两者搭配,有抗癌作用。

食物搭配之忌

洋葱+蜂蜜　伤眼睛

豌豆

别名

青豆、麻豆、寒豆。

性味归经

性平,味甘。归脾、胃经。

功效

豌豆具有和中益气、解疮毒、通乳及消肿的功效,可以增强人体的新陈代谢功能,可帮助预防心脏病及多种癌症(如结肠癌和直肠癌),能使皮肤柔腻润泽,并能抑制黑色素的形成。

注解

豌豆是一年生或二年生攀缘草本植物。豌豆起源于亚洲西部和地中海地区,后传入印度北部,经中亚细亚传至中国,汉朝开始种植。现今栽培的豌豆可分为粮用豌豆和菜用豌豆两大类型。菜用豌豆又分3类:一类是粒用豌豆,荚不宜食用;另一类是荚用豌豆;还有一类是粒荚兼用豌豆。

选购宜忌

【宜】荚果扁圆形表示正值最佳的商品成熟度。荚果正圆形表示已经过老,筋(背线)凹陷也表示过老。手握一把时咔嚓作响表示新鲜程度高。

烹调宜忌

【宜】豌豆适合与富含氨基酸的食物一起烹调,可以明显提高豌豆的营养价值。

食用宜忌

【宜】脱肛、慢性腹泻、子宫脱垂等中气不足患者宜食。哺乳期女性多吃点豌豆还可增加奶量。另外,豌豆蛋白质含量较高,是宝宝长身体的好帮手。

【忌】豌豆粒多食会腹胀,易产气,尿路结石、皮肤病和慢性胰腺炎患者不宜食用;此外,糖尿病患者、消化不良者也要慎食。

贮藏宜忌

【宜】买的青豌豆生的没吃,不要洗直接放冰箱冷藏;如果是剥出来的豌豆就适于冷冻。最好在一个月内吃完。

食物搭配之宜

豌豆+虾仁　提高营养价值

豌豆十蘑菇　道除油腻引起的食欲不佳

豌豆+面粉　提高面粉的营养价值

豌豆+红糖　健脾、通乳、利尿、补益气血

食物搭配之忌

豌豆+菠菜　影响钙的吸收

菠菜含水量有草酸,草酸与钙质结合易形成草酸钙,它会影响人体对豌豆中钙的吸收。

茄子

别名

茄瓜、白茄、紫茄、昆仑瓜、落苏矮瓜。

性味归经

味甘,性凉。归脾、胃、大肠经。

功效

茄子具有活血化瘀、清热消肿、宽肠之效,适用于肠风下血、热毒疮痈、皮肤溃疡等。茄子含黄酮类化合物,具抗氧化功能,可防止细胞癌变,同时也能降低血液中胆固醇含量,防动脉硬化,可调节血压,保护心脏。紫皮茄子对高血压、咯血、皮肤紫斑病患者益处很大。

注解

茄子颜色多为紫色或紫黑色,也有淡绿色或白色品种,形状上也有圆形,椭圆,梨形等各种。茄子是少有的紫色蔬菜,营养价值也是独一无二。它含多种维生素以及钙、磷、铁等矿物质元素。特别是茄子皮中含较多的维生素 P,其主要成分是芸香甙及儿茶素、橙皮甙等,吃茄子建议不要去皮。

选购宜忌

【宜】茄子以果形均匀周正、老嫩适度、无裂口、腐烂、锈皮、斑点。皮薄、子少、肉厚、细嫩的为佳品。

烹调宜忌

【宜】茄子切成块或片后,由于氧化作用会很快由白变褐。如果将切成块的茄子立即放入水中浸泡起来,待做菜时再捞起滤干,就可避免茄子变色。

食用宜忌

【宜】茄子适宜发热、咯血、便秘、高血压、动脉硬化、坏血病、眼底出血、皮肤紫斑症等容易内出血的人食用。

【忌】凡是虚寒腹泻、皮肤疮疡、目疾患者以及孕妇忌食。

贮藏宜忌

【宜】茄子的表皮覆盖着一层蜡质,它不仅使茄子发出光泽,而且具有保护茄子的作用,一旦蜡质层被冲刷掉或受机械损害,就容易受微生物侵害而腐烂变质。

【忌】要保存的茄子绝对不能用水冲洗。还要防雨淋,防磕碰,防受热,并存放在阴凉通风处。

食物搭配之宜

茄子+鸡蛋　降低胆固醇的吸收

鸡蛋含有较多的胆固醇,而茄子中含有大量皂草苷,它具有降低胆固醇的作用。两者同食,有利于人体吸收鸡蛋的营养,还能降低胆固醇的吸收率。

茄子+火腿　营养健康

茄子纤维中所含的皂甙,具有降低胆固醇的功效。火腿内含丰富的蛋白质和适度的脂肪,十多种氨基酸、多种维生素和矿物质。

茄子+猪肉　　降低胆固醇的吸收

猪肉中的胆固醇含量较高,茄子的纤维中含有皂草苷,可以降低胆固醇;两者搭配,营养价值更高,可以降低胆固醇的吸收率。

茄子+鳗鱼　　降低胆固醇的吸收

鳗鱼中胆固醇的含量较高,茄子中所含的皂草苷可降低人体内胆固醇的含量。两者同食,有利于健康。

食物搭配之忌

茄子+螃蟹　　伤损肠胃

螃蟹肉性味咸寒,茄子甘寒滑利,两者的食物药性同属寒性,食用有损肠胃,常常会导致腹泻,特别是脾胃虚寒的人更忌同食。

茄子+黑鱼　　肚子痛

青椒

别名

甜椒、大椒、菜椒、灯笼椒、柿子椒。

性味归经

性热,味辛。归心、脾经。

功效

青椒具有温中下气、散寒除湿之功效,能增强人的体力,缓解因工作、生活压力造成的疲劳。其特有的味道和所含的辣椒素有刺激唾液和胃液分泌的作用,能增进食欲,帮助消化,促进肠蠕动,防止便秘。它还可以防治坏血病,对牙龈出血、贫血、血管脆弱有辅助治疗作用。另外,青椒对减少皮肤皱纹、维持皮肤弹性和保持皮肤丰润都有一定效果。

注解

青椒为一年生或多年生草本植物,特点是果实较大,辣味较淡甚至根本不辣,作蔬菜食用而不作为调味料。由于它翠绿鲜艳,新培育出来的品种还有红、黄、紫等多种颜色,因此不但能自成一菜,还被广泛用于配菜。

选购宜忌

【宜】青椒应选择成熟度适宜、果肉肥厚、果形一致、大小均匀和无腐烂、虫蛀、病斑的。

烹调宜忌

【宜】青椒独特的造型与生长姿势,是喷洒过的农药都积累在其凹陷的果蒂上,因此清洗时应先去蒂。

【忌】青椒中含有丰富的维生素 C,而维生素 C 不耐热,易被破坏,在铜器中更是如此,所以避免使用铜质餐具。

食用宜忌

·养生保健·

图文珍藏版

【宜】食欲不佳、伤风感冒、风湿性疾病患者可多食。

【忌】眼疾患者、食管炎、胃肠炎、胃溃疡、痔疮患者应少吃或忌食；同时有火热病症或阴虚火旺，高血压，肺结核病的人慎食。

贮藏宜忌

【宜】用蜡烛熔化出一些蜡烛油，把每只青椒的蒂柄都在蜡烛油中蘸一下，凉后装进保鲜袋中，封严袋口，放在10℃的环境中，可贮存2~3个月。

食物搭配之宜

青椒+谷类　可防止维生素C被氧化

青椒富含维生素C，与谷类同食，谷类中所含的维生素E可以防止维生素C被氧化，有利于人体吸收营养。

青椒+鸡蛋　有利于维生素的吸收

青椒含丰富的维生素C，但易被氧化；鸡蛋中所含的维生素E可以防止维生素C被氧化。两者同食，有利于维生素的吸收和利用。

青椒+猪肝　补血

猪肝中铁元素的含量高，青椒中的维生素C可促进人体对铁的吸收。两者搭配，补血效果更强。

青椒+苦瓜　健美、抗衰

青椒+豆豉　祛风健胃、补充维生素C

食物搭配之忌

青椒+黄瓜　破坏维生素

西红柿

别名

蕃茄、番李子、洋柿子、毛蜡果。

性味归经

性凉，微寒，味甘、酸。归肝、胃肺经。

功效

西红柿具有止血、降压、利尿、健胃消食、生津止渴、清热解毒、凉血平肝的功效。可以预防宫颈癌、膀胱癌和胰腺癌等疾病。另外，还能美容和治愈口疮（可含些西红柿汁，使其接触疮面，每次数分钟，每日数次，效果显著）。

注解

西红柿为茄科植物西红柿的果实，原产南美洲的秘鲁、厄瓜多尔等地。后传至墨西哥，演化为栽培种，16世纪中叶，由西班牙、葡萄牙商人从中南美洲带到欧洲，再由欧洲传至世界各地。相传16世纪英国公爵旅游时将其带到亚洲传入中国。西红柿果实营养丰富，具特殊风味。可以生食、煮食、加工制成西红柿酱、汁或整果罐藏。

选购宜忌

【宜】选西红柿要选颜色粉红,表皮有白色的小点点的,而且蒂的部位一定要圆润,如果蒂部再带着淡淡的青色,就是最沙最甜的了。

【忌】挑选西红柿时,不要挑选有棱角的那种,也不要挑选拿着感觉分量很轻的,都是催红剂作的怪。

烹调宜忌

【宜】剥西红柿皮时把开水浇在西红柿上,或者把西红柿放入开水里焯一下,西红柿的皮就能很容易地被剥掉了。

【忌】因西红柿红素遇光、热和氧气容易分解,失去保健作用。因此,烹调时应避免长时间高温加热。

食用宜忌

【宜】适宜于热性病发热、口渴、食欲不振、习惯性牙龈出血、贫血、头晕、心悸、高血压、急慢性肝炎、急慢性肾炎、夜盲症和近视眼者食用。

【忌】急性肠炎、菌痢及溃疡活动期病人不宜食用。

贮藏宜忌

【宜】把青西红柿放入扎紧口的食品袋中,放在阴凉通风处,每隔一天打开口袋透透气,擦干水珠后再扎紧,几天后就可随吃随取了。

食物搭配之宜

西红柿+芹菜　降压、健胃消食

芹菜含有丰富的膳食纤维,有明显的降压作用,西红柿可健胃消食,对高血压、高血脂患者尤为适用。

面红柿+鸡蛋　有利于吸收营养

西红柿+菜花　抗癌

食物搭配之忌

西红柿+黄瓜　破坏维生素C

西红柿含有大量的维生素C,而黄瓜中含有多量的维生素C分解酶,同吃会使西红柿中的维生素C被破坏掉。

面红柿+南瓜　破坏维生素C

南瓜含维生素C分解酶,所以不宜同富含维生素C的蔬菜、水果同时吃。

西红柿+胡萝卜　破坏维生素C

胡萝卜中所含的分解酵素会破坏西红柿中的维生素C成分。

西红柿+猪肝　破坏维生素C

猪肝中含有的铜、铁能使维生素C氧化为脱氢抗坏血酸而失去原来的功能。

面红柿+鱼肉　抑制铜的释放量

面红柿+绿豆　伤元气

菜花

别名

花菜、花椰菜、球花甘蓝。

性味归经

性凉,味甘。归胃、肝、肺经。

功效

菜花有爽喉、开音、润肺、止咳的功效。菜花是含有类黄酮最多的食物之一,可以防止感染,阻止胆固醇氧化,防止血小板凝结成块,从而减少心脏病与中风的危险。常吃菜花还可以增强肝脏的解毒能力,提高机体的免疫力。

注解

菜花指油菜所开的黄色花;属十字花科,是甘蓝的变种,花茎可食,原产地中海沿岸,其产品器官为洁白、短缩、肥嫩的花蕾、花枝、花轴等聚合而成的花球,是一种粗纤维含量少、品质鲜嫩、营养丰富、风味鲜美的蔬菜。

选购宜忌

【宜】以花球周边未散开,无异味、无毛花的为佳。

【忌】正常的菜花花球洁白微黄,不要选用颜色芜杂的菜花。

烹调宜忌

【宜】菜花虽然营养丰富,但常有残留的农药,还容易生菜虫,所以在吃之前,可将菜花放在盐水里浸泡几分钟,菜虫就跑出来了,还可有助于去除残留农药。菜花焯水后,应放入凉开水内过凉,捞出沥净水再用。

【忌】烧煮和加盐时间不宜过长,否则会丧失或破坏防癌抗癌的营养成分。

食用宜忌

【宜】天气炎热,口干口渴,消化不良,食欲不振,大便干结者宜食;癌症患者宜食;肥胖者宜、少年儿童也宜食用。

【忌】尿路结石者不宜吃花椰菜。

贮藏宜忌

【忌】菜花最好即买即吃,即使温度适宜,也尽量避免存放 3 天以上。

食物搭配之宜

菜花+牛肉　帮助吸收维生素

菜花中含有大量叶酸,有利于人体更好地吸收牛肉中所含的维生素 B_{12},对身体更有好处。

菜花+猪肝　影响人体对微量元素的吸收

菜花+笋瓜　破坏维生素 C 的吸收

菜花+西红柿　降血压、止头疼、解毒消肿

食物搭配之忌

菜花+猪肝　降低人体对两物中营养元素的吸收

菜花+牛奶　影响钙的吸收

黄花菜

别名

金针菜、萱草、川草、丹棘、鹿葱花、宜男花、安神菜。

性味归经

性微寒,味甘。归心、肝经。

功效

黄花菜具有清热解毒、止血、止渴生津、利尿通乳、解酒毒的功效,对口干舌燥、大便带血、小便不利、吐血、鼻出血、便秘等有食疗作用。还可用于肺结核等症。

注解

黄花菜系多年生草本植物,是百合科萱草属的黄花菜、北黄花菜、小黄花菜3个植物种及它们之间的杂交种花蕾的干制品。其花瓣金黄、肉质肥美,香味浓郁,食之清香、鲜嫩,口感爽滑如同木耳、草菇,在中国栽培历史悠久,自古被视作"席上珍品"。

黄花菜

选购宜忌

【宜】黄花菜应选黄中带褐黑色的,色泽金黄或白色的有毒;也可以尝一下,甘甜的为优,有浓酸味的有毒。

烹调宜忌

【宜】由于鲜黄花菜的有毒成分在高温60度时可减弱或消失,因此食用时,应先将鲜黄花菜用开水焯过,再用清水浸泡2个小时以上,捞出用水洗净后再进行炒食。

食用宜忌

【宜】适宜于情志不畅、心情抑郁、气闷不舒、神经衰弱、健忘失眠者;气血亏损、体质虚弱、心慌气短、阳痿早泄者、各种出血病人;妇女产后体弱缺乳、月经不调者。

【忌】新鲜黄花菜不宜食用,因为刚采摘的鲜黄花菜中含有秋水仙碱,带一定毒性。皮肤瘙痒症、支气管哮喘患者当忌食。

贮藏宜忌

【宜】新鲜的黄花菜放到太阳下晒干后,可以长期保存。

食物搭配之宜

黄花菜+鸡蛋	清热解毒、滋阴润肺、止血消炎
黄花菜+鸡肉	健胃、补肾、益气、利尿
黄花菜+鳝鱼	通血脉、利筋骨、去烦闷
黄花菜+猪肉	提供丰富的营养成分
黄花菜+粉条	健胃

食物搭配之忌

黄花菜+驴肉	引发中毒

大头菜

别名

蔓菁、诸葛菜、大头菜、圆菜头、圆根、盘菜。

性味归经

性平,味辛、甘。无毒。归脾、胃经。

功效

大头菜具有解毒防癌、增进食欲、帮助消化、温脾暖胃之功效;可促进结肠蠕动,缩短粪便在结肠中的停留时间,防止便秘;还能抗感染和预防疾病的发生,抑制细菌毒素的毒性,促进伤口愈合,能利尿除湿,促进机体水和电解质平衡。

注解

大头菜为十字花科植物芜菁的块根,是芥菜的一个变种,为根用芥菜,根如圆萝卜。传说大头菜是诸葛先生首创的。大头菜质地紧密,水分少,膳食纤维多,有强烈的芥辣味并稍带苦味。供炒食、煮食或腌渍。

选购宜忌

【宜】要挑选表皮新鲜翠绿、没有变黄者,球茎表皮最好有雾白色的果粉的。

烹调宜忌

【忌】大头菜不宜烧得过烂,否则鲜味全无,且易诱发高血压。

食用宜忌

【宜】老少皆宜,鲜食每次 50~80 克,腌制品每次 10 克左右。

【忌】高血压、血管硬化的患者应注意少食腌制大头菜以限制盐的摄入。

贮藏宜忌

【宜】如果要整棵保存,就利用阳光或者干燥箱使大头菜外层适当脱水,然后冷藏。如果是以菜叶的形式保存,就要蒸熟后真空包装保存。

食物搭配之忌

大头菜+鲫鱼	易生水肿

西葫芦

别名

荽瓜、白瓜、番瓜、瓢子、美洲南瓜。

性味归经

性寒，味甘。归肺、胃、肾经。

功效

西葫芦具有除烦止渴、润肺止咳、清热利尿、消肿散结的功效。对烦渴、糖尿病、水肿腹胀、疮毒以及肾炎、肝硬化腹水等症具有辅助治疗的作用，还能增强免疫力，发挥抗病毒和肿瘤的作用。

注解

西葫芦夜开花，果实长圆形，绿白花，是南瓜的一种变种。西葫芦原产北美洲南部，19世纪中叶中国开始栽培，在世界各地均有分布，欧洲、美洲最为普遍。西兰花形状有圆筒形、椭圆形和长圆柱形等多种。

选购宜忌

【宜】选购西葫芦时，要看它的颜色是否为鲜绿，瓜体要均匀周正，表面应光滑无疙瘩，没有损伤和溃烂。

烹调宜忌

【宜】炒西葫芦片时，放入炒锅后，立即淋几滴醋，再加一点西红柿酱，可使西葫芦片脆嫩爽口。

【忌】烹调时不宜煮得太烂，以免营养损失。

食用宜忌

【宜】西葫芦营养丰富，含钠盐较低，糖尿病患者可以多食、常食。

【忌】不宜生吃；脾胃虚寒的人应少吃。

贮藏宜忌

【宜】把西葫芦放在屋内阴凉通风处，不要沾水，也不要随意移动和磕碰，这样可以多保存一段时间。

食物搭配之忌

西葫芦＋西红柿　破坏营养

黄瓜

别名

胡瓜、青瓜。

性味归经

性凉，味甘。有小毒。归肺、胃、大肠经。

功效

黄瓜具有除湿、利尿、降脂、镇痛、促消化之功效。尤其是黄瓜中所含的纤维素能促进肠内腐败食物排泄,而所含的丙醇、乙醇和丙醇二酸还能抑制糖类物质转化为脂肪,对肥胖者和高血压、高血脂患者有利。

注解

黄瓜原产于喜马拉雅山南麓的热带雨林地区,最初为野生,瓜带黑刺,味道非常苦,不能食用,后经长期的栽培、改良,才成为现在脆甜可口的黄瓜。中国各地普遍栽培,初春育苗后移栽,或春季、夏季直接播种,也可温室栽培。黄瓜食用部分为幼嫩子房。果实颜色呈油绿或翠绿。鲜嫩的黄瓜顶花带刺,果肉脆甜多汁,具有清香口味。

选购宜忌

【宜】选购黄瓜,色泽应亮丽,若外表有刺状凸起,而且黄瓜头上顶着新鲜黄花的为最好。若手摸发软,底端变黄,则黄瓜籽多粒大,已经不是新鲜的黄瓜了。

烹调宜忌

【忌】黄瓜尾部含有较多的苦味素,苦味素有抗癌的作用,所以不宜把黄瓜尾部全部丢掉。

食用宜忌

【宜】适宜热病患者、肥胖、高血压、高血脂、水肿、癌症、嗜酒者多食。黄瓜还是糖尿病人首选的食品之一。

【忌】脾胃虚弱、腹痛腹泻、肺寒咳嗽者都应少吃,因黄瓜性凉,胃寒患者食之易致腹痛泄泻。

贮藏宜忌

【宜】保存黄瓜要先将它表面的水分擦干,再放入密封保鲜袋中,封好袋口后冷藏即可。

食物搭配之宜

黄瓜+木耳　排毒、减肥

黄瓜搭配木耳,排毒、减肥功能好:黄瓜中的丙醇二酸能克制使用菌毛木耳体内糖分转化为脂肪,从而到达减肥的功能。而木耳富含多种养分成分,被誉为"素中之荤"。

黄瓜+蜂蜜　润肠通便

黄瓜含有细纤维素,可促进肠道中腐败食物的排泄;蜂蜜具有良好的润肠作用,两者同食。可以消食通便。

食物搭配之忌

黄瓜+西红柿　破坏维生素 C

西红柿中含有丰富的维生素 C,而黄瓜中的分解酶会破坏维生素 C,若两者同食,不利于对维生素 C 的吸收。

黄瓜+花生　腹泻

黄瓜属寒性食物,花生中含油脂较多,寒性食物与油脂相互作用,易引起腹泻。

黄瓜+菠菜　破坏维生素C

黄瓜+辣椒　破坏维生素C

黄瓜+菜花　破坏维生素C

黄瓜+小白菜　破坏维生素C

黄瓜+柑橘　破坏维生素C

冬瓜

别名

白瓜、白冬瓜、枕瓜。

性味归经

性凉,味甘、淡。归肺、大肠、小肠、膀胱经。

功效

冬瓜具有清热解毒、利水消肿、减肥美容的功效;能减少体内脂肪,有利于减肥。常吃冬瓜,还可以使皮肤光洁;另外对慢性支气管炎、肠炎、肺炎等感染性疾病有一定的治疗效果。

注解

冬瓜为葫芦科草本植物冬瓜的果实。其形状如枕,原产于中国。冬瓜很早就被人们种植食用。在《神农本草经》中就有关于冬瓜的记载,称之为"水芝"。冬瓜皮、肉、籽、瓤都有药用价值。冬瓜多为春种秋收,秋冬上市,南方多在5月上市,是夏秋季节的主要蔬菜。

选购宜忌

【宜】挑选时用指甲掐一下,皮较硬,肉质致密,种子已成熟变成黄褐色的冬瓜口感好。

烹调宜忌

【宜】冬瓜是一种解热利尿比较理想的日常食物,连皮一起煮汤。效果更明显。

食用宜忌

【宜】夏天气候炎热,心烦气躁,闷热不舒服时宜食;热病口干烦渴,小便不利者宜食。

【忌】冬瓜性寒凉,脾胃虚弱、肾脏虚寒、久病滑泄、阳虚肢冷者忌食。

贮藏宜忌

【宜】冬瓜喜温耐热,可放在通风处保存。

食物搭配之宜

冬瓜+火腿　营养丰富、治疗小便不爽

冬瓜和火腿一起食用,不仅能提供丰富的蛋白质、脂肪、维生素C和钙、磷、钾、锌微量元素,对小便不爽还有疗效。

·养生保健·

图文珍藏版

冬瓜＋甲鱼　润肤健肤、明目、减肥

冬瓜和甲鱼一起吃，可以生津止渴、除湿利尿、散热解毒，多吃还有助于减肥。

冬瓜＋鸡肉　清热利尿、消肿轻身

冬瓜＋鸭肉　清热降火

冬瓜＋口蘑　利小便、降血压

食物搭配之忌

冬瓜＋鲫鱼　使身体脱水

冬瓜＋滋补药　会降低滋补效果

苦瓜

别名

凉瓜、癞瓜。

性味归经

性寒，味苦。归脾、胃、心、肝经。

功效

苦瓜有清暑除烦、清热消暑、解毒、明目、降低血糖、补肾健脾、益气壮阳、提高机体免疫力的功效。对治疗痢疾、疮肿、热病烦渴、痱子过多、眼结膜炎、小便短赤等病有一定的食疗作用。此外，还有助于加速伤口愈合，多食有助于皮肤细嫩柔滑。

注解

苦瓜为葫芦科，苦瓜属一年生攀援草本苦瓜的果实。花小，单性，雌雄同株，黄色。长不超过2米。果实纺锤形，有瘤状凸起，成熟时橙黄色，味苦，瓤鲜红色，味甜。中国各地均有栽培。

选购宜忌

【宜】苦瓜身上一粒一粒的果瘤，是判断苦瓜好坏的特征。颗粒愈大愈饱满，表示瓜肉愈厚；颗粒愈小，瓜肉相对较薄。选苦瓜除了要挑果瘤大、果行直立的，还要洁白漂亮。

【忌】如果苦瓜出现黄化，就代表已经过熟，果肉柔软不够脆，失去苦瓜应有的口感。

烹调宜忌

【宜】切好的苦瓜放入开水中汆一下，或放在无油的热锅中干煸一会，或用盐腌一下，都可减轻它的苦味。

食用宜忌

【宜】适宜糖尿病、癌症、痱子患者。

【忌】苦瓜性凉，脾胃虚寒者不宜食用。孕妇也不宜吃苦瓜。

贮藏宜忌

【忌】苦瓜不耐保存，即使在冰箱中存放也不宜超过 2 天。

食物搭配之宜

苦瓜+茄子　清心明目、益气壮阳、延缓衰老

苦瓜和茄子一起吃，会解除疲劳，清心明目，益气壮阳，延缓衰老，也是心血管疾病患者的理想蔬菜。

苦瓜+洋葱　提高免疫力

苦瓜中含有奎宁，可以解热，不含有生理活性物质，能驱使免疫细胞消灭癌细胞；洋葱含有谷胱苷肽，能与致癌物质结合，具有解毒作用。两者搭配，可有效提高机体的免疫功能，有益健康。

苦瓜+猪肝　清热解毒、补肝明目

苦瓜和猪肝一起食用，可为人体提供丰富的营养成分，有清热解毒、补肝明目之效，常食用有利于防癌。

苦瓜+瘦肉　提高人体对铁元素的吸收

苦瓜富含维生素 C，可以促进人体对铁的吸收利用瘦肉中含有较多的铁元素，若与苦瓜搭配食用，可提高人体对铁元素的吸收利用率。

苦瓜+青椒　健美、抗衰老

食物搭配之忌

苦瓜+滋补药　会降低滋补效果

苦瓜中的草酸含量较高，易与排骨中的钙生成草酸钙，妨碍人体对钙的吸收。

苦瓜+排骨　妨碍钙的吸收

丝瓜

别名

布瓜、绵瓜、絮瓜、天丝瓜、天吊瓜、倒阳菜。

性味归经

性凉，味甘。归肝、胃经。

功效

丝瓜有清暑凉血、解毒通便、祛风化痰、润肌美容、通经络、行血脉、下乳汁、凋理月经不顺等功效，还能用于治疗热病身热烦渴、痰喘咳嗽、肠风痔漏、崩漏、带下、血淋、疔疮痈肿、妇女乳汁不下等病症。

注解

丝瓜为葫芦科攀援草本植物，原产于印度尼西亚，大约在唐宋时期传入中国。丝瓜中所含各类营养在瓜类食物中较高，所含皂甙类物质、丝瓜苦味质、黏液质、木胶、瓜氨酸、木聚糖和干扰素等特殊物质具有一定的特殊作用。

选购宜忌

【宜】应选择鲜嫩、结实和光亮，皮色为嫩绿或淡绿色者，果肉顶端比较饱满，

无臃肿感。

【忌】若皮色枯黄或瓜皮干皱、或瓜体肿大且局部有斑点和凹陷,则该瓜过熟而不能食用。

烹调宜忌

【宜】丝瓜易发黑是容易被氧化,减少发黑要快切快炒,也可以在削皮后用水淘一下,用盐水过一过,或者是用开水焯一下。

食用宜忌

【宜】月经不调者,身体疲乏、痰喘咳嗽、产后乳汁不通的妇女适宜多吃丝瓜。

【忌】体虚内寒、腹泻者不宜多食。

贮藏宜忌

【忌】丝瓜不宜久藏,可先切去蒂头再用纸包起来冷藏,切去蒂头可以延缓老化,包报纸可避免水分流失,但最好在2~3天内吃完。

食物搭配之宜

丝瓜+香菇　清热解毒

丝瓜清热消暑,香菇解毒消暑,两者合用,疗效更佳

丝瓜+鸡蛋　润肺、补肾、美肤

丝瓜和鸡蛋同吃,可以滋阴、补肾,使肌肤润泽健美,常吃对人体健康极为有利。

丝瓜+毛豆　清热祛痰,防止便秘、口臭和周身骨痛

丝瓜与毛豆一起食用,可以清热祛痰,防止便秘、口臭和周身骨痛,并能促进乳汁分泌。

丝瓜+菊花　清热消暑,祛火解毒。

丝瓜含有大量的维生素、矿物质、植物黏液、木糖胶,可以清暑解毒;菊花可以清热祛火,两者同食,可清热消暑,祛火解毒。

丝瓜+虾米　润肺、补肾、美肤

食物搭配之忌

丝瓜+白萝卜　伤元气

两者同食伤元气,会导致刚痿、早泄、糖尿病。

南瓜

别名

麦瓜、番瓜、倭瓜、金冬瓜:

性味归经

性温,味甘。归脾、胃经。

功效

南瓜具有润肺益气、化痰、消炎止痛、降低血糖、驱虫解毒、止喘、美容等功效。

可减少粪便中毒素对人体的危害,防止结肠癌的发生,对高血压及肝脏的一些病变也有预防和治疗有一定食疗作用。另外,南瓜胡萝卜素含量较高,可保护眼睛。

注解

南瓜为葫芦科南瓜属一年生草本植物。起源于美洲,2000 年前已有栽培。现广泛分布于全世界和中国各地。南瓜嫩果味甘适口,是夏秋季节的瓜菜之一。老瓜可作饲料或杂粮,所以有很多地方又称为饭瓜。在西方南瓜常用来做成南瓜派,即南瓜甜饼。南瓜瓜子可以做零食。

选购宜忌

【宜】挑选外形完整,并且最好是瓜梗蒂连着瓜身,这样的南瓜说明新鲜。也可用手掐一下南瓜皮,如果表皮坚硬不留痕迹,说明南瓜老熟,这样的南瓜较甜。另外,同等大小的情况下,分量较重的那个更好。

烹调宜忌

【宜】南瓜所含的类胡萝卜素耐高温,加油脂烹炒,更有助于人体摄取吸收。

食用宜忌

【宜】糖尿病、前列腺肥大、动脉硬化、胃黏膜溃疡、脾胃虚弱、营养不良、肋间神经痛、痢疾、蛔虫病、下肢溃疡、烫灼伤等症患者宜食;肥胖者和中老年人便秘者适宜吃。

【忌】有脚气、黄疸、时病疳症、下痢胀满、产后痧痘、气滞湿阻病症患者忌食。

贮藏宜忌

【宜】南瓜买回家后,将南瓜放入阴凉干燥通风的角落,可保存 1-2 个月;若是切开后,可将南瓜子去掉,用保鲜袋装好后放入冰箱冷藏保存。

食物搭配之宜

南瓜+猪肉　保健、预防糖尿病

南瓜+绿豆　保健作用

南瓜+莲子　通便、排毒、减肥

食物搭配之忌

南瓜+羊肉　发生黄痘和脚气

南瓜不可与羊肉同食,否则易发生黄疸和脚气

南瓜+辣椒　会破坏辣椒中的维生素 C

南瓜+黄瓜、西红柿等　影响维生素的吸收

南瓜+鹿肉　会导致死亡

南瓜+螃蟹、鳝鱼、带鱼　易中毒

南瓜+虾　易导致痢疾

南瓜+海鱼　易中毒

萝卜叶

别名

莱菔叶、萝卜缨、枯萝卜。

性味归经

性温,味甘。归脾、胃二经。

功效

萝卜叶具有消食、理气、化痰、止咳、清肺利咽、散瘀消肿的功效。对食积气滞、脘腹痞满、吐酸、呃逆、泄泻、痢疾、咽喉肿痛、咳痰、音哑、妇女乳房肿痛、乳汁不通、外治损伤瘀肿等症有食疗作用。

注解

萝卜叶为十字花科植物莱菔的根出叶。植物形态像萝卜条,冬季或早春采收。风干或晒干,用现代冷冻干燥技术可让其营养保持最好。

烹调宜忌

【宜】烹饪萝卜叶非常简单,只需把它们清洗干净,除去中心的茎,然后用这些营养丰富的叶子替代菠菜放入素面条中。

食用宜忌

【宜】萝卜叶适宜饮食过饱、胸膈痞满作呃、食积不消化的人食用,妇人乳肿或产后乳汁不通者和中暑发痧、腹痛腹泻、急性胃肠炎患者也宜食用。

【忌】体质虚弱、气血不足者不宜食用。在服用人参、西洋参之时忌食。

贮藏宜忌

【直】将鲜萝卜叶(除去老黄叶和病虫害叶)整根分包或分箱在冰箱或冷库冷冻。使用时解冻,清水浸泡2小时即可使用。

红薯

别名

番薯、甘薯、山芋、红苕、白薯、金薯、甜薯。

性味归经

性平,生微凉,味甘。归脾、胃经。

功效

红薯能供给人体大量的黏液蛋白、糖、维生素A和维生素C,因此具有补虚乏、益气力、健脾胃、强肾阴以及和胃、暖胃、益肺等功效。常吃红薯能防止肝脏和肾脏中结缔组织萎缩。预防胶原病的发生。

注解

红薯为常见的多年生双子叶植物,草本,其蔓细长。茎匍匐地面。块根,无氧呼吸产生乳酸,皮色发白或发红,肉大多为黄白色,但也有紫色,除供食用外,还可以制糖和酿酒、制酒精。

选购宜忌

【直】优先挑选纺锤形状的、表面看起来光滑、闻起来没有霉味的红薯。

烹调宜忌

【忌】红薯一定要蒸熟煮透,因为红薯中淀粉的细胞膜不经高温破坏,难以消化,而且红薯中的气化酶不经高温破坏,吃后会产生不适感。

食用宜忌

【宜】一般人都可食用,每次1个(约150克)。

【忌】红薯在胃中产生酸,所以胃及十二指肠溃疡及胃酸过多的患者不宜食用。红薯的加工食品不宜过多食用,因其制作过程会加入明矾,若过多食用会导致铝在体内蓄积,不利健康。

贮藏宜忌

【宜】买回的红薯最好放在太阳下晒几小时,然后放在透气的木板箱内保存。

食物搭配之忌

红薯+柿子　可使肠胃出血或造成胃溃疡

红薯和柿子不宜在短时间内同时食用。如果同时食用,红薯中的糖分在胃内发酵,会使胃酸分泌增多,和柿子中的鞣质、果胶反应发生沉淀凝聚,产生硬块,量多严重时可使肠胃出血或造成胃溃疡。

红薯+鸡蛋　不消化,易腹痛

鸡蛋和红薯都是不容易消化的食物,一起食用更加不易消化,极易造成腹痛。

红薯+面红柿　会得结石、腹泻

西红柿与红薯同食会得结石病、呕吐、腹痛、腹泻。

芋头

别名

青芋、芋艿。

性味归经

性平,味甘、辛。有小毒。归肠、胃经。

功效

芋头具有益胃、宽肠、通便、解毒、补中益肝肾、消肿止痛、益胃健脾、散结、调节中气、化痰、添精益髓等功效,对肿块、痰核、瘰疬、便秘等症有食疗作用。

注解

芋头是天南星科植物多年生草本芋的地下块茎,原产我国和印度、马来西亚等热带地区。芋头口感细软,绵甜香糯,营养价值近似于土豆,又不含龙葵素,是一种很好的碱性食物。它既可作为主食蒸熟蘸糖食用,又可用来制作菜肴、点心。在广东等地方,中秋节吃芋头是源远流长的一项习俗。

选购宜忌

【宜】选购芋头时应选择体型匀称、结实、没有斑点的。拿起来重量轻的芋头就表示水分少,切开来肉质细白的,就表示质地松,这就是上品。

烹调宜忌

【宜】芋头削皮之后,如果没有立刻烹饪,宜浸泡于水中。

【忌】烹调芋头时一定要煮熟,否则其中的黏液会刺激咽喉。

食用宜忌

【宜】特别适合身体虚弱者食用。

【忌】有痰者、过敏性体质者、食滞小儿、胃纳欠佳及糖尿病患者应少食,食滞胃痛、肠胃湿热者忌食。

贮藏宜忌

【直】宜将芋头放置在干燥阴凉、通风的地方。

【忌】芋头不耐低温,故鲜芋头一定不能放入冰箱。

食物搭配之忌

芋头+香蕉　腹胀

海带

别名

昆布、江白菜。

性味归经

性寒,味咸。归肝、胃、肾三经。

功效

海带能化痰、软坚、清热、降血压、防治夜盲症、维持甲状腺正常功能。海带还有抑制癌症作用,特别是能够抑制乳腺癌的发生。另外,海带没有热量,对于预防肥胖症颇有益。

注解

海带是褐藻的一种,生长在海底的岩石上,形状像带子,含有大量的碘质,可用来提制碘、钾等。藻体褐色,长带状,革质,一般长 2~6 米,宽 20~30 厘米。藻体明显地区分为固着器、柄部和叶片。固着器假根状,柄部粗短圆柱形,柄上部为宽大长带状的叶片。在叶片的中央有两条平行的浅沟,中间为中带部,厚 2~s 毫米,中带部两缘较薄有波状皱褶。

选购宜忌

质厚实、形状宽长、身干燥、色浓黑褐或深绿、边缘无碎裂或黄化现象的,才是优质海带。

烹调宜忌

【忌】食用前,应当先洗净之后,再浸泡,然后将浸泡的水和海带一起下锅做汤食用。这样可避免溶于水中的甘露醇和某些维生素被丢弃不用,从而保存了海带中的有效成分。

食用宜忌

【宜】适宜缺碘、甲状腺肿大、高血压、高血脂、冠心病、糖尿病、动脉硬化、骨质疏松、营养不良性贫血以及头发稀疏者可多食;精力不足、缺碘人群、气血不足及肝硬化腹水和神经衰弱者尤宜食用。

【忌】脾胃虚寒的人慎食,脾胃虚寒者、甲亢中碘过盛型的病人要忌食;孕妇与乳母不可过量食用海带。

贮藏宜忌

【忌】从市场上买到的多是整把的干海带。如果将干海带用剪刀剪成半尺左右的段,用水冲掉海带表面的杂质,再用淘米水泡上,待海带充分泡开后,再重新洗净,放高压锅煮30分钟,放凉后切成宽细不等的条,分装在保鲜袋中放冰箱里冷冻起来。这样用的时候就取出一条来,很方便。

食物搭配之宜

海带+冬瓜　　益气、利尿、降脂

海带+排骨　　祛湿止痒

海带+木耳　　降压通便

海带+虾、豆腐　　补钙补碘、促进营养吸收

食物搭配之忌

海带+柿子　　肠胃不适

海带+猪血　　引起便秘

紫菜

别名

紫英、索菜、灯塔菜。

性味归经

性寒,味甘、咸。归肺经。

功效

紫菜具有化痰软坚、清热利水、补肾养心的功效,对甲状腺肿、水肿、慢性支气管炎、咳嗽、脚气、高血压等病症具有食疗作用。

注解

紫菜,是在海中互生藻类的统称。紫菜属海产红藻。叶状体由包埋于薄层胶质中的一层细胞组成,深褐、红色或紫色。紫菜也分叶、叶柄和固着器三部分,不同种类的叶片形状、大小不同。坛紫菜的叶状体呈长叶片状,基部宽大,梢部渐尖,叶薄似膜,边缘有少许皱褶;自然生长的紫菜长30~40厘米,宽3~5厘米;养殖得好的叶长可达1~2米。加工后的紫菜均呈深紫色,富光泽。

选购宜忌

【宜】以色泽紫红、无泥沙杂质、干燥为佳。

烹调宜忌

【宜】一般人多用紫菜沏汤,其实紫菜的吃法还有很多,如凉拌、炒食、制馅、炸丸子、脆爆,作为配菜或主菜与鸡蛋、肉类、冬菇,豌豆尖和胡萝卜等搭配做菜等等。

【忌】食用前用清水泡发,并换 1~2 次水以清除污染、毒素。

食用宜忌

【宜】尤其适合甲状腺肿大、水肿、慢性支气管炎、咳嗽、瘿瘤、淋病、脚气、高血压、肺病初期、心血管病和各类肿块、增生的患者更宜食用。

【忌】不宜多食;消化功能不好、素体脾虚者少食,可致腹泻;腹痛便溏者禁食;乳腺小叶增生以及各类肿瘤患者食用;脾胃虚寒者切勿食用。

贮藏宜忌

【宜】存放于干燥处即可。

食物搭配之宜

紫菜+萝卜　化痰止咳、顺气消食

紫菜+鸡蛋　补心食疗

食物搭配之忌

紫菜+柿子　生成不溶性化合物

紫菜是富含钙离子的食物,与含鞣酸过多的柿子同食会生成不溶性化合物。

紫苏

别名

白苏、赤苏、红苏、香苏、黑苏、白紫苏、青苏、野苏、苏麻。

性味归经

性温,味辛。归肺、脾经。

功效

紫苏有发汗解表、理气宽中、解鱼蟹毒的功效,对风寒感冒、头痛、咳嗽、胸腹胀满等有食疗作用。

注解

紫苏为唇形科植物紫苏的干燥地上部分,既可入药,亦是餐桌上的调味品。中国种植紫苏约有近 2000 年的历史,主要用于药用、油用、香料、食用等方面,其叶(苏叶)、梗(苏梗)、果(苏子)均可入药,嫩叶可生食、做汤,茎叶可腌渍。

烹调宜忌

【宜】干紫苏可以用来加工酱菜,在晒酱时加点紫苏可以去腥防腐。

食用宜忌

【宜】紫苏适宜感冒风寒、恶寒发热、咳喘气喘、胸腹胀满、肠鸣腹泻、食欲不振、脚气病患者食用;还适宜胎动不安的孕妇食用。

【忌】体质虚弱、自汗多汗者不宜食用。

食物搭配之忌

紫苏+鲤鱼　破坏营养功效

苦菜

别名
天香菜、荼苦荬、甘马菜、老鹳菜、无香菜。

性味归经
性寒,味苦。无毒。

功效
苦菜具有清热、凉血、解毒、明目、和胃、止咳的功效,对痢疾、黄疸、血淋、痔瘘、疔肿、蛇咬伤、咳嗽、支气管炎、疳积有食疗作用。

注解
苦菜为菊科植物苦定菜的嫩叶。从外形上看,苦菜茎直立,叶呈披针形或圆形,通常羽状深裂,边缘有不规则的尖齿。头状花序顶生,花冠黄色。民间食用苦菜已有 2000 多年的历史,亦常用做草药。

选购宜忌
【忌】忌选闻起来有化学品味道的,外表很脏、有颗粒物的。

烹调宜忌
【宜】将苦菜入沸水锅略焯可以去除苦味。

食用宜忌
【宜】营养丰富,一般人均可食用。
【忌】脾胃虚寒者不宜吃。

贮藏宜忌
【宜】低温冷藏。

食物搭配之忌
苦菜+蜂蜜　导致腹泻
苦菜与蜂蜜都是凉性食品,二者同食,会引起腹泻。

荷兰豆

别名
菜豌豆、毕豆、青豌豆、青小豆、留豆、国豆、甜豆。

性味归经
性寒,味甘。

功效
荷兰豆具有调和脾胃、利肠、利水的功效,还可使皮肤柔润光滑,并能抑制黑色素的形成,有美容的功效。荷兰豆富含的膳食纤维,能预防直肠癌,并降低胆固醇,它还能抗癌、防癌,对脚气病、糖尿病、产后乳少都有很好的辅疗效果。

注解

·养生保健·

图文珍藏版

荷兰豆是豆科属一年生攀缘草本植物,豌豆的一个变种。原产地中海沿岸和亚洲中部,传入我国的时间较早,为张骞出使西域时引进,现南北方均有栽培。它以肥嫩多汁的嫩荚供食,口感清脆、鲜嫩香甜、营养丰富。

注解

【宜】选择荷兰豆时,先看能不能把豆荚弄得沙沙作响,如果能,则说明荷兰豆是新鲜的。另外,豆粒愈饱满的愈甜。

【忌】忌选萎缩、有斑点的。

烹调宜忌

【宜】荷兰豆可直接炒食,也可凉拌、炖煮、做汤。

食用宜忌

【宜】尤其适合脾胃虚弱、小腹胀满、呕吐泻痢、产后乳汁不下、烦热口渴者食用。

【忌】诸无禁忌。

贮藏宜忌

【宜】荷兰豆冷冻起来保存会更有营养,因为在冷冻的过程中能保存荷兰豆维生素 C 的含量。

二、肉禽类饮食宜忌

除了蔬菜之外。肉禽类食物是人们最常食用的食物。肉禽类可分为畜肉和禽肉两种,前者包括猪肉、牛肉、羊肉和兔肉等,后者包括鸡肉、鸭肉和鹅肉等,肉禽类食物中含有丰富的脂肪、蛋白质、矿物质和维生素,所含的碳水化合物较植物性食物少,不含植物纤维素。本节主要介绍肉禽类食物的饮食宜忌。

猪肉

别名

豕肉、豚肉、彘肉等。经阉割过的猪的肉又叫骟猪肉。

性味归经

性温,味甘、咸。归脾、胃、肾经。

功效

滋阴润燥,补虚养血,对消渴羸瘦、热病伤津、便秘、燥咳等病症有食疗作用。猪肉既可提供血红素(有机铁)和促进铁吸收的半胱氨酸,又可提供人体所需的脂肪酸,所以能从食疗方面来改善缺铁性贫血。若烹调得宜,可滋养脏腑、健身长寿。猪肉经过长时间高温炖煮后。所含不饱和脂肪酸会有所增加,从而可降低人体胆固醇。

注解

猪是哺乳类家畜,头大、鼻长、眼小、耳大、脚短、身肥,大约在 8000 年前由野猪驯化而成。猪几乎全身都是宝,它的各个部位,包括猪血,都极富营养,可以制成各种各样的美味食品。猪肉含蛋白质、脂肪、碳水化合物、磷、钙、铁、维生素 B_1、维生素 B_2、维生素 B_{12} 烟酸等成分,是肉类中含 B 族维生素最多的,相当于牛肉、羊肉的 7 倍。猪肉是人体所需动物类脂肪和蛋白质的主要来源之一。

选购宜忌

【宜】新鲜猪肉肌肉有光泽、红色均匀、脂肪洁白,肌肉外表不黏手,散发出正常香味,用手指压肌肉后凹陷部分能立即恢复。

【忌】不新鲜猪肉肉皮上有出血点或充血痕,肉色发暗,脂肪呈现黄色或红色;肌肉无光泽,手指按压后其凹陷部分也不能立即恢复。买猪肉时,可用刀子在肉上每隔 1 厘米划几道口子,仔细观察下切面,若发现石榴子大小的水泡则是米猪肉,勿买。

烹调宜忌

【宜】猪肉要斜切,剔除猪颈等处灰色、黄色或暗红色的肉疙瘩。

【忌】不宜长时间泡水,烹调前勿用热水清洗。

食用宜忌

【宜】一般人都可食用,尤其适宜燥咳无痰的老人、产后乳汁缺乏的妇女、青少年、儿童及阴虚、头晕、贫血、大便秘结、营养不良之人食用。

【忌】体胖、多痰、舌苔厚腻者慎食;猪肉的热量和脂肪含量较高,患有冠心病、高血压、高血脂者忌食肥肉;凡风邪偏盛之人忌食猪头肉。烧焦的猪肉不要吃。

贮藏宜忌

【宜】买回的猪肉先用水洗净,然后分割成小块,分别装入保鲜袋,再放入冰箱冷冻保存。或者先冷冻一会儿,等冻结后再分开放,这样就不会黏在一起了。

食物搭配之宜

猪瘦肉+大蒜　促进血液循环,消除身体疲劳,增强体质

猪肉+菜豆　提高人体对猪肉中的维生素 B_{12} 的吸收率

猪瘦肉+花菜　帮助人体吸收瘦肉中的蛋白质

花菜中 B 族维生素的含量较高,与猪瘦肉搭配,可帮助人体吸收瘦肉中的蛋白质。

猪肉+莲子　营养丰富

莲子可以补虚损、除寒湿,猪肉含有丰富的动物蛋白质,猪肉与莲子搭配能产生更好的营养效果。

食物搭配之忌

猪肉+大黄、桔梗、黄连、首乌、苍耳、吴茱萸、胡黄连等中药　忌同食,相克

猪肉+豆类　影响营养吸收,引起腹胀

猪肉+鲫鱼　有损健康

猪肉性寒,鲫鱼性温,两者性质相反,同食易引起不良反应,有损健康。

猪肉+鳖肉　引起肠胃不适

猪肉+羊肝　产生怪味

猪肉+田螺　易伤肠胃

猪肉+茶　易引起便秘

猪肉+乌梅　会引起中毒

猪心

性味归经

性平,味甘、咸。无毒。归心经。

功效

能养血安神,对心虚多汗、惊悸恍惚有一定的食疗效果。

注解

猪心为猪科动物猪的心脏,是补益食品。猪心含大量蛋白质、脂肪、维生素 B_1、维生素 B_2、烟酸等成分,具有滋养血液、养心安神的作用。

烹调宜忌

【宜】可煮食或做成卤制品。

【忌】加热不彻底。

食用宜忌

【宜】猪心适宜失眠多梦、精神分裂症、癫痫、癔病患者食用。

【忌】高胆固醇患者忌食。

食物搭配之忌

猪心+吴茱萸　忌同食,相克

猪肾

别名

猪腰子。

性味归经

性平,味甘、咸。

功效

猪肾可以强腰、益气,有养阴补肾之功效。

注解

猪肾含有锌、铁、铜、磷、维生素 A、B 族维生素、维生素 C、蛋白质、脂肪、碳水化合物等成分。

烹调宜忌

【宜】剖开,去筋膜洗净,煮食。

食用宜忌

【宜】猪肾适宜由肾虚引起的腰酸腰痛、遗精、盗汗者食用;适宜肾虚热、性欲较差的女性食用;适宜肾虚、耳聋、耳鸣的老年人食用。

【忌】高血脂、高胆固醇患者忌食,因猪肾中胆固醇含量较高。

猪肝

别名

有"营养库"的美称。

性味归经

性温,味甘、苦。归肝经。

功效

常食猪肝可预防眼睛干涩、疲劳。可调节和改善贫血病人造血系统的生理功能,还能帮助去除机体中的一些有毒成分。猪肝中含有一般肉类食品中缺乏的维生素 C 和微量元素硒,能增强人体的免疫力、抗氧化、防衰老,并能抑制肿瘤细胞的产生。

注解

猪肝为猪科动物猪的肝脏。猪肝中淀粉的含量比瘦肉高,容易水解为葡萄糖,其含铁量为猪肉的 18 倍。猪肝蛋白质含量高,脂肪含量少,还含有维生素 A、维生素 B_1、维生素 B_2、烟酸、维生素 B_{12} 维生素 C 及微量元素等营养成分。

烹调宜忌

【宜】由于猪肝中有毒的血液分散存留在数以万计的肝血窦中,因此,买回猪肝后要在自来水龙头下冲洗一下,然后置于盆内浸泡 1~2 小时消除残血,注意水要完全浸没猪肝。若急于烹饪,则可视猪肝大小切成 4~6 块,置盆中轻轻抓洗一下,然后盛入网篮中在自来水下冲洗干净即可。

【忌】炒猪肝不要一味求嫩,否则既不能有效去毒,又不能杀死病菌、寄生虫卵。

食用宜忌

【宜】适宜气血虚弱、面色萎黄、缺铁者食用;对经常在电脑前工作的人尤为适合;也适宜癌症患者放疗、化疗后食用。

【忌】因为猪肝中胆固醇含量高,所以患有高血压、肥胖症、冠心病及高血脂的人忌食猪肝。

食物搭配之宜

猪肝+菠菜　改善贫血

食物搭配之忌

猪肝+与鱼肉、荞麦、花菜、黄豆、豆腐、鹌鹑肉、野鸡　忌同食,易引起消化不良

猪肝+豆芽、辣椒、毛豆、山楂等富含维生素 C 的食物　忌同食,易破坏维生素 C,降低营养价值

猪肝+抗凝血药物、左旋多巴、优降灵和苯乙肼等药物　药性相克

猪肺

性味归经

性平,味甘。归肺经。

功效

猪肺有止咳、补虚、补肺之功效。

注解

猪肺为猪科动物猪的肺。猪肺含有大量人体所需的营养成分,包括蛋白质、脂肪、钙、磷、铁、烟酸以及维生素 B_1、维生素 B_2 等。

烹调宜忌

【宜】将猪肺管套在水龙头上,充满水后再倒出,反复几次便可冲洗干净,最后把它放入锅中烧开,浸出肺管内的残物,再洗一遍,另换水煮至酥烂即可。

【忌】不清洗干净。

食用宜忌

【宜】肺虚咳嗽、咯血者宜食。

【忌】猪肺一般作为膳补药用,常人不可多食,感冒发烧期间不可食用。

食物搭配之宜

猪肺+白萝卜　煮粥食用可改善咳嗽

猪肺+白及、薏苡仁粉末　改善咯血症状

猪肚

别名

猪胃。

性味归经

性微温,味甘。

功效

猪肚具有补脾益胃、安五脏、补虚损功效。

注解

猪肚为猪科动物猪的胃。猪肚中含有大量的钙、钟、钠、镁、铁等元素和维生素A、维生素 E、蛋白质、脂肪等成分。

选购宜忌

【宜】新鲜猪肚黄白色,手摸劲挺,黏液多,肚内无块和硬粒,弹性足。

【忌】胃壁和胃的底部有较大的出血面积,闻之有臭味或异味,为变质猪肚或病猪肚。

烹调宜忌

【宜】猪肚烧熟后,切成长条或长块,放入碗中,加点汤水,放进锅中蒸,猪肚会涨厚,鲜嫩好吃。

【忌】猪肚忌在蒸的过程中放盐,蒸好后才加盐调味。

食用宜忌

【宜】猪肚适宜虚劳羸弱、脾胃虚弱、中气不足、气虚下陷、小儿疳积、腹泻、消渴、胃痛、下痢、遗精、小便频数者食用。

【忌】湿热痰滞内蕴者慎食;感冒期间忌食。

食物搭配之宜

猪肚+金针菇、山药、黄芪　四者搭配食用,增强营养,强壮肌肉

猪肚+莲子　消食开胃

猪肚+胡萝卜　适合气血虚弱者食用

食物搭配之忌

猪肚+杨梅　食后易中毒

猪肚+大黄、桔梗、黄连、百合、吴茱萸、苍耳、甘草　相克

猪肠

别名

猪大肠。

性味归经

性微温,味甘。

功效

猪肠有润肠之效。

注解

猪肠是用于输送和消化食物的,有很强的韧性,并不像猪肚那样厚。猪肠含有大量人体必需的钠、锌、钙、磷、钾等元素,还含有大量的蛋白质和适量的脂肪,营养价值很高。

食用宜忌

【宜】猪肠适宜患痔疮、小便频多、便血脱肛者食用。

【忌】感冒期间忌食;脾虚滑泻者忌食。

食物搭配之宜

猪肠+黄酒　改善乳少

猪脑

别名

天花。

性味归经

性寒,味甘。有毒。归心、脑、肝、肾经。

功效

猪脑可补虚、益气血,自古就有"吃脑补脑"一说。

注解

猪脑为猪科动物猪的脑髓。猪脑中含的钙、磷、铁比猪肉多,但胆固醇含量极高,100克猪脑中含胆固醇量高达3100毫克。猪脑是常见食物中所含胆固醇最高的一种。

烹调宜忌

【宜】可炖食或煎汤食用。

【忌】不去除表面筋血。

食用宜忌

【宜】猪脑适宜体质虚弱者及气血虚亏导致头晕头痛、神经衰弱、偏头痛者食用。

【忌】高胆固醇患者、冠心病患者、高血压或动脉硬化导致头晕头痛者不宜食用;有性功能障碍的人应该忌食;男性最好少食,常人也不宜多食猪脑;酒后不可食用。

猪骨

别名

猪排骨、猪大骨。

性味归经

性温,味甘、咸。归脾、胃经。

功效

猪骨有补脾、润肠胃、生津液、丰机体、泽皮肤、补中益气、养血健骨的功效。儿童经常喝骨头汤,能及时补充人体所必需的骨胶原等物质,增强骨髓造血功能,有助于骨骼的生长发育。成人喝可延缓衰老。

注解

猪骨即猪科动物猪的骨头。我们经常食用的是排骨和腿骨。猪骨除含蛋白质、脂肪、维生素外,还含有大量磷酸钙、骨胶原、骨黏蛋白等。

烹调宜忌

【宜】一般用来煮汤,也可红烧。

食用宜忌

【宜】猪骨的营养成分很容易被吸收,所以人皆可食。儿童和中老年人尤为适宜。

【忌】感冒发热期间忌食;急性肠道炎感染者忌食;骨折初期不宜饮用猪骨汤,中期可少量进食,后期饮用可达到很好的食疗效果。

食物搭配之宜

猪骨+生姜、胡椒　去腥,暖胃

猪蹄

别名

猪脚、猪手、猪爪。

性味归经

性平,味甘、咸。

功效

猪蹄具有补虚弱、填肾精等功效,对延缓衰老和促进儿童生长发育具有特殊的作用,对老年人神经衰弱(失眠)等有良好的改善作用,是老人、女性和失血者的食疗佳品。

注解

人们把猪蹄称为"美容食品"和"类似于熊掌的美味"。猪蹄中含有较多的蛋白质、脂肪和碳水化合物,并含有钙、磷、镁、铁以及维生素A、维生素D、维生素E、维生素K等有益成分。它含有丰富的胶原蛋白质,不含胆固醇。

食用宜忌

【宜】适宜血虚、老年体弱、产后缺奶、腰脚软弱无力、痈疽疮毒久溃不愈者食用。

【忌】猪蹄油脂较多,动脉硬化及高血压患者少食为宜;感冒期间忌食。另外,痰盛阻滞、食滞者也应慎食。猪蹄若作为通乳食疗,少放盐,不放味精。临睡前不宜吃猪蹄,以免增力口血黏度。每次食1只猪蹄为宜。

猪血

别名

血豆腐。

性味归经

性平,味咸。无毒。归肝、脾经。

功效

猪血含有人体容易吸收的血红素铁,对青少年的健康发育有较大帮助。猪血是天然的润肠通便食品,猪血中的矿物元素对延缓肿瘤的生长有食疗作用。常食猪血能延缓机体衰老,提高免疫功能,清除人体新陈代谢所产生的"垃圾"。女性常吃猪血,可有效地补充体内消耗的铁质,是防止缺铁性贫血的食疗佳品。

注解

猪血通常被制成血豆腐,是最理想的补血食品之一。人们把它称为"液体肉"。猪血含有丰富的铁、钾、钙、磷、锌、铜等10余种矿物元素。其中含铁量较高,每百克内高达45毫克。比猪肝高20倍,比鸡蛋高18倍,且猪血中的铁离子和人体内铁离子的化合价相同,摄入后更易为人体吸收利用。

选购宜忌

· 养生保健 ·

图文珍藏版

【忌】猪血在收集的过程中非常容易被污染,因此最好购买经过灭菌加工的盒装猪血。

食用宜忌

【宜】猪血适宜贫血患者、老人、妇女和从事粉尘、纺织、环卫、采掘等工作的人食用,对血虚头风眩晕者、肠道寄生虫病病人也有好处。猪血以每天进食150~200克为宜,每周可进食2~3次。

【忌】有病期间忌食;胃下垂、痢疾、腹泻患者忌食猪血;做大便常规检测前3天也忌食猪血;高胆固醇血症、肝病、高血压和冠心病患者少食。

食物搭配之宜

猪血+菠菜　养血止血,敛阴润燥

食物搭配之忌

猪血+黄豆　导致消化不良

猪血+海带　引起便秘

猪血+地黄、何首乌、朱砂、四环素　药性相克

猪皮

别名

猪肤。

性味归经

性微寒,味甘、咸。

功效

猪皮有滋阴补虚、清热利咽的功效。猪皮中含有大量的胶原蛋白和弹性蛋白,能改善人体组织细胞的贮水功能,起到保健美容的作用。

注解

猪皮是猪科动物猪身上的皮肤。猪皮营养丰富,所含蛋白质是猪瘦肉的1.5倍,碳水化合物是猪瘦肉的4倍,脂肪为猪瘦肉的79%,和猪瘦肉所产生的热量相差无几。

食用宜忌

【宜】经常食用猪皮能延缓机体细胞老化。尤其适宜阴虚内热,出现咽喉疼痛、低热等症的患者食用。

【忌】感冒发热、咳嗽痰多或痰稠者及虚寒者忌食。

野猪肉

别名

猪羷。

性味归经

性平,味甘、咸。

功效

野猪肉对虚弱羸瘦、便血、痔疮出血等症有食疗作用。

注解

野猪肉为猪科动物野猪的肉。野猪外形与家猪相似,嘴部十分凸出,四肢较短,尾细。躯体有硬的针毛,背上鬃毛发达,长约 14 厘米,针毛与鬃毛的毛尖大都有分叉。毛色一般为棕黑色。野猪肉肉质鲜嫩,营养丰富,瘦肉率高,脂肪含量低,后腿肉的脂肪只有家猪的 50%。野猪肉含有 17 种氨基酸,亚油酸含量是家猪的 2.5 倍。

食用宜忌

【宜】其脂肪含量低,人皆可食。

【忌】营养价值高,诸无禁忌。

食物搭配之忌

野猪肉+鲍鱼、夷鱼　对身体健康不利

牛肉

别名

黄牛肉

性味归经

性平,味甘。归脾、胃经。

功效

牛肉补脾胃,益气血,强筋骨。对虚损羸瘦、消渴、脾弱不运、癖积、水肿、腰膝酸软、久病体虚、面色萎黄、头晕目眩等病症有食疗作用。多吃牛肉,对肌肉生长有好处。

注解

牛肉是牛科动物黄牛或水牛的肉,黄牛平均体长 1.5~2.0 米,体重 250 千克左右,体格健壮结实。牛肉含蛋白质、脂肪、维生素 B_1、维生素 B_2、钙、磷、铁,还含有多种特殊成分,如肌醇、黄嘌呤、次黄质、牛磺酸、肽类(如肌肽、鹅肌肽)、氨基酸(如丙氨酸、谷氨酸、天门冬氨酸、亮氨酸)、尿酸、尿素氨等。营养价值十分高。

选购宜忌

【宜】新鲜牛肉有光泽,红色均匀,脂肪洁白或淡黄色;新鲜肉外表微干或有风干膜,不粘手,弹性好;新鲜肉具有鲜肉味儿;老牛肉肉色深红、肉质较粗;嫩牛肉红色均匀,外表微干或有风干膜,不黏手,肉质与脂肪坚实,无松弛感。

【忌】变质肉色暗、无光泽,脂肪黄绿色;变质肉外表黏手或极度干燥,新切面发黏,指压后凹陷不能恢复,留有明显压痕。变质肉有异味,甚至臭味。

烹调宜忌

【宜】炒牛肉片之前,先用啤酒将面粉调稀,淋在牛肉片上,拌匀后腌 30 分钟,可增加牛肉的鲜嫩程度;炖牛肉要使用热水,不要加冷水,热水可以使牛肉表面的蛋白质迅速凝固,防止肉中氨基酸外浸,保持肉味鲜美;牛肉不易熟烂,烹制时放一个使其易烂入味;如果牛肉过油,油量要多,火要大,搅拌速度要比猪肉过油更快,1分钟左右即可熄火,沥干油分,否则牛肉的肉质很快就会变老;先将牛肉放到冰箱中去冷冻,使之冻结后再切再腌,这样更好切,且腌渍效果更好;牛肉除了牛柳、牛脊肉之外,大部分的纤维较粗糙,筋又多,因此处理牛肉的第一步就是先去筋;牛肉的纤维比较粗,可先整块用塑料袋包好,用刀背敲打,使纤维断裂后再切;切丝时必须垂直纹路切,切薄一点,以便能迅速炒熟,保持牛肉应有的鲜嫩口感。

【忌】牛肉加腌料时不可用盐调味,因为盐会使牛肉出水,失去肉汁而使肉质变韧。

食用宜忌

【宜】患高血压、冠心病、血管硬化和糖尿病的人应常食用牛肉;老年人、儿童、身体虚弱及病后恢复期的人吃牛肉也非常适宜食用牛肉。

【忌】内热者忌食;皮肤病、肝病、肾病患者慎食;服氨茶碱时忌食。牛肉不宜多吃,最好一周一次,每次 80 克左右。

贮藏宜忌

【宜】如不慎买到老牛肉,可急冻再冷藏一两天,肉质可稍变嫩。

【忌】绞好的牛肉馅不宜久藏,应尽快食用。

食物搭配之宜

牛肉+土豆　保护胃黏膜

牛肉极富营养,但它的纤维较粗,会影响胃黏膜;土豆含有丰富的叶酸,可保护胃黏膜,土豆与牛肉同食,有利于人体对营养的吸收,还可以保护胃黏膜。

牛肉+香菇　易于消化和吸收

牛肉是温补性肉类,不上火,可健脾养胃;香菇富含核糖核酸、香菇多糖等,易被人体消化吸收。两者搭配,适合胃弱者食用。

牛肉+南瓜　健胃益气

牛肉营养丰富,南瓜富含维生素 C 和葡萄糖,两者同食,可以健胃益气。

牛肉+生姜　驱寒、治腹痛

牛肉可补阳暖腹,生姜可驱寒保暖,两者搭配食用,可驱寒、治腹痛。

食物搭配之忌

牛肉+栗子　降低栗子的营养价值

吃牛肉时不要喝白酒,容易上火,易引起牙齿发炎。牛肉味甘性温,补气助火,白酒性属大温。两者相配食用易上火,引起牙齿发炎。

牛肾

别名

牛腰子。

性味归经

性平,味甘。归肾经。

功效

牛肾益精,补益肾气,去湿痹。

注解

牛肾为牛科动物黄牛或水牛的肾脏。牛肾的营养素含量很高,有蛋白质、维生素 B_1、维生素 B_2、镁、铁、钙、脂肪、烟酸等。

食用宜忌

【宜】肾虚、阳痿气乏者应常食用牛肾。

【忌】痛风患者少食为好。

牛肝

性味归经

性平,味甘、微苦。

功效

牛肝补肝,养血,明目。对肝血虚所致的头晕眼花有食疗作用,对面色萎黄、肌肉消瘦、病后或产后血虚也有很好的食疗效果。

注解

牛肝是黄牛或水牛的肝脏。牛肝富含优质蛋白、铁、铜及维生素 A、维生素 B、维生素 C 等。

选购宜忌

【宜】颜色鲜亮,湿润。

【忌】呈暗紫色,异常肿大,有白色小硬结,或某一部分变硬、变干等。这可能是病态肝脏。

烹调宜忌

【宜】烹饪时宜适当延长加工时间,确保煮透炖烂,通常用于煨菜及砂锅菜。

【忌】不煮熟食用。

食用宜忌

【宜】夜盲症患者、视力减退者、近视者、营养不良性贫血者应常食用牛肝。

【忌】高血压、动脉粥样硬化、心脑血管疾病、通风患者忌食。

食物搭配之宜

牛肝+玄参　补肝明目,增强养血功能

食物搭配之忌

牛肝+鳗鱼、鲇鱼　产生不利于人体的反应

牛肝+荠菜、芜菁、香椿、萝卜　降低营养价值

牛肚

别名

牛百叶、牛胃。

性味归经

性平,味甘。归脾、胃经。

功效

有补虚、益脾胃的作用;对病后虚羸,气血不足,消渴,风眩有食疗作用。

注解

牛肚为牛科动物黄牛或水牛的胃。牛肚含蛋白质、脂肪、钙、磷、铁、维生素 B_1、维生素 B_2、烟酸等营养物质。

烹调宜忌

【宜】可爆炒、煨汤。

食用宜忌

【宜】一般人都可食用,尤适宜于病后虚羸、气血不足、营养不良、脾胃薄弱之人。

【忌】无所忌。

羊肉

别名

古称之为 1 肉、羝肉、羯肉。

性味归经

性热,味甘。归脾、胃、肾、心经。

功效

寒冬常吃羊肉可益气补虚,促进血液循环,使皮肤红润,增强御寒能力。羊肉还可增加消化酶,保护胃壁,帮助消化。中医认为,羊肉还有补肾壮阳的作用。

注解

羊天性耐寒,主要产于寒冷的高原地区。羊肉为牛科动物山羊和绵羊的肉,是主要肉类食品之一。羊肉肉质细嫩,含有丰富的蛋白质和维生素。它比猪肉和牛肉的脂肪、胆固醇含量都少。多吃羊肉能提高身体素质,增强对疾病抵抗的能力,而不会有其他副作用,所以人们常说:"要想长寿,常吃羊肉"。

选购宜忌

【宜】新鲜羊肉肉色鲜红而均匀,有光泽,肉质细而紧密,有弹性,外表略干,不黏手,气味新鲜,无其他异味;小羊肉肉色浅红,肉质坚而细,富有弹性。

【忌】不新鲜的羊肉肉色深暗,外表黏手,肉质松弛无弹性,略有氨味或酸味;变质的羊肉色暗,外表无光泽且黏手,有黏液,脂肪呈黄绿色,有异味甚至臭味;老羊肉肉色较深红,肉质略粗,不易煮熟。

烹调宜忌

【宜】萝卜去膻法:在白萝卜上戳几个洞,放入冷水中和羊肉同煮,滚开后将羊肉捞出,再单独烹调,即可去除膻味;米醋去膻法:将羊肉切块放入水中,加点米醋,待煮沸后捞出羊肉,再继续烹调,也可去除羊肉膻味;绿豆去膻法:煮羊肉时,若放入少许绿豆,可去除或减轻羊肉膻味;料酒去膻法:生羊肉用冷水浸洗几遍,切片、丝或小块装盘,再用适量料酒、小苏打、食盐、白糖、味精、清水拌匀,待羊肉充分吸收调料后,再取蛋清 3 个、淀粉 50 克上浆,腌几小时,料酒和小苏打可充分去除羊肉中的膻味;浸泡除膻法:将羊肉用冷水浸泡 2~3 天,每天换水 2 次,使羊肉肌浆蛋白中的氨类物质浸出,也可减少羊肉膻味。

食用宜忌

【宜】一般人都可以食用。尤其适宜体虚胃寒者、反胃者、中老年体质虚弱者食用。冬季食用还可以达到进补和御寒的双重效果。

【忌】羊肉温热,吃时最好辅以性味甘平的凉菜,不宜多吃。感冒发烧以及患有高血压、肝病、急性肠炎和其他感染病者忌食。

贮藏宜忌

【宜】买回的新鲜羊肉要及时进行冷却或冷藏,使肉温降到 5℃以下,以便减少细菌污染,延长保鲜期。

食物搭配之宜

羊肉+生姜　同食,可治腰背冷痛、四肢风湿疼痛等

羊肉可补气血和温肾阳,生姜有止痛祛风湿等作用。生姜和羊肉同食既能去腥膻等滋味,又能有助羊肉温阳祛寒,对腹痛、胃寒有疗效。

食物搭配之忌

羊肉+南瓜　易致肠胃不适

羊肉可以补虚,是大热之物,南瓜可以补中益气。两者同食,易使胸闷腹胀,肠胃不舒。

羊肉+乳酪　易产生不良反应

羊肉是大热之物,乳酪则性寒味酸,两者功能相反;且乳酪中的酶易与羊肉产生不良反应。

羊肉+茶　引起便秘

羊肉含丰富的蛋白质,能同茶叶中的鞣酸生成鞣酸蛋白质。这种物质可使肠的蠕动减弱,引起便秘。

羊肉+醋　性味相反,不宜同食

羊肉火热,功能益气补虚;醋中含蛋白质、糖、维生素、醋酸及多种有机酸,其性酸温,消肿活血。应与寒性食物配合,与羊肉不宜。

羊肉+竹笋　同食,会引起中毒

羊肉和半夏同食,影响营养成分吸收。

羊肾

别名

羊腰子。

性味归经

性微温,味甘、咸。

功效

羊肾对补肾壮阳、生精益脑有食疗功效。

注解

羊肾为羊的肾脏。羊肾含有蛋白质、脂肪、碳水化合物、胆固醇,另外还含有维生素 A、维生素 B_1、维生素 B_2、烟酸、维生素 C、维生素 E、钾、磷、镁、铁、锰、锌、铜、钙等,营养价值非常高。

选购宜忌

【宜】看色泽,鲜红为新鲜。

【忌】颜色暗晦。

烹调宜忌

【宜】适合煮食,或与中药材加工成丸、散剂。

食用宜忌

【宜】头晕耳鸣、遗精、阳痿、腰酸腰痛、消渴、尿频者宜食。

【忌】感冒发烧者忌食。

食物搭配之宜

羊肾+杜仲　补肾强腰

羊肾+枸杞子叶　适于肾虚阳痿、肾虚腰痛等症

食物搭配之忌

羊肾+南瓜　易导致胸闷腹胀、壅塞不舒

羊肾+奶酪　有不良反应

羊肝

性味归经

归肝经。

功效

羊肝养肝,明目,益血。

注解

羊肝为羊的肝脏。羊肝中含蛋白质、脂肪、碳水化合物、钙、磷、铁、维生素 A、维生素 B_1、维生素 C、烟酸。

选购宜忌

【宜】如果需补益效,以选购青色山羊肝为最佳。

烹调宜忌

【宜】采取煎炒的方式最能保存羊肝的湿润。烹饪的时间尽量长一点,至少在急火中炒 5 分钟以上,使羊肝完全变成灰褐色,无血丝。

【忌】未烹制熟透。

食用宜忌

【宜】羊肝适宜眼干枯燥者、夜盲症患者、维生素 A 缺乏者、贫血者食用。

【忌】高血脂、急慢性肝炎、肝癌及肝硬化、急慢性肾炎、肾衰竭、痛风患者不宜食用。

食物搭配之宜

羊肝+清明菜　治疗夜盲症,增强机体抵抗力

羊肝+枸杞子　补虚羸,温阳气,强筋骨,养肝明目

食物搭配之忌

羊肝+赤豆　引起中毒

羊肝+麻雀肉　引起不良反应

羊肝+萝卜、芜菁、芥菜、香椿　氧化维生素 C,降低营养价值

羊肚

别名

羊胃。

性味归经

性温,味甘。

功效

羊肚补虚,健脾胃,对虚劳羸瘦、不能饮食、消渴、盗汗、尿频有食疗作用。

注解

羊肚是羊的胃。羊肚中所含的营养成分有蛋白质、脂肪、碳水化合物、钙、磷、铁、维生素 B_1、维生素 B_2、烟酸。

食用宜忌

【宜】人人都可食用,尤其适宜体虚衰弱、尿频、盗汗者。

羊骨

别名

羊脊骨、羊骨头、羊胫骨。

性味归经

性温,味甘。

功效

羊骨可以补肾、强筋骨、健脑补血,对再生障碍性贫血、血小板减少性紫癜有食

疗作用。

注解

羊骨中有骨胶原、骨类黏蛋白、弹性硬蛋白,还有中性脂肪、磷脂等。

食用宜忌

【宜】羊骨营养丰富,是大补之物。适宜虚劳羸瘦、腰膝无力、筋骨挛痛、贫血者食用。

【忌】发烧者忌食。

狗肉

别名

犬肉、地羊肉。

性味归经

性温,味咸、酸。归胃、肾经。

功效

狗肉有温肾助阳、壮力气、补血脉的功效,可以增强机体的抗病能力。

注解

狗肉是犬科动物狗的肉。狗肉是膳食中的珍品。俗语说"狗肉滚三滚,神仙站不稳。"它和羊肉都是冬季的大补之品。狗肉含有丰富的蛋白质和脂肪,还含有维生素 A、维生素 B_2、维生素 E、氨基酸和铁、锌、钙等矿物元素。

选购宜忌

【宜】色泽鲜红、发亮且水分充足者。

【忌】颜色发黑、发紫且肉质发干为变质狗肉。肌肉中藏有血块、包块等异物的极可能为病狗肉。

烹调宜忌

【宜】用姜片、白酒反复搓揉狗肉,在用稀释的白酒泡 1~2 小时,清水冲洗后入油锅微炸再烹调,可有效降低其腥味。

【忌】忌吃半生不熟的狗肉,以防寄生虫感染。

储藏宜忌

【宜】冷藏,可延长保质期。

食用宜忌

【宜】狗肉适宜肾阳虚所致的腰膝冷痛、小便清长、小便频数、水肿、阳痿等患者食用。

【忌】狗肉属热性食物,凡患咳嗽、感冒、发热、腹泻和阴虚火旺等非虚寒性疾病的人均不宜食用。不宜在夏季食狗肉,而且一次不宜多吃。忌食疯狗肉。

食物搭配之宜

狗肉+黑豆、茯苓　益髓壮阳,气血双补

狗肉+胡萝卜　温补脾胃,益肾助阳

狗肉+应用麻　补肾五脏,填精壮阳

食物搭配之忌

狗肉+六蒜、鳝鱼　同食助火,容易损人

狗肉+茶、鲤鱼同食会产生不利于人的物质

狗肉+绿豆　同食会腹胀

马肉

性味归经

性寒,味甘、酸。

功效

马肉有补中益气、补血、补肝肾、强筋骨的功效,可以增强人体免疫力。马肉的脂肪和胆固醇的含量比较低,可以预防动脉硬化。

注解

马体长 1.5~2.5 米,高 1.0~1.5 米,毛色随种类而不同。马文化历史悠久,5000年前人们已经用马驾车。马肉为马科动物马的肉,是我国南方一些地区比较流行的肉食。马肉含有十几种氨基酸和人体所必需的维生素和钙、磷、钾、钠等营养成分。

选购宜忌

【宜】马肉一般偏棕红色,肉丝纤维较粗,脂肪少且一般呈黄色或暗黄色。

烹调宜忌

【宜】肌肉纤维比较粗,一般加工成卤制品,也可以清水煮食。

【忌】马肝不可食用;马肉忌炒食。

食用宜忌

【宜】马肉可以长筋骨、强腰膝,适宜营养不良者、老年人、肥胖者和高血压、肝病、心血管患者食用。

【忌】孕妇忌食;下痢者及患有疮疡之人忌食。

食物搭配之宜

马肉+豆粪、谷类、甲壳食物　营养更加丰富,可辅助治疗久病体虚

食物搭配之忌

马肉+猪肉、木耳　同食容易腹泻

马肉+苍耳　药性相克

马肉+生善　功能不同,不宜同食

马肉+粳米　粳米性凉,不宜同食

驴肉

别名

毛驴肉。

性味归经

性凉,味甘、酸。归心、肝经。

功效

驴肉可补虚、补气。常食有补益食疗作用。

注解

驴肉是马科动物驴身上的肉,肉质细嫩,是牛肉、羊肉无法比的。民间谚语"天上龙肉、地上驴肉"就是对其之赞誉。驴肉富含蛋白质、钙、磷、铁及人体必需的多种氨基酸,具有低脂肪、低热量、高蛋白、高铁等特点。

选购宜忌

【宜】新鲜驴肉呈褐色或紫色,坚实有弹性、有光泽、无腥臭意味。挑选熟驴肉先要看包装,包装应密封、无破损、无胀袋。

【忌】购买熟肉制品,注意色泽,色泽太艳很可能是人为加入的合成色素或发色剂亚硝酸盐造成的。

烹调宜忌

【宜】买新鲜驴肉要选当天宰杀的,最好当天煮食。用驴肉做菜时,可用少量苏打水调和,这样可去除驴肉的腥味。制作驴肉时,可配一些蒜汁、姜末,既能杀菌,又可除味。

食用宜忌

【宜】脾虚肾亏、身体羸弱者及贫血症患者宜食。

【忌】孕妇忌食,慢性肠炎、腹泻患者及瘙痒性皮肤病患者忌食。

贮藏宜忌

【宜】熟肉制品应在 $0\sim4℃$ 的条件下冷藏保存,否则容易变质。

食物搭配之宜

驴肉+山药、红枣　补体虚

驴肉+大蒜、杏仁　辅助治疗支气管炎

食物搭配之忌

驴肉+猪肉　导致腹泻

驴肉+肝素、丹参　药性相克

驴肉+金针菇、黄花菜　引发心绞痛,严重的还会致命。

兔肉

别名

菜兔肉、野兔肉。

性味归经

性凉,味甘。归肝、脾、大肠经。

功效

兔肉可滋阴凉血,益气润肤,解毒祛热。兔肉还含有丰富的卵磷脂。卵磷脂有抑制血小板凝聚和防止血栓形成的作用,还有保护血管壁、防止动脉硬化的功效。卵磷脂中的胆碱能提高记忆力,防止脑功能衰退。

注解

兔肉为兔科动物家兔、东北兔、高原兔、华南兔等的肉。在日本,兔肉被称为"美容肉",它受到年轻女子的青睐,常作为美容食品食用。兔肉是一种高蛋白、低脂肪的食物,既有营养,又不会令人发胖,是理想的"美容食品"。兔肉蛋白质含量高达21.5%,几乎是猪肉的2倍,比牛肉多出18.7%,而脂肪含量为3.8%,是猪肉的1/16,牛肉的1/5。

选购宜忌

【宜】肌肉有光泽,红色均匀,脂肪洁白或呈黄色,具正常气味的为好兔肉。用手指稍按下肉的表面,凹陷能恢复原状的质量佳。

【忌】无光泽、有异味、用手指按压肉的表面,凹陷难以恢复原状。

烹调宜忌

【宜】顺着纤维纹路切。在烧兔肉的汤中加三汤匙浓咖啡,可使菜的味道更加鲜美。

食用宜忌

【宜】兔肉适宜儿童和老年人及营养不良、气血不足之人食用,还适宜肝病、心血管病、糖尿病患者食用。性凉,宜夏天食用。

【忌】孕妇忌食,有阳虚症状的人忌食。冬天不宜吃兔肉。

贮藏宜忌

【宜】冷冻储藏,温度越低,保存期越长。

食物搭配之宜

兔肉+玉兰花　　对阴虚咳嗽、口渴、体弱、呕血便血等有食疗作用

兔肉+枸杞子　　对糖尿病、腰酸膝软、头晕耳鸣、视力模糊等症有食疗作用

食物搭配之忌

兔肉+鸭肉、鸡肉、鸡蛋　　产生刺激肠胃的物质,容易导致腹泻、腹痛等

兔肉+小白菜　　容易导致腹泻及呕吐

兔肉+橘子　　引起肠胃功能紊乱,易导致腹泻

兔肉+鳖肉　　加重脾胃虚寒患者的病情

兔肉+生姜、芥末、芥菜　　味性相反,不宜同食

鹿肉

性味归经

性温,味甘。

功效

鹿肉具有补五脏、调血脉、壮阳气、强筋骨之功效。

注解

鹿肉为鹿科动物梅花鹿或马鹿的肉,鹿胎、鹿肾、鹿血皆可食用。中国对驯鹿的记载古已有之,梅花鹿肉和马鹿肉,二者均为中国特产。鹿肉含有丰富的蛋白质、脂肪、无机盐、糖和一定量的维生素,且易于被人体消化吸收。其中,每100克鹿肉中。含粗蛋白约19.77克,粗脂肪1.92克。

食用宜忌

【宜】宜冬季食用。鹿肉适宜中老年性体质虚弱、阳气不足、气血两亏、四肢不温、腰脊冷痛者食用;适宜妇人产后缺奶者食用。

【忌】炎夏季节忌食。鹿肉性温纯阳,壮阳补火,凡发热者、阳气旺者、火毒盛者及阴虚火旺者皆不宜食。

食物搭配之忌

鹿肉+南瓜　同食,会引起腹胀痛

火腿

别名

熏蹄、南腿、兰熏。

性味归经

性温,味甘、咸。

功效

火腿具有健脾开胃、生津益血、滋肾填精之功效。

注解

火腿即由猪的腿腌制而成的食物。火腿富含各种矿物质和氨基酸等营养成分。

选购宜忌

【宜】正常火腿是接近玫瑰的暗红色,而咸火腿是鲜红色,肉质更软。

烹调宜忌

【宜】宜蒸煮食用,切片炒食味道更佳。

食用宜忌

【宜】适宜气血不足、脾虚久泻、胃口不开、体质虚弱、腰脚无力者食用。

【忌】患有急慢性肾炎者忌食;凡水肿、腹水者忌食;感冒未愈、湿热泻痢、积滞未尽、腹胀痞满者忌食。

贮藏宜忌

【宜】悬挂于通风干燥处长期保存。

食物搭配之宜

火腿+冬瓜　营养更加丰富,又不使人长胖

食物搭配之忌

火腿+葡花、杨梅　导致中毒

火腿+含锌食物　不利于喜欢吸收谷物等食物中的锌

鸡肉

别名

家鸡肉、母鸡肉。

性味归经

性平、温,味甘。归脾、胃经。

功效

鸡肉具有温中益气、补精填髓、益五脏、补虚损、健脾胃、强筋骨的功效。冬季多喝些鸡汤可提高自身免疫力,流感患者多喝点鸡汤有助于缓解感冒引起的鼻塞、咳嗽等症状。鸡皮中含有大量胶原蛋白,能补充人体所缺少的水分和弹性,延缓皮肤衰老。

注解

鸡肉营养价值很高,民间有"济世良花"的美称。鸡肉是高蛋白、低脂肪的食物,富含钙、磷、铁、维生素 B_1、维生素 B_{12}、烟酸以及钾、钠、氯、硫等。

选购宜忌

【宜】新鲜的鸡肉肉质紧密,颜色呈干净的粉红色且有光泽,鸡皮呈米色,并有光泽和张力,毛囊突出。

【忌】不要挑选肉和皮的表面比较干,或含水较多、脂肪稀松的肉。

烹调宜忌

【宜】鸡肉用药膳炖煮,营养更全面。带皮的鸡肉含有较多的脂类物质,所以较肥的鸡应该去掉鸡皮再烹制。

食用宜忌

【宜】鸡肉适宜虚劳瘦弱、营养不良、气血不足、面色萎黄者食用;孕妇产后体质虚弱或乳汁缺乏、妇女体虚水肿、月经不调、白带清稀频多、神疲无力者应多食用鸡肉。鸡肉富含维持神经系统健康、消除烦躁不安的维生素 B_{12} 因此,晚上睡不好、白天总感觉疲惫的人可多吃点鸡肉。

【忌】凡内火偏旺和痰湿偏重,患有感冒发热、胆囊炎、胆石症、肥胖症、热毒疖肿、高血压、高血脂、尿毒症、严重皮肤疾病者禁食;服用铁剂时暂不宜食用鸡肉;老年人不宜常喝鸡汤;鸡的臀尖是细菌、病毒及致癌物质的"仓库",绝忌食用;多龄鸡头要忌吃。

贮藏宜忌

【宜】鸡肉较容易变质,购买后要马上放进冰箱。如果一时吃不完,最好将剩下的鸡肉煮熟保存,而不要生的保存。

食物搭配之宜

鸡肉+竹笋　暖胃益气

竹笋性微寒,可以清热消痰、健脾胃。鸡肉具有低脂肪、低糖、多纤维的特点,与竹笋搭配,可以暖胃益气,尤其适合胖人食用。

鸡肉+栗子　利于吸收营养物质

鸡肉可以补脾造血,栗子亦能健脾,两者搭配,有利于人体吸收鸡肉的营养成分,增强人体的造血功能。

鸡肉+豌豆　利于吸收蛋白质

豌豆中 B 族维生素的含量较高,与鸡肉搭配,有利于人体对鸡肉中蛋白质的吸收。

食物搭配之忌

鸡肉+鲤鱼、大蒜　功能相反,不可同食

鸡肉+芥末、芥菜　助火热,对身体健康无益

鸡肉+虾　同食相克

鸡肉+狗肾　易引起腹痛、腹泻

鸡肝

性味归经

性微温,味甘、苦。

功效

鸡肝具有补肝血、明目之功效。

注解

鸡肝是雉科动物家鸡的肝脏,经烹饪之后营养丰富。鸡肝富含蛋白质、脂肪、碳水化合物、钙、磷、铁、维生素 A、维生素 B_1、维生素 B_2、烟酸、维生素 C 等。

选购宜忌

【宜】颜色鲜明、气味清正,个大、光滑、完整,没有被胆汁污染,充满弹性。

【忌】失去水分,边角干燥。

烹调宜忌

【宜】为了彻底去除有毒物质,在煮食前要认真反复清洗,再放入盆中浸泡 1 小时左右,然后再进行烹制。宜卤、炸。

食用宜忌

【宜】适宜肝虚目暗、视力下降、夜盲症、小儿疳眼(角膜软化症)、佝偻病、妇女产后贫血、肺结核及孕妇先兆流产者食用。

【忌】鸡肝养血明目,诸无所忌。但是,有病鸡肝和变色变质鸡肝切勿食用。

食物搭配之忌

鸡肝+麻雀肉、山鸡 产生不良反应

鸡肝+芥菜、香椿、芜菁、萝卜 破坏维生素C,影响营养吸收

乌鸡

别名

黑脚鸡、乌骨鸡、泰和鸡、药鸡。

性味归经

性平,味甘。归肝、肾经。

功效

乌鸡汤

乌鸡具有滋阴、补肾、养血、添精、益肝、退热、补虚作用,能调节人体免疫功能,抗衰老。乌鸡体内的黑色物质含铁、铜元素较高,对于病后、产后贫血者具有补血、促进康复的食疗自作用。

注解

乌鸡的喙、眼、脚、皮肤、肌肉、骨头和大部分内脏都是乌黑的,有白毛乌首、黑毛乌骨、骨肉全乌、肉白骨乌等类别。乌鸡中含有10种氨基酸,铁、磷、钙、锌、镁、维生素 B_1、烟酸、维生素E的含量都很高,而胆固醇和脂肪含量则很少。乌鸡中的铁比菠菜的铁含量约高10倍,锌约是大豆的3.3倍。乌鸡中的二十二碳六烯酸(DHA)、二十碳五烯酸(EPA)含量是普通鸡的2倍以上。

食用宜忌

【宜】一般来说,男宜用母鸡。女宜用公鸡,以清炖为宜;此外,体虚血亏、肝肾不足、脾胃不健的人最宜食用乌鸡。

【忌】感冒发热、咳嗽多痰或湿热内蕴而见食少、腹胀者,有急性菌痢肠炎者忌食;体胖、患严重皮肤疾病者也不宜食用。

食物搭配之宜

乌鸡+红枣 补血

乌鸡味甘性平,造血功效特别突出;红枣也是补血佳品。两者一荤一素,相辅相成,是良好的补血佳品。

野鸡肉

别名

雉肉、七彩山鸡肉。

性味归经

性温,味甘。

功效

野鸡肉具有抑喘补气、止痰化瘀、清肺止咳、益肝活血之功效,是治疗痰气上喘和消渴的良药。对于防止心脑血管的硬化,利于延缓记忆力衰退有显著的食疗作用。

注解

野鸡,雄性体羽华丽,尾长,雌性淡黄褐色,尾较短,善走,不能久飞,活动在荒山田野间。野鸡肉是一种高蛋白低脂肪食品,肉质鲜美。正应了那句俗话"宁吃飞禽四两,不吃走兽半斤"。野鸡肉富含蛋白质、钙、磷、铁、维生素 A,维生素 B_1、维生素 B_2、维生素 C,脂肪含量低,且脂肪中所含的脂肪酸多为不饱和脂肪酸,熔点较低,易于被人体消化吸收。

选购宜忌

【宜】秋季食物丰富,野鸡肉肥膘满,冬季脂肪蓄积,皮下脂肪增多,此阶段购买的野鸡肉最肥嫩,营养丰富,食疗效果最佳。

烹饪宜忌

【宜】雄野鸡多用于红烧,雌野鸡清炖比较好。

【忌】不宜熏烤后食用。

食用宜忌

【宜】野鸡肉适宜脾胃虚弱、小便频多、肠滑便溏之人食用,也适宜慢性痢疾、糖尿病、冠心病、肥胖症患者食用。野鸡肉适宜冬季食用。

【忌】患有痔疮和皮肤疥疮之人忌食。

食物搭配之宜

野鸡肉+白酒　补血益气,活血通络

野鸡肉+木耳菜　清热解毒,润肠,补髓添精

野鸡肉+冬瓜　清热排毒,美容养颜

野鸡肉+赤小豆　营养更加富,功能更强

野鸡肉+金针菇　增强记忆力,促进生长

食物搭配之忌

野鸡肉+鲫鱼、鲇鱼　发生不良反应,降低食物营养价值

野鸡肉+核桃　同食容易导致腹泻

野鸡肉+猪肝　药性有温寒之别,不宜搭配食用

鸭肉

别名

鹜肉、家凫肉、扁嘴娘肉、白鸭肉。

性味归经

性寒,味甘、咸。归脾、胃、肺、肾经。

功效

鸭肉具有养胃滋阴、清肺解热、大补虚劳、利水消肿之功效,用于治疗咳嗽痰少、咽喉干燥、阴虚阳亢之头晕头痛、水肿、小便不利。鸭肉不仅脂肪含量低,且所含脂肪主要是不饱和脂肪酸,能起到保护心脏的作用。

注解

鸭是主要家禽之一。鸭喜合群,胆怯。母鸭好叫,公鸭则嘶哑,无飞翔力,善游泳,主食谷类、蔬菜、鱼、虫等。鸭肉是鸭科动物家鸭的肉。鸭肉营养价值很高,富含蛋白质、B 族维生素、维生素 E 以及铁、铜、锌等微量元素。

烹调宜忌

【宜】炖制老鸭时,加几片火腿或腊肉,能增加鸭肉的鲜香味。

食用宜忌

【宜】鸭肉适宜营养不良、体内有热、上火和水肿的人食用;尤其适合低热、虚弱、食少、妇女月经少、大便秘结、癌症、糖尿病、肝硬化腹水、肺结核、慢性肾炎水肿等患者食用。

【忌】阳虚脾弱、外感未清、便泻肠风者都不宜食用。

食物搭配之宜

鸭肉+山药　补肺

鸭肉补阴,并可消热止咳。山药的补阴作用更强,与鸭肉伴食,可消除油腻,同时可以很好地补肺。

老鸭+沙参　具滋补性

老鸭性温无毒,有滋阴补血的功能;沙参性微寒,能够滋阴清肺,养胃生津;两者功能相似,同食可治疗肺燥、干咳,极具滋补性。

鸭肉+酸菜、桂花　能滋阴养胃、清肺补血、利尿消肿、化痰散淤

食物搭配之忌

鸭肉+鳖肉　同食会令人阴盛阳虚、水肿泄泻

鸭肉+板栗　同食,易中毒

鸭血

性味归经

味咸,性寒。

功效

鸭血有补血、解毒的功效。

注解

鸭血富含铁、钙等各种矿物质,营养丰富。

食用宜忌

【宜】鸭血适宜劳伤吐血、痢疾之人热饮或兑酒饮。

【忌】经常脾阳不振、寒湿泻痢者不宜食用。

鹅肉

别名

家雁肉

性味归经

性平,味甘。归脾、肺经。

功效

鹅肉具有暖胃生津、补虚益气、和胃止渴、祛风湿、防衰老之功效,用于治疗中气不足,消瘦乏力,食少,气阴不足的口渴、气短、咳嗽等,是中医食疗中的好原料。天气寒冷时吃鹅肉,可以防治感冒和急慢性气管秃老年糖尿病患者常食鹅肉,还有控制病情发展和补充营养的作用。

注解

鹅肉为鸭科动物鹅的肉。鹅浑身是宝。鹅翅、鹅蹼、鹅舌、鹅肠、鹅肫是餐桌上的美味佳肴,鹅油、鹅胆、鹅血是食品工业、医药工业的主要原料。鹅肝营养丰富,鲜嫩味美,可促进食欲,是世界三大美味营养食品,被称为"人体软黄金"。鹅肉富含蛋白质、矿物质和维生素 E 等。鹅肉中脂肪含量较低,且多为有益健康的不饱和脂肪酸。

选购宜忌

【宜】质量好的鹅肉表皮干燥,呈白色或淡黄色并带浅红色。

烹调宜忌

【宜】鹅肉要逆着纹路切,才不会嚼不烂。如果鹅肉带有很多油就要切除一点,尤其是喜欢清淡口味的人。

食用宜忌

【宜】适宜身体虚弱、气血不足、营养不良之人食用,也适宜于天气寒冷时食用。

【忌】凡患有高血压病、高脂血症、动脉硬化、湿热内蕴、舌苔黄厚而腻、顽固性皮肤疾患、皮肤生疮毒者、淋巴结核、痈肿疗毒及各种肿瘤等病症者不宜食用。

食物搭配之宜

鹅肉+竹荪　有助于美容养颜。

食物搭配之忌

鹅肉+鸡蛋　伤元气、损脾胃

鹅肉+柿子　同食,严重时会导致死亡

鹅肉+鸭梨　同食,易伤肾脏

鸽肉

别名

家鸽肉。

性味归经

性平,味咸。归肝、肾经。

功效

鸽肉具有补肾、益气、养血之功效。鸽血中富含血红蛋白,能使术后伤口更好地愈合。而女性常食鸽肉,可调补气血、提高性欲。此外。乳鸽肉含有丰富的软骨素,经常食用,可使皮肤变得白嫩、细腻。常食鸽肉对脱发、白发也有很好的疗效。

注解

鸽子是一种常见的鸟,翅膀宽大,善于飞翔,羽色有雨点、灰、黑、绛、白等多种,足短矮,嘴喙短,食谷类植物的子实。鸽肉中蛋白质最为丰富,而脂肪含量极低,消化吸收率高达95%以上。此外,鸽肉所含的维生素 A,维生素 B_1,维生素 B_2,维生素 E 及造血用的微量元素与鸡、鱼、牛、羊肉相比非常丰富。

烹调宜忌

【宜】鸽肉以清蒸或煲汤为最好,这样能使营养成分保存得最为完好;想炸出皮脆肉嫩的乳鸽是有一定秘诀的,就是炸前要用姜、葱、料酒、生抽和老抽腌渍;炸制时要用大火和七成的热油,放入乳鸽后需端离火,利用油热浸至刚熟,而后再将油锅回炉,大火热油将乳鸽炸至大红。

食用宜忌

【宜】鸽肉适宜体虚、头晕、毛发稀疏脱落、头发早白、未老先衰、神经衰弱、记忆力减弱、贫血、高血压病、高脂血症、冠心病、动脉硬化、腰酸、妇女血虚经闭、习惯性流产、孕妇胎漏、男子不育、精子活动力减退、睾丸萎缩、阴囊湿疹瘙痒等病症患者食用。鸽肉营养丰富,易于消化,对老年人、体虚病弱者、孕妇及儿童有恢复体力、增强脑力和视力的食疗作用。

【忌】食积胃热、先兆流产、尿毒症、体虚乏力患者不宜食用。

食物搭配之宜

鸽肉+鳖肉　滋肾益气,散结痛经

食物搭配之忌

鸽肉+猪肉　滞气

鸽肉+香菇、蘑菇　引起不良反应,导致痔疮发作

鸽肉+猪肝　导致营养不良,使皮肤出现色素沉淀

麻雀肉

别名

宾雀肉、家雀肉。

性味归经

性温,味甘。归肾经。

功效

麻雀肉具有壮阳、益精、暖腰膝、缩小便、止崩带之功效。

注解

麻雀是文鸟科动物,以啄食谷物和昆虫为生,头圆,尾短。嘴呈圆锥状,翅膀短小:麻雀肉富含蛋白质、脂肪、碳水化合物、无机盐及维生素 B_1、维生素 B_2 等营养成分。

食用宜忌

【宜】麻雀肉宜冬月食用,适宜阳气不足、性功能减退、小便频数、小儿百日咳、妇女清稀白带过多、带下、男子阳痿等病症患者食用;身体虚弱,终日精神萎靡不振,畏寒肢冷者也宜常食麻雀肉。

【忌】春夏季节忌食雀肉;凡属阴虚火旺体质或性功能亢进之人忌食;雀性大热并特淫,故青少年、妊娠妇女及月经过多、大便秘结、小便短赤、各种血液病、各种炎症患者都应忌食。

鹌鹑肉

别名

鹑鸟肉、赤喉鹑肉。

性味归经

性平,味甘。归大肠、心、肝、脾、肺、肾经。

功效

鹌鹑肉具有补五脏、益精血、温肾助阳之功效,男子经常食用鹌鹑,可增强性功能,并增气力,壮筋骨。鹌鹑肉中含有维生素 P 等成分,常食有防治高血压及动脉硬化之功效。

注解

鹌鹑为迁徙性雉类鸟,样子像小鸡,头小,尾短粗,背褐色,杂有棕白色条纹,腹白色。鹌鹑肉嫩味香,香而不腻,营养丰富,一向被列为野禽上品。鹌鹑肉和蛋都富含蛋白质、卵磷脂、维生素 A、维生素 B_1、维生素 B_2,以及铁、钙、磷等元素。

烹调宜忌

【宜】鹌鹑肉质非常嫩,一烧就酥,如果不用油炸一下,放在水中烧一会儿肉就散了,也没嚼劲,所以可先将鹌鹑肉炸一下,再炖汤。

食用宜忌

【宜】鹌鹑肉适宜患有高血压、血管硬化、结核病、肥胖症、小儿疳积、肾炎水肿、泻痢、胃病、神经衰弱和支气管哮喘等病症者以及营养不良、体虚乏力、贫血头晕、皮肤过敏者食用;男子经常食用鹌鹑肉,可增强性功能,并增气力,壮筋骨。

【忌】重症肝炎晚期、肝功能极度低下、感冒患者不宜食用。

食物搭配之宜

鹌鹑肉+红枣　治疗女子贫血、脸色苍白

鹌鹑肉+桂圆　补益肝肾,养心和胃

鹌鹑肉+天麻　治疗营养不良及贫血

食物搭配之忌

鹌鹑肉+猪肝　产生对人体不利的物质,导致营养不良,使皮肤出现色素沉淀

鹌鹑肉+菌类食物　引发痔疮发作

蚕蛹

别名

小蜂儿。

性味归经

性温,味甘、辛、咸。

功效

蚕蛹具有降血压、降血糖、补虚损、壮阳事之功效。蚕蛹能有效调节机体糖和脂肪代谢,降血脂、降胆固醇,对高胆固醇血症和改善肝功能有显著的食疗作用。蚕蛹还能提升人体白细胞、增强免疫力、延缓衰老、补肾壮阳、补虚劳、去风湿,可作为男子阳痿、遗精补益食品。

注解

蚕蛹是蚕吐丝做茧后在茧中变成的蛹虫。蚕蛹不仅味道鲜美,营养丰富,还是极宝贵的动物性蛋白质来源,更是提取多种化学药品的原料。蚕蛹富含蛋白质、不饱和脂肪酸、甘油酸及少量卵磷脂、脂溶性维生素等,是体弱、病后、老人及女性产后的高级营养补品。

选购宜忌

【忌】蚕蛹不新鲜、变颜色、有异味者。

食用宜忌

【宜】适宜夜尿频数、高血压病、脂肪肝、高脂血症、糖尿病、肺结核、慢性胃炎、胃下垂、中老年人腰膝酸软、阳痿滑精等病症患者食用;老人、体弱及肝脏功能不佳者食用也较为适合,每次5~7个。

【忌】患有脚气和对鱼虾等食物过敏的人应少食;蚕蛹放置过久,冷天超过一周,热天超过20~30小时,不可食用。

蜗牛肉

别名

水牛儿肉、天螺蛳肉、无厣螺肉。

性味归经

性寒,味咸。

功效

蜗牛能清热、解毒、消肿、消渴,对高血压、高血脂、糖尿病,促进乙肝病毒转阴有食疗作用,并具有调理功能、防病健体、养生美容之功效。对咳嗽、咽炎、腮腺炎、蜈蚣咬伤等也有一定食疗效果。

注解

蜗牛与鱼翅、干贝、鲍鱼并列为世界四大名菜,肉嫩味美,营养丰富,是一种高蛋白、低脂肪、低胆固醇的上等食品,享有"软黄金"之美誉。蜗牛肉中含有丰富的钙、铁、铜、磷、蛋白质及多种人体所需要的营养素。

烹调宜忌

【宜】烹制时也要熟透。

食用宜忌

【宜】蜗牛含有各种酶,能帮助人体消化各种不易消化的食物,老少皆宜。胃肠消化力弱、体虚、痈肿、咽喉肿痛、小儿腮腺炎及痔疮患者尤其适宜食用,每次 30~70 克。

【忌】其性大凉,凡脾胃虚、寒腹泻及胃寒痛者不宜食用。

食物搭配之忌

蜗牛+螃蟹　不宜同食

青蛙肉

别名

田鸡肉、水鸡肉。

性味归经

性凉,味甘。

功效

青蛙肉具有清热解毒、消肿止痛、补肾益精、养肺滋肾之功效。

注解

青蛙是黑斑蛙、虎纹蛙和金线蛙的统称。在分类上属于两栖纲,无尾目,蛙科。青蛙肉肉质细嫩、脂肪少、糖分低,富含蛋白质、碳水化合物、钙、磷、铁、维生素 A、B族维生素、维生素 C 及多种激素。

食用宜忌

【宜】青蛙肉适宜身体虚弱、营养不良、气血不足、精力不足、虚劳咳嗽、肝硬化腹水、脚气病水肿、体虚水肿、低蛋白血症、高血压病、冠心病、动脉硬化、高脂血症、糖尿病患者食用;也适宜病后、产后虚弱、肺痨咳嗽吐血、盗汗不止、神经衰弱者服食。

【忌】脾虚、便泻、痰湿、外感初起咳嗽者不宜食用。青蛙肉吃多了可能染上寄生虫病，而寄生虫一旦侵入眼球，会引起各种炎症，导致角膜溃疡、视力下降，严重者会导致双目失明。

牛蛙

注解
牛蛙是一种高蛋白质、低脂肪、胆固醇极低、味道鲜美的食品，具有滋补解毒和治疗某些疾病的功效，可以促进人体气血旺盛、精力充沛，有滋阴、壮阳、养心安神补气的功效。

烹调宜忌
【宜】牛蛙肉质细嫩，所以烹制时间不宜过长，否则牛蛙肉会老韧。

食用宜忌
【宜】食蛙肉能开胃，胃弱或胃酸过多的患者最宜吃蛙肉。

【忌】脾虚、腹泻、咳嗽、虚弱畏寒者不宜多食。

蛇肉

别名
乌蛇肉、蟒蛇肉、水蛇肉。

性味归经
性平，味甘、咸。

功效
蛇肉具有祛风活血、除痰去湿之功效。蛇胆能祛风除湿、清火明目、止咳化痰。临床上应用于治疗风湿性关节炎、胃痛、眼赤目糊、咳嗽痰多、小儿惊风、半身不遂、痔疮红肿等。蛇鞭含有雄性激素、蛋白质等成分，具有补肾壮阳、温中安脏的功效，可治疗阳痿、肾虚耳鸣、慢性睾丸炎、妇女宫冷不孕等。泰国人认为眼镜蛇是一种"最猛烈的催情药"，能促进性功能。

注解
蛇有着悠久的食用历史。广州人特别爱吃蛇，且擅长蛇肴烹饪的高手很多，烹调方法也层出不穷。蛇肉富含蛋白质、脂肪、糖类、钙、磷、铁及维生素 A、维生素 B_1、维生素 B_2 等。蛇油含有的亚油酸、亚麻酸等非饱和脂肪酸达 22 种之多。

食用宜忌
【宜】蛇肉适宜体质虚弱、气血不足、四肢麻木、营养不良、骨结核、关节结核、淋巴结核、风湿痹痛、风湿及类风湿性关节炎、脊柱炎、过敏性皮肤病、末梢神经麻痹者等病症患者食用。

【忌】孕妇慎用。蛇肉可能含有细菌和寄生虫，可能会威胁胎儿健康。

三、菌类饮食宜忌

菌类是个庞大的家族,现在已知的菌类大约有 10 多万种,常见的有黑木耳、银耳、竹荪、草菇、香菇、平菇、红菇、金针菇、鸡枞、口蘑、地耳等。菌类的营养价值十分丰富,含有较多的蛋白质、碳水化合物、维生素等,还有微量元素和矿物质,多吃可增强人体免疫力。

黑木耳

别名

树耳、木蛾、黑菜。

性味归经

性平,味甘。归肺、胃、肝经。

功效

黑木耳具有补血气、活血、滋润、强壮、通便之功效,对痔疮、胆结石、肾结石、膀胱结石等病症有食疗作用。黑木耳可防止血液凝固,有助于减少动脉硬化,经常食用则可预防脑溢血、心肌梗塞等致命性疾病的发生。

注解

黑木耳生长于栎、杨、榕、槐等 120 多种阔叶树的腐木上,单生或群生。在我国主要分布于黑龙江、吉林、福建、台湾、湖北、广东、广西、四川、贵州、云南等地。目前人工培植以椴木的和袋料的为主。黑木耳色泽黑褐,质地柔软,味道鲜美,营养丰富,可素可荤。

选购宜忌

【宜】干黑木耳越干越好,朵大适度,朵面乌黑但无光泽,朵背略呈灰白色的为上品。

【忌】体重,水泡胀发性差的为劣质,不宜选用。

烹调宜忌

【宜】将黑木耳放入温水中,加点盐,浸泡半小时可以让木耳快速变软。将黑木耳放入温水中,再放加入两勺淀粉,然后搅拌,用这种方法可以去除黑木耳中细小的杂质和残留的沙粒。

【忌】泡发后的黑木耳不宜长时间放置不用。

食用宜忌

【宜】适合心脑血管疾病、结石症患者食用,特别适合缺铁的人士、矿工、冶金工人、纺织工、理发师食用。

【忌】有出血性疾病、腹泻者的人应不食或少食,孕妇不宜多吃。

贮藏宜忌

【宜】保存干黑木耳要注意防潮,最好用塑胶袋装好、封严,常温或冷藏保存均可。

【忌】存放时不可距离气味较重的食物太近,否则容易串味。

食物搭配之宜

黑木耳+红枣　补血

黑木耳含铁量较高,有补血作用,还有一定的抗肿瘤作用;红枣是补血佳品,可治血虚、血小板缺少等症,两者同食,补血效果更明显,尤其适合女性食用。

黑木耳+青笋　补血

青笋中维生素 C 的含量较高,可促进人体对黑木耳中所含铁元素的吸收,两者搭配,具有补血作用。

食物搭配之忌

黑木耳+田螺　不利于消化

从食物药性来说,寒性的田螺遇上滑利的黑木耳,不利于消化,所以二者不宜同食。

黑木耳+野鸭　消化不良

野鸭味甘性凉,与黑木耳同食易导致消化不良。

银耳

别名

白木耳、雪耳、银耳子。

性味归经

性平,味甘。归肺、胃、肾经。

功效

银耳含有丰富的胶质、多种维生素、无机盐、氨基酸,具有强精补肾、滋肠益胃、补气和血、强心壮志、补脑提神、美容嫩肤、延年益寿的功效。银耳还含有酸性异多糖,能增强机体巨噬细胞的吞噬功能,抑制癌细胞生长。

注解

银耳为真菌类银耳科银耳属植物,有"菌中之冠"的美称,夏秋季生于阔叶树腐木上,分布于我国浙江、福建、江苏、江西、安徽等十几个省份。目前,国内人工栽培银耳使用的树木为椴木、栓皮栎、麻栎、青刚栎、米槠等 100 多种。

选购宜最

【宜】宜选择色泽黄白、鲜洁发亮、瓣大形似梅花、气味清香、带韧性、胀性好的银耳。

【忌】有斑点杂色、碎渣的银耳不要选用。

烹调宜忌

【宜】银耳宜用开水泡发,泡发后应去掉未发开的部分,特别是那些呈淡黄色的东西。银耳主要用来做甜汤。

食用宜忌

【宜】一般人都可食用,尤其适合阴虚火旺、老年慢性支气管炎、心脏病、免疫力低下、体质虚弱、内火旺盛、虚痨、癌症、肺热咳嗽、肺燥干咳、月经不调、胃炎、大便秘结者食用。

【忌】外感风寒、出血症、糖尿病患者慎用。

贮藏宜忌

【宜】银耳易受潮变质,可先装入瓶中密封,再放于阴凉干燥处保存。

食物搭配之宜

银耳+木瓜　美容美体

银耳是一种含粗纤维的减肥食品,与有丰胸效果的木瓜同炖,可谓是美容美体佳品。

银耳+冰糖　滋补

银耳性平,可滋阴润肺、养胃生津;冰糖性平,可以和胃润肺、止咳化痰,两者同食,滋补作用更加显著。

食物搭配之忌

银耳+菠菜、蛋黄、动物肝脏　形成难溶性化合物

因银耳含磷丰富,磷与铁结合会形成难溶性化合物,故银耳不宜与富含铁剂的食物,如菠菜、蛋黄、动物肝脏等同食。

竹荪

别名

竹参、面纱菌、竹姑娘、竹菌、雪裙仙子。

性味归经

性凉,味甘、微苦。归肺、胃经。

功效

竹荪具有补气养阴、润肺止咳、清热利湿、健脾益胃、止痛、减少腹壁脂肪的聚积、降血压、降血脂等功效,常吃可清嗓、治咳嗽。

注解

竹荪是著名的食用菌,幼时呈卵状球形,后伸长,菌盖钟形,柄白色,中空,壁海绵状,孢子椭圆形。自然繁殖的竹荪主要产于中国四川、云南、贵州等地。

选购宜忌

【宜】选购竹荪时要注意,从色泽上看,没有经过硫磺熏蒸的竹荪颜色是很自然的淡黄色;在气味上,好的竹荪的气味应该是自然芳香,如果能闻到刺鼻的气味,

建议不要购买。优质的食用竹荪,其色泽浅黄、味香、肉厚、柔软、菌朵完整。

【忌】颜色发黑的竹荪是变质的,不能食用。

烹调宜忌

【宜】干品的竹荪烹制前应先用淡盐水泡发,并剪去菌盖头(封闭的一端),否则会有怪味。

食用宜忌

【宜】肥胖者、脑力工作者,失眠、高血压、高血脂、高胆固醇、免疫力低下、肿瘤患者可以常食。

【忌】竹荪性凉,脾胃虚寒之人不要吃得太多。

贮藏宜忌

【宜】鲜竹荪购买后应立即烹制,如不立刻烹饪,可用塑料膜包裹好,贮藏于3~5℃低温下,可保存3~5天;干品则密封好,置于阴凉干燥处即可。

【忌】不要放在潮湿的冰箱里保存。

食物搭配之宜

竹荪+鸡腰　滋阴补阳

香菇

别名

菊花菇、合蕈。

性味归经

性平,味甘。归脾、胃经。

功效

香菇具有化痰理气、益胃和中、透疹解毒之功效,对食欲不振、身体虚弱、小便失禁、大便秘结、形体肥胖、肿瘤疮疡等病症有食疗功效。

注解

香菇是世界第二大食用菌,也

香菇

是我国特产之一,在民间素有"山珍"之称。香菇是一种生长在木材上的真菌,味道鲜美、香气沁人、营养丰富,有"植物皇后"的美誉。

选购宜忌

【宜】挑选香菇首先应当鉴别其香味如何,可用手指头压住菇伞,然后边放松边闻,以香味纯正、伞背呈黄色或白色者为佳。

【忌】伞背呈茶褐色或掺杂有黑色的香菇是不好的香菇,千万不要选购。

烹调宜忌

【宜】烹饪前,香菇在水里(冬天用温水)提前浸泡1天,经常换水并用手挤出杆内的水,这样既能泡发彻底,又不会造成营养大量流失。

食用宜忌

【宜】香菇中含有嘌呤、胆碱、酪氨酸、氧化酶以及某些核酸物质,适宜血压高、胆固醇高、血脂高的人食用,可预防动脉硬化、肝硬化等疾病。

【忌】香菇为发物,脾胃寒湿、气滞者和患有顽固性皮肤瘙痒症者不宜食用。

贮藏宜忌

【宜】干香菇应放在干燥、低温、避光、密封的环境中储存。发好的香菇要放在冰箱里冷藏才不会损失营养。

【忌】因光线中的红外线会使香菇升温,紫外线会引发光合作用,从而加速香菇变质,所以香菇不宜存放在透光处。

食物搭配之宜

香菇+虾仁　滋补强壮、消食化痰、清神降压

香菇+木瓜　消脂降压

香菇+豆腐　营养好吸收

食物搭配之忌

香菇+鹌鹑肉、

鹌鹑蛋　面生黑斑、长痔疮

平菇

别名

侧耳、糙皮侧耳、蚝菇、黑牡丹菇。

性味归经

性微温,味甘。归脾、胃经。

功效

平菇具有补虚、抗癌之功效,能改善人体新陈代谢、增强体质、调节植物神经。此外,平菇对肝炎、慢性胃炎、胃及十二指肠溃疡、软骨病、高血压等病症有食疗功效,对降低血液中的胆固醇含量、预防尿道结石也有一定效果。对女性更年期综合征可起调理作用。

注解

平菇是种相当常见的灰色食用菇。平菇营养丰富,在唐宋时期,它是宫廷菜,名曰天花菜、天花蕈。

选购宜忌

【宜】应选择菇行整齐不坏,颜色正常,质地脆嫩而肥厚,气味纯正清香,无杂味、无病虫害,八成熟的鲜平菇。八成熟的平菇菌伞不是翻张开的,而是边缘向内

卷曲。

烹调宜忌

【宜】平菇可以炒、烩、烧,口感好、营养高、不抢味。

【忌】鲜平菇烹饪时出水较多,易被炒老,炒老后既影响口感又破坏营养,所以烹饪鲜平菇时必须掌握好火候,切忌炒老。

食用宜忌

【宜】更年期妇女,体弱者,肝炎、消化系统疾病、软骨病、心血管疾病、尿道结石症患者及癌症患者尤其适宜食用。

【忌】对菌类食品过敏者不宜食用。

贮藏宜忌

【宜】可以将平菇装入塑料袋中,存放于干燥处。

食物搭配之宜

平菇+猪肉　提高平菇的滋补保健功效

平菇能改善人体新陈代谢、增强体质,并能预防癌症,配以温补之品猪肉,能提高平菇的滋补保健功效。

平菇+豆腐　降压,降脂,抗癌

平菇与益气调中的豆腐相配,常被用来作高血压、高血脂、动脉硬化、癌症等病症的辅助食疗菜肴。

平菇+鸡蛋　滋补强身

猴头菇

别名

猴菇菌、猴头菌、羊毛菌、刺猬菌。

性味归经

性平,味甘。归脾、胃、心经。

功效

猴头菇具有健胃、补虚、抗癌之功效,对胃癌、食管癌等消化道恶性肿瘤,以及胃溃疡、胃窦炎、消化不良、胃痛腹胀、神经衰弱等病症有一定的食疗作用。

注解

猴头菇是中国传统的名贵菜肴,肉嫩、味香、鲜美可口。猴头菇菌伞表面长有毛茸状肉刺,长约1~3厘米;子圆而厚,新鲜时白色,干后变浅黄至浅褐色,基部狭窄或略有短柄,上部膨大,直径3.5~10厘米,远远望去似金丝猴头,故称"猴头菇"。

选购宜忌

【宜】猴头菇新鲜时呈白色,干制后呈褐色或金黄色,其质量以形体完整无缺、茸毛齐全、体大、色泽金黄色者为好。

【忌】有的伪劣产品为了增白,用硫磺或化学药剂处理成不正常的白色,食用这种菇对人体有害无益,不可选购。

烹调宜忌

【宜】干猴头菇适宜用水泡发而不宜用醋泡发,泡发时应先将猴头菇洗净,然后放在热水或沸水中浸泡3个小时以上。在烹制的时候可加入料酒或白醋中和一部分猴头菇本身带有的苦味。

食用宜忌

【宜】低免疫力人群、高脑力人群都适宜吃猴头菇,有心血管疾病、胃肠疾病的患者更应食用猴头菇。

【忌】对菌类食品过敏者慎用。

食物搭配之宜

猴头菇+黄芪　滋补身体

金针菇

别名

冬蘑、金钱菌、冻菌、金菇。

性味归经

性凉,味甘滑。归脾、大肠经。

功效

金针菇具有补肝、益肠胃、抗癌之功效,对肝病、胃肠道炎症、溃疡、肿瘤等病症有食疗作用。金针菇中锌含量较高,对预防男性前列腺疾病较有助益。金针菇还是高钾低钠食品,可防治高血压,对老年人也有益。

注解

金针菇分布广泛,中国、日本、俄罗斯、欧洲、北美洲、澳大利亚等地均有分布。金针菇菌盖小巧细腻,黄褐色或淡黄色,菌肉为白色,质地细软而嫩、润而光滑,菌干形似金针,故名金针菇。

选购宜忌

【宜】新鲜的金针菇以未开伞、菇体洁白如玉、菌柄挺直、均匀整齐、无褐根、基部少黏液者为佳品。

烹调宜忌

【宜】将鲜金针菇水分挤开,放入沸水锅内焯一下捞起,凉拌、炒、炝、熘、烧、炖、煮、蒸、做汤均可,亦可作为荤素菜的配料使用。

食用宜忌

【宜】适合气血不足、营养不良的老人、儿童,及癌症患、肝脏病患者,胃、肠道溃疡,心脑血管疾病患者也可食用。

【忌】脾胃虚寒者不宜吃得太多。

贮藏宜忌

【宜】将金针菇晒干,然后用塑料袋包好,可以保存一段时间。

【忌】不宜放在潮湿的环境中保存。

食物搭配之宜

金针菇+豆腐　降压、降糖、减肥

食物搭配之忌

金针菇+驴肉　引起心痛

鸡腿蘑

别名

毛头鬼伞、毛鬼伞、刺蘑菇。

性味归经

性平,味甘。

功效

鸡腿蘑能益胃清神、增进食欲、消食化痔,还具有调节体内糖代谢、降低血糖之功效,并能调节血脂,对糖尿病和高血脂患者有保健作用。

注解

鸡腿蘑常在春、夏、秋季雨后生于田野、林园、路边,甚至茅屋屋顶上。子实体群生,成熟时菌褶变黑,边缘液化。蕾期菌盖圆柱形,连同菌柄状似火鸡腿,"鸡腿蘑"由此得名。鸡腿蘑幼时肉质细嫩、鲜美可口,色、香、味皆不亚于草菇。

选购宜忌

【宜】选择菇体粗壮肥大、色白细嫩、肉质密实、不易开伞的。

【忌】不要贪图鸡腿菇的外观更白、更亮,那样的菇并不好。

烹调宜忌

【宜】适宜炒食、炖食、煲汤,久煮不烂,滑嫩清香,且适合与肉菜搭配食用。

食用宜忌

【宜】鸡腿蘑性味甘干,营养丰富,皆无所忌,尤其适合食欲不振、糖尿病人、痔疮患者食用。

贮藏宜忌

【宜】可将鲜鸡腿蘑根部的杂物除净,放入淡盐水中浸泡 10 ~ 15 分钟,捞出后沥干水分,再装入塑料袋中,这样可保鲜一星期。

食物搭配之宜

鸡腿蘑+牛肉　健脾养胃、安中益气

·养生保健·

图文珍藏版

松蘑

别名

松菇、松蕈、鸡丝菌、松口蘑。

性味归经

性温,味淡。归肾、胃二经。

功效

松蘑具有强身、益肠胃、止痛、理气、化痰等功效。松蘑中含有丰富的铬和多元醇,对糖尿病有食疗作用。所含的抗氧化物质还可以抑制癌细胞生长。

注解

松蘑是目前不能人工培养的野生菌之一松蘑的生长环境,除具备一般蘑菇生长条件外,还必须与松树生长在一起,与松树根共生。松蘑肉质肥厚,味道鲜美滑嫩,不但风味极佳、香味诱人,而且是营养丰富的食用菌,有"食用菌之王"的美称。

选购宜忌

【宜】松蘑以片大体轻、黑褐色、身干、整齐、无泥沙、带白丝、油润、不霉不碎的为好。

食用宜忌

【宜】营养丰富,老少皆宜。松蘑以鲜食最佳。

【忌】每次不能食用太多,以30克为宜。

贮藏宜忌

【宜】购买的鲜松蘑,可用手掐掉根部,掰成小瓣,晒干储存。

食物搭配之宜

松蘑+鹌鹑　营养丰富

口蘑

别名

白蘑、蒙古口蘑、云盘蘑、银盘。

性味归经

性平,味甘。归肺、心二经。

功效

口蘑能够防止过氧化物损害机体,帮助治疗因缺硒引起的血压升高和血黏度增加,调节甲状腺,提高免疫力,可抑制血清和肝脏中胆固醇上升,对肝脏起到良好的保护作用:它还含有多种抗病毒成分,对病毒性肝炎有一定食疗效果。所含大量膳食纤维可以防止便秘、促进排毒、预防糖尿病及大肠癌。另外,口蘑属于低热量食品,可以防止发胖。

注解

口蘑原是生长在蒙古草原上的一种白色伞菌属野生蘑菇,一般生长在有羊骨或羊粪的地方,味道异常鲜美。因为蒙古口蘑以前都通过河北省张家口市输往内地,所以被称为"口蘑"。由于产量不大而需求量大,所以口蘑价格昂贵,是目前中国市场上最为昂贵的蘑菇之一。

烹调宜忌

【宜】口蘑最好食用新鲜的。宜配肉菜食用。

【忌】以口蘑为原材料制作菜肴时,不用放味精或鸡精,以免破坏口蘑特有的鲜味。

食用宜忌

【宜】口蘑既可炒食,又可焯水后凉拌,是一种较好的减肥美容食品。

【忌】市场上有泡在液体中的袋装口蘑,食用前一定要多漂洗几遍,以去掉某些化学物质。

贮藏宜忌

【宜】将口蘑放入一个密封袋中,排出袋中的空气,然后封口,将袋子放在冰箱中贮藏。

食物搭配之宜

口蘑+勺鸡　补中益气

口蘑具有宣肠益气、散血热、解表的功效,与勺鸡肉相配可为人体提供丰富的营养成分,具有补中益气的功效。

口蘑+虾丁　减肥

榛蘑

别名

蜜环菌、蜜色环蕈、蜜蘑、栎蘑、根索蕈、根腐蕈。

性味归经

性温,味甘。

功效

榛蘑具有清目、利肺、益肠胃等功效,常食用对预防眼病、皮肤病、胃肠疾病有益,并能增强人体对呼吸道、消化道传染病的抵抗力。

注解

榛蘑为真菌植物门真菌蜜环菌的子实体,是迄今为止为数不多的被人们所认知但仍然无法人工培育的野生菌类之一,堪称名副其实的"山珍"。榛蘑呈伞形,淡土黄色,老后棕褐色。榛蘑7~8月生长在针阔叶树的干基部、代根、倒木及埋在土中的枝条上。一般多生在浅山区的榛柴岗上,故而得名"榛蘑"。

选购宜忌

· 养生保健 ·

图文珍藏版

【宜】干品榛蘑呈灰白色,肉质肥厚,条色均匀,无霉味和其他异味,无霉变、杂质者为佳;挑选新鲜榛蘑时应注意选没有被虫吃过或有虫的。

烹调宜忌

【宜】榛蘑可鲜食、炒、做汤、凉拌等。

食用宜忌

【宜】榛蘑食疗效果显著,营养丰富。食无所忌。尤其适合用眼过度、眼炎、夜盲症、皮肤干燥、高血脂、高血压、动脉硬化、黏膜失去分泌能力、羊痫风、腰腿疼痛、免疫低下、癌症、呼吸道疾病、消化道病的患者食用。

贮藏宜忌

【宜】干货应放在通风好的地方保存,鲜品与其他菜品一样保鲜存储。

食物搭配之宜

棒蘑+雷鸡　补益、明目

榛蘑是蜜环茵的子实体,含有丰富的营养成分,特别含有大量的胡萝卜素,具有明目、益肠胃、利肺消炎的功效。与雷鸡相配,可为人体提供丰富的营养成分,具有补益、明目的功效:

棒蘑+菜花　增强免疫力

四、水产类饮食宜忌

水产类食物在我们饮食中占有重要的地位,特别是水产类食物中的鱼类,营养丰富,肉质鲜美,深受大家的喜爱。本节详细介绍了水产类食物的基本知识、饮食宜忌,以便大家能更好地享受水产美食。

鲤鱼

别名

白鲤、黄鲤、赤鲤。

性味归经

味甘,性平。

功效

鲤鱼具有健胃、滋补、催乳、利水之功效,对水肿、乳汁不通、胎气不长等症有食疗作用。男性吃雄性鲤鱼,有健脾益肾、止咳平喘之功效。此外,鲤鱼眼睛有黑发、悦颜、明目效果。鲤鱼肉味甘,性平,有下水气、利尿消肿的功效;入药有开脾健胃、利小便、消腹水、消水肿、止咳镇喘、安胎通乳、清热解毒及发乳等疗效。鱼肉的脂肪主要是不饱和脂肪酸,有促进大脑发育的作用,还能很好地降低胆固醇,对于防治动脉硬化、冠心病有很好的食疗作用,多吃鲤鱼可以健康长寿。

注解

鲤鱼因鳞有十字纹理,故得鲤名。原产亚洲的温带性淡水鱼,喜欢生活在平原上的湖泊中或水流缓慢的河川里。鲤鱼背鳍的根部长,通常口边有须,但有的也没有须。口腔的深处有咽喉齿,用来磨碎食物。鲤鱼肉质十分细嫩可口,易被消化和吸收。鲤鱼肉富含蛋白质、碳水化合物、脂肪、多种维生素、组织蛋白酶 A、组织蛋白酶 B、组织蛋白酶 C、钙、磷、铁、谷氨酸、甘氨酸、组氨酸以及挥发性含氮物质、挥发性还原性物质、组胺等成分。

选购宜忌

【宜】鲤鱼体呈纺锤形、青黄色,最好的鱼游在水的下层,呼吸时鳃盖起伏均匀,生命力旺盛。

【忌】稍差的鱼游在水的上层,鱼嘴贴近水面,尾部下垂。脊上两筋有黑血的鲤鱼不要购买。

烹调宜忌

【宜】鲤鱼两侧皮内务有一条似白线的筋,在烹制前要把它抽出,这样可去除它的腥味。抽筋时,应在鱼的一边靠鳃后处和离尾部约 3 厘米处各横切一刀至脊骨,再用刀从属向头平拍,使鳃后刀口内的筋头冒出,用手指尖捏住筋头一拉便可抽出白筋。烹调鲤鱼的方法较多,以红烧、干烧、糖醋为主。

食用宜忌

【宜】鲤鱼适宜食欲低下、工作太累和情绪低落者食用,尤其适宜患心脏性水肿、营养不良性水肿、脚气水肿、妇女妊娠水肿、肾炎水肿、黄疸肝炎、肝硬化腹水、胎动不安、咳喘等病症者食用。活鲤鱼和猪蹄炖汤服用,可治产妇少乳。

【忌】患有红斑狼疮、痈疽疔疮、荨麻疹、支气管哮喘、小儿腮腺炎、血栓闭塞性脉管炎、恶性肿瘤、淋巴结核、皮肤湿疹等病症者不宜食用。鲤鱼胆汁有毒,吞食生、熟鱼胆都会中毒,引起胃肠症状、脑水肿、中毒性休克,严重者可致死亡。

贮藏宜忌

【宜】在鲤鱼的鼻孔里滴一两滴白酒,然后把鱼放在通气的篮子里,上面盖一层湿布,在二三天内鱼不会死去。

食物搭配之宜

鲤鱼+米醋　除湿

鲤鱼有除湿消肿的功效;米醋也有利湿的功能,两者同食,利湿效果更好。

鲤鱼+香菇　营养丰富

鲤鱼富含蛋白质,且易被人体吸收;香菇富含核酸物质、香菇多糖和多种维生素。两者营养成分互补,同食可为人体提供较全面的营养。

鲤鱼+花生　利于营养吸收。

鲤鱼中的不饱和脂肪酸含量较多,但易被氧化为饱和脂肪酸,失去原有的营养;花生中含有较丰富的维生素 E,具有明显的抗氧化作用。两者搭配,有利于健康。

食物搭配之忌

鲤鱼+麦门冬　药性相克

鲤鱼+甘草、南瓜　易引起中毒

鲤鱼+紫苏　发生化学反应,影响药效发挥

鲤鱼+大枣　引起腹痛

鲤鱼+毛豆　破坏维生素 B_1,降低营养价值

鲤鱼+咸菜　可引起消化道癌肿

草鱼

别名

混子、草鲩、白鲩、鲩鱼、油鲩。

性味归经

性温,味甘。无毒。归肝、胃经。

功效

草鱼具有暖胃、平肝、祛风、活痹、截疟、降压、祛痰及轻度镇咳等功能,是温中补虚的养生食品。此外,草鱼对增强体质、延缓衰老有食疗作用。而且,多吃草鱼还可以预防乳腺癌。草鱼具有补中、利尿、平肝、祛风的作用。对心肌发育及儿童骨骼生长有特殊作用,它还具有截疟祛风的功效,对疟疾日久不愈、体虚头痛患者有一定食疗效果。

注解

草鱼体型较长,略呈圆筒形,腹部无鳞;头部平扁,尾部侧扁;口呈弧形,口边无须。草鱼广泛分布于中国除新疆和青藏高原以外的平原地区。草鱼喜食狼尾草、狗尾草、麸皮等。草鱼富含蛋白质、脂肪、钙、磷、铁、维生素 B_1、维生素 B_2、烟酸等。

烹调宜忌

【宜】烹调草鱼时,可以不放味精,味道也很鲜美;炒鱼肉的时间不能过长,要用低温油炒至鱼肉变白即可。

【忌】鱼胆有毒不能吃;草鱼要新鲜,煮时火候不能太大,以免把鱼肉煮散。

食用宜忌

【宜】老少皆宜。冠心病、血脂高患者,小儿发育不良者,水肿、肺结核患者、产后乳少等患者适宜食用;凡体虚气弱者,可作滋补食疗品。

【忌】草鱼不宜大量食用,否则会诱发各种疮疥。同时,女子在月经期不宜食用。此外,需要特别注意的是草鱼胆虽可治病,但胆汁有毒,需慎用。

食物搭配之宜

草鱼+油条、蛋、胡椒粉　益眼明目,适合老年人温补健身

草鱼+豆腐　可以补中调胃、利尿消肿

草鱼+冬瓜　祛风、清热、平肝

鲢鱼

别名

鲢、鲢子、边鱼、白脚鲢。

性味归经

性温,味甘。归脾、胃经。

功效

鲢鱼具有健脾、利水、温中、益气、通乳、化湿之功效。对于治疗咳嗽、气喘、脾胃虚弱、水肿等病症有食疗作用,尤其适用于治疗胃寒疼痛或由消化不良引起的慢性胃炎。另外,鲢鱼的鱼肉中含蛋白质、脂肪酸很丰富,能促进智力发育,对于降低胆固醇对血液黏稠度和预防心脑血管疾病、癌症等具有明显的食疗作用。

注解

鲢鱼属淡水鱼,全身银白色,个头肥大,体厚侧扁,一般有红色润斑。鲢鱼分布很广,在中国自南到北都能生长。鲢鱼富含蛋白质及氨基酸、脂肪、烟酸、钙、磷、铁、糖类、灰分、维生素 A、维生素 B_1、维生素 B_2,维生素 D 等营养成分。

烹调宜忌

【宜】鲢鱼适用于烧、炖、清蒸、油浸等烹调方法,尤以清蒸,油浸最能体现出鲢鱼清淡,鲜香的特点。清洗鲢鱼的时候,要将鱼肝清除掉,因为其中含有毒质。将鱼去鳞剖腹洗净后,放入盆中倒一些黄酒,就能除去鱼的腥味,并能使鱼滋味鲜美。鲜鱼剖开洗净,在牛奶中泡一会儿既可除腥,又能增加鲜味。

食用宜忌

【宜】鲢鱼适宜脾胃气虚、营养不良、肾炎水肿、小便不利、肝炎患者食用。鲢鱼能提供丰富的胶质蛋白,即能健身,又能美容,是女性滋养肌肤的理想食品。它对皮肤粗糙、脱屑、头发干脆易脱落等症均有疗效,是女性美容不可忽视的佳肴。

【忌】鲢鱼肉不宜多吃,吃多了容易口渴。此外,由于鲢鱼可使炎症增强,故甲亢病人要忌食;患有感冒、发烧、痈疽疔疮、无名肿毒、瘙痒性皮肤病、目赤肿痛、口腔溃疡、大便秘结、红斑狼疮等病症者不宜食用。

鳙鱼

别名

花鲢、大头鱼、胖头鱼、包头鱼、黑鲢。

性味归经

性温,味甘。

功效

鳙鱼具有补虚弱、暖脾胃、祛头眩、益脑髓、疏肝解郁、健脾利肺、祛风寒、益筋骨之功效。此外,鳙鱼富含磷脂,可改善记忆力,特别是头部脑髓含量很高,经常食用,能祛头眩、益智商、助记忆、延缓衰老。同时,用鱼头入药可治风湿头痛、妇女头晕。

注解

鳙鱼属于鲤科,是著名的四大家鱼之一,其身体侧扁较高,背面暗黑色,有不规则的小黑斑;其头大而肥,肉质雪白细嫩,深受人们喜爱,主要栖息在水的中上层,以浮游生物为食。鳙鱼属于高蛋白、低脂肪、低胆固醇的鱼类。另外,鳙鱼还含有维生素 C、维生素 B_2、钙、磷、铁等营养物质。

烹调宜忌

【宜】适用于烧、炖、清蒸、油浸等烹调方法,尤以清蒸、油浸最能体现出鳙鱼清淡、鲜香的特点;鳙鱼头大且头含脂肪,胶质较多,故还可烹制"砂锅鱼头";鳙鱼肉质细,纤维短,极易破碎,切鱼时应将鱼皮朝下,刀口斜入,最好顺着鱼刺,切起来更干净利落。剖开洗净后用牛奶泡一会儿,这样既可以除去腥味,又可以增鲜。

食用宜忌

【宜】一般人都宜食用,尤其体质虚弱、脾胃虚寒、营养不良者食用更佳。经常食用还能够润泽皮肤。咳嗽、水肿、肝炎、眩晕、肾炎、小便不利等症患者也宜食。

【忌】鳙鱼不宜食用过多,否则容易引发疮疖。此外,患有瘙痒性皮肤病、内热、荨麻疹、癣病等病症者不宜食用。而且,鱼胆有毒不要食用。

鲫鱼

别名

鲋鱼。

性味归经

性平,味甘。归脾、胃、大肠经。

功效

鲫鱼具有健脾,益气、利水、通乳之功效。鲫鱼是产妇的催乳补品。鲫鱼油有利于增强心血管功能,降低血液黏度,促进血液循环。

注解

鲫鱼

鲫鱼属淡水鱼系,体型侧扁,上脊隆起。鲫鱼长 20 多厘米,是鱼类中的小不点,但生命力强,在江、河、湖中分布广泛。鲫鱼富含蛋白质、脂肪、钙、铁、锌、磷等矿物质以及各种维生素。其中锌的含量很高。

选购宜忌

【宜】鲫鱼要买身体扁平颜色偏白的,肉质会很嫩。新鲜鱼的眼略凸,眼球黑白分明,眼面发亮。

【忌】颜色黑乎乎的那种鲫鱼,肉太老。不太新鲜的鱼的眼下塌,眼面发浑

烹调宜忌

【宜】在熬鲫鱼汤时,可以先用油煎一下,再用开水小火慢熬,鱼肉中的嘌呤就会逐渐溶解到汤里,整个汤呈现出乳白色,味道更鲜美:煎鱼时,先要在鱼身上抹一些干淀粉,这样既可以使鱼保持完整,又可以防止鱼被煎煳。

食用宜忌

【宜】慢性肾炎水肿,肝硬化腹水、营养不良性水肿、孕妇产后乳汁缺少以及脾胃虚弱、饮食不香、小儿麻疹初期、痔疮出血、慢性久痢等病症者适宜食用。可以补充营养,增强抗病能力。

【忌】鲫鱼性平,但需要注意的是感冒发热期间不宜多吃;鲫鱼子含胆固醇较高,中老年高脂血症患者不宜多吃。

贮藏宜忌

【宜】用浸湿的纸贴在鱼的眼睛上,防止鱼视神经后的死亡腺离水后断掉。用此法,死亡腺可以保持一段时间,从而延长鱼的寿命。

食物搭配之宜

鲫鱼+木耳　不会长胖

鲫鱼和木耳中的核酸含量丰富,脂肪含量低,蛋白质含量高,两者搭配,适合肥胖者和老人。

鲫鱼+花生　利于营养吸收

花生富含维生素 E,抗氧化能力较强,可以有效抑制鲫鱼中的不饱和脂肪酸被氧化为饱和脂肪酸,有利于人体对鲫鱼营养的吸收和利用。

鲫鱼+绿豆芽　有催乳作用

食物搭配之忌

鲫鱼+猪肝　加重过敏体质者的病态反应

鲫鱼+芥菜　容易发生水肿

鲫鱼+冬瓜　容易使身体脱水

鲫鱼+麦冬、厚朴　药性相克

鲫鱼+蜂蜜　易中毒

·养生保健·

图文珍藏版

青鱼

别名

螺蛳鱼、乌青鱼、青根鱼。

性味归经

性平、味甘。归脾、胃经。

功效

青鱼具有补气、健脾、养胃、化湿,祛风、利水等功效,对脚气湿痹、烦闷、疟疾、血淋等症有较好的食疗作用。由于青鱼还含丰富的硒、碘等微量元素,故有抗衰老、防癌作用。

注解

青鱼富含蛋白质、脂肪、灰分、钙、磷、铁、维生素 B_1、维生素 B_2、烟酸等,还含丰富的硒、碘等微量元素。

选购宜忌

【宜】鱼体应该光滑、整洁,无病斑、鱼鳞完整,个大、肉厚者为佳。

【忌】有病斑,鱼鳞脱落者不宜购买。

烹调宜忌

【宜】青鱼可红烧、干烧、清炖、糖醋或切段熏制,也可加工成条、片、块制作各种菜肴。收拾青鱼的窍门:右手握刀,左手按住鱼的头部,刀从尾部向头部用力刮去鳞片,然后用右手大拇指和食指将鱼鳃挖出,用剪刀从青鱼的口部至脐眼处剖开腹部,挖出内脏,用水冲洗干净,腹部的黑膜用刀刮一刮,再冲洗干净。

食用宜忌

【宜】青鱼适宜患有各类水肿、肝炎、肾炎、脚气、脾胃虚弱、气血不足、营养不良、高脂血症、高胆固醇血症、动脉硬化等病症者食用。

【忌】青鱼甘平补虚,但是,患有癌症、红斑性狼疮、淋巴结核、支气管哮喘、痈疖疔疮、皮肤湿疹、疥疮瘙痒等病症者不宜食用。

食物搭配之宜

青鱼+苹果　营养丰富,治疗腹泻

食物搭配之忌

青鱼+李子　功效相克,不宜同食

青鱼+荆芥、白术、苍术　药性相克

青鱼+番茄　抑制某些营养成分的吸收

白鱼

别名

翘嘴红铂。

性味归经

性平,味甘。

功效

白鱼具有健脾开胃、补肾益脑,开窍利尿等作用。尤其鱼脑,是不可多得的强壮滋补品。久食之,对性功能衰退、失调有特殊的食疗效果。

注解

白鱼含蛋白质、脂肪、灰分、钙、磷、铁、维生素 B_1、烟酸等多种营养成分。

烹调宜忌

【宜】食用时可清蒸、红烧。

食用宜忌

【宜】营养不良、病后体虚、食欲不振、消化不良等人宜食。

【忌】支气管哮喘、红斑狼疮、荨麻疹、淋巴结核、癌症等患者忌食。

食物搭配之忌

白鱼+大枣　对身体不利

鲦鱼

别名

白漂子、参鱼、白条。

性味归经、

性温,味甘。归肠、胃、心经。

功效

鲦鱼具有暖胃、补虚之功能。

注解

鲦鱼是一种营养丰富的海鱼,并且具有很高的药性价值。鲦鱼富含蛋白质、脂肪、有机酸及各种维生素和矿物质。

烹调宜忌

【宜】宜与生姜、胡椒等温中健胃之品煮汤服,亦可煎熟食。

食用宜忌

【宜】老少皆宜,尤其体虚胃弱、营养不良的人更适宜食用。

【忌】患有皮肤感染及皮肤病等病症者不宜食用。

鳟鱼

别名

赤眼鱼、红目鳟、红眼鱼。

性味归经

性温,味甘。归胃经。

功效

鳟鱼具有补虚、暖胃、健脾之功效。

注解

鳟鱼是河鱼的一种,主要分布在中国除西北、西南外的南北各江河湖泊中。鳟鱼富含碳水化合物、蛋白质、脂肪及各种维生素和矿物质。

烹调宜忌

【宜】适合于煮、烤、煎、炸等烹调方法。

食用宜忌

【宜】老少皆宜,营养不良、气血不足、体质衰弱、脾胃虚寒之人更适宜食用。

【忌】患有瘙痒性皮肤疾患之人不宜食用。

鲈鱼

别名

四鳃鱼、花鲈、鲈板。

性味归经

性平、淡,味甘。

功效

鲈鱼具有健脾益肾、补气安胎、健身补血等功效,对慢性肠炎、慢性肾炎、习惯性流产、胎动不安、妊娠期水肿、产后乳汁缺乏、手术后伤口难愈合等有食疗作用。鲈鱼中丰富的蛋白质等营养成分,对儿童和中老年人的骨骼组织也有益。

注解

鲈鱼在咸水、淡水中均可生存,属鲈科,是肉食性鱼类,无毒,口大。鳞细。鲈鱼在中国沿海一带、河口和江河及江南水乡各地均有分布。鲈鱼富含蛋白质、脂肪、碳水化合物、维生素 B_2、烟酸和微量维生素 B_1、磷、铁等营养成分。

选购宜忌

【宜】鲈鱼体背部呈灰色,两侧及腹部银灰,体侧上部及背鳍有黑色斑点,斑点随年龄的增长而减少。

烹调宜忌

【宜】鲈鱼鱼肉质白嫩、清香,没有腥味,肉为蒜瓣形,最宜清蒸、红烧或炖汤。也可腌制食用,腌食以"鲈鱼脍"最出名。

食用宜忌

【宜】鲈鱼肉易消化,贫血头晕、慢性肾炎、习惯性流产、妇女妊娠水肿、胎动不安、产后乳汁缺乏者宜食。

【忌】皮肤病疮肿患者忌食。此外,由于鲈鱼是肉食性鱼类,其鱼肝不宜食用。

贮藏宜忌

【宜】鲈鱼一般使用低温保鲜法,去内脏清洗干净后,吸干表皮水分,用保鲜膜包好,放入冰箱冷冻保存。

食物搭配之忌

鲈鱼+奶酪　易引发痼疾

鲇鱼

别名

鲶鱼、胡子鲢、黏鱼、塘虱鱼、生仔鱼。

性味归经

性温,味甘。归胃、膀胱经。

功效

鲇鱼具有滋阴养血、补中气、开胃、催乳、利小便之功效。

注解

鲇鱼周身无鳞,身体表面多黏液,头扁口阔,上下颌有 4 根胡须。鲇鱼的最佳食用季节在仲春和仲夏之间。鲇鱼富含蛋白质、脂肪及各种维生素和矿物质。

选购宜忌

【宜】新鲜的鲇鱼体表光滑无鳞,体呈灰褐色,具有黑色斑块,有时全身黑色,腹部白色。

食用宜忌

【宜】鲇鱼不仅含有丰富的营养,而且肉质细嫩、美味、刺少、开胃、易消化,特别适合老人和儿童,每次 150~200 克,尤其适宜体弱虚损、营养不良、小便不利、水肿者食用。而且,鲇鱼是催乳佳品,是女性产后食疗滋补的必选食物。

【忌】虽然鲇鱼营养丰富,但有痼疾、疮疡者慎食。鲇鱼子有毒,必须经过较长时间的烧煮才可食用,否则会引起中毒,症状主要为腹痛和腹泻。

贮藏宜忌

【宜】将鱼去除内脏,清洗干净后,吸干表皮水分,用保鲜膜包好,放入冰箱冷冻保存。

食物搭配之宜

鲇鱼+豆腐　提高营养吸收率

鲇鱼头的营养丰富,用它来炖豆腐,可以补充豆腐自身的不足,提高人体对营养成分的吸收率。

鲇鱼+香菜、香油　利尿

食物搭配之忌

鲇鱼+牛羊油、牛肝、鹿肉、野猪肉、野鸡、荆芥　易产生不利于身体的反应

鳝鱼

别名

黄鳝、长鱼。

性味归经

性温，味甘。

功效

鳝鱼具有补气养血、去风湿、强筋骨、壮阳等功效，对降低血液中胆固醇的浓度，预防因动脉硬化而引起的心血管疾病有显著的食疗作用，还可用于辅助治疗面部神经麻痹、中耳炎、乳房肿痛等病症。

注解

鳝鱼属温热带鱼类，体圆，细长，呈蛇形，因其肤色呈黄色，所以也被称作黄鳝。鳝鱼富含蛋白质、钙、磷、铁、烟酸等多种营养成分，其钙、铁含量在常见的淡水鱼类中居第一位，还含有多种人体必需氨基酸和对人体有益的不饱和脂肪酸，也含有少量的脂肪、维生素 B_1、维生素 B_2 等成分，是一种高蛋白低脂肪的食物。

选购宜忌

【宜】鳝鱼要挑选大的肥的、体色为灰黄色的活鳝。

【忌】灰褐色的鳝鱼最好不要买。

烹调宜忌

【宜】将鳝鱼背朝下铺在砧板上，用刀背从头至尾拍打一遍，这样可使烹调时受热均匀，更易入味。鳝鱼肉紧，拍打时可用力大些。

食用宜忌

【宜】老少皆宜。身体虚弱、气血不足、风湿痹痛、四肢酸痛、高血脂、冠心病、动脉硬化等患者宜经常食用。鳝鱼含脂肪极少，是糖尿病患者的理想食品。

【忌】瘙痒性皮肤病、痼疾宿病、支气管哮喘、淋巴结核、红斑性狼疮等患者应忌食。

贮藏宜忌

【宜】鳝鱼最好现杀现烹，不要吃死鳝鱼，特别是不宜食用死过半天以上的鳝鱼。因为鳝鱼体内含有较多的组胺酸和氧化三甲胺死后，组胺酸便会在脱羧酶和细菌的作用下分解，生成有毒物质，成人一次摄入 100 毫克即可中毒。如果需要存放一两天时，可以买几条泥鳅跟鳝鱼一起放在盆里，这样可以保持鳝鱼鲜活的品质。

食物搭配之宜

鳝鱼+藕　可以保持体内酸碱平衡。

食物搭配之忌

鳝鱼+狗肉　湿热助火作用更强,不适于常人

鳝鱼+金瓜　同食功用相互抵消,无益身体

鳝鱼+银杏　可能导致中毒

泥鳅

别名

鳅鱼、黄鳅。

性味归经

性平,味甘。

功效

泥鳅具有暖脾胃、祛湿、疗痔、壮阳、止虚汗、补中益气、强精补血之功效,是治疗急慢性肝病、阳痿、痔疮等症的辅助佳品。此外,泥鳅皮肤中分泌的黏液即所谓"泥鳅滑液",有较好的抗菌、消炎作用,对小便不通、热淋便血、痈肿、中耳炎有很好的食疗作用。

注解

泥鳅被称为"水中人参",在中国南方各地均有分布。全年都可采收,夏季最多,泥鳅捕捉后,可鲜用或烘干用。泥鳅富含蛋白质、脂肪、碳水化合物和钙、磷、铁等矿物元素以及大量的维生素,其中维生素 B_1 的含量比鲫鱼、黄鱼、虾高出 $3\sim4$ 倍,而维生素 A、维生素 C 和铁的含量也比其他鱼类要高。

食用宜忌

【宜】身体虚弱、脾胃虚寒、营养不良、体虚盗汗以及癌症患者放疗化疗后、急性黄疸型肝炎、阳痿、痔疮、皮肤疥癣瘙痒等病症患者适宜食用。此外,泥鳅维生素 B_1 含量丰富,风味独特,肉质细嫩松软,易消化吸收,是肿瘤病人理想的抗癌食品;其所含脂肪成分较低,胆固醇更少,属高蛋白低脂肪食品,且含一种不饱和脂肪酸,有益于老年人及心血管病人;同时,泥鳅能够醒酒,并能减轻酒精对肝脏的损害,因此,常喝酒的人应多吃泥鳅。

【忌】泥鳅性平,滋补身心,无所忌。

食物搭配之宜

泥鳅+豆腐　强身壮体,润泽皮肤

泥鳅+鲜荷叶　共煮汤食,利于消渴

食物搭配之忌

泥鳅+狗肉　同食伤身

带鱼

别名

裙带鱼、海刀鱼、牙带鱼、刀鱼、鞭鱼、白带鱼、油带鱼。

性味归经

性温,味甘。归肝、脾经。

功效

带鱼具有暖胃、泽肤、补气、养血、健美以及强心补肾、舒筋活血、消炎化痰、清脑止泻、消除疲劳、提精养神之功效。

注解

带鱼鱼身特长,约 70 厘米,呈带状,其肉厚刺少,营养丰富。在中国的黄海、东海、渤海一直到南海都有分布,数量甚多,且和大、小黄鱼及乌贼并称为中国的四大海产。带鱼富含脂肪、蛋白质、维生素 A、不饱和脂肪酸、磷、钙、铁、碘等多种营养成分。

选购宜忌

【宜】新鲜的带鱼鱼鳞不脱落或少量脱落,呈银灰白色,略有光泽,无黄斑,无异味,肌肉有坚实感。

烹调宜忌

【宜】带鱼腥气较重,不适合清蒸,最好是红烧或糖醋。

食用宜忌

【宜】带鱼富含人体必需的多种矿物元素以及多种维生素,实为老人、儿童、孕产妇的理想滋补食品,尤其适宜气短乏力、久病体虚、血虚头晕、营养不良以及皮肤干燥者食用。此外,孕妇吃带鱼有利于胎儿脑组织发育;少儿多吃带鱼有益于提高智丸老人多吃带鱼则可以延缓大脑萎缩、预防老年痴呆;女性多吃带鱼,能使肌肤光滑润泽,长发乌黑,面容更加靓丽。

【忌】带鱼属动风发物,凡患有疥疮、湿疹等皮肤病或皮肤过敏者、癌症及红斑性狼疮、痈疖疔毒和淋巴结核、支气管哮喘等病症者不宜食用。此外,服异烟肼时以及身体肥胖者不宜多食。不要贪食带鱼,否则易伤脾肾,诱发旧病。

贮藏宜忌

【宜】将买来的带鱼洗干净,控干水分,切成小段,然后抹上少许盐放入冰箱冷冻,这样既可以使带鱼入味,又可以保存较长的时间。

食物搭配之宜

带鱼+香菇　对肝脏疾病、消化不良及高血压有食疗作用

带鱼+木瓜　两者同食可补虚通乳

食物搭配之忌

带鱼+菠菜　影响各自营养物质的消化吸收

带鱼+南瓜　同食会中毒

平鱼

别名

鲳鱼。

功效

平鱼具有益气养血、柔筋利骨之功效,对贫血、血虚、神疲乏力、四肢麻木、脾虚泄泻、消化不良、筋骨酸痛等有食疗作用。平鱼含有丰富的不饱和脂肪酸,有降低胆固醇的功效,对高血脂、高胆固醇的人来说是一种不错的鱼类食品。平鱼含有丰富的微量元素硒和镁,对冠状动脉硬化等心血管疾病有预防作用,并能延缓机体衰老,预防癌症的发生。

注解

平鱼是一种身体扁平的海鱼,体表光滑,呈卵形,种类繁多,是食用和观赏兼备的大型热带鱼类。平鱼广泛分布于北半球温带水域,仅中国近海就有 10 种左右。平鱼肉质鲜嫩,营养丰富。含有人体所需多种维生素、氨基酸、胆固醇、蛋白质、钙、磷、铁、钾、钠等。

烹调宜忌

【宜】平鱼可红烧、干烧、熏制、醋熘、清蒸等。平鱼洗净后,先用开水烫一下再烹调,可去除腥味。烧鱼时,汤要刚刚没过鱼,等汤烧开后,改用小火慢炖,在焖制过程中尽量少翻动鱼。

食用宜忌

【宜】老少皆宜。青少年和儿童多吃平鱼有助于生长发育、提高智力;高血脂、高胆固醇患者尤其适宜食用。

【忌】平鱼属于发物,患有慢性疾病和过敏性皮肤病者忌食。

贮藏宜忌

【宜】冷冻保存。

食物搭配之忌

平鱼+动物油、羊肉　不宜同食,对身体不利

银鱼

别名

面条鱼、银条鱼、大银鱼。

性味归经

味甘,性平。归脾、胃经。

功效

银鱼具有益气补虚、养胃健脾之功效,对脾胃虚弱、食欲不振、小儿疳积、营养不良,腹胀水肿等症有食疗作用。

注解

银鱼为银鱼科动物。银鱼小者仅3厘米,大者不过10~15厘米。身圆如筋,洁白如银,体柔无鳞。银鱼可食率为100%,为营养学家所确认的长寿食品之一,被誉为"鱼参"。银鱼富含钙、磷、铁、碳水化合物和多种维生素及异亮氨酸、赖氨酸、蛋氨酸、缬氨酸、苏氨酸等成分。

烹调宜忌

【宜】银鱼可制软炸等菜肴,还可制汤。

食用宜忌

【宜】银鱼适宜体质虚弱、营养不足、消化不良者食用。银鱼属高蛋白低脂肪食品,高脂血症患者食之亦宜。

【忌】银鱼味美,性味平和,诸无所忌。但是,勿长久食用银鱼,否则会消瘦。

黄鱼

别名

石首鱼、黄花鱼。

功效

黄鱼具有益气填精、健脾开胃、安神止痢之功效,对头晕、食欲不振、贫血、失眠及女性产后体虚等病症有显著的食疗作用。

注解

黄鱼营养丰富,有大、小黄鱼之称。大黄鱼成体长约40~50厘米,小黄鱼30厘米以下,体背黄色,头大,尾巴狭

黄鱼

窄,栖息在外海,春季游回近海产卵,鳔能发声。黄鱼富含有蛋白质、脂肪、磷、铁、维生素 B_1、维生素 B_2、烟酸等。

选购宜忌

【宜】黄鱼的背脊呈黄褐色,腹部金黄色,鱼鳍灰黄,鱼唇橘红,应选择体形较肥、鱼肚鼓胀的,比较肥嫩。

烹调宜忌

【宜】清洗黄鱼不必剖腹,可以用筷子从口中搅出肠肚,再用清水冲洗几遍即可。煎鱼时,先把锅烧热,再用油滑锅,当油烧至冒青烟时,油已达到八成热,这时放入鱼,不易粘锅。

食用宜忌

【宜】老少皆宜,每次 80 ~ 100 克。患有贫血、头晕及体虚等病症者更适宜食用。

【忌】患哮喘、过敏等病症者不宜食用;黄鱼不能与中药荆芥同食,也不可用牛、羊油煎炸。黄鱼属于近海鱼,易受污染,所以尽可能地不要吃或少吃鱼头、鱼皮和内脏。

贮藏宜忌

【宜】黄鱼去除内脏,清除干净后,用保鲜膜包好,再放入冰箱冷冻保存。

食物搭配之忌

黄鱼+荞麦面　易引起消化不良

荞麦面性寒,不易消化,黄鱼含脂肪较多,两者同食,会引起消化不良。

武昌鱼

别名

团头鲂。

性味归经

性温,味甘。

功效

武昌鱼有调治脏腑、开胃健脾、增进食欲之功效,对于贫血症、低血糖、高血压和动脉血管硬化等疾病有一定的食疗作用。

注解

武昌鱼是鳊鱼的一种。体高,侧扁,呈菱形,肉味腴美,脂肪丰富,为上等食用鱼类。原产于鄂州樊口,樊口为梁子湖入江处,古称武昌,所以樊口鳊鱼也称武昌鱼,是梁子湖的特产,其他地方只有长春鳊、三角鲂,没有团头鲂。武昌鱼富含维生素 A、维生素 B_1、维生素 B_2、烟酸、维生素 C、维生素 E、蛋白质、脂肪、胆固醇、钙、镁、铜、磷、铁、锌、钠、硒等。

选购宜忌

【宜】新鲜鱼的嘴清洁无污物;次鲜鱼的嘴发黏,有污物。

烹调宜忌

【宜】武昌鱼肉质细嫩,清蒸、红烧、油焖、花酿、油煎均可,尤以清蒸为佳。

食用宜忌

【宜】老少皆宜,武昌鱼高蛋白、低胆固醇,经常食用可预防贫血症,低血糖、高血压和动脉血管硬化等疾病。与火腿、香菇、冬笋共食是孕妇理想的进补菜肴。

【忌】营养丰富,皆食无忌。

贮藏宜忌

·养生保健·

图文珍藏版

【宜】把鱼放在88℃的热水里烫2秒,捞起来放入冰箱里冷藏,可使鱼的保鲜时间比原来延长一倍。

虹鳟鱼

功效

虹鳟鱼胆固醇含量几乎为零,营养丰富,具有很好的食用及药用价值。

注解

虹鳟鱼鱼身优美匀称,身体的一侧有一条清晰的棕红色纵纹,如同彩虹,因而得名。虹鳟鱼原产于美国阿拉斯加地区,喜栖息于水质清澈、溶氧丰富的山川溪流中,现在已经成为世界上养殖范围最广的名贵鱼类,其鱼肉极为鲜美。虹鳟鱼富含蛋白质、脂肪(主要是不饱和脂肪酸)等营养物质。

食用宜忌

【宜】虹鳟鱼肉味鲜美。无腥气,肉质细嫩,刺少肉多,老少皆宜,每次80~100克。

【忌】营养丰富,皆食无忌。

沙丁鱼

功效

沙丁鱼含有丰富的EPA、DHA,可以降低血液中胆固醇的浓度,从而预防心肌梗死,而且,EPA还可以扩张血管,降低血液黏稠度。沙丁鱼的鱼肉中含有一种具有5个双键的长链脂肪酸,可以防止血栓形成,对治疗心脏病有特效。

注解

沙丁是一些鲱鱼的统称,身体侧扁平,银白色,成年的沙丁鱼体长约26厘米,主要分布于西北太平洋的日本周围及朝鲜半岛沿岸海域。沙丁鱼中富含的二十二碳六烯酸(DHA),能够提高智力,增强记忆力,因此沙丁鱼又被称为"聪明食品"。沙丁鱼富含蛋白质、维生素B_6核酸、二十碳五烯酸(EPA)、不饱和脂肪酸、大量的维生素A和钙、铁等。尤其是$\Omega-3$脂肪酸的含量很高。

烹调宜忌

【宜】石斑鱼常用烧、爆、清蒸、炖汤等方法成菜,也可制肉丸、肉馅等。代表菜式有清蒸石斑鱼。

食用宜忌

【宜】老少皆宜。沙丁鱼可以清蒸、红烧、油煎及腌干蒸食,均味美可口。

【忌】患有肝硬化的病人不宜食用,主要是因为肝硬化患者体内较难产生凝血因子,容易出血,如果再食用沙丁鱼,会使病情急剧恶化。此外,病人处于感染发热阶段也不宜食用,以免加重症状。

金枪鱼

功效

金枪鱼具有补虚壮阳、除风湿、强筋骨、调节血糖之功效,对于治疗性功能减退、糖尿病、虚劳阳痿、风湿痹痛、筋骨软弱等症均有显著效果。此外,金枪鱼眼具有促进儿童大脑发育、延缓老人记忆衰退的作用。

注解

金枪鱼呈纺锤形,鱼雷体形,有强劲的肌肉及新月形尾鳍。金枪鱼肉中富含蛋白质、脂肪、大量维生素 D 以及钙、磷和铁等矿物质,此外,鱼背含有大量的 EPA,前中腹部含丰富的 DHA。

选购宜忌

【宜】要到正规的商场、超市购买,辨识正规厂商的生产标志。用一氧化碳处理过的金枪鱼色泽鲜艳,呈粉红色,表面无油感、显水性,食用时不随时间而变色,用手触摸无弹性,吃到嘴里几乎没有任何金枪鱼特有的香味。

烹调宜忌

【宜】金枪鱼好像都是西餐或日式料理中多见,生吃的方法是经典的。用拇指、食指压住鱼块,斜向切入,可切成较大断面,并防止鱼肉碎裂。

食用宜忌

【宜】老少皆宜,经常食用有助于牙齿和骨骼的健康。金枪鱼肉低脂肪、低热量,还有优质的蛋白质和其他营养素,是减肥者的理想选择。常食金枪鱼,能够保护肝脏,提高肝病的排泄功能,降低肝病发病率。

【忌】金枪鱼营养丰富,基本无所忌。但是孕妇、肝硬化病人不宜食用。

贮藏宜忌

【宜】金枪鱼不宜保存,应即买即吃。

食物搭配之宜

金枪鱼+绿色蔬菜　味道更佳

三文鱼

别名

撒蒙鱼、萨门鱼

功效

三文鱼中含有丰富的不饱和脂肪酸,能有效降低血脂和血胆固醇,防治心血管疾病。它所含的 n—3 脂肪酸更是脑部、视网膜及神经系统必不可少的物质,有防治老年痴呆和预防视力减退的功效。三文鱼还能有效地预防糖尿病,促进机体对钙的吸收,有利于生长发育。

注解

三文鱼是一个统称。三文鱼是英语 Salmon 的音泽,其英语词义为"鲑科鱼",所以准确地说三文鱼是鲑鳟鱼。三文鱼能具有很高的营养价值,享有"水中珍品"的美誉。

选购宜忌

【宜】新鲜三文鱼具备一层完整无损、带有鲜银色的鱼鳞,透亮有光泽。鱼皮黑白分明,无瘀伤。眼睛清亮,瞳孔颜色很深而且闪亮。鱼鳃色泽鲜红,鳃部有红色黏液。鱼肉呈鲜艳的橙红色。当用手指按压鱼肉时,肉质结实而有弹性。鱼腹内光滑。无内脏、血渍和发黑部位。

烹调宜忌

【宜】三文鱼的做法有很多种,可以煎着吃、烧了吃,还可以生吃。生食三文鱼,可能很多人不太习惯,但是三文鱼确实是以生吃为主。如果非要熟吃的话,最好采取快速烹饪的办法,煮、蒸、煎都可以。

【忌】通常在高温下,三文鱼中的有益脂肪就会被破坏,因为是多不饱和脂肪酸,所以在高温下也容易氧化,长时间高温烹饪,连三文鱼中的维生素也会变得荡然无存。所以三文鱼不需要做得特别烂,只要烧至七八成熟即可,这样既味道鲜美,又可去除腥味。

食用宜忌

【宜】适合老年人、心脑血管病患者和脑力劳动者食用。

贮藏宜忌

【宜】将新鲜三文鱼切块,用保鲜膜封好,再放冰柜,如果是-20℃速冻可保存 1~2 个月,-10℃保存时间较短,应尽快食用。

鲨鱼

别名

鲛、鲛鲨、沙鱼、鲛鱼。

性味归经

性平,味甘、咸。

功效

鲨鱼肉有益气滋阴、补虚壮腰、行水化痰的功效,可用来治疗风湿性关节炎、干癣、红斑性狼疮等疾病。此外,鲨鱼肝是提取鱼肝油的主要来源,能增强体质、助长发育、健脑益智及帮助钙、磷吸收,增强对传染病的抵抗力,用于婴幼儿及儿童成长期补充维生素 A、维生素 D 及 DHA;还可以预防干眼病、夜盲症和佝偻病。而且,鲨鱼的鱼翅中含有丰富的胶原蛋白,有利于滋养、柔嫩皮肤黏膜。

注解

鲨鱼是海洋中的庞然大物,所以号称"海中狼"。鲨鱼食肉成性,凶猛异常,连

"海中之王"鲸鱼见了它也得退避三舍。鲨鱼肉富含维生素、脂肪、胶原蛋白以及多种无机盐、脂肪酸。

食用宜忌

【宜】鲨鱼适宜营养不良、气血不足、体质虚弱以及各种癌症患者食用。每天服用一些鱼翅粉有防治冠心病的作用。

【忌】鲨鱼性平补虚,诸无所忌。但是,鲨鱼肝脏有毒,不宜食用。而且,孕妇最好不要食用鲨鱼肉。

鳗鱼

别名

青鳝、鳗鲡、白鳝、蛇鱼、河鳗。

功效

鳗鱼具有补虚壮阳、除风湿、强筋骨、调节血糖等功效,对结核发热、赤白带下、性功能减退、糖尿病、虚劳阳痿、风湿痹痛、筋骨软弱等病症均有食疗效果。

注解

鳗鱼在深海中产卵繁殖,在淡水环境中成长。其性情凶猛,贪食,好动,昼伏夜出,具有趋光性强、喜流水、好温暖和穴居等特点。鳗鱼具有很强的溯水能力,也能入洞潜逃。每年秋季,性成熟的鳗鱼下海产卵、排精,受精卵在深海孵化后发育,待春天来临,便集群从海口处进入淡水中生活。在自然条件下,可捕到鳗鱼的最大个体为45厘米,体重1600克。鳗鱼含蛋白质、脂肪、钙、磷、维生素、肌肽、多糖等。鳗鱼的维生素A含量也很丰富。

选购宜忌

【宜】鳗鱼应挑选表皮柔软、肉质细嫩、无异臭味的,每千克大约四五尾,外观略带蓝色、无伤痕、无使用禁药或残留药物的。

烹调宜忌

【宜】烹调鳗鱼的方法多为"蒲烧",就是用酱油、胡椒、味精、糖和酒等将鳗鱼肉腌好后,放在平底锅或铁板、铁丝网上烤熟。食用时,还要在烤好的鳗鱼上撒一点花椒,味道更好。

食用宜忌

【宜】鳗鱼富含维生素A,是夜盲症患者的良好食品。鳗鱼具有补虚养血、祛湿抗痨等功效,尤其适合夏天湿气太重时食用;是久病、虚弱、贫血、肺结核等患者的良好营养品。

【忌】鳗鱼为发物,患慢性病及水产品过敏的人忌食。在病后脾肾虚弱、痰多、泄泻者,风寒感冒发烧期间,孕妇及高脂血症和肥胖者以及患有支气管哮喘等病症者不宜食用。为预防鳗血中毒,除不吃生鱼和生饮鳗血外,口腔黏膜、眼黏膜和受

·养生保健·

图文珍藏版

伤手指均需避免接触鳗血,以免引起炎症。

贮藏宜忌

【宜】冷冻保存。

食物搭配之忌

鳗鱼+白果　同食对身体不利

乌鱼

别名

乌鳢、黑鱼、蠡鱼。

性味归经

性寒,味甘。

功效

乌鱼具有补脾益胃、利水消肿之功效。

注解

乌鱼富含蛋白质、脂肪、钙、磷、钾、铁以及各种有机酸等营养成分,属于一种高蛋白低脂肪滋补食品。

食用宜忌

【宜】乌鱼适宜肝硬化腹水、心脏性水肿、肾炎水肿、营养不良性水肿、妊娠水肿、脚气水肿等水肿病人以及身体虚弱、低蛋白血症、脾胃气虚、营养不良、贫血、痔疮、疥癣、高血压、高脂血等病症者食用。

【忌】乌鱼补虚,无食用忌讳。

河豚

别名

暗纹东方、豚泡鱼。

功效

河豚具有祛寒除湿、降血压等功效,对腰酸腿痛,恢复精气也有一定食疗功效。河豚的毒素对治疗皮肤炎、百日咳、气喘、破伤风痉挛、胃痉挛,遗尿、阳痿等病症食疗功效显著。河豚的毒素也可用来制作止痛剂,如用其制成的强镇痛剂,就对癌症病人的止痛有明显效果。

注解

河豚是暖水性海洋底栖鱼类,属豚形目,在中国各大海域都有分布。河豚的身体浑圆,头部、胸部大,腹尾部小,背上有鲜艳的斑纹或色彩,体表无鳞,光滑或有细刺。河豚的种类繁多,常见的就有数十种。几乎所有种类的河豚都含有河豚毒素,河豚的毒素主要分布于卵巢、肝脏、肾脏、血液。眼睛、鳃和皮肤里,其精巢和肌肉是无毒的,但如果河豚死的时间较长,共内脏的毒素就会溶人体液而逐渐渗入肌肉里。河豚中蛋白质、不饱和脂肪酸、DHA、EPA 等的营养成分含量极其丰富,而脂肪含量却很低。

食用宜忌

【宜】老少皆宜。但由于在春季河豚排卵期间肝脏的毒性最强,此时如鲜食河豚,要特别注意选择鲜活鱼体。河豚毒素能溶入水,易溶于稀醋酸中。

【忌】河豚的卵巢和肝脏有剧毒,食用时必须谨慎。

鱿鱼

功效

鱿鱼具有补虚养气、滋阴养颜等功效,可降低血液中胆固醇的浓度、调节血压、保护神经纤维、活化细胞,对预防血管硬化、胆结石的形成、补充脑力、预防老年痴呆症等有一定食疗功效。此外,鱿鱼还有助于肝脏的解毒、排毒,可促进身体的新陈代谢,具有抗疲劳、滋阴养颜、延缓衰老等功效。

注解

鱿鱼是有名的海味珍品,属海洋头足类软体动物,体细长,嘴边有八条长触手和两条短触手,鳍呈三角形或圆形,还有一个退化的内壳。鱿鱼中富含蛋白质、钙、牛磺酸、磷、维生素 B_1 等多种人体所需的营养成分,且含量极高。此外,脂肪含量极低。

选购宜忌

【宜】优质鱿鱼体形完整,呈粉红色,有光泽,体表略现白霜,肉肥厚,半透明,背部不红。色淡黄透明、体薄的是嫩鱿鱼,

【忌】劣质鱿鱼体形瘦小残缺,颜色赤黄略带黑,无光泽,表面白霜过厚,背部呈黑红色或霉红色。色紫、体大的是老鱿鱼。可以用力捏一下,如果一捏就烂,说明质量较差。

烹调宜忌

【宜】鱿鱼干要先用清水泡几个小时,再刮去体表上的黏液,然后用热碱水泡发。出锅前,放入非常稀的水淀粉,可以使鱿鱼更有滋味。

食用宜忌

【宜】男女老少皆宜。鱿鱼可鲜食,也可制成干品。鱿鱼的脂肪含量少,属于高蛋白质、低脂肪、低量食物,对减肥者来说,吃鱿鱼是一种不错的选择。

【忌】内分泌失调、甲亢、皮肤病患者应慎食。鱿鱼性凉,脾胃虚寒者少吃。鱿鱼是发物,皮肤病患者忌食。

贮藏宜忌

【宜】鱿鱼应放在干燥通风处,一旦受潮应立即晒干,否则易生虫、霉变。

·养生保健·

图文珍藏版

海参

别名

刺参、海鼠。

性味归经

性温,味咸。

功效

海参具有补肾、滋阴、养血、益精之功效,对于高血压、冠心病、动脉硬化都有比较好的预防作用。另外,海参还有补肾滋阴、养颜乌发的作用,可以抗衰老。

注解

海参是一种名贵海产品,外形像黄瓜,体表的肉质突起,形体呈黑褐色。海参富含蛋白质、碳水化合物、脂肪,维生素E、钙、硒、碘、磷、铁等营养成分。

选购宜忌

【宜】购买海参时,要看海参的肉质和含盐量。海参的外表以参刺排列均匀为好;肉质肥厚,含盐量低的为上品。

烹调宜忌

【宜】干海参要用凉水泡发,并要清洗干净。

【忌】泡发海参时,切莫沾染油脂、碱、盐,否则会妨碍海参吸水膨胀,降低出品率;甚至会使海参溶化,腐烂变质。发好的海参不能再冷冻,这样做会影响质量,故一次不宜发得太多。

食用宜忌

【宜】虚劳羸弱、气血不足、营养不良、病后产后体虚、肾阳不足、阳痿遗精、小便频数、高血压病、肝炎、肾炎、糖尿病、血友病、高脂血症、冠心病、动脉硬化等病症患者以及癌症病人放疗、化疗、手术后与年老体弱之人适宜食用。

【忌】患感冒、咳痰、气喘、急性肠炎、菌痢及大便溏薄等病症者不宜食用。

贮藏宜忌

【宜】干海参置于通风干燥处或冰箱冷藏存放;将海参晒得干透,装入双层食品塑料袋中,加几颗蒜,然后扎紧袋口,悬挂在高处,这样不会变质生虫。

海蜇

性味归经

性平、味咸。

功效

海蜇具有清热解毒、化痰软坚、降压消肿等功效。此外,海蜇能扩张血管,降低血压,防治动脉粥样硬化,同时也可预防肿瘤的发生,抑制癌细胞的生长。

注解

海蜇属钵水母纲,是一种腔肠动物。海蜇呈伞形,伞部称为"蜇皮",口腔称为"蜇头",按产地分,以福建、浙江产的最好。海蜇的胶质较坚硬,通常为青蓝色,触手乳白色,广泛分布于中国各海域中,尤其是浙江沿海最多。海蜇富含蛋白质、脂肪、糖类、钙、磷、铁、维生素 B_1、维生素 B_2、烟酸、碘、胆碱等。

选购宜忌

【宜】海蜇以个大、浅黄色、水分大、脆嫩、泥沙少为上品。优质海蜇皮呈自然圆形,圆形完整,中间无破洞,边缘整齐,直径在 0.3 米以上,颜色因产地不同分别呈现白色、乳白色、黄色、淡黄色,表面湿润有光泽,无明显红点;肉质平展紧实,厚薄均匀,坚韧有弹力。

【忌】劣质海蜇皮形状不完整,有破碎,直径小,肉质较薄且内外伞层密合得不结实,皮面褶皱老化,颜色发暗无光泽,表面有明显红点,肉质发酥,易破裂,无韧性。

烹调宜忌

【宜】买来的海蜇常有泥沙。先把海蜇切成细丝,泡入浓度约 50% 的盐水中,用手搓洗片刻后捞出,把盐水倒掉,再用盐水泡,反复三次,就能把夹在海蜇皮里的泥沙全部洗净。海蜇煮、清炒、水汆、油汆皆可,切丝凉拌效果最佳,清脆爽口。先投入沸水中略滚即捞出,沥干水分后,迅即倒入冰水,令其爽脆。

【忌】新鲜海蜇不宜食用。因为新鲜的海蜇含水多,皮体较厚,含有毒素。

食用宜忌

【宜】老少皆宜,多痰、哮喘、头风、风湿关节炎、高血压、溃疡病、大便燥结者适宜多食用海蜇。海蜇有滋润皮肤作用,皮肤干燥者常食有益。

【忌】海蜇性平,营养丰富,诸无所忌。但新鲜海蜇有毒,将其毒素排干净才可食用。

贮藏宜忌

【宜】腌制保存,买回的海蜇不要沾上淡水,用盐将其腌存在坛子里,然后密封;浸泡保存,即将海蜇浸泡在矾盐水中密封起来。按每 500 克海蜇用 50 克盐、5克矾的比例调制。

食物搭配之宜

海蜇+荸荠　可缓解阴虚内热的咳嗽、痰黄稠,口燥咽干

鲍鱼

别名

鳆鱼、镜面鱼、九孔螺、明目鱼。

功效

鲍鱼具有调经止痛、清热润燥、利肠通便等功效。鲍鱼还是抗癌佳品,可以破

坏癌细胞必需的代谢物质。此外,鲍鱼的贝壳也是一味中药,叫石决明,具有清肝,明目等功效,对高血压和目赤肿痛等有食疗作用。

注解

鲍鱼生活在海中,是海产贝类,不是鱼类,属软体动物,有椭圆形贝壳。肉细嫩柔滑,肉质鲜美,可鲜食,也可制成干品。有许多用鲍鱼烹饪的名菜佳肴,如红烧鲍鱼、青炒鲍鱼、扒鲍鱼、麻酱鲍鱼、青串鲍鱼等很有特色。鲍鱼中蛋白质的含量极高,鲜品中含 20%,干品含量高达 40%,并富含 8 种人体所必需的氨基酸。

选购宜忌

【宜】先要看形状,要像元宝,鲍鱼边有密密麻麻的水泡粒状肌肉,越密越好;然后闻一闻,优质鲍鱼会发出浓浓的独特体香。

烹调宜忌

【宜】鲍鱼要在冷水中浸泡 48 小时。将干鲍四周刷洗干净,彻底去沙,否则会影响到鲍鱼的口感与品质,然后先蒸后炖。食用的鲍鱼,应软硬适度,咀嚼起来有弹牙之感,伴有鱼的鲜味,入口软嫩柔滑,香糯粘牙。

【忌】烹制鲍鱼,忌过软或过硬,过软如同食豆腐,过硬如同嚼橡皮筋,都难以品尝到鲍鱼真正的鲜美味道。

食用宜忌

【宜】老少皆宜。高血压病患者吃鲜鲍鱼可促进新陈代谢与血液循环,糖尿病患者吃鲜鲍鱼可促进胰岛素分泌。

【忌】营养丰富,诸无所忌。

贮藏宜忌

【宜】将干鲍鱼在通风凉爽处风干,但要避免日光照射,待凉后放入器皿中存放。一段时间后,鲍鱼表面有一层"白霜",这不是发霉,而是渗出的盐分,不影响食用。

【忌】不要把鲍鱼长期存放在冰箱内,这样会使其味道减弱。

龟

别名

泥龟、山龟,金龟、草龟。

性味归经

性温,味甘、咸。归心、肝、脾、肾经。

功效

龟具有滋阴补血、益肾健骨、强肾补心,壮阳之功效,而龟甲气腥,味咸,性寒,具有滋阴降火、补肾健骨、养血补心等多种功效,可以有效治疗肿瘤。此外,龟血可用于治疗脱肛、跌打损伤以及抑制肿瘤细胞的生长;龟胆汁味苦,性寒,主治痘后目肿、月经不调以及抑制肉瘤生长等。

注解

龟属于龟科、龟亚科,是最常见的龟鳖目动物之一。中国各地几乎均有乌龟分布,但以长江中下游地区的产量为高,国外主要分布于日本和朝鲜。龟富含蛋白质、维生素 A、维生素 B_1、维生素 B_2、脂肪酸,肌醇、钙、磷、钾、钠,此外,龟甲富含骨胶原,蛋白质,脂肪、肽类和多种酶以及人体必需的多种微量元素。

草龟

选购宜忌

【宜】塘养活龟轻触即怒。

【忌】半死不活的龟不可食用,不宜购买。

烹调宜忌

【宜】杀龟放血,同狗肉一起烹食,味道更加鲜美。

食用宜忌

【宜】营养丰富,滋补身心,老少皆宜。久咳咯血、血痢、筋骨疼痛、病后阴虚血弱者宜食,尤其小儿虚弱和产后体虚、脱肛、子宫脱垂及性功能低下等患者宜食。

【忌】脾胃阳虚的病人不宜多食。

食物搭配之宜

龟肉+羊肉　防病强身,使人精力充沛

食物搭配之忌

龟肉和酒、猪肉、苋菜、对身体有害

龟肉+柿子、山楂、橘子、石榴、葡萄　降低食物的营养价值,引起肠胃道不适

甲鱼

别名

鳖、团鱼、鼋鱼、水鱼、脚鱼、乌龟、王八。

性味归经

性平、味甘。归肝经。

功效

甲鱼具有益气补虚、滋阴壮阳、益肾健体、净血散结等功效,对降低血胆固醇、高血压、冠心病具有一定的辅助疗效。此外,甲鱼肉及其提取物还能提高人体的免疫功能,对预防和抑制胃癌、肝癌、急性淋巴性白血病和防治因放疗、化疗引起的贫

血、虚弱、白细胞减少等症功效显著。

注解

甲鱼是一种无鳃,用肺呼吸的水生爬行动物。在中国的各大河流、湖泊、池沼中均有分布。甲鱼味美鲜香,营养丰富,是滋补的佳品,可清炖、蒸煮、烧卤、煎炸等。甲鱼富含蛋白质、无机盐、维生素 A、维生素 B_1、维生素 B_2、烟酸、碳水化合物、脂肪等多种营养成分。

选购宜忌

【宜】甲鱼要选背部呈橄榄色。上有黑斑,腹部为乳白色的。死甲鱼的腹部一般会变成褐红色或浅红色,也有变绿变黑的。也可以将甲鱼的肚子朝上,让它自己翻身,能立刻翻过身来的是比较健康鲜活的。

烹调宜忌

【宜】杀甲鱼时,要将它的胆囊取出,将胆汁与水混合,再涂于甲鱼全身,稍等片刻,用清水把胆汁洗掉,然后烹调就可除去腥味。

【忌】烹制甲鱼一定要选用鲜活的,现吃现宰,不要用死甲鱼,否则对身体有害。

食用宜忌

【宜】腹泻、疟疾、痨热、肺结核有低热,骨结核、贫血、脱肛、子宫脱垂、崩漏带下等症患者宜食身体虚弱的人适合食用。每次 30 克。

【忌】孕妇、产后泄泻、脾胃阳虚、失眠者,肠胃炎、胃溃疡、胆囊炎等消化系统疾病患者不宜食用;忌食已死的甲鱼,以免发生中毒。

贮藏宜忌

【宜】1.将甲鱼放进水盆中保存,一周喂一次,瘦肉、肝脏类都可以,最好在睡觉前喂,因为它是晚上觅食。2.可以买个塑料箱子,里面装上 1/3 箱的湿沙子,然后把甲鱼放进去,它会钻到沙子里去,这样可养 40 天左右。3.夏天还可以将甲鱼养在冰箱冷藏室的果盘盒内,既可以防止蚊子叮咬,又可延长甲鱼的存活时间。

食物搭配之宜

甲鱼+大米　用于缓解阴虚痨热、脱肛

甲鱼+白鸽肉　滋肾益气,润肤养颜

甲鱼+桂圆、山药　补脾胃、益心肺,滋肝肾

甲鱼+蜜糖　促进生长,预防衰老

甲鱼+防治脂肪堆积,具有减肥功效

食物搭配之忌

甲鱼+鸭蛋　两者皆性凉,有虚寒者忌之

甲鱼+芥菜　两者冷热相反,同食令人生恶疮

螃蟹

别名

螯毛蟹、梭子蟹、青蟹。

性味归经

性寒,味咸。

功效

蟹肉具有舒筋益气、理胃消食、通经络、散诸热、清热、滋阴之功,对跌打损伤、筋伤骨折、过敏性皮炎有食疗作用。此外,蟹肉对于高血压、动脉硬化、脑血栓、高血脂及各种癌症有较好的食疗效果。

注解

螃蟹属甲壳类动物。其品种大体分为两种:一是海蟹,二是河蟹。河蟹又分辽水系、黄河水系、长江水系三种。螃蟹肉富含维生素 A 及钙、磷、铁、维生素 B_1、维生素 B_2、维生素 C、谷氨酸、甘氨酸、组氨酸、精氨酸、烟碱酸等。

选购宜忌

【宜】要挑选螃蟹壳硬、发青、蟹肢完整、有活力的螃蟹,表面往往很有光泽,然后看看螃蟹的肚子,如果肚子较平,且带有一些红色,这样的螃蟹肯定是最好、最饱满的。也可以用手捏螃蟹脚,螃蟹脚越硬越好。

烹调宜忌

【宜】螃蟹体内常有沙门菌,烹制时一定要彻底加热,否则易导致急性胃肠炎或食物中毒,甚至危及人的生命。在煮食螃蟹时,宜加入一些紫苏叶、鲜生姜,以解蟹毒,减其寒性。

食用宜忌

【宜】蟹肉适宜跌打损伤、筋断骨碎、淤血肿痛主人食用;适宜产妇胎盘残留,或临产阵缩无力者食用,尤以蟹爪为好。螃蟹肉含脂质和糖分较少,属于减肥食品。饮酒时食用螃蟹肉,可有效预防酒精对肝脏的不良影响。

【忌】蟹肉性寒,不宜多食,患伤风、发热、胃痛以及腹泻、慢性胃炎、胃及十二指肠溃疡、脾胃虚寒等病症者不宜食用。忌食死螃蟹。因为螃蟹喜食动物尸体等腐烂性物质,故其胃肠中常带致病细菌和有毒物质,一旦死后,这些病菌会大量繁殖。另外。螃蟹体内还含有较多的组氨酸,组氨酸易分解,可在脱羧酶的作用下产生组胺和类组胺物质,尤其是当螃蟹死后,组氨酸分解更迅速,随着螃蟹死的时间越长,体内积累的组氨酸越多,而当组胺酸积蓄到一定数量时即会造成中毒。

贮藏宜忌

【宜】把螃蟹散放在盆、缸等容器中,在容器底部铺一层泥,再放些芝麻或打散的鸡蛋,放在阴凉处。隔一段时间向螃蟹洒些水,使螃蟹鳃保持一定的水分。或者在容器中放些吸水海绵,也可使螃蟹从水中吸取氧气而存活。

食物搭配之宜

螃蟹+醋、黄酒　改善胃口、促进消化

食物搭配之忌

螃蟹+梨、茄子　伤肠胃

螃蟹+香瓜　易导致腹泻

香瓜味甘性寒而滑利,能通便除热,螃蟹也属寒凉之物,两者同食有损肠胃,以至腹泻。

螃蟹+柿子　不易消化,容易损伤脾胃,甚至导致肠道梗塞

螃蟹+花生　容易导致腹泻

螃蟹+南瓜　容易中毒

螃蟹+桑葚　降低食物营养价值,有损身体健康

螃蟹+泥鳅　功效相反

虾

别名

虾米、开洋曲身小子、河虾、草虾、长须公、虎头公。

性味归经

性温,味甘、咸。归脾、肾经。

功效

虾具有补肾、壮阳,通乳之功效,属强壮补精食品。其可治阳痿体倦、腰痛、腿软、筋骨疼痛、失眠不寐,产后乳少以及丹毒、痈疽等症;

鲜虾

所含有的微量元素硒能有效预防癌症。

注解

虾按出产来源不同,分为海水虾和淡水虾两种。海虾又叫红虾,包括龙虾、对虾等,其中以对虾的味道最美,为食中上味,海产名品。虾富含蛋白质、脂肪、碳水化合物、谷氨酸、糖类、维生素 B_1、维生素 B_2、烟酸和钙、磷、铁、硒等矿物质,其中谷氨酸含量最多。

选购宜忌

【宜】新鲜的虾体形完整,呈青绿色,外壳硬实、发亮,头、体紧紧相连,肉质细

嫩,有弹性、光泽。

【忌】不新鲜的虾外壳暗淡,呈白色,逐渐变红,虾体柔软,头、体相离,肉黏、无光泽,并有臭味。

烹调宜忌

【宜】烹调虾之前,先用泡桂皮的沸水把虾冲烫一下,味道会更鲜美。煮虾的时候滴少许醋,可让煮熟的虾壳颜色鲜红亮丽,吃的时候,壳和肉也容易分离。

食用宜忌

【宜】患肾虚阳痿、男性不育症、腰脚虚弱无力、小儿麻疹、水痘、中老年人缺钙所致的小腿抽筋等病症者适宜食用。虾肉中含有丰富的钙质和维生素,是准妈妈不可多得的营养食品。此外,孕妇常吃虾皮,可预防缺钙抽搐症及胎儿缺钙症等。

【忌】患高脂血症、动脉硬化、皮肤疥癣、急性炎症和面部痤疮及过敏性鼻炎、支气管哮喘等病症者不宜多食。虾黄的味道虽然鲜美,但是胆固醇含量相对较高,患有心血管疾病者和老人不宜多吃。

贮藏宜忌

【宜】将虾的沙肠挑出,剥除虾壳,然后洒上少许酒,控干水分,再放进冰箱冷冻。

食物搭配之宜

虾+燕麦　有利身体健康

虾中牛黄酸的含量相当丰富,它可护心、解毒;燕麦中富含维生素 B_6,有利牛黄酸的合成。两者搭配。有助于人体健康。

虾+枸杞子　补肾壮阳

食物搭配之忌

虾+维生素 C　会中毒

虾+西瓜　容易造成人免疫力下降

虾+金瓜　产生有害物质,对身体不利

蚌

别名

河蚌、海蚌。

性味归经

性寒,味甘,咸。

功效

蚌肉具有滋阴、养肝、止渴、解毒、明目、清热之功效。蚌肉是天然的美容产品,多食有助于保持皮肤的弹性和光泽;蚌汁可用于涂痔肿;珍珠母(蚌壳内珠光层的疙瘩)有平肝、镇静、治眩晕的作用珍珠中含有大量的氨基酸,能增大心脏的搏动幅度,使肠道的紧张性降低。珍珠中的硫酸水解物有抗组织胺的作用,可防止组织胺引起的动物性休克死亡。此外,珍珠粉可去翳、明目、定惊痫、化痰、解毒。

注解

蚌是中国海产品中的珍品,肉脆嫩,色白透明。蚌肉富含蛋白质、脂肪、糖类、钙、磷、铁、维生素 A、维生素 B_1、维生素 B_2,同时还含有碳酸钙、亮氨酸、蛋氨酸、丙氨酸、谷氨酸、天门冬氨酸等。

食用宜忌

【宜】阴虚内热、高血压病、高脂血症、妇女虚劳、血崩、带下、痔疮、甲状腺功能亢进、红斑狼疮、胆囊炎、胆石症、泌尿系结石、尿路感染、癌症、糖尿病、小儿水痘等病症患者适宜食用;还宜在炎夏季节烦热口渴时食用。

【忌】蚌肉性寒,患脾胃虚寒、腹泻便溏等病症者不宜食用。

螺蛳

别名

蛳螺。

性味归经

性寒,味甘。

功效

螺蛳具有清热、利水、明目之功效。

注解

螺蛳富含蛋白质、脂肪、钙、铁及多种维生素等营养成分。

食用宜忌

【宜】患有痔疮、水肿、尿路感染、黄疸、痢疾、风热目赤翳障、痈疖疔疮等病症者及醉酒者适宜食用。

【忌】脾胃虚寒、风寒感冒以及女子月经来潮期间和妇人产后不宜食用。

田螺

别名

黄螺、田中螺。

性味归经

性寒,味甘。归脾、胃、肝、大肠经。

功效

出螺肉无毒,可入药。具有清热、明目、解暑、止渴、醒酒、利尿、通淋等功效,主治细菌性痢疾、风湿性关节炎、肾炎水肿、疔疮肿痛、尿赤热痛、尿闭、痔疮、黄疸、佝偻病、脱肛、狐臭、胃痛、胃酸、小儿湿疹、妊娠水肿、妇女子宫下垂等多种疾病。

注解

田螺属于软体动物,门腹足纲出螺科,在中国长江南北的江河、湖泊、水库、泥塘、沟壑、水出、沼泽等地方均有分布。田螺肉质细嫩,味道鲜美。出螺肉富含人体必需的 8 种氨基酸、碳水化合物。矿物质、维生素 A、维生素 B_1、维生素 B_2、维生素 D,营养十分丰富。

选购宜忌

【宜】新鲜田螺个大、体圆、壳薄、掩盖完整收缩、螺壳呈淡青色,壳无破损,无肉溢出。挑选时用小指尖往掩盖上轻轻压一下,有弹性的就是活螺。

烹调宜忌

【宜】食用螺类应该烧煮 10 分钟以上,以防止病菌和寄生虫感染。只有螺口上部很小的部分是可食用的螺肉,应丢掉下部的五脏。

食用宜忌

【宜】患肥胖症、高脂血症、冠心病、动脉硬化、脂肪肝、黄疸、水肿、糖尿病、癌症、干燥综合征、小便不通、痔疮便血、脚气、风热目赤肿痛等病症者以及醉酒之人适宜食用。

【忌】患有脾胃虚寒、风寒感冒、便溏腹泻、胃寒病等病症者不宜食用;女子行经期间及妇人产后也不宜食用。

贮藏宜忌

【宜】漂洗过的田螺先放到锅中煮熟,而后装入贮藏箱,用保鲜膜密封,放入冰箱冷藏。

食物搭配之宜

田螺+白菜　补肝肾、清热毒

食物搭配之忌

田螺+香瓜、猪肉　两者均属凉性,有损肠胃

田螺+蛤　引起麻痹性中毒

田螺+面粉　同食会引起腹痛、中毒

牡蛎肉

别名

蚝肉、蛎黄。

性味归经

性微寒,味甘、咸。

功效

牡蛎肉具有滋阴、养血、补五脏、活血等功效。牡蛎中所含丰富的牛磺酸有明显的保肝利胆作用,这也是防治孕期肝内胆汁淤积症的良药;所含的蛋白质中有多种优良的氨基酸,这些氨基酸有解毒作用,可以除去体内的有毒物质,其中的氨基

·养生保健·

图文珍藏版

乙磺酸又有降低血胆固醇浓度的作用,因此对预防动脉硬化有一定食疗作用。

注解

鲜的牡蛎肉呈青白色,质地柔软细腻,为极好的滋补强壮营养食品。牡蛎肉富含蛋白质、脂肪、鞘类磷脂、碳水化合物、磷、锌、锰、铁、铜、钡、碘、硒、维生素 D、亚麻酸和亚油酸等营养成分。

食用宜忌

【宜】患有肺门淋巴结核、颈淋巴结核、糖尿病、瘰疬、干燥综合征、阴虚烦热失眠、高血压,动脉硬化、高血脂、心神不安、癌症等病症者以及妇女更年期综合征和怀孕期间适宜食用;也可作为美容食品来食用。且常吃效果显著。

【忌】患有急慢性皮肤病以及脾胃虚寒、慢性腹泻便溏等病症者不宜多食。

蚶子

别名

血蚶、毛蛤。

功效

蚶肉性温,味甘。具有补血、健胃之功效,可有效治疗胃痛、消化不良、贫血等疾病。

注解

蚶肉在中国沿海各地都有生产,肉味极鲜美,营养丰富,有较高的药性价值。蚶肉富含蛋白质、灰分以及各种维生素等营养成分。

食用宜忌

【宜】气血不足、营养不良、虚寒性胃痛、消化不良、贫血和体质虚弱等病症患者适宜食用。

【忌】有传染性疾病如肝炎,伤寒、痢疾以及发热的病人不宜食用。

蛤蜊

别名

海蛤、文蛤、沙蛤。

性味归经

性寒,味咸。

功效

蛤蜊具有滋阴润燥、利尿化痰、软坚散结的功效,用于瘿瘤、痔疮、水肿、痰积等病症。

注解

蛤蜊是海中蛤类食物的统称,有文蛤、海蛤、青蛤、沙蛤、沙蜊、吹潮等不同种类。在中国沿海各地均有,其肉可食,味鲜美,营养丰富。蛤蜊富含蛋白质、脂肪、碳水化合物以及碘、钙、磷、铁等多种矿物质和多种维生素,而蛤壳中则含碳酸钙、磷酸钙、碘、溴盐等。

选购宜忌

【宜】检查一下蛤蜊的壳,要选壳紧闭的,否则就有可能是死蛤蜊。

烹调宜忌

【宜】只要在冷水中放入蛤蜊,以中小火煮至汤汁略为泛白,蛤蜊的鲜味就完全出来了。

食用宜忌

【宜】体质虚弱、营养不良、阴虚盗汗、肺结核咳嗽咯血、高脂血症、冠心病、动脉硬化、瘿瘤瘰疬、淋巴结肿大、甲状腺肿大、痔疮、糖尿病、红斑性狼疮、干燥综合征、尿路感染等病症患者以及醉酒之人适宜食用。

【忌】蛤蜊性寒,受凉感冒、体质阳虚、脾胃虚寒、腹泻便溏、寒性胃痛腹痛等病症患者以及女子月经来潮期间及妇人产后不宜食用。

食物搭配之宜

蛤蜊+豆腐　适宜气血不足、皮肤粗糙之人

食物搭配之忌

蛤蜊+高粱米　破坏高粱米中的维生素 B_1

蛤蜊+芹菜　分解芹菜中的维生素 C,导致腹泻

蛤蜊+荸荠　降低营养价值

扇贝

别名

帆立贝、海扇、带子。

功效

扇贝具有滋阴补肾、和胃调中、抗癌、软化血管、防治动脉硬化的功效,对头昏目眩、咽干口渴、脾胃虚弱等症有食疗作用,常食有助于降血压、降胆固醇、补益健身。

注解

扇贝属软体动物,壳略为扇形,色彩多样,是著名的海产品之一,营养丰富,其味道、色泽、形态与海参、鲍鱼等不相上下。扇贝富含蛋白质、碳水化合物、维生素 B_2,和钙、磷、铁等多种营养成分。蛋白质含量是鸡肉、牛肉的 3 倍。

食用宜忌

【宜】老少皆宜,每次 50~100 克。扇贝多用于煲粥、煲汤、清炖。此外,干贝在烹调前应用温水泡发,或用少量清水加黄酒、姜、葱,隔水蒸软,然后烹制入肴。

【忌】儿童痛风病患者不宜食用;由于扇贝富含蛋白质,过量食用会影响脾胃的消化功能,导致食积,还可能引发皮疹或旧症;扇贝所含的谷氨酸钠是味精的主要成分,可分为谷氨酸和酪氨酸等,在肠道细菌的作用下,转化为有毒、有害物质,随血液流到脑部后,会干扰大脑神经细胞正常代谢,所以不宜多食。

海兔

别名

海猪仔、雨虎、海蛞蝓。

功效

常食用海兔可以有效预防和治疗各种癌症。其卵“海粉丝”具有消炎退热、润肺滋阴的功效。

注解

海兔是一种生活在浅海中的贝类,外形活像一只蹲在地上竖着一对大耳朵的小白兔,因而最早被罗马人命名为海兔。海兔富含蛋白质、脂肪、多种维生素和矿物质,其卵又称“海粉丝”,更是富含多种营养物质。

食用宜忌

【宜】老少皆宜,每餐约 40 克。

【忌】由于海兔含大量胆固醇,所以高胆固醇血症患者和高甘油三酯一血症患者不宜食用;海兔的皮肤组织和体内含有有毒物质,所以要经过专业处理后才宜食用。

鱼鳔

鱼肚、白鳔、鱼胶。

性味归经

性平,味甘。归肾经。

功效

鱼鳔具有补肾益精、滋养筋脉之功效。

注解

鱼鳔为黄鱼或鳇鱼等鱼的鱼鳔,取得鱼鳔后,剖开,除去血管及黏膜,洗净,压扁,晒干,或洗净鲜用。鱼鳔富含蛋白质及各种矿物质等营养成分。

食用宜忌

【宜】患有食管癌、胃癌、脑震荡后遗症、肾亏腰膝酸痛、痔疮以及肾虚主人,滑精遗精、带下、产后血晕等病症者适宜食用。

【忌】由于鱼鳔味厚滋腻,所以胃呆痰多、舌苔厚腻以及感冒未愈者不宜食用。

五、杂粮类饮食宜忌

杂粮通常是指水稻、小麦、玉米、大豆和薯类五大作物以外的粮豆作物。杂粮的一般都含有丰富的营养成分。本节中包含43种常见杂粮的饮食宜忌,包括各种杂粮基本特性的介绍,在采买、处理、烹饪、实用、贮藏等环节的注意事项,让你过上营养丰富的优质生活。

大麦

别名

牟麦、倮麦、饭麦、赤膊麦。

性味归经

味甘,性凉。归脾、胃经。

功效

大麦有和胃、宽肠、利水的功效。对食滞泄泻、小便淋痛、水肿、烫伤等病症有食疗作用。

注解

因为大麦含谷蛋白(一种有弹性的蛋白质)量少,所以不能做多孔面包,可做不发酵食物,在北非及亚洲部分地区尤喜用大麦粉制作麦片粥,大麦是这些地区的主要食物之一。珍珠麦(圆形大麦米)是经研磨除去外壳和麸皮层的大麦粒,加入汤内煮食,见于世界各地。大麦麦秆柔软,多用作牲畜铺草,也大量用作粗饲料。大麦的营养成分丰富,有淀粉(含量略低于大米、小麦),脂肪、蛋白质、碳水化合物、钙、磷、铁、钾、钠、镁,维生素 B 族等均远高于大米、小麦;还含有多种酶类,如淀粉酶、水解酶、蛋白分解酶及尿囊素,缬氨酸、亮氨酸、异亮氨酸、色氨酸、苏氨酸、苯丙氨酸、蛋氨酸、组氨酸、赖氨酸、精氨酸、胱氨酸等氨基酸。

食用宜忌

【宜】胃气虚弱、消化不良者宜食;肝病、食欲缺乏、伤食后胃满腹胀者及妇女回乳时乳房胀痛者宜食大麦芽。

【忌】因大麦芽可回乳或减少乳汁分泌,故妇女在怀孕期间和哺乳期内忌食。

贮藏宜忌

【宜】宜夏季采收,晒干去皮壳贮藏。

【忌】忌潮湿。

食物搭配之宜

大麦+姜汁　利小便,有解毒之意

可用于小便淋涩疼痛,小便黄。

小麦

别名

麦子。

性味归经

性凉,味甘。归心经。

功效

小麦具有养心神、敛虚汗、生津止汗、养心益肾、镇静益气、健脾厚肠、除热止渴的功效,对于体虚多汗、舌燥口干、心烦失眠等病症患者有一定辅助疗效,特别是浮小麦(小麦用水淘,不沉于水的叫"浮小麦"),它有补心、敛阴、止汗的效果,治疗自汗盗汗的功效更好,对治疗腹泻、血痢、无名毒疮、丹毒、盗汗、多汗等症有较好的食疗作用。

注解

小麦可以说全身都是宝。磨面粉后剩余的麦麸(即麦皮)有缓和神经紧张的功效,能除烦,解热,润脏腑。小麦麸含有丰富的维生素 B,和蛋白质,对治疗脚气病,末梢神经炎有食疗功效。小麦胚芽有丰富的维生素 E 和人体必需的不饱和脂肪酸。能加速伤口愈合,有效消除眼睑水肿、眼袋及黑眼圈现象。

小麦的种子经过加工,磨制成面粉后可以食用。小麦是中国人民的主要粮食之一,也是世界上分布最广、栽培面积最大的粮食作物之一。小麦分为普通小麦、密穗小麦、硬粒小麦、东方小麦等品种。每 100 克小麦粉中含水分 12.7 克,蛋白质 11.2 克,粗纤维 2.1 克,脂肪 1.5 克,碳水化合物 71.5 克,硫胺素 0.28 毫克,烟酸 2 毫克,核黄素 0.08 毫克,钾 190 毫克,磷 188 毫克,锌 1.64 毫克,镁 50 毫克,铁 3.5 毫克,钠 3 毫克,钙 31 毫克,锰 1.5 毫克,硒 5.36 微克。此外还含糖、淀粉酶、蛋白分解酶、麦芽糖酶、卵磷脂、尿囊素等成分。

选购宜忌

【宜】应选择干净、无霉变、无虫蛀、无发芽的优质小麦,小麦的子粒要饱满、圆润。

【忌】忌选择形状干瘪、颜色晦暗陈品。

食用宜忌

【宜】心血不足、心悸不安、多呵欠、失眠多梦、喜悲伤欲哭以及脚气病、末梢神经炎、体虚、自汗、盗汗、多汗等症患者适宜食用。此外,妇人回乳也适宜食用。

【忌】小麦含有少量的氮化物,起类似镇静剂作用,慢性肝病患者不宜食用,否则引起患者嗜睡甚至昏迷。患有糖尿病等病症者不适宜食用。

小麦不要碾磨得太精细,否则谷粒表层所含的维生素、矿物质等营养素和膳食纤维大部分流失到糠麸之中。

贮藏宜忌

【宜】小麦宜低温储藏。也可通过日晒,可降低小麦含水量,在暴晒和入仓密闭过程中可以收到高温杀虫制菌的效果。

【忌】小麦忌与湿热气流接触,湿热水汽易造成麦堆表层结露。

食物搭配之宜

小麦+豌豆　预防结肠癌

小麦和豌豆中的丁酸盐含量都很丰富,能直接抑制大肠细菌的繁殖,是癌细胞生长的强效抑制物。若将两者搭配,可有效预防结肠癌。

小麦+荞麦　营养更全面

荞麦中富含的"叶绿素"和"芦丁"是小麦所没有的。而且荞麦中维生素 B_1、维生素 B_2 的含量较多。两者搭配,营养更全面。

小麦+鹌鹑蛋　对治疗神经衰弱有食疗作用

小麦+莜麦　提供全面营养

小麦胚芽

别名

麦芽粉、胚芽。

性味归经

味甘,性微温。归脾、胃、肝经。

功效

小麦胚芽具有消食化积、疏肝回乳的功效。对于食积不消,脘腹胀满,呕吐,泄泻,食欲缺乏,乳汁郁积,乳房胀痛等病症有一定的食疗作用。小麦胚芽具有抗癌,降低胆固醇、降血糖、补虚养血等功效。其所含谷胱甘肽可在硒元素的参与下生成氧化酶,能使体内化学致癌物质失去毒性,并且能保护大脑、促进婴幼儿生长发育。它所含锌元素及膳食纤维等有降低胆固醇及预防糖尿病的功效;而且小麦胚芽对肠内有益菌群的发育也起着促进作用。此外小麦胚芽油还被用于减肥、祛斑、按摩、护发等。

注解

小麦胚芽是小麦中营养价值最高的部分,因含有多种矿物质而被称为"人类天然营养宝库"。人们曾片面地追求"精粉",加工小麦时将小麦胚芽随着麦麸去掉而白白浪费了。现在,小麦胚芽的价值得到了认识和肯定。小麦胚芽是一种谷物,它集中了小麦的营养精华,富含维生素 E、亚油酸、亚麻酸、二十八碳醇及多种生理活性组分,是宝贵的功能食品,具有很高的营养价值。特别是维生素 E 含量为植物之冠,已被公认为一种颇具营养保健作用的功能性油脂。小麦胚芽蛋白质含量约占 30%以上,是面粉蛋白质的 4 倍。含人体必需的 8 种氨基酸,特别是一般谷物中短缺的赖氨酸,每 100 克含赖氨酸 205 毫克,比大米、面粉均高出几十倍。赖氨酸可以有效地促进幼儿生长和发育。小麦胚芽中含钙、铁、镁、锌、钾、磷、铜、镁等元素含量较丰富,每 100 克小麦胚芽中含铁量在 12 毫克左右,这些微量元素对促进儿童生长发育有重要作用。

食用宜忌

【宜】一般人都可以食用,每餐大约 40 克。小麦胚芽是儿童、老年人、脑力劳动者的保健佳品,可以制成冲剂食用,也可以直接用于煮粥、蒸饭,制作面包、馒头、面条等。

【忌】小麦胚芽营养丰富,诸无所忌。

青稞

别名

油麦、青稞麦、元麦、裸麦。

性味归经

性平,味咸。归脾、胃经。

功效

青稞具有补脾、养胃、益气、止泻、强筋力之功效。

注解

青稞是高寒地区大麦的一种,是中国西北、华北及内蒙古、西藏地区栽培的一种常见粮食,当地群众以它为粮食。

食用宜忌

【宜】脾胃气虚、倦怠无力、腹泻便溏等病症患者适宜食用。

【忌】青稞养胃,诸无所忌。

燕麦

别名

野麦、雀麦。

性味归经

性温,味甘。

功效

燕麦具有健脾、益气、补虚、止汗、养胃、润肠的功效。燕麦不仅对预防动脉硬化、脂肪肝、糖尿病、冠心病,而且对便秘以及水肿等有很好的辅助治疗作用,可增强人的体力、延年益寿。此外,它还可以改善血液循环、缓解生活工作带来的压力;含有的钙、磷、铁、锌等矿物质也有预防骨质疏松、促进伤口愈合、预防贫血的功效,是补钙极品。而且,燕麦中极其丰富的亚油酸,对老年人增强体力,延年益寿也是大有裨益的。

注解

　　燕麦属于一年生草本植物,是谷类作物的田间杂草,它的叶子细长而尖,花绿色,小穗上有细长的芒,子实可以食用。以燕麦为原料精加工而成的膨化燕麦料、麦片、麦饼干糕点、速食燕麦片等已风靡全球。

　　燕麦主要含有大量的皂甙、脂肪、氨基酸、淀粉、蛋白质、燕麦精、脂肪酸等,另外还含有维生素 B_1、维生素 B_2 和少量的维生素 E、钙、磷、铁等。据营养专家分析,燕麦蛋白质、脂肪的含量和释放的热量,在白面,高粱粉、大米、小米、玉米粉等 9 种粮食中居首位,特别是脂肪的含量是白面、大米的 4~5 倍,人体必需的 8 种氨基酸和维生素 E 的含量也高于白面和大米。此外,燕麦中含有极其丰富的亚油酸,可占全部不饱和脂肪酸的 35%~52%。

烹调宜忌

　　【宜】而对于免煮型的燕麦食品,除加入牛奶、豆奶等液体食品外,也可以根据自己平时的喜好加入一些自己身体需要的食品如水果、坚果甚至和一些营养饮品搭配如阿华田、椰汁。这种复合燕麦中包含了多种营养成分,易于机体吸收。

　　【忌】烹调燕麦片的一个关键是避免长时间高温烹煮。燕麦片煮的时间越长,其营养损失就越大。

食用宜忌

　　【宜】脂肪肝、糖尿病、水肿、习惯性便秘、体虚自汗、多汗、盗汗、高血压、高脂血症、动脉硬化等病症患者宜食用;也适宜产妇、婴幼儿以及空勤、海勤人员食用。

　　【忌】燕麦一次不宜食用太多,否则会造成胃痉挛或腹胀;而且过多也容易滑肠、催产,所以孕妇更应该忌食。

贮藏宜忌

　　【宜】密封后存放在阴凉干燥处。

　　【忌】忌至于高温潮湿处。

食物搭配之宜

　　燕麦+红枣、枸杞、薏米　美容,活血

　　取这些传统食品美容、活血的功效,与煮食型的燕麦一同煮食,增添早餐营养价值。

莜麦

别名

　　铃铛麦、裸燕麦。

性味归经

　　味甘,性寒。

功效

莜麦具有降血糖、降胆固醇、清热解毒、补虚养心等功效,能有效辅助治疗糖尿病、冠心病、高胆固醇等病症。

注解

莜麦主要产于中国山西北部、内蒙古和东北的部分地区,晋东北的灵丘地区,气候寒冷,无霜期短,出产的莜麦质量上乘。莜麦叶片扁平而软,成熟时子粒与稃分离。民间常说:"莜麦面的包子,看着黑,吃着香。"莜麦是一种高热能食物,主要含有碳水化合物、蛋白质、脂肪、粗纤维、赖氨酸、亚油酸、多种维生素及微量元素。

莜麦

烹调宜忌

【宜】加工莜麦面有特殊要求,须先淘洗,后炒熟,再磨面;炒时要掌握火候,食用时要用沸水和面,称为冲熟,做成的食品必须蒸熟,如三熟中一熟不到,会影响食用;

晋西北人在长期生活实践中摸索了花样繁多的莜面吃法。在面板上可推成刨花状的"猫耳朵窝窝";可搓成长长的"鱼鱼";用熟山药泥和莜面混合制"山药饼";用熟山药和莜面拌成小块状再炒制成"谷垒";将生山药蛋磨成糊状和莜面挂成丝丝的"圪蛋子";小米粥煮拨鱼鱼的"鱼钻沙";莜面包野菜的"菜角";更直接地将莜面炒熟加糖或加盐的"炒面"等等,各具风味。

【忌】炒时要掌握火候,不宜过生或过熟。

食用宜忌

【宜】莜麦适宜糖尿病、动脉粥样硬化、冠心病等患者食用。

【忌】虚寒症患者忌食。

大米

性味归经

味甘,性平。

功效

大米有补中益气、健脾养胃、通血脉、聪耳明目,止烦、止渴,止泻的功效。大米中富含的维生素 E 有消融胆固醇的神奇功效。大米含有优质蛋白,可使血管保持柔软,能降血压。大米中含有水溶性食物纤维,经常食用可预防动脉硬化。

注解

大米稻、禾(小米)、稷(高粱)、麦、菽(豆)称为"五谷"。(稻即是未加工的大米)大米被誉为"五谷之首",是我国的主要粮食作物,约占粮食作物栽培面积的四分之一。世界上有一半人口以大米为主食。

选购宜忌

【宜】优质大米的颗粒整齐,富有光泽,干燥无虫,无沙粒,米灰极少,碎米极少,闻之有股清香味,无霉变味。

【忌】质量差的大米,颜色发暗,碎米多,米灰多,潮湿而有霉味。

烹调宜忌

【宜】大米淘洗好,先往锅中滴入几滴植物油再煮,这样米饭不会粘锅。

【忌】熬米粥时一定不要加碱。碱会破坏大米中最为宝贵的营养素。

食用宜忌

【宜】米汤有益于婴儿的发育和健康,用米汤冲奶粉或作为辅食,对婴儿成长很有好处。预防动脉硬化,适合老年人食用。

【忌】喝粥忌温度过高或过低:米粥过烫,会伤害黏膜;米粥过凉,会影响疗效。

贮藏宜忌

【宜】平时要把存米的容器清扫干净,以防止生虫。若发现米生虫,可将米放在阴凉处晾干,让虫子飞走或爬出。

在米桶或米袋中放几瓣大蒜,或者用布包些花椒放在盛米的容器内,可以防止蛀虫产生。夏天大米极易生虫,将海带放入大米中也可防蛀虫。

【忌】切忌将米放在阳光下暴晒。

小米

别名

粟米、谷子、黏米。

性味归经

性凉,味甘、咸,陈者性寒,味苦。归脾、肾经。

功效

小米有健脾、和胃、安眠等功效。小米含蛋白质、脂肪、铁和维生素等,消化吸收率高,是幼儿的营养食品。小米中富含人体必需的氨基酸,是体弱多病者的滋补保健佳品。小米含有大量的碳水化合物,对缓解精神压力、紧张、乏力等有很大的作用。小米富含维生素 B_1、维生素 B_{12} 等,具有治疗消化不良及口角生疮的食疗功效。

小米熬成粥后,可滋阴补虚,是老、幼、孕妇最适宜的补品。此外,发芽的小米中含有大量酶,有健胃消食的作用。

注解

小米是禾本科植物粟的种子,米粒颗粒很小,呈黄色或黄白色,是中国北方人民的主粮之一。小米可以酿醋、酿酒,山西陈醋的主要原料就是小米,五粮液、汾酒以及南方人喜欢喝的小米黄酒主要原料也是小米。

小米的种植面积在中国居首要地位,小米在中国已有7000多年的种植历史,由于它的适应能力强,在干旱贫瘠的土地上也可顽强生长,所以自古以来就是中国北方干旱和半干旱地区种植的主要粮食作物之一,也被称之为大旱之年老百姓的"救命粮"。

选购宜忌

【宜】购买小米应首选正规商场和较大的超市。宜购买米粒大小、颜色均匀,呈乳白色、黄色或金黄色,有光泽,碎米少,无虫,无杂质的小米。味道方面,宜购买具有清香味的、无其他异味的小米。宜购买尝起来味佳,微甜,无任何异味的小米。

【忌】严重变质的小米,手捻易成粉状或易碎,碎米多,且微有异味或有霉变气味、酸臭味、腐败昧等不正常的气味。次质、劣质小米尝起来无味,或微有苦味、涩味及其他不良滋味。忌购买严重变质或劣质小米。

烹调宜忌

【宜】小米煮粥营养十分丰富,有"代参汤"之美称。小米宜与动物性食品或豆类搭配,可以提供人体更为完善、全面的营养。

食用宜忌

【宜】小米适宜脾胃虚弱、反胃呕吐、体虚胃弱、精血受损、食欲缺乏等患者食用。小米粥是上好的滋补佳品,很容易消化,常用来作为病人和孕妇的膳食。适宜于失眠、体虚、低热者食用;还适宜脾胃虚弱、食不消化、反胃呕吐、泄泻者食用。

【忌】小米不宜作为妇女产后主食来食用,主要由于它所含赖氨酸过低而亮氨酸又过高,故要注意饮食搭配,以免缺乏其他营养。

贮藏宜忌

【宜】贮存于低温干燥避光处。

食物搭配之宜

小米+鸡蛋　提高蛋白质的吸收

小米含B族维生素,可促进人体对蛋白质的吸收鸡蛋中含有丰富的蛋白质。两者同食,能提高人体对蛋白质的吸收。

小米+红糖　补虚、补血

小米可健脾胃,补虚损,对于排除淤血、补充失血有较好的作用。两者同食可以补虚、补血,对产妇尤其好。

食物搭配之忌

小米+杏仁　会使人呕吐、泄泻

气滞者尤其忌用。

糯米

别名

元米、江米。

性味归经

性温，味甘。归脾、肺经。

功效

能够补养体气，主要功能是温补脾胃，还能够缓解气虚所导致的盗汗，妊娠后腰腹坠胀，劳动损伤后气短乏力等症状。糯米适宜贫血、腹泻、脾胃虚弱、神经衰弱者食用。不适宜腹胀、咳嗽、痰黄、发热患者。

注解

糯米是糯稻脱壳的米，在中国南方称为糯米，而北方则多称为江米。是制造小吃的主要原料，如粽、八宝粥、各式甜品。同时也是酿造醪糟（甜米酒）的主要原料。糯米含有蛋白质、脂肪、糖类、钙、磷、铁、维生素 B_1、维生素 B_2、烟酸及淀粉等，营养丰富，为温补强壮食品，具有补中益气，健脾养胃，止虚汗之功效，对食欲不佳，腹胀腹泻有一定缓解作用。

选购宜忌

【宜】糯米以放了三四个月的为最好，因为新鲜糯米不太容易煮烂，也较难吸收佐料的香味。

【忌】忌选择颜色晦暗、颗粒不完整的劣质糯米。

烹调宜忌

【宜】在蒸煮糯米前要先浸两个小时。蒸煮时的时间要控制好，煮过头的糯米就失去了糯米的香气；若煮的时间不够长的话，糯米便会过于生硬。

【忌】糯米较难消化，放置较长时间后会变硬，烹调时不宜过量。

食用宜忌

【宜】糯米最适合在冬天食用，因为吃后会周身发热，有御寒、滋补的作用。糯米能滋补脾胃，对脾胃气虚、常常腹泻者有很好的治疗效果。

【忌】糯米黏滞、难于消化，所以吃时要适量。儿童消化能力弱，最好别吃。糯米年糕无论甜咸，其碳水化合物和钠的含量都很高，对于有糖尿病、体重过重或其他慢性病如肾脏病、高血脂的人要适可而止。

贮藏宜忌

【宜】将几颗大蒜头放置在米袋内，可防止米因久存而长虫。

食物搭配之宜

糯米+红枣　温中祛寒

糯米和红枣都属于性温味甘的食物,两者功能相似,一起食用具有很好的温中祛寒效果,可以治疗脾胃气虚。

糯米+红豆　改善脾虚腹泻和水肿。

食物搭配之忌

糯米+鸡肉　可致胃肠不适

薏米

别名

六谷米、药玉米、薏苡仁、菩提珠。

性味归经

性凉,味甘、淡。

功效

薏米具有利水渗湿、抗癌、解热、镇静、镇痛、抑制骨骼肌收缩、健脾止泻、除痹、排脓等功效,还可美容健肤,对于治疗扁平疣等病症有一定食疗功效。薏米有增强人体免疫功能、抗菌抗癌的作用可入药,用来治疗水肿、脚气、脾虚泄泻,也可用于肺痈,肠痈等病的治疗。

薏米煮粥食,可作为防治癌症的辅助性食疗法。此外,薏米宜与粳米煮粥食用,经常食用有益于解除风湿、手足麻木等症,并有利于皮肤健美。

注解

薏米是禾本科植物薏苡的种仁。薏苡属多年生植物,茎直立,叶披针形,它的子实卵形,白色或灰白色。薏米的营养价值很高,被誉为"世界禾本科植物之王",在欧洲,它被称为"生命健康之友"。薏米大多种于山地,武夷山地区就有着悠久的栽培历史。古代人把薏米看作自然之珍品,用来祭祀,现代人把薏米视为营养丰富的盛夏消暑佳品,既可食用,又可药用。薏米的主要成分是固醇、多种氨基酸、薏苡仁油、薏苡仁酯、碳水化合物、B 族维生素等。

选购宜忌

【宜】选购薏米时,以粒大、饱满、色白、完整者为佳品。

烹调宜忌

【宜】薏米煮粥前用清水浸泡半个小时,然后小火慢煮。

食用宜忌

【宜】薏米营养丰富,老少皆宜。泄泻、湿痹、水肿、肠痈、肺痈、淋浊、慢性肠炎、阑尾炎、风湿性关节痛、尿路感染、白带过多等病症患者宜食。薏米对抗癌有比较显著的作用。特别适合癌症患者在放疗、化疗后食用。

【忌】便秘、尿多者及怀孕早期的妇女不宜食用。

贮藏宜忌

【宜】薏米夏季受潮极易生虫和发霉,故应贮藏于通风、干燥处。贮藏前要筛除薏米中的粉粒、碎屑,以防止生虫或生霉。少量薏米可密封于缸内或坛中。对已发霉的可用清水洗、蒸后再晒干。

【忌】忌储藏于阴暗潮湿处。

食物搭配之宜

薏苡仁+山药、柿霜饼　清补脾肺,可润肺益脾

用于脾肺阴虚,饮食懒进,虚热劳嗽。

薏苡仁+粳米　补脾除湿

用于脾虚水肿,或风湿痹痛、四肢拘挛等。

薏苡仁+郁李仁　利水消肿

郁李仁与薏苡仁功效相似,其味微苦不甚适口,故仅取汁用。用于水肿、小便不利、喘息胸满等。

薏苡仁+冬瓜子、桃仁、牡丹皮　活血化瘀

用于肠痈拘挛腹痛,右下腹可触及肿块,大便秘结,小便短赤等。

薏苡仁+菱角、半枝莲　对肿瘤有一定抑制作用

可用于胃癌、宫颈癌等。

薏米+羊肉　健脾补肾,益气补虚

治病后体弱,贫血,食欲缺乏等。

粳米

别名

大米、硬米。

性味归经

性平,味甘。归脾、胃经。

功效

具有养阴生津、除烦止渴、健脾胃、补中气、固肠止泻的功效,而且用粳米煮米粥时,浮在锅面上的浓稠液体俗称米汤、粥油,具有补虚的功效,对于病后产后体弱的人有良好食疗疗效。此外,将粳米、枸杞子和适量白糖一起熬粥,长期服用可以滋补肝肾,益精明目。其适用于糖尿病以及肝肾阴虚所致的头晕目眩、视力减退、腰膝酸软、阳痿、遗精等。

注解

粳米是大米的一种,其粥有"世间第一补"之美称。粳米的糙米比精白米更有营养,它能降低胆固醇,减少心脏病发作和中风的概率。粳米的主要成分是蛋白质、淀粉、脂肪、乙酸、苹果酸、柠檬酸、葡萄糖、琥珀酸、甘醇酸、果糖、麦芽糖、磷等,

粳米含钙量比较少。

食用宜忌

【宜】妇女产后、老年人体虚、高热、久病初愈、婴幼儿消化力减弱、脾胃虚弱、烦渴、营养不良、病后体弱等病症患者都适宜食用，而且适合煮成稀粥。

【忌】糖尿病、干燥综合征、更年期综合征属阴虚火旺和痈肿疔疮热毒炽盛者不宜食用爆米花，否则易伤阴助火。

籼米

别名

根据稻谷收获季节，分为早籼米和晚籼米。

性味归经

性微温，味甘。归脾、胃经。

功效

籼米具有补气养心、养肝滋体之功效。其糖分含量低，对预防糖尿病有一定的功效。

注解

籼米是米的一个特殊种类，米粒是长椭圆或细长形，米色较白，透明度比其他米较差。煮食籼米时，因为它吸水性强，容易膨胀，所以出饭率相对较高。籼米口感干松，所以适合做米粉、萝卜糕或炒饭。籼米富含蛋白质、脂肪、各种维生素和矿物质以及少量的糖等成分。

食用宜忌

【宜】老少皆宜，每餐食用 60 克为佳。而且，籼米煮熟后，黏性低，米粒间较松散，口感粗硬，但这种米容易被消化吸收，所以老人和儿童十分适宜食用。

【忌】籼米不宜与马肉、蜂蜜同食。

糙米

别名

胚芽米、玄米。

性味归经

味甘、性温。

功效

糙米具有提高人体免疫力、加速血液循环、消除烦躁、促进肠道有益菌繁殖、加速肠道蠕动、软化粪便等功效。对于预防心血管疾病、贫血症、便秘、肠癌等病症效果著，而且对治疗糖尿病、肥胖症有很好的食疗作用。此外，糙米中的膳食纤维还能与胆汁中的胆固醇结合，促进胆固醇的排出，进而帮助高脂血症患者降低血脂。

注解

稻谷脱壳后保留着一些外层组织(如皮层、糊粉层和胚芽),有这些外层组织的米叫作糙米。糙米的主要成分是 B 族维生素和维生素 E。另外,糙米中还含有钾、镁、锌、铁、锰等矿物质。由于口感较粗,质地紧密,煮起来也比较费时;但是糙米的营养价值比精白米高。与全麦相比,糙米的蛋白质含量虽然不多,但是蛋白质质量较好,主要是米精蛋白,氨基酸的组成比较完全,人体容易消化吸收,但赖氨酸含量较少,含有较多的脂肪和碳水化合物,短时间内可以为人体提供大量的热量。

食用宜忌

【宜】糙米老少皆宜。每顿饭最适宜食用 50 克左右。煮糙米前宜淘洗干净后用冷水浸泡过夜,然后连浸泡的水一起煮,这样药用效果更好。

【忌】糙米营养丰富,诸无所忌。

香米

别名

香禾米、香稻。

性味归经

性平、味甘。

功效

香米具有养心补虚、益气强身、健脾开胃等功效。

注解

香米的种类有很多,有天然茉莉香米、竹香米、枣香米等,但都颗粒细长晶莹,透明如玉,米香飘溢,营养丰富。香米含有丰富的 B 族维生素、维生素 C、蛋白质、铁等营养素。

食用宜忌

【宜】香米味道芳香浓郁,适合煮食,适合所有人食用。每餐大约 60 克。

【忌】香米不宜过度淘洗,否则营养和口感欠佳。

黑米

别名

血糯米。

性味归经

性平,味甘。归脾、胃经。

功效

黑米具有健脾开胃、补肝明目、滋阴补肾、益气强身、养精固混的功效,是抗衰美容、防病强身的滋补佳品。同时,黑米所含 B 族维生素、蛋白质等,对于脱发、白发、贫血、流感、咳嗽、气管炎、肝病、肾病患者都有医疗保健作用。而且,经常食用黑米,对慢性病人、康复期病人及幼儿有较好的滋补作用,能明显提高人体血色素和血红蛋白的含量,有利于心血管系统的保健,有利于儿童骨骼和大脑的发育,并可促进产妇、病后体虚者的康复。

注解

黑米是稻米的一种,形状比普通大米略扁,是中国稻米中的珍品。黑米在古代是专供内廷的"贡米"。黑米色泽乌黑,内质色白,煮成粥是深棕色,味道浓香,营养价值非常高,有多种药物作用。如果用黑米和红枣一同煮粥,更是味美甜香,被人们称之为"黑红双绝"。黑米的主要成分是 B 族维生素、蛋白质、脂肪、钙、磷、铁、锌等。

选购宜忌

【宜】选购时要看清黑米的外观。好的黑米有光泽,米粒大小均匀,很少有碎米、爆腰(米粒上有裂纹),无虫,不含杂质;用嘴品尝,优质黑米微甜,没有异味。

【忌】忌食染色黑米。将黑米的外表层刮掉,如果里面不是白色,则很可能是染色黑米。

烹调宜忌

【宜】只有用小火长时间熬才能熬出黑米的醇香和营养。黑米的米粒外有一层坚韧的种皮包裹着,不容易煮烂,可事先浸泡一夜再煮。

【忌】泡米水不要倒掉,否则营养会随水而流失。

食用宜忌

【宜】黑米营养丰富,老少皆宜。黑米宜配上芝麻、白果、银耳、核桃、红枣、冰糖、莲子等煮成八宝粥,对头昏、眩晕、贫血、白发、眼疾、咳嗽等症疗效特别显著。产妇多吃黑米食品,身体可早日得到恢复。

【忌】不宜食用未煮烂的黑米,主要是因为没有煮烂的黑米不容易被胃酸和消化酶分解消化,会引起急性肠胃炎及消化不良;火盛热燥者更要忌食黑米。

食物搭配之宜

黑米+大米　开胃益中、明目

用于须发早白、产后体虚者。

紫米

别名

紫糯米、接骨糯、紫珍珠。

性味归经

味甘。

功效

紫米有补血益气、暖脾胃的功效,对于胃寒痛、消渴、夜尿频密等症有一定食疗作用。紫米饭清香、油亮、软糯可口,营养价值和药用价值都比较高,具有补血、健脾、理中及治疗神经衰弱等功效。

注解

紫米是特种稻米的一种,素有"米中极品"之称。紫米粒细长,且表皮呈紫色。紫米分皮紫内白非糯性和表里皆紫糯性两种。民间喜在年节喜庆时做成八宝饭食用,味香微甜,黏而不腻。紫米的主要成分是赖氨酸、色氨酸、维生素 B_1、维生素 B_2、叶酸、蛋白质、脂肪等多种营养物质,以及铁、锌、钙、磷等人体所需矿物元素。

食用宜忌

【宜】紫米是一种老少皆宜的食品,可以煮粥食用,也可加工成副食品。

【忌】营养丰富,皆无所忌。

西谷米

别名

西国米、莎木面、西米、沙孤米。

性味归经

性温,味甘。

功效

具有清热解毒、健脾、补肺、止咳化痰的功效,能有效治疗肺虚、肺结核、咳嗽等病症。

注解

西谷米是印度尼西亚特产,西谷米有的是用木薯粉、麦淀粉、苞谷粉加工而成,有的是由棕榈科植物提取的淀粉制成,是一种加工米,形状像珍珠。有小、中、大三种,经常被用于粥、羹和点心当中。西谷米主要成分是淀粉,有温中健脾,治脾胃虚弱、和消化不良的功效。西谷米还有使皮肤恢复天然润泽的功能。

食用宜忌

【宜】西谷米对于体质虚弱、产后病后虚弱、消化不良、神疲乏力、肺气虚、肺结核、肺痿咳嗽等症都有显著疗效。

【忌】糖尿病患者不宜食用。

赤小豆

别名

红豆、红饭豆、米赤豆、赤豆。

性味归经

性平,味甘、酸。归心、小肠经。

功效

具有止泻、消肿、滋补强壮、健脾养胃、利尿、抗菌消炎、解除毒素等功效。而且赤小豆还能增进食欲,促进胃肠消化吸收。用赤小豆与红枣、桂圆一起煮可用来补血。此外,赤小豆可用于治疗肾脏病、心脏病所导致的水肿;同时赤小豆因含有多种 B 族维生素,可用于治疗脚气病,但宜少放糖。赤小豆的花可以解酒毒,食用后可以多喝不醉。

注解

赤小豆与相思子二者外形相似,都有"红豆"的别名。相思子产于广东,外形特征是半粒红半粒黑,若误把相思子当作赤小豆服用会引起中毒,千万不可混淆。赤小豆的主要成分有蛋白质,脂肪、碳水化合物、粗纤维以及矿物元素钙、磷、铁、铝、铜等,并含有维生素 A、B 族维生素、维生素 C 等营养成分。

食用宜忌

【宜】肾脏性水肿、心脏性水肿、肝硬化腹水、营养不良性水肿以及肥胖症等病症患者适宜食用。如能配合鲤鱼或黄母鸡同食,消肿效果更好;同时产后缺奶和产后水肿的妇女也宜食,用赤小豆煎汤喝或煮粥食用。

【忌】尿多之人不宜食用,主要是由于赤小豆具有利水的功能。久食则令人黑瘦结燥。蛇咬者百日内忌之。

中药另有一种红黑豆。系广东产的相思子,特点是半粒红半粒黑,请注意鉴别,切勿误用。

贮藏宜忌

【宜】将拣去杂物的赤豆摊开晒开,以 3~5 斤为单位装入塑料袋中,再放入一些剪碎的干辣椒,密封起来。将密封好的塑料袋放置在干燥、通风处。此方法可以起到防潮、防霉、防虫的作用,能使赤豆保持 1 年不坏。还可将赤豆放在开水中浸泡十几分钟,然后捞出晒干,放入缸里收藏起来,可保存很长时间,也不会生虫。将两三瓣大蒜放入装赤豆的容器或口袋中,可使其 2~3 年不被虫蛀。

【忌】忌放置于潮湿处。

食物搭配之宜

赤小豆+桑白皮　健脾利湿,利尿消肿

用于脾虚水肿或脚气,小便不利。

赤小豆+白茅根　增强利尿作用

用于水肿,小便不利。现用于肾炎或营养不良性水肿。

赤小豆+粳米　益脾胃,通乳汁

用于妇女气血不足,乳汁不下。

赤小豆+醋+米酒　散血消肿,止血

用于痔疮淤肿疼痛,大便带血。

绿豆

别名

青小豆。

性味归经

性凉,味甘。归心、胃经。

功效

绿豆具有降压、降脂,滋补强壮、调和五脏、保肝、清热解毒、消暑止渴、利水消肿的功效,对于肿胀、痱子、疮癣、口腔炎、各种食物中毒等都有疗效,也能解斑蝥中毒,敌敌畏、有机磷农药中毒。常服绿豆汤对接触有毒、有害化学物质(包括气体)而可能中毒者有一定的防治效果。绿豆还能够防止脱发、使骨骼和牙齿坚硬、帮助血液凝固。此外,绿豆皮的清热解毒功效较强,用于治疗眼病,有明目退翳的作用。

注解

绿豆是豆科植物绿豆的种子。绿豆因豆皮是绿色而得名,其营养丰富,具有一定的药物价值。绿豆的营养价值很高,富含蛋白质、脂肪、碳水化合物以及蛋氨酸、色氨酸、赖氨酸等完全蛋白质等球蛋白类及磷脂酰胆碱、磷脂酰乙醇胺、磷脂酸和多种矿物质等营养成分。

绿豆蛋白质的含量几乎是大米的 3 倍,多种维生素、钙、磷,铁等无机盐都比大米多,其赖氨酸含量更是大米和小米的 1~3 倍,因此,它不但具有良好的食用价值,还具有非常好的药用价值,有"济世之食谷"的美称。

选购宜忌

【宜】正常的绿豆应为青绿色或黄绿色。辨别绿豆时,一是观其色,如是褐色,说明其品质已经变了;二是观其形,如表面白点多或绿豆中空壳较多,说明已被虫蛀。

烹调宜忌

【宜】老少皆宜,四季均可。绿豆煮前浸泡,可缩短煮熟的时间。

【忌】煮绿豆忌用铁锅,因为豆皮中所含的单宁质遇铁后会发生化学反应,生成黑色的单宁铁,并使绿豆的汤汁变为黑色,影响味道及人体的消化吸收。

绿豆不宜煮得过烂,以免使有机酸和维生素遭到破坏,降低清热解毒的功效。

绿豆必须煮熟,否则腥味强烈,食后易恶心、呕吐。

食用宜忌

【宜】绿豆适宜暑热天气或中暑时烦躁闷乱、咽干口渴,有疮疖痈肿、丹毒等热毒所致的皮肤感染及高血压病、水肿、红眼病等病症患者食用且疗效显著;同时也适宜食物,农药、煤气、药草、金石、磷化锌等中毒时应急解救时食用。此外,绿豆非常适宜眼病患者食用。

【忌】绿豆性属寒凉,平素脾胃虚寒、肾气不足、易泻者不宜食用;此外,绿豆不宜与榧子、鲤鱼等一起食用。

绿豆具有解毒的功效,体质虚弱和正在吃中药者不要多吃。

贮藏宜忌

【宜】将绿豆在日光下暴晒5个小时,然后趁热密封保存。

食物搭配之宜

绿豆+燕麦　控制血糖含量

绿豆中含淀粉较多,易在人体内转化为血糖,使血糖含量升高;燕麦有抑制血糖值上升的作用。若两者搭配,既可补充必要的营养,又可有效控制血糖含量,是糖尿病患者的理想食品。

食物搭配之忌

绿豆+狗肉　会引起中毒

青豆

别名

青大豆。

性味归经

性平,味甘。归心、脾、胃、大肠经。

功效

青豆的主要功能是补肝养胃、滋补强壮、有助于长筋骨、悦颜面、乌发明目、延年益寿等。每天食用青豆可降低血液中的胆固醇。

青豆

注解

青豆是种皮为青绿色的大豆。

按其子叶的颜色,又分为青皮青仁大豆和绿皮黄仁大豆等两种。青豆的主要营养成分包括蛋白质、B族维生素、纤维、多糖类、铜、锌、钾、镁等。

食用宜忌

【宜】更年期妇女、糖尿病和心血管病患者最适宜吃青豆。青豆对脑力工作者和减肥者也非常适合。嫩青豆的口感较好,适宜食用。

【忌】患有严重肝病、消化性溃疡、动脉硬化、肾病、痛风、低碘等病症者不宜食用青豆。

蚕豆

别名

罗泛豆、胡豆、马齿豆、南豆、大豌豆。

性味归经

性平,味甘。归脾、胃经。

功效

蚕豆性子味甘,具有健脾益气、祛湿、抗癌等功效。对于脾胃气虚、胃呆少纳、不思饮食、大便溏薄、慢性肾炎、肾病水肿、食管癌、胃癌、宫颈癌等病症有一定辅助疗效。

注解

蚕豆属于豆科植物蚕豆的成熟种子,蚕豆从嫩苗起到老熟的种子都可作为蔬菜食用。由于它的豆荚形状像老蚕,又成熟于养蚕季节,所以叫蚕豆。蚕豆荚果大而肥厚,种子椭圆扁平。相传蚕豆是张骞出使西域时带回的豆种。蚕豆含蛋白质、碳水化合物、粗纤维、磷脂、胆碱、维生素 B_1、维生素 B_2、烟酸和钙、铁、磷、钾等多种矿物质,尤其是磷和钾含量较高。蚕豆中含有大脑和神经组织的重要组成成分磷脂,并含有丰富的胆碱,能增强记忆力,特别适合脑力工作者食用。蚕豆中的蛋白质可以延缓动脉硬化,蚕豆皮中的粗纤维有降低胆固醇,促进肠蠕动的作用。

选购宜忌

【宜】质量好的蚕豆,应是角大子饱,皮色浅绿,无虫眼无杂质的。

【忌】青皮蚕豆皮上若有圆滑而颜色很深的小黑点,则是已被虫蛀食过的。白皮蚕豆皮上若有一个圆滑而呈棕褐色的小点,则是被虫蛀食过的。

烹调宜忌

【宜】生蚕豆应多次浸泡或用水焯过后再进行烹制。老蚕豆适宜剥成豆瓣炒着吃,或者放在米中烧豆饭吃。制成蚕豆芽,其味更鲜美。蚕豆粉是制作粉丝、粉皮等的原料,也可加工成豆沙,制作糕点。蚕豆可蒸熟加工制成罐头食品,还可制酱油、豆瓣酱、甜酱、辣酱等。又可以制成各种小食品。

蚕豆去壳:将干蚕豆放入陶瓷或搪瓷器皿内,加入适量的碱,倒上开水闷一分钟,即可将蚕豆皮剥去,但去皮的蚕豆要用水冲除其碱味。

【忌】蚕豆不可生吃,应将生蚕豆多次浸泡焯水后再进行烹制。

食用宜忌

【宜】嫩者宜作蔬菜,味极鲜美,老者宜煮食或作糕,可以代粮食用。不思饮食,脾胃气虚、胃呆少纳、大便溏薄、慢性肾炎、肾病水肿、食管癌、胃癌、宫颈癌等病症患者适宜食用。此外,蚕豆含有植物凝集素,具有消肿退瘤、防癌抗癌作用。老人、考试期间学生、脑力工作者、高胆固醇、便秘者可以多食用。

【忌】蚕豆性味平和,健脾益气。但蚕豆不易消化,故脾胃虚弱者不宜多食,一般人也不宜过食,以免损伤脾胃,引起消化不良。

蚕豆不宜生吃,有些人生吃蚕豆或吸入蚕豆花粉后,会发生急性溶血性贫血,又称"蚕豆黄病",产生眩晕、休克、黄疸等症状,应尽快送医院救治。这是由所含的巢莱碱贰引起的。所以,必须将蚕豆煮熟后再食用。同时,中焦虚寒者不宜食用,发生过蚕豆过敏者一定不要再吃。

有遗传性血红细胞缺陷症者,患有痔疮出血、消化不良、慢性结肠炎、尿毒症等病人要注意,不宜进食蚕豆。

患有蚕豆病的儿童绝不可进食蚕豆。

贮藏宜忌

【宜】蚕豆晒干后,然后利用干砂或谷糠等拌和,再进行密闭低温储藏是较好的办法,这种方法使蚕豆相对处在干燥、低温、黑暗和隔离外部空气的条件下,有防止豆粒变色和抑制害虫发生的作用。将两三瓣大蒜放入装蚕豆或赤豆的容器或口袋中,可使其在二三年内不被虫蛀。

食物搭配之忌

蚕豆+田螺　容易引发结肠癌

豇豆

别名

豆角、江豆、腰豆、裙带豆。

性味归经

性平,味甘。归脾、胃经。

功效

具有健脾养胃、理中益气、补肾、降血糖、促消化、增食欲、提高免疫力等功效,对尿频、遗精及一些妇科功能性疾病有辅助功效。

豇豆含有易为人体所吸收的优质蛋白质,一定量的碳水化合物、维生素以及钙、磷、铁等矿物质,有利于人体新陈代谢;豇豆所含 B 族维生素能使机体保持正常的消化腺分泌和胃肠道蠕动的功能,平衡胆碱酯酶活性,有帮助消化、增进食欲的功效;所含维生素 C 能促进抗体的合成,抑制病毒,提高机体的免疫能力。

注解

豇豆属于豆科植物豇豆的种子,原产于印度和缅甸,主要分布于热带、亚热带和温带地区,是世界上最古老的蔬菜作物之一。豇豆在中国主要产地为山西、山东、陕西等地。

豇豆成熟后呈肾脏形,有黑、白、红、紫、褐等各种颜色。富含脂肪、碳水化合物、蛋白质、钙、铁、锌、磷、胡萝卜素、维生素 B_1、维生素 B_2、维生素 C 及烟酸、膳食纤维等成分。其中磷的含量最丰富。

烹调宜忌

【宜】豇豆分为长豇豆和饭豇豆两种。长豇豆一般作为蔬菜食用,既可热炒,又可焯水后凉拌。

嫩豆荚肉质肥厚,炒食脆嫩,也可烫后凉拌或腌泡。

干豆粒与米共煮可作主食,也可作豆沙和糕点馅料等。

【忌】长豇豆不宜烹调时间过长,长时间烹煮会造成营养损失。

食用宜忌

【宜】豇豆含有能促进胰岛素分泌的磷脂,可以参与糖代谢的作用,是糖尿病患者的理想食品。脾胃虚弱、消化不良、食积腹胀、口渴、多尿、妇女带下、肾虚、肾功能衰弱、脚气病、尿毒症等病症者以及老年人适宜食用。

此外,豇豆煮熟再加适量调味品,消化不良者最适宜食用,而且疗效显著。

【忌】豇豆性味平和,但不宜多食,尤其气滞便结之人更应慎食。此外,豇豆与粳米一起煮粥食用不宜过量,应分次食用,以防产气腹胀。

黄豆

别名

大豆、黄大豆。

性味归经

性平,味甘。

功效

具有健脾、益气、宽中、润燥、补血、降低胆固醇、利水、抗癌之功效,可用于治疗疳积,泻痢、腹胀羸弱、脾气虚弱、消化不良、妊娠中毒、癌症、疮痈肿毒、外伤出血、前列腺疾病等症,有一定食疗作用。

黄豆中含有抑胰酶,对糖尿病患者有益。黄豆中的各种矿物质对缺铁性贫血者有益,而且能促进酶的催化、激素分泌和新陈代谢;而且,黄豆中所含钙、磷对预防小儿佝偻病、老年人易患的骨质疏松症及神经衰弱有效;所含的高密度脂蛋白有助于去掉人体内多余的胆固醇,所以经常食用黄豆可预防心脏病、冠状动脉硬化;此外,黄豆中所含异黄酮能抑制一种刺激肿瘤生长的酶,阻止肿瘤的生长,防治癌症,尤其是乳腺癌、结肠癌;所含的植物雌激素可以调节更年期妇女体内的激素水平,防止骨骼中钙的流失,可以缓解更年期综合征、骨质疏松症。

注解

黄豆属于豆科草本植物大豆的黄色种子。黄豆在中国分布广泛,除了高寒地区外,各地均有栽培。中国是世界上栽培黄豆最早的国家,又是第一个制作豆制品的国家。

黄豆富含蛋白质及矿物元素铁、镁、钼、锰、铜、锌、硒等,以及人体 8 种必需氨基酸和天门冬氨酸、卵磷脂、可溶性纤维、谷氨酸和微量胆碱等营养物质,营养价值很高。据测定,每 100 克干黄豆中,蛋白质含量可达 40~50 克,这些物质对脑细胞发育、增强记忆力有好处。

选购宜忌

【宜】颗粒饱满、大小颜色相一致、无杂色、无霉烂、无虫蛀、无破皮的是好黄豆。

烹调宜忌

【宜】将豆炒熟,磨成粉后即可食用,可以加牛奶、蜂蜜冲泡。煮黄豆前,先把黄豆用水泡一会儿,这样容易熟,煮的时候放进去一些盐,比较容易入味。

食用宜忌

【宜】动脉硬化、高血压、冠心病、高血脂、糖尿病、气血不足、营养不良、癌症等病症患者适宜食用。此外,黄豆适宜煮熟后食用,尤其适宜少年儿童生长发育时期食用。黄豆中的大豆纤维可以加快食物通过肠道的时间,适合减肥者食用。

【忌】黄豆不宜生吃。消化功能不良、胃脘胀痛、腹胀等有慢性消化道疾病的人应尽量少食,主要是由于黄豆不易消化吸收,会产生大量的气体造成腹胀。

贮藏宜忌

【宜】将黄豆晒干,再用塑料袋装起来,放在阴凉干燥处保存。夏天时,为防止细菌繁殖而发酵、变坏,浸泡时最好放到冰箱里。

【忌】生大豆中含有一种胰蛋白酶抑制剂,进入机体后抑制体内胰蛋白酶的正常活性,并对胃肠有刺激作用。忌存放于家畜能接触到的地方。

食物搭配之宜
黄豆+牛蹄筋　防颈椎病、美容

食物搭配之忌
黄豆+酸奶　影响钙的消化吸收
黄豆+虾皮　影响钙的消化吸收
虾皮中钙的含量很高,黄豆富含维生素,混合食用会影响钙的吸收。

黑豆

别名
乌豆、黑大豆、稽豆、马料豆。

性味归经
性平,味甘。归心、肝、肾经。

功效
具有补脾、利水、解毒之功效,对于各种水肿、体虚、中风、肾虚等病症有显著疗效。

注解
黑豆味甘性平,具有活血、祛风解毒、乌发等功效。黑大豆优质蛋白质含量丰富,含有人体不能自身合成的多种氨基酸;不饱和脂肪酸含量也很高,可丰富磷脂,增强细胞活力。黑豆所含的多种微量元素对人体的生长发育,新陈代谢,内分泌活性,神经结构,免疫功能等有重要的作用。黑豆因其富含抗氧化成分,如异黄酮素、花青素等,能延缓老化,丰富维生素 E,能除去体内的自由基,减少皮肤皱纹,养颜美容。

选购宜忌

【宜】豆粒完整、大小均匀、乌黑的才是品质好的。

【忌】黑豆表面有天然的蜡质,会随着时间而逐渐脱落,故表面有研磨般光泽的黑豆不要购买。

烹调宜忌

【宜】用水轻洗黑豆数次后捞起,将杂质去除,将水沥干后即可食用烹调。如果是要打成汁饮用的,可以先将黑豆浸泡一夜,这样比较易于搅拌;如果是要烹煮的话,可先浸泡 2~4 小时。

【忌】黑豆过水后会脱色,水色加深,烹调前忌不经加工直接烹饪。

食用宜忌

【宜】体虚、脾虚水肿、脚气水肿、小儿盗汗、自汗、热病后出汗、小儿夜间遗尿、妊娠腰痛,腰膝酸软、老人肾虚耳聋、白带频多、产后中风、四肢麻痹者适宜食用。豆类的嘌呤含量较高,尿酸过高者不宜一次食用太多。

【忌】不宜多食炒熟后的黑豆,主要由于其热性大,多食易上火,尤其是小儿不宜多食。

贮藏宜忌

【宜】阴凉干燥处,避免阳光直射。

食物搭配之宜

黑豆+牛奶   更好地吸收牛奶中的维生素 B_{12}

食物搭配之忌

黑豆+蓖麻子、厚朴   不宜同食

芸豆

别名

菜豆、四季豆、刀豆。

性味归经

性平,味甘。

功效

芸豆具有温中下气、利肠胃、益肾、补元气等功效。

注解

芸豆是草生植物,茎蔓生,小叶阔卵形,花白色、黄色或带紫色,荚果较长,种子近球形。芸豆富含蛋白质、氨基酸、维生素,粗纤维等营养成分。芸豆富含蛋白质及钙,铁等多种微量元素,钾、镁的含量高而钠的含量很低,可提高机体新陈代谢,促进机体排毒,对皮肤、头发很有好处。芸豆还含有皂苷、尿毒酶和多种球蛋白等独特成分,能提高人体免疫能力,增强抗病能力,有抑制肿瘤细胞的作用。

选购宜忌

【宜】好的芸豆表面光滑没有病斑,颜色均匀,没有明显的虫眼。颗粒饱满肥大,色泽鲜明。

食用宜忌

【宜】芸豆有高钾、高镁、低钠的特点,特别适合心脏病、动脉硬化、高血脂、低血钾和忌盐患者食用。食用芸豆必须煮熟煮透,消除其毒性。

【忌】不宜生食或者食用半生不熟芸豆,主要由于鲜芸豆中含皂甙和细胞凝集素,皂甙存于豆荚表皮,细胞凝集素存于豆粒中,食后容易中毒,导致头昏、呕吐,甚至致人死亡。芸豆在消化过程中易产生胀气,有消化功能不良、慢性消化道疾病者应少吃。

贮藏宜忌

【宜】在装豆子的容器底部铺上盐存放就不会生虫。

【忌】新鲜芸豆忌长时间存放。

扁豆

别名

菜豆、季豆。

性味归经

性平,味甘。归脾、胃经。

功效

具有解渴健脾、补肾止泄、益气生津、解毒下气的功效。

注解

扁豆中维生素,矿物质和植物蛋白的含量比大部分根茎菜的瓜菜都高。扁豆含有的维生素 B、维生素 C 及烟酸等,具有增强免疫能力和防癌的功效,还有润肤、明目的作用。

烹调宜忌

【宜】扁豆中含有皂素和植物血凝素两种有毒物质,必须在高温下才能被破坏,烧熟煮透后,有毒蛋白质就失去毒性,可放心大胆食用。否则会引起呕吐、恶心、腹痛、头晕等毒性反应。

【忌】忌未煮熟生食。

食用宜忌

【宜】皮肤瘙痒、急性肠炎者更适合。糖尿病患者由于脾胃虚弱,经常感到口干舌燥,平时最好多吃扁豆。

【忌】患寒热病者,患疟者不可食。

芝麻

别名

胡麻、黑芝麻。

性味归经

性平,味甘。归肝、肾、肺、脾经。

功效

具有润肠、通乳、补肝、益肾、养发、强身体、抗衰老等功效。芝麻对于肝肾不足所致的视物不清、腰酸腿软、耳鸣耳聋、发枯发落、眩晕、眼花、头发早白等症食疗疗效显著。

注解

相传芝麻源于非洲或印度,是西汉张骞通西域时引进中国的。但现经科学考证,芝麻原产我国云贵高原。在浙江湖州市钱山漾新石器时代遗址和杭州水田畈史前遗址中,发现有古芝麻的种子,证实了中国也是芝麻的故乡。它遍布世界上的热带地区。芝麻是我国四大食用油料作物的佼佼者,是我国主要油料作物之一。芝麻产品具较高的应用价值。它的种子含油量高达61%。我国自古就有许多用芝麻和芝麻油制作的名特食品和美味佳肴,一直著称于世。

烹调宜忌

【宜】芝麻可榨制香油(麻油),供食用或制糕点;种子去皮称麻仁,烹饪上多用作辅料。芝麻仁外面有一层稍硬的膜,把它碾碎才能使人体吸收到营养,所以整粒的芝麻应加工后再吃。

【忌】炒制时千万不要炒煳。

食用宜忌

【宜】高脂血症、高血压、身体虚弱、贫血、老年哮喘、肺结核、荨麻疹、血小板减少性紫癜、妇女产后乳汁缺乏、慢性神经炎、习惯性便秘、糖尿病、末梢神经麻痹、痔疮以及出血体虚等病症患者宜食。适宜肝肾不足所致的眩晕、眼花、视物不清、腰酸腿软、耳鸣耳聋、发枯发落、头发早白之人食用;适宜妇女产后乳汁缺乏者食用;适宜身体虚弱、贫血、高脂血症、高血压病、老年哮喘、肺结核,以及荨麻疹,习惯性便秘者食用;适宜糖尿病、血小板减少性紫癜、慢性神经炎、末梢神经麻痹、痔疮以及出血性素质者食用。

【忌】患有慢性肠炎、便溏腹泻、男子阳痿、遗精等病症患者不宜食用。

玉米

别名

苞米、苞谷、珍珠米。

性味归经

性平。味甘。归脾、肺经。

功效

玉米具有益肺宁心、健脾开胃、防癌、降胆固醇、健脑、平肝利胆、泄热利尿、止血降压的功效。

玉米油中富含维生素 A、维生素 E、卵磷脂及矿物元素镁和硒、亚油酸等，长期食用对于降低胆固醇、防止动脉硬化、减少和消除老年斑和色素沉着斑、抑制肿瘤的生长有一定食疗作用。

玉米

此外，镁元素还可舒张血管，防止缺血性心脏病，维持心肌正常功能，适宜治疗高血压、冠心病、脂肪肝等病症患者食用。

玉米中含有健脑作用的谷氨酸，它能帮助和促进脑细胞呼吸，在生理活动过程中，能清除体内废物。

玉米中富含的纤维素，可吸收人体内的胆固醇，将其排出体外，可防止动脉硬化，还可加快肠壁蠕动、防止便秘、预防直肠癌的发生。

注解

玉米是一种常见的粮食作物，主要生产于北方，有黄玉米、白玉米两种，其中黄玉米含有较多的维生素 A，对人的视力十分有益。

玉米主要成分是蛋白质、脂肪、维生素 E、钾、锰、镁、硒及丰富的胡萝卜素、B族维生素、钙、铁、铜、锌等多种维生素及矿物元素。玉米胚中脂肪含量仅次于大豆，蛋白质、脂肪含量都高于大米，玉米还含有胶蛋白。

玉米中的纤维素含量很高，为精米面的 6~8 倍，具有刺激胃肠蠕动，加速粪便排泄的特性。因此，常吃新鲜玉米能使大便通畅，防治便秘和痔疮，还能减少胃肠病的发生。玉米作为食疗素材还有开胃及降血脂的功效。玉米含有黄体素、玉米黄质，尤其后者含量丰富，是抗眼睛老花的极佳食物。新鲜玉米还能抑制肿瘤细胞的生长，对治疗癌症有辅助作用。

食用宜忌

【宜】玉米对治疗食欲缺乏、水肿、尿道感染、糖尿病、胆结石等症有一定的作用。脾胃气虚、气血不足、营养不良、动脉硬化、高血压、高脂血症、冠心病、肥胖症、脂肪肝、癌症、习惯性便秘、慢性肾炎水肿、维生素 A 缺乏症等疾病患者适宜食用。黄体素、玉米黄质,可以预防老年黄斑性病变的产生。新鲜玉米中的维生素 A,对防治老年常见的干眼病、气管炎、皮肤干燥等症及白内障等有一定的辅助治疗作用。

【忌】霉坏变质的玉米有致癌作用,不宜食用而且,患有干燥综合征、糖尿病、更年期综合征且属阴虚火旺之人不宜食用爆玉米花,否则易助火伤阴。

贮藏宜忌

【宜】保存玉米棒子需将外皮及毛须去除,洗净后擦干,用保鲜膜包起来放入冰箱中冷藏。玉米易受潮发霉,应置于阴凉干燥处。

【忌】玉米发霉后能产生致癌物,所以发霉玉米绝对不能食用。忌存储在潮湿闭塞处。

食物搭配之宜

玉米+小麦、黄豆　提高对蛋白质的吸收

玉米+鸽肉　防治神经衰弱

玉米+山药　获得更多营养

玉米+鸡蛋　防胆固醇过高

玉米+松仁　祛病强身,防癌、抗癌

玉米笋

性味归经

性平,味甘。归脾、肺经。

功效

玉米笋具有降血压、强身、减脂、健脑的功效,可以有效促进肠胃蠕动,消除水肿。适合食管癌、贲门癌、胃癌等症患者食用。

注解

玉米笋是甜玉米的幼雌穗,食用部分是幼雌穗的穗柄、穗轴和生长锥,口感清甜,味道鲜美。玉米笋在美国生产较多。玉米笋富含蛋白质、脂肪、糖以及各种维生素和矿物质,还有人体所需的 8 种氨基酸。

食用宜忌

【宜】玉米笋味道香甜,老少皆宜,尤其是炒食更脆甜可口,还可加工成罐头。

【忌】玉米笋营养丰富,药用价值高,诸无所忌。

糜子

别名

子禾祭。

性味归经

味甘。

功效

糜子具有补中益气、健脾益肺、除热愈疮的功效,可有效辅助治疗脾胃虚弱、泄泻、胃痛、咳嗽、呃逆烦渴、鹅口疮、烫伤等病症。

注解

糜子的子实大多不黏,但营养丰富,而且具有很高的食补价值,也有一定的药用价值。

糜子富含蛋白质、脂肪、氨基酸、维生素 B_1、维生素 B_2、维生素 E 以及多种矿物质等营养成分。

据营养专家分析,糜子中蛋白质含量相当高,主要是水溶性清蛋白、盐溶性球蛋白及白蛋白,这类蛋白质黏性差,近似于豆类蛋白,但优于小麦、大米及玉米的蛋白质。而且糜子中有人体必需的 8 种氨基酸和多种矿物质,含量都高于小麦、大米和玉米,尤其是蛋氨酸含量几乎高出它们的一倍。

此外,糜子中脂肪和维生素 B_1、维生素 B_2、维生素 E 含量均高于大米,膳食纤维的含量也很丰富。

食用宜忌

【宜】老少皆宜,每次以 60 克为佳。尤其是咳嗽、烦渴、脾胃虚弱、泄泻、胃痛、烫伤患者适宜食用。

【忌】糜子营养丰富,除了不宜多食之外,其他无所禁忌。

荞麦

别名

净肠草。

性味归经

性凉,味甘。归脾,大肠经。

功效

具有健胃、消积、止汗之功效,能有效辅助治疗胃痛胃胀、消化不良、食欲缺乏、肠胃积滞、慢性泄泻等病症。同时荞麦能帮助人体代谢葡萄糖。是防治糖尿病的天然食品;而且荞麦秧和叶中含多量芦丁,煮水经常服用可预防高血压引起的脑出血。此外,荞麦所含的纤维素可使人大便恢复正常,并预防各种癌症。

注解

荞麦为蓼科植物荞麦的种子,在中国各地均有分布和栽培,特别是以北方最多。荞麦中富含蛋白质、脂肪、维生素以及多种矿物质等营养成分。

食用宜忌

【宜】荞麦适宜食欲缺乏、饮食不香、肠胃积滞、慢性泄泻等病症患者食用;对出黄汗、夏季痧症者、糖尿病患者更适宜；荞麦的蛋白质中缺少精氨酸、酪氨酸，与牛奶搭配食用为好。

【忌】体质敏感的人食用时要谨慎，主要由于荞麦中含有多量蛋白质及其他易导致过敏的物质，所以可引起或加重过敏者的过敏反应。而且荞麦内含红色荧光色素，食后可导致对光敏感症，出现耳、鼻、咽喉、支气管、眼部黏膜发炎及肠道、尿路的刺激症状。此外，体虚气弱、癌症、肿瘤患者，脾胃虚寒者等不宜食用；同时荞麦忌与野鸡肉、猪肉等一同食用。

高粱

别名

蜀秫、芦粟、木稷。

性味归经

性温，味甘、涩。归脾、胃经。

功效

具有凉血、解毒、和胃、健脾、止泻的功效，可用来防治消化不良、积食、湿热下痢和小便不利等多种疾病。尤其适宜加葱、盐、羊肉汤等煮粥食用，对于阳虚盗汗有很好疗效。

高粱

注解

高粱为禾本科草本植物蜀黍的种子。它的叶和玉米相似，但较窄，花序圆锥形，花长在茎的顶端，子实红褐色。在中国，高粱是酿酒的重要原料，茅台、泸州特曲、竹叶青等名酒都是以高粱子粒为主要原料酿造的。而且，高粱自古就有"五谷之精、百谷之长"的盛誉。

高粱米含有碳水化合物、钙、蛋白质、脂肪、磷、铁等，尤其是赖氨酸含量高，而单宁含量较低。

烹调宜忌

【宜】主要是为炊饭或磨制成粉后再做成其他各种食品，比如面条、面鱼、面卷、煎饼、蒸糕、年糕等。加工成的高粱面，能做成花样繁多、群众喜爱的食品，近年已成为迎宾待客的饭食。除食用外，高粱可制淀粉、制糖、酿酒做醋和制酒精等食用价值高粱粥。

食用宜忌

【宜】高粱米营养丰富，可用来蒸饭、煮粥；慢性腹泻患者常食高粱米粥有益。

【忌】大便燥结者应少食或不食高粱。

食物搭配之宜

高粱+冰糖　健脾益胃,生津止渴

高粱+桑螵蛸　和胃健脾,益气消积

六、蛋奶类饮食宜忌

常见的蛋类有鸡蛋、鸭蛋、鹅蛋等,各种禽蛋的营养成分大致相同。奶类食物营养丰富,容易消化吸收,食用价值很高。蛋奶类食物也是人们经常的食用的食物之一,本节就蛋奶类饮食宜忌做大致概述。

鸡蛋

别名

鸡卵、鸡子。

性味归经

性平,味甘。

功效

鸡蛋清性徽寒而气清,能益精补气、润肺利咽、清热解毒,还具有护肤美肤的作用,有助于延缓衰老;蛋黄性温而气浑,能滋阴润燥、养血息风。

注解

鸡蛋是母鸡的卵,营养丰富。蛋清中富含大量水分、蛋白质;蛋黄中富含脂肪,其中约 10%为磷脂,而磷脂中又以卵磷脂为主,另外还含胆固醇、钙、磷、铁、无机盐和维生素 A、维生素 D 和维生素 B_2 等。

选购宜忌

【宜】用拇指、食指和中指捏住鸡蛋摇晃,没有声音;将鸡蛋对光观察,蛋白清晰,呈半透明状态,一头有小空室。

【忌】手摇时发出晃荡的声音;将鸡蛋对光观察呈灰暗色,空室较大;有污斑。

烹调宜忌

【宜】做炒鸡蛋时,将鸡蛋顺一个方向搅打,并加入少量水,可使鸡蛋更加鲜嫩。

【忌】生鸡蛋不宜吃,这主要是因为经常吃生鸡蛋会抑制人体吸收生物素,而缺乏这种营养素,可能出现皮肤湿疹、疲劳、食欲不佳、秃头等问题。鸡蛋煮得时间过长,蛋黄表面会形成灰绿色硫化亚铁层,很难被人体吸收。蛋白质老化会变硬变韧,影响食欲,也不易消化。炒鸡蛋和炸鸡蛋含油量高,胆囊炎或胆结石患者千万不要多吃,最好是不吃。

食用宜忌

【宜】蛋黄是婴幼儿铁的良好来源;体质虚弱、营养不良、贫血、妇女产后病后以及老年高血压、高血脂、冠心病等病症者适宜食用鸡蛋。

【忌】患有肝炎、高热、腹泻、胆石症、皮肤生疮化脓等病症者不宜食鸡蛋；老年人，尤其是血脂紊乱的人和肝炎病人最好不吃蛋黄，可多吃蛋清；肾炎患者肾功能和新陈代谢减退，尿量减少时，体内代谢产物不能全部由肾脏排出体外，若再过多地食用鸡蛋，体内尿素增多，易使病情加重，甚至出现尿毒症。所以，任何肾病患者当出现肾功能衰竭时忌食鸡蛋。鸡蛋的胆固醇含量高，也不宜多吃，青少年每天2个为佳，老年人以每天1个为宜。

贮藏宜忌

【宜】鸡蛋在20℃左右大概能放一周，如果放在冰箱里保存，最多保鲜半个月，超过半个月，鸡蛋就不新鲜了；鸡蛋存放前不要用水冲洗，因为鸡蛋壳表面有一层薄薄的膜，它可以保护鸡蛋，不让空气进入，只需找一块布把它擦干净就可以放进冰箱保存了；放鸡蛋时要大头朝上，小头在下，这样可使蛋黄上浮后贴在气室下面，既可防止微生物侵入蛋黄，也有利于保证鸡蛋的质量。

食物搭配之宜

鸡蛋+紫菜　有利于吸收营养

鸡蛋富含营养，但胆固醇含量较高；而紫菜中含有大量可降低有害胆固醇的牛黄酸，两者同食，有利于人体对营养的吸收。

鸡蛋+大豆　降低胆固醇

鸡蛋虽然营养丰富，但胆固醇含量较高；大豆中含有皂草苷，能降低血清中胆固醇的含量。两者同食，有利于营养的吸收。

鸡蛋+豆腐，促进钙的吸收

鸡蛋含有维生素D，可促进钙的吸收；豆腐含钙量较多，若与鸡蛋搭配，不仅有利于钙的吸收，且营养更全面。

鸡蛋+糯米酒　营养更全面

糯米性温味甘，有补气散寒的功效；鸡蛋富含营养，易消化吸收。两者搭配，营养更全面，尤其适合产妇食用。

鸡蛋+大豆或蔬菜

这是因为鸡蛋与大豆合吃，可以大大提高大豆蛋白的食用价值。又因鸡蛋的维生素C含量很少，所以，吃鸡蛋时配食蔬菜为好。

食物搭配之忌

鸡蛋+豆浆　降低蛋白质吸收

鸡蛋中丰富的蛋白质经过胃蛋白酶和胰蛋白酶分解为氨基酸，然后被人体吸收利用，豆浆中含有一种胰蛋白酶抑制物质，能破坏胰蛋白酶的活性，影响蛋白质的消化和吸收。

鸡蛋+茶　影响人体对蛋白质的吸收

茶中单宁酸的含量较高,易与鸡蛋中的蛋白质形成不易消化的物质,影响人体对蛋白质的吸收。

鸡蛋+味精　影响味道

鸡蛋+甲鱼　损害健康

鸡蛋+柿子　腹泻,生结石

鸡蛋+红薯　会腹痛

鸡蛋+消炎片　会中毒

鸭蛋

别名

鸭卵。

性味归经

性微寒,味甘、咸。

功效

鸭蛋具有滋阴清肺、止痢之功效,对喉痛、牙痛、热咳、胸闷、赤白痢等症有食疗作用。对水肿胀满等有一定的食疗功效,外用还可缓解疮毒。

注解

鸭蛋为母鸭的卵,营养丰富,味道鲜美。鸭蛋富含蛋白质、脂肪、维生素 B_2、铁和钙等;鸭蛋的营养成分与鸡蛋相似,只是蛋白质含量不如鸡蛋高。

选购宜忌

【宜】鲜鸭蛋外壳有一层白霜粉末,手指摩擦时应不太光滑。捏住鸭蛋摇动。没有声音的是新鲜鸭蛋。

【忌】手摇时发出晃荡的声音的是变质鸭蛋。

烹调宜忌

【宜】做腌鸭蛋时,可以先将鸭蛋放在白酒中浸泡片刻,再捞出均匀撒上一层盐,然后放入透明的塑料食品袋中密封,放在阴凉干燥处,10天后就可吃到美味的咸鸭蛋了。

食用宜忌

【宜】患肺热咳嗽、咽喉痛、泻痢等症者适宜食用。鸭蛋较适宜用盐腌透后食用。

【忌】鸭蛋性偏凉,这一点不如鸡蛋性平,所以寒湿下痢、脾阳不足、食后气滞痞闷以及患有癌症、高脂血症、高血压病、动脉硬化、脂肪肝等病症者不宜吃鸭蛋;肾炎病人、生病期间的病人不宜食皮蛋。

贮藏宜忌

【宜】鸭蛋在放入冰箱保存时,要大头朝上,小头在下,这样使蛋黄上浮后贴在气室下面,既可防止微生物侵入蛋黄,也保证鸭蛋的质量。

食物搭配之宜

鸭蛋和银耳、黑木耳一起食用,可以滋肾补脑,对用脑过度、头昏、记忆力减退等都有一定的疗效。

食物搭配之忌

鸭蛋+甲鱼一起食用　不宜

鸭蛋和甲鱼都属于寒凉的食物,两者同食,易引起肠胃不适,尤其不适合肠胃虚寒的人。

鸭蛋+李子　会中毒

鹅蛋

别名

鹅卵。

性味归经

性微温,味甘。

功效

鹅蛋具有降压功效,对于防治高血压有一定疗效。鹅蛋含有的卵磷脂能帮助消化。

注解

鹅蛋是母鹅的卵,营养丰富,味道鲜美。鹅蛋中富含蛋白质和人体所需的 8 种氨基酸,而且其含量都比鸡蛋和鸭蛋高,还含有维生素 A、维生素 B_1、维生素 B_2、烟酸、维生素 E、胆固醇、钾、钠、钙、镁、铁、锰、锌、磷、硒等。

选购宜忌

【宜】与鸡蛋、鸭蛋的挑选方法一样。

食用宜忌

【宜】营养丰富,老人、儿童、体虚贫血者宜经常食用。

【忌】鹅蛋含有一种碱性物质,对内脏有损坏。每天别超过 2 个,以免伤到内脏。

食物搭配之忌

鹅蛋+鸡蛋　伤元气

鸽子蛋

别名

鸽子卵。

性味归经

性平,味甘、咸。

功效

鸽子蛋具有改善血液循环、清热解毒、改善皮肤细胞活力、增强皮肤弹性等功效。

注解

鸽子蛋是鸽子的卵，营养丰富，药用价值高。鸽子蛋富含优质蛋白质、磷脂、维生素 A、维生素 B_1、维生素 B_2、维生素 D 以及铁、钙等营养成分，被人称为"动物人参"。

食用宜忌

【宜】老年人、儿童、体虚、贫血者的理想营养食品，由于脂肪含量较低，适合高血脂症患者食用；钙、磷的含量在蛋类中相对较高，非常适于婴幼儿食用，常吃可预防儿童麻疹；有贫血、月经不调、气血不足的女性常吃鸽蛋，不但有美颜滑肤作用，还可能治愈疾病，身体变得强壮。

【忌】食积胃热者、性欲旺盛者及孕妇不宜食。

鹌鹑蛋

别名

鹑鸟蛋、鹌鹑卵。

性味归经

性平，味甘。

功效

鹌鹑蛋具有强筋壮骨、补气益气、除风湿的功效，为滋补食疗品。其对胆怯健忘、头晕目眩、久病或老弱体衰、气血不足、心悸失眠、体倦食少等病症有。鹌鹑蛋它所含的丰富的卵磷脂和脑磷脂，是高级神经活动不可缺少的营养物质，具有健脑的作用。

注解

鹌鹑蛋是鹌鹑的卵，营养丰富，味道好，药用价值高。鹌鹑蛋虽然体积小，但它的营养价值与鸡蛋一样高，是天然补品，在营养上有独特之处。故有"卵中佳品"之称。鹌鹑蛋富含蛋白质、维生素 P、维生素 B_1、维生素 B_2、铁和卵磷脂等营养成分。鹌鹑蛋被认为是"动物中的人参""卵中佳品"。宜常食为滋补食疗品。

选购宜忌

【宜】鹌鹑蛋的外壳为灰白色，还有红褐色和紫褐色的斑纹，优质蛋色泽鲜艳、壳硬，蛋黄呈深黄色，蛋白黏稠。

烹调宜忌

【宜】鹌鹑蛋一般要先煮熟，然后剥掉外壳，再与其他食材搭配做成菜肴。

食用宜忌

【宜】鹌鹑蛋营养丰富，老少皆宜。鹌鹑蛋还是心血管病患者的理想补品。

【忌】脑血管病人不宜多食鹌鹑蛋。

食物搭配宜忌

鹌鹑蛋+牛奶　营养易被吸收

鹌鹑蛋含有丰富的卵磷脂,相当于鸡蛋的3~4倍,易被人体吸收;牛奶富含蛋白质和钙。两者搭配,适合胃弱体虚者食用。

食物搭配之忌

鹌鹑蛋+香菇、猪肝　会致面生黑斑,长痔疮。

麻雀蛋

别名

麻雀卵。

性味归经

性温,味甘、咸。归肾经。

功效

麻雀蛋具有滋补精血、壮阳固肾之功效,对于四肢不温、怕冷、精血不足以及由肾阳虚所致的阳痿和精血不足所致的头晕、面色不佳、闭经等症有食疗作用。常吃能够起到增强性功能、健体养颜等作用。

注解

麻雀蛋是麻雀的卵,营养丰富,药性价值高。麻雀蛋富含优质蛋白质、维生素A、维生素 B_1、维生素 B_2、维生素 D、卵磷脂、铁、磷、钙等。

烹调宜忌

【宜】煮食。

食用宜忌

【宜】麻雀蛋营养丰富,老少皆宜。

【忌】由于麻雀蛋能温肾壮阳,所以,凡阴虚火旺者,包括结核病、红斑性狼疮、性功能亢进等,皆不宜食。

食物搭配之宜

麻雀蛋+杜仲、菟丝子、枸杞子煨食　补肾气不足

咸鸭蛋

别名

腌蛋、味蛋、盐蛋、青果。

性味归经

性凉,味甘。归心、肺、脾经。

功效

咸鸭蛋具有清肺热、降阴火的功效。儿童多食蛋黄油可缓解疳积,外抹可缓解烫伤、湿疹。

注解

咸鸭蛋是经过腌制的鸭蛋。品质优良的咸鸭蛋具有"鲜、细、松、沙、油、香"六大特点,煮后切开断面,黄白分明,蛋白质地细嫩,蛋黄细沙,呈橙黄或朱红色起油,

周围有露状油珠,中间无硬心,味道鲜美。咸鸭蛋富含脂肪、蛋白质以及人体所需的各种氨基酸和钙、磷、铁等各种矿物质。而且,咸鸭蛋中含钙量很高,约为鲜鸡蛋的 10 倍。

选购宜忌

【宜】品质好的腌蛋外壳干净,摇动有微颤感,剥开蛋壳后,咸味适中,油多味佳,用筷子一挑,便有黄油冒出,蛋黄分为一层一层的,近一层颜色就深一层,越往里越红。

【忌】蛋外壳灰暗,有白色或黑色斑点,易碰碎,保质期较短。剥开后蛋白软烂、腐腻、咸味大。

烹调宜忌

【宜】咸鸭蛋的腌制方法有两种:一种是用食盐溶于清水中,把鸭蛋放在盐水中浸泡;另一种是将食盐开水化后与黄泥拌成糊状,将鸭蛋放入其中,1 个月后可煮食。

食用宜忌

【宜】咸鸭蛋中含钙量很高,特别适宜骨质疏松的中老年人食用。

【忌】孕妇、脾阳不足、寒湿下痢者不宜食用;高血压、糖尿病患者、心血管病、肝肾疾病患者应少食。一般人也少食为宜,因为每只咸蛋含盐 10 克以上,而人体日需盐量为 5~8 克。

贮藏宜忌

【宜】通风阴凉处储存。

松花蛋

别名

皮蛋、变蛋、灰包蛋。

性味归经

性寒,味辛、涩、甘、咸。归胃经。

功效

松花蛋对于高血压、耳鸣、眼痛、牙痛、眩晕等疾病有食疗作用。

注解

松花蛋是以鸭蛋为主原料,再用生石灰、黄丹粉、茶叶末、纯碱、草木灰和食盐等加上调和稀泥包裹加工而成。松花蛋营养丰富,久食不腻,有一定的药用价值。松花蛋富含氨基酸,而且其含量是新鲜鸭蛋的 11 倍。

选购宜忌

【宜】观看包料有无发霉,蛋壳是否完整,壳色是否正常(以青缸色为佳);将蛋放在手中,向上轻轻抛起,连抛几次,若感觉有弹性颤动感,并且较沉重者为好蛋,反之为劣质蛋;用拇指和中指捏住蛋的两头,在耳边上下左右摇动,听其有无水响声或撞击声,若听不出声音则为好蛋;用灯光透视,若蛋内大部分呈黑色或深褐色,小部分呈黄色或浅红色者为优质蛋。若大部分呈黄褐色透明体,则为未成熟松花蛋。

【忌】拨开蛋壳,蛋白呈浅绿色,韧性差,易松散,这样的松花蛋是被污染的,千万不能吃。

烹调宜忌

【宜】松花蛋有一股碱涩味,食用时要加入适量姜醋汁,这样不但能消除碱涩味,去掉腥气,而且还能解毒、杀菌、帮助消化。

食用宜忌

【宜】松花蛋营养丰富,老少皆宜。

【忌】松花蛋不宜多食,否则会引起中毒,中毒的症状主要是恶心、呕吐、头疼、头晕、腹痛、腹泻,若出现上述症状,应立刻去医院对症治疗。这主要是因为松花蛋中含有极微量的铅,铅是一种累积性毒素,排出体外速度很慢,容易形成慢性中毒,也可沉积在内脏和骨髓中。成年人铅质的吸收率为 7%,而儿童的吸收率高达50%。长期食用会受铅毒之害,导致智力低下、生长发育迟缓。

贮藏宜忌

【宜】把松花蛋放在塑料袋内密封保存,保存 3 个月左右质量、风味都不会变。

【忌】松花蛋不适宜冷冻保存,主要是因为低温会使松花蛋色泽变黄、口感变硬。

食物搭配之忌

松花蛋+甲鱼、李子、红糖　不宜

茶叶蛋

别名

茶鸡蛋。

功效

茶叶蛋虽然好吃,但是茶叶煮鸡蛋会影响健康。茶叶中含有生物酸碱成分,在烧煮时会渗透到鸡蛋里,与鸡蛋中的铁元素结合;这种结合体,对胃有很强的刺激性,久而久之,会影响营养物质的消化吸收,不仅没有主治功效,反而不利于人体健康。

注解

茶叶蛋是用大量茶叶加上作料泡制而成的鸡蛋,是中国的传统食物之一,可以做餐点,闲暇时又可当零食。茶叶蛋含有蛋白质、脂肪和一些矿物质。

烹调宜忌

【宜】煮鸡蛋前,先要用勺子轻轻敲打鸡蛋,轻敲鸡蛋的目的在于,使每个蛋都有裂缝时,这样烹煮时容易入味,熬煮时间也不用太久。煮鸡蛋时加入盐可以使有裂缝鸡蛋的蛋液不会溢出,这样茶叶蛋会煮得十分完整。

【忌】煮的过久口感不佳。

食用宜忌

【宜】老少皆宜,1次1个为佳。

【忌】茶叶蛋不宜多食常食,且一次不宜超过1个。这主要是由于茶叶中的茶叶碱会与鸡蛋的蛋黄结合形成硫化铁,影响人体对于铁质的吸收和利用,造成贫血症状。

毛鸡蛋

别名

死胎蛋、鸡胚蛋。

功效

毛鸡蛋由受精蛋孵化而成,其形成过程中破坏了鸡蛋中某些氨基酸的结合体,几乎没有滋补作用。

注解

毛鸡蛋大多是用于孵化小鸡的鸡蛋,因温度、湿度不当或感染病菌而发育停止、死于蛋壳内的"鸡胚蛋"。毛鸡蛋的滋味虽好,但吃多了对健康极为不利。鸡蛋本身富含蛋白质、脂肪、糖类、无机盐和维生素等营养成分,但是,在孵化过程中绝大多数营养已被胚胎的发育利用而消耗掉了,即使能留一点营养成分也无法与鲜蛋相比较。若胚胎死亡时间较长,还会产生大量的硫化氢、胺类等有毒物质。

烹调宜忌

【宜】毛鸡蛋吃的时候可以煮或者油炸,然后蘸着椒盐吃。

【忌】未彻底煮熟。

食用宜忌

【宜】少食为好。

【忌】由于毛鸡蛋里激素的含量较高,所以,不宜常食或多食。尤其对于儿童、青少年来说,如果经常吃毛鸡蛋,有可能会影响到身体发育。经药物专家测定,毛鸡蛋几乎100%含有病菌,如大肠杆菌、葡萄球菌、伤寒杆菌、变形杆菌等。另外,不要食用孵化过程中剔除的死胎蛋,而且,也忌食用不新鲜的毛鸡蛋,因为食用后易发生中毒,引发痢疾、伤寒、肝炎等疾病。尤其是小儿由于胃肠道功能较弱,食用这种蛋更易发生食物中毒。

牛奶

别名

牛乳。

性味归经

性平,味甘。归心、肺、肾、胃经。

功效

牛奶具有补肺养胃、生津润肠之功效,对人体具有镇静安神作用,对糖尿病久病、口渴便秘、体虚、气血不足、脾胃不和者有益;喝牛奶能促进睡眠安稳,泡牛奶浴可以治失眠;牛奶中的碘、锌和卵磷脂能大大提高大脑的工作效率;牛奶中的镁元素会促进心脏和神经系统的耐疲劳性;牛奶能润泽肌肤,经常饮用可使皮肤白皙、光滑,增加弹性;基干酵素的作用,牛奶还有消炎、消肿及缓和皮肤紧张的功效;儿童常喝鲜奶有助于身体的发育,因为钙能促进骨骼发育;老人喝牛奶可补足钙质需求量,减少骨骼萎缩,降低骨质疏松症的发生概率,使身体柔韧度增加。

注解
牛奶富含蛋白质、脂肪、碳水化合物、维生素 A、乳糖、卵磷脂、胆甾醇、色素等。

选购宜忌
【宜】新鲜优质牛奶应有鲜美的乳香味,以乳白色、无杂质、质地均匀为宜。

烹调宜忌
【宜】袋装牛奶不要加热饮用。因为经过高温灭菌,在保质期内,牛奶都不会产生细菌。如果高温加热反而会破坏牛奶中的营养成分,牛奶中添加的维生素也会遭到破坏。若是不喜欢喝太凉的牛奶,可以用 100℃ 以下的开水烫温奶袋,使牛奶温热。

食用宜忌
【宜】体质羸弱、气血不足、营养不良、病后体虚、噎嗝以及崑有食管癌、老年便秘、糖尿病、干燥综合征、高血压病、冠心病、动脉硬化、高脂血症等病症者适宜食用;儿童生长发育期适宜食用。此外,吸烟的人易受支气管疾病的困扰,多喝牛奶可以使吸烟带来的危害得到一定程度的减轻。

【忌】儿童不要空腹喝奶,缺铁性贫血儿童忌喝牛奶;胃肠手术后不宜喝牛奶;患有流性食管炎、急性肾炎、胆囊炎、胰腺炎和患溃疡性结肠炎等病症者以及平素脾胃虚寒、腹泻便溏、痰湿积滞等人不宜食用;服四环素期间不宜食牛奶,这是因为牛奶中含有钙,四环素遇钙离子就会发生络合反应,生成金属络合物,可影响四环素在体内吸收,从而降低四环素抗菌效力。

贮藏宜忌
【宜】牛奶买回后应尽快放入冰箱冷藏,以低于 7℃ 为宜。
【忌】不可暴露在太阳光或明亮灯光下。

食物搭配之忌
牛奶+酸性果汁　影响消化吸收
牛奶中酪蛋白较多,遇到酸性果汁后常结成较大的凝块而影响消化吸收,还会引起腹胀、恶心,呕吐,所以牛乳忌与山楂汁、橘子汁等一起食用。

牛初乳

性味归经
性平,味甘。归心、肺、肾、胃经。

功效
牛初乳能抑制病菌繁殖,是一种能增强人体免疫力、促进组织生长的健康功能性食品—牛初乳含有生长因素,能促进大脑活力,增加大脑警觉性和注意力;牛初乳中含有大量的抗原蛋白质、碳水化合物以及免疫球蛋白组成的化合物,能抑制呼吸系统疾病,抵抗流感病毒;牛初乳含有抗感染物质,有助于减少和消除肿痛,包括割伤、烧伤及手术伤口,防治牙龈疾病。

注解

牛初乳特指乳牛产犊后 3 天内所分泌的乳汁。牛初乳富含优质蛋白质、维生素和矿物质以及免疫球蛋白、生长因子等活性功能成分。

食用宜忌

【宜】牛初乳老少皆宜,特别适宜婴幼儿、孕产妇、老年人、手术后及烧伤病人、糖尿病、癌症、心血管病及慢性病患者饮用。

【忌】牛初乳营养丰富,药用价值高,诸无所忌。

羊奶

别名

羊乳。

性味归经

性温,味甘。

功效

羊奶具有益气补虚、养血润燥、润肺止咳等功效。对人体具有镇静安神作用,可有效滋补体虚、气血不足、糖尿病久病、口渴便秘、脾胃不和者。每天早晨空腹饮 250~500 毫升鲜羊奶,连服 1 个月,可缓解慢性肾炎、干呕反胃;羊奶外涂患处,可缓解口疮。

注解

羊奶与牛奶一样有很高的营养和医疗价值。羊奶是最接近人奶的高营养乳品,羊奶的脂肪颗粒细小,仅为牛奶的 1/3。羊奶富含蛋白质、脂肪、钙、磷、维生素 C 等营养成分。

食用宜忌

【宜】羊奶营养丰富,老少皆宜。尤其适宜营养不良、虚劳羸弱、消渴反胃、肺痨(肺结核)咳嗽咯血以及慢性肾炎等病症患者食用,也可作为幼儿、老人以及病弱者的营养食品。

【忌】结肠炎患者忌食。

马乳

别名

马奶。

性味归经

性凉,味甘。

功效

马乳具有补血、润燥、清热、止渴之功效。此外,经常饮用马奶酒,能健脾开胃,帮助消化,促进造血功能,强身健体,使人面色红润、耳聪目明,精力旺盛。

注解

马乳是母马的乳汁,营养丰富,药性价值高。马乳富含蛋白质、维生素和各种矿物质。

烹调宜忌

【宜】煮沸。

食用宜忌

【宜】马乳宜煮沸后饮用。体质赢弱、气血不足、营养不良、血虚烦热、虚劳骨蒸、口干渴、病后产后调养以及患有糖尿病、坏血病、脚气病等病症者适宜食用。

【忌】患者不宜食用生冷马乳,尤其是脾胃虚寒、腹泻便溏者更不宜食用。此外,马乳不可与鱼类一起食用。

食物搭配之忌

马乳+鱼类不宜

酸奶

别名

酸牛奶。

性味归经

性平,味酸、甘。

功效

酸奶具有生津止渴、补虚开胃、润肠通便、降血脂、抗癌等功效。它是一种功能独特的营养品,能调节机体内微生物的平衡;经常喝酸奶可以防治癌症和贫血,并可改善牛皮癣和缓解儿童营养不良;酸奶能促进消化液的分泌,增加胃酸,因而能增强人的消化能力,促进食欲;老人每天喝酸奶可矫正出于偏食引起的营养缺乏;妇女更年期时常饮还可以抑制由于缺钙引起的骨质疏松症的发生。

注解

酸奶是以新鲜的牛奶为原料,加入一定比例的蔗糖.经过高温杀菌冷却后,再加入纯乳酸菌种培养而成的一种奶制品,口味酸甜细滑,营养丰富。其营养成分优于鲜牛奶和各种奶粉。酸奶富含牛奶因子以及鲜牛奶的一切营养成分。

烹调宜忌

【忌】加热后再喝。酸奶刚生产出来时,里面都是活菌,只有冷藏才能将活菌很好地保留下来。把酸奶热了喝,这种做法是暴殄天物。

食用宜忌

【宜】老、弱、病、妇人及幼儿适宜食用;身体虚弱、气血不足、营养不良、皮肤干燥、肠燥便秘以及患有高胆固醇血症、动脉硬化、冠心病、脂肪肝、消化道癌症等病症者适宜食用;使用抗生素者和年老体弱者宜常喝酸泛此外,其还可作为美容食品食用。

【忌】酸奶滋阴补虚,诸无所忌。但胃酸过多之人不宜多吃。

食物搭配之宜

酸奶+苹果、桃子、猕猴桃、草莓　宜

食物搭配之忌

酸奶+花椰菜、大豆、菠菜、苋菜等　破坏酸奶的钙质

这些物质中的化学成分会破坏酸奶的钙质,影响消化吸收。

奶酪

别名

起司、干酪、起士。

性味归经

性平,味甘、酸。

功效

奶酪能提高人体抵抗疾病的能力,促进新陈代谢,增强活力,保护眼睛,并可保持肌肤健美;奶酪中的脂肪和热能都比较多,但是其胆固醇含量却比较低,对保持心血管健康也很有利;奶酪有

奶酪

利于维持人体肠道内正常菌群的稳定和平衡,防治便秘和腹泻;吃奶酪能大大增加牙齿表层的含钙量,从而起到抑制龋齿发生的作用。

注解

奶酪是一种将奶放酸之后增加酵素或细菌制作的呈乳白色或金黄色食品。奶酪通常是以牛奶为原料制作的,但是也有用山羊、绵羊奶或水牛奶做的奶酪。奶酪是牛奶经浓缩、发酵而成的奶制品。它基本上排除了牛奶中大量的水分,保留了其中营养价值极高的精华部分,被誉为乳品中的“黄金”。每千克奶酪制品浓缩了10千克牛奶的蛋白质、钙、磷等人体所需的营养素。

烹调宜忌

【宜】奶酪一般用于西餐之中,和面包、糕点搭配,增加口感。

食用宜忌

【宜】对于孕妇、中老年人及青少年来说,奶酪是最好的补钙食品之一,每次20克为宜。

【忌】奶酪热量较高,多吃容易发胖,儿童可吃全脂奶酪,成年人宜吃低脂奶酪;服用单胺氧化酶抑制剂的人应避免吃奶酪。

贮藏宜忌

【宜】根据奶酪种类的不同,按时间长短来存放。最好尽快食用。

食物搭配之忌

奶酪+水果　不宜

吃奶酪前后 1 小时左右不要吃水果,因为比萨奶酪中的钙会与果酸等物质化合,不利于吸收。

奶酪+鲈鱼　不宜

奶粉

别名

牛奶粉。

功效

奶粉具有补肺养胃、生津润肠之功效,对人体具有镇静安神作用。

注解

奶粉是以新鲜牛奶为原料,用冷冻或加热的方法,除去乳中几乎全部的水分,干燥后添加适量白砂糖加工而成的食品。奶粉冲调容易,携带方便,营养丰富。速溶奶粉比普通奶粉颗粒大而疏松,湿润性好,分散度高,冲调时,即使用温水也能迅速溶解。奶粉富含优质蛋白质、脂肪、各种维生素以及钙、磷、铁等矿物质。

选购宜忌

【宜】袋装奶粉可用手去触捏,如手感松软平滑且内容物有流动感,则为合格产品。

【忌】通过罐装奶粉上盖的透明胶片观察罐内奶粉,摇动罐体观察,奶粉中若有结块,则证明奶粉已经变质,不能食用。袋装奶粉用手捏感到凹凸不平,并有不规则大小块状物,为变质产品。

烹调宜忌

【宜】自来水烧开冲服。

【忌】用矿泉水冲牛奶易导致婴儿便秘。

食用宜忌

【宜】老少皆宜,老年人、儿童及病弱者更适宜饮用,每天 200 毫升左右即可。此外,肥胖者最好选择脱脂奶粉。

【忌】奶粉营养丰富,滋补身体,诸无所忌。

黄油

别名

白脱油、乳脂。

功效

黄油具有滋补体虚的功效,对于气血不足、脾胃不和者有食疗作用。适量食用天然黄油可有效改善贫血症状。

注解

黄油是将牛奶中的稀奶油和脱脂乳分离后,使稀奶油成熟并经搅拌而成的。优质黄油色泽浅黄,质地均匀、细腻,切面无水分渗出,气味芬芳。黄油富含脂肪,其含量远高于奶油,脂肪约占80%,剩下的主要是水分、胆固醇,还含有多种脂溶性维生素,基本不含蛋白质。

烹调宜忌

【宜】黄油一般很少被直接食用,通常作为烹调食物的辅料。

食用宜忌

【宜】老少皆宜,每次10~15克即可。黄油通常适宜用作烹调食物的辅料。

【忌】孕妇、肥胖者、糖尿病患者等不宜食用黄油;男性不宜多食,因为摄入过多可能导致前列腺肥大。

贮藏宜忌

【宜】通风阴凉处储存。密封存放。

奶片

功效

奶片具有生津润肠之功效,可滋补体虚,对气血不足、脾胃不和者有良好的食疗效果。

注解

奶片是在脱水工艺下加入某些凝固剂加工而成的,其主要配料是奶粉和麦芽糖。奶片可随身携带,无须冷藏保存,无须加热食用。奶片含有碳水化合物、脂肪等营养成分。

选购宜忌

【宜】新鲜可口的奶片具备香味清纯淡甜的特点,入口有浓郁的奶香味。

食用宜忌

【宜】奶片作为新鲜牛奶的补充,可适当食用,每次1~2片即可。

【忌】肥胖者以及患有冠心病、高血压、高胆固醇血症、动脉硬化等病症者不宜食用。千万不能过量,因为奶片在消化过程中,要消耗体内的水分,如果过量食用就会造成脱水。

贮藏宜忌

【宜】通风处储藏。